Sammlung

von

Vorträgen und Abhandlungen

von

Wilhelm Foerster.

(Zweite Folge.)

Sammlung

von

Vorträgen und Abhandlungen

(Zweite Folge)

von

Wilhelm Foerster
Professor an der Königlichen Universität und Director
der Königlichen Sternwarte
zu Berlin.

Berlin
Verlag von Georg Reimer
1887.

Vorwort.

Die in der vorliegenden Sammlung enthaltenen Vorträge und Abhandlungen sind während der letzten zehn Jahre fast sämmtlich schon anderweitig veröffentlicht worden.

Diese zweite Sammlung (1876—1886) schliesst sich eng an die im Jahre 1876 im Verlage von Ferd. Dümmler in Berlin veröffentlichte Sammlung wissenschaftlicher Vorträge an, welche die Zeit von 1861 bis 1876 umfasste.

Wo Anlass und Absicht der einzelnen Stücke der zweiten Sammlung einer Erläuterung bedürftig erschien, ist das Nöthige in kurzen Anmerkungen zum Texte gesagt worden.

Die freundliche Aufnahme, welche einzelne dieser Vorträge und Abhandlungen gefunden haben, lässt mich offen, dass eine zusammenfassende Herausgabe des isher zerstreuten und doch innerlich zusammenhängen-en Materials nicht unwillkommen sein wird.

Berlin, im November 1886.

Wilhelm Foerster.

Inhalts-Verzeichniss.

I.

Geistesfreiheit und Gesittung.

(1878.)*)

In der tiefen Bedrängniss unserer gegenwärtigen Zustände kommt es vor Allem darauf an, dass die grosse Zahl der Verständigen und Wohlmeinenden einen gemeinsamen Boden des Urtheils und der Bethätigung gewinne, damit der Schmerz und die Erbitterung über die Brutalität und Verworrenheit, welche in den schwersten Verbrechen gegen das Oberhaupt des Reiches — und gegen ein so geliebtes und würdiges — sowie in einer nicht geringen Anzahl von Zustimmungsäusserungen zu diesen Unthaten an den Tag getreten ist, zu etwas Höherem und Wirksamerem führe, als zu blossen Repressiv-Massregeln.

Die nachfolgenden Darlegungen sollen einen Beitrag zu dieser Verständigung der Wohlmeinenden geben und auf die Wege hinweisen, auf denen ihr Zusammenwirken zur baldigen Milderung und zu einer allmählichen Heilung der Verwirrung führen könnte, in welche das Urtheil und die Empfindung einer ansehnlichen Zahl unserer Volksgenossen gerathen ist.

Wer ein derartiges Ziel verfolgt, muss sich in erster Linie selber zum Gesetz machen, unter Wahrung vollen Ernstes des Urtheils jedes bittere Wort in Betreff von solchen Meinungsverschiedenheiten, welche die verständigen Leute untereinander trennen und immer in gewissem Grade trennen werden, zu ver-

---

*) Anmerkung. Dieser „Versuch" wurde im Jahre 1878 anonym als Broschüre veröffentlicht, fand aber nur in engen Kreisen Verbreitung und einigen Anklang. Bei dem Wiederabdruck sind nur einige Härten der Darstellung gemildert worden. W. F.

meiden und den Ausdruck seiner Entrüstung auf die Ergebnisse derjenigen Parteileidenschaft einzuschränken, welche die Menschen wieder zu wilden Thieren zu machen scheint.

Wie aus dem rohen und frechen Wesen der Kinder eines Hauses fast stets mit Sicherheit gefolgert werden kann, dass auch unter den erwachsenen Gliedern desselben Liebe und Gerechtigkeit nicht walten, so lässt sich auch annehmen, dass die Schärfe und Bitterkeit des Haderns derjenigen Parteien, welche sonst in ihren Bestrebungen auf dem Boden der menschlichsn Gesittung geblieben sind, sowie überhaupt der sehr verbreitete Mangel an Selbstbeschränkung und an Gerechtigkeit einen Antheil an der Entwickelung derjenigen Erscheinungen hat, welche wir jetzt mit Schrecken aus zahlreichen ärmeren und unklareren Seelen zu Tage treten sehen.

Natürlich werden die gegenwärtigen Krankheitszustände unseres Staats- und Gesellschaftsorganismus durch solche Einflüsse nur zum kleinsten Theil erklärt. Es müssen vielmehr zahlreiche und komplicirte Ursachen sein, welche so tiefgehende Schäden hervorgerufen haben.

Verwegen würde es sein, dieselben schon jetzt sämmtlich ergründen und jede einzelne ihrem Antheil nach richtig abschätzen zu wollen.

Dies wird eine Aufgabe der Geschichte sein. Da wir uns aber gegenüber den dringenden Aufgaben, die sofort an uns herantreten, bei dieser Resignation nicht beruhigen können, so ist es nothwendig, dass Jeder, der sich mit möglichst gründlichem und parteilosem Nachdenken über unsere Zustände beschäftigt hat, und der einige Uebung zu solchen Darlegungen mitbringt, mit seiner Ansicht nicht zurückhalte, damit aus einer grösseren Zahl solcher Stimmen sich das vernünftigste Gesammtergebniss hervorbilden könne. —

Offenbar sind die Deutschen nicht das einzige Kultur-Volk, welches zur Zeit von einer gefährlichen Krisis der Gesittungszustände heimgesucht wird. Frankreich, Nordamerika, Russland und England u. a. m. haben ähnliche Erscheinungen aufzuweisen; aber es lässt sich nicht leugnen, dass in Deutschland viele Symptome der Krankheit am schärfsten entwickelt und am weitesten verbreitet sind, und dass die Deutschen auch in anderen Ländern und in den internationalen Verbindungen zu den eifrigsten Schürern der den bisherigen Gesellschafts-Zuständen feindlichen Bewegungen gehören.

Ein Verständniss dieses Sachverhaltes wird sich uns eröffnen, wenn wir das allgemeine Wesen dieser Bewegung näher in's Auge fassen und die besonderen Eigenschaften der Deutschen damit zusammenhalten.

Der Kern der ganzen Bewegung ist ja nichts Neues, nichts unserer Zeit Eigenthümliches.

Seit den ältesten Tagen der Geschichte sind die gesellschaftlichen Gleichgewichtszustände innerhalb der einzelnen Gemeinwesen von Zeit zu Zeit den gewaltsamen Angriffen gewisser Schichten des Volkes ausgesetzt gewesen, sobald nach deren Meinung die Lebensbedingungen und die Verhältnisse der Kräfte innerhalb der Gesellschaft sich so verändert hatten, dass ihnen ein Gleichgewichtszustand von anderer Anordnung erforderlich schien, für dessen allmähliche und gesetzmässige Hervorbildung aus dem bestehenden Zustande aber die Formen und Einrichtungen des letzteren anscheinend keinen genügenden Anhalt boten.

Wenn die dadurch hervorgerufenen Konflikte zu einer vorübergehenden Auflösung der bestehenden Ordnungen und zu starken Veränderungen der socialen und politischen Einrichtungen geführt hatten, ergab sich in der Regel nach einiger Zeit ein Rückschlag, vermöge dessen der frühere Zustand ganz oder theilweise, und natürlich mit verschärftem Zwange wieder hergestellt wurde, worauf sich dann der Kampf so lange wiederholte, bis sich endlich aus den bestehenden Zuständen heraus gewisse Organe für die allmähliche Verbesserung der gesellschaftlichen Zustände und für ihre Anpassung an die mit der Zeit unvermeidlichen Veränderungen der ihnen zu Grunde liegenden Bedingungen hervorbildeten, und die krankhaften Uebertreibungen, welche aus den Spannungen des Kampfes hervorgegangen waren, verschwanden. In jedem solchen Konflikte wurde aber das bestehende Gleichgewicht stets um so sicherer aufrecht erhalten oder nach einer Störung um so leichter und schneller wieder hergestellt, je grösser die Verschiedenheiten der Intelligenz der miteinander streitenden verschiedenen Gruppen von Individuen waren.

So lange die herrschenden Klassen im fast ausschliesslichen Besitze der höchsten derzeitigen Intelligenz waren, hatten natürlich alle socialen Konflikte einen verhältnissmässig einfachen und schnellen Verlauf.

Je weiter sich aber im Verlaufe der Jahrhunderte ein höherer Grad von Kenntnissen und von Urtheilsbildung im Volke ausbreitete, ohne dass die Gleichmässigkeit und Gründlichkeit dieser Entwicklung mit ihrer Ausbreitung Schritt halten konnte, desto schwieriger mussten sich die socialen Probleme gestalten und desto andauernder und einschneidender die Konflikte.

In diesem Sinne aber ist die gegenwärtige Krisis, wenn auch nicht wesentlich anderer Art als ähnliche frühere, doch von ungewöhnlichem Grade und ungewöhnlicher Komplikation, weil sie die Folge eines ausserordentlich schnellen und intensiven Eindringens starker geistiger Bewegungen und neuer Quellen von Kraftentwickelung in tiefere und breitere Schichten des Volkes ist, und weil zugleich diese geistigen Bewegungen einen solchen Inhalt und eine solche Form haben, dass sie an sich schon gegen die bisherigen Grundlagen der sittlichen und socialen Zustände gerichtet zu sein scheinen.

Jeder sociale Gleichgewichtszustand von einiger Stabilität hatte sich bisher auch seine eigene Weltanschauung geschaffen, und die Vorschriften und Forderungen, welche von der geltenden Ordnung an die Einzelnen gestellt wurden, waren in enge Verbindung mit dieser Weltanschauung gebracht. Bei den grössten Gemeinwesen der Vergangenheit war diese innige Verbindung der sittlichen Ordnung mit der gesammten Weltanschauung überdies in grossartigen, mit allen Ausdrucksmitteln des Wahren, Guten und Schönen geweihten und geschmückten Einrichtungen, dem religiösen Kultus, verkörpert, welche, indem sie den gemeinsamen Empfindungsbedürfnissen Aller angepasst waren, die geltenden sittlichen Vorschriften auch in der Einbildungskraft der Menschen feste Wurzel fassen liessen.

Diese vom Staat mit seiner ganzen Majestät unterstützten sittlich-religiösen Weltanschauungen waren natürlich in ihren Blüthezeiten auch dem höchsten Denken der Menschen und den sichersten Ergebnissen und Anforderungen ihres damaligen Forschens und Gestaltens so nahe wie möglich entsprechend.

In denjenigen frühesten Zeiten, in welchen das Denken der Menschen erst sehr geringe Spuren von folgerichtigen und bewährten Zusammenhängen in den Erscheinungen der Natur gefunden hatte, während auf rein menschlichem Gebiete schon hohe Lebensweisheit und Lebenskunst entwickelt waren, musste es sehr nahe liegen, dass die ganze Weltanschauung einen Charakter annahm, in welchem das Menschenähnliche vorherrschte. Für Alles Räthselhafte und Unerklärliche der Natur war es ja auch die nächstliegende Deutung, Willensäusserungen menschenähnlicher Wesen als das Bestimmende anzunehmen. War das Gesetz menschlicher Willensäusserungen auch ebenso unerklärt, wie das der Naturerscheinungen, so leistete jene Deutung doch das Wesentliche, was man von jeder Erklärung zunächst fordert: Sie führte fernliegende Erscheinungen auf näher liegende, gewohntere und deshalb ohne Weiteres für erklärlich geltende zurück.

Besonders eindrucksvoll aber wurde diese Weltanschauung dadurch, dass sie die Natur mit Wesen dichterisch erfüllte, welche mit der Menschenwelt durch sympathische Regungen verbunden gedacht werden konnten. — Leitende Mächte in der Natur, höher, grösser als die Menschen, soviel „der Himmel höher als dis Erde", aber in ihrem Empfinden innig mit ihnen verwandt gedacht, mussten natürlich auch in der Menschenseele zu grossen sittlichen Mächten werden.

Als aber später allmählich in den Händen der herrschenden Klassen, welche dabei sowohl dem Drange ihrer eigenen höheren Geistesentwickelung als auch dem praktischen Bestreben folgten, ihre Machtmittel durch intelligente Beherrschung der Naturkräfte und daraus hervorgehende wirksamere Einrichtungen zu vergrössern, die menschlichen Forschungsergebnisse reicher und reicher wurden, und eine Grundlage gesetzmässiger Erkenntniss der Naturerscheinungen sich aufbaute, durch welche die dichterischen Deutungen der letzteren immer weiter und weiter zurückgedrängt wurden — bis in jene unendliche Ferne des Raumes und der Zeit, in welche das Erkennen der Menschen niemals reicht und in welcher demnach die Wohnstätte menschlichen Idealbildens unvergänglich gesichert sein wird — da begannen natürlich auch die Konflikte jener neuen denkenden mit der alten dichtenden Weltanschauung.

Aber diese Konflikte blieben lange Zeit hindurch von höchst geringer Bedeutung für die menschliche Gesellschaft. Einestheils waren die uralten Gebilde religiöser Weltanschauung durch ihre Verbindung mit den gesammten Stabilitäts-Bedingungen der Gesellschaft und mit allen Lebens- und Schönheitsformen derselben eine so grosse Macht in den Gemüthern selbst der forschenden Männer geworden, dass es lange dauerte, bis selbst in diesen jene Konflikte zum Bewusstsein kamen, so dass lange Zeit hindurch streng wissenschaftliches Forschen und Erkennen und streng religiöse Weltanschauung ohne Kampf neben einander wohnten, wie es ja auch jetzt noch bedeutende und sonst höchst wahrheitsliebende Männer giebt, in welchen dieses Nebeneinander fast unvermittelt besteht.

Anderentheils lag es auch so sehr im Interesse der herrschenden Klassen, welche sich ausschliesslich mit höherer Geistesarbeit beschäftigten, die alte sittlich religiöse Weltanschauung aufrecht zu erhalten, dass nur die kühnsten Geister, zu deren Lebensgesetzen unbedingte Folgerichtigkeit alles Denkens und Gestaltens gehörte, in der Verkündigung des in ihnen erwachten Zwiespaltes über das sonst beobachtete Maass der Vorsicht hinausgingen.

So blieb denn bis in die Tage der Griechen eine dichterisch religiöse Weltanschauung, wie sie mit feiner und menschenfreundlicher Bedachtsamkeit dazu bestimmt gewesen war, die Erfüllung der sittlichen und staatlichen Gebote der Unterordnung und Selbstbeschränkung der Menschen zu erleichtern und zu sichern reine fast unangetastete Macht in der menschlichen Gesellschaft.

Und als in den geistig leitenden Kreisen der spätgriechischen und römischen Welt die Nachwirkungen griechischen Forschens weit verbreitete philosophische Lehrmeinungen erzeugt hatten, in denen die alte religiöse Weltanschauung völlig erloschen war, entstand zunächst aus diesen neuen philosophischen Weltanschauungen — allerdings mit nicht wenigen Ausnahmen von leuchtender Vorbildlichkeit — überwiegend eine nihilistische, vorzugsweise auflösender Genusssucht dienende Gesinnung.

Als dann aber die aus der philosophischen Entwickelung auch in die Grundlagen der Weltanschauung des Volkes eingedrungenen neuen Gedanken und sehnsüchtigen Strebungen jene neue religiöse Bewegung von ewig rührender Innigkeit gerade in den tiefsten Schichten des Volkes hervorriefen, wurde schliesslich auch unter den Gebildeten die noch haltlose philosophische Weltanschauung fast völlig verflüchtigt und unter der entscheidenden Mitwirkung neuer, von der Kultur noch unberührter Volksstämme ein neuer hoher Einklang umfassender sittlicher und religiöser Wirkungen in der christlichen Kirche und dem christlichen Staate geschaffen.

Die Konflikte zwischen diesen neuen Mächten und der nach langer Unterbrechung im Mittelalter allmählich wieder erwachenden Neigung zu stetigem Forschen und Denken blieben lange vereinzelt und zerschellten aussichtslos an dem Felsen der Kirche, welche ihrer religiös-sittlichen Weltanschauung eine systematische Vollendung gegeben hatte, die bis in die Gegenwart hinein durch ihre unleugbaren äusseren Erfolge in der sicheren Gestaltung und Beherrschung menschlichen Zusammenlebens zahlreiche hochbegabte Geister von der Bahn kritischen Forschens abgelenkt und in der Handhabung dieses hochentwickelten socialen Apparates befriedigt hat.

Erst in den letzten drei bis vier Jahrhunderten ist der grosse Kampf der beiden in der Menschenseele streitenden Gewalten in grösserem Umfange und mit grösserer Schärfe als früher entbrannt, der Kampf jenes radikalen und umfassenden Wahrheitsbedürfnisses, welches auf dem Wege des Zweifels nach höherem Frieden drängt, mit jenem einfacheren Wahrheitsbedürfniss, welches bei geringer entwickeltem Denken mit den mächtigsten Empfindungen des Organismus in Einklang zu leben verlangt.

Es war hauptsächlich der Individualismus und Idealismus der Deutschen, welcher sich auflehnte gegen den sittlichen Verfall, in welchen die herrschende Macht selber, die Kirche, durch die Sicherheit und Bequemlichkeit ihrer Herrschaft gerathen war, sowie gegen die Erstarrung alles reinen kritischen Denkens, welches zu den Lebensbedürfnissen der meisten höher entwickelten Köpfe gehört. Es befiel den deutschen Idealismus, der sich bis dahin an den von der Kirche selbst zur Pflege der Geisteskraft ihrer leitenden Kreise geretteten und mütterlich dargereichten Geistesprodukten des Alterthums genährt hatte, die Sehnsucht, überall an die Quellen der Ueberlieferungen zu gehen und von dort aus tieferes Verständniss und weitere Entwickelung der herrlichen Schätze des Denkens und Dichtens zu gewinnen, die in den alten Schriften vor Augen lagen.

Die ungeheure Macht, mit welcher die christliche Weltanschauung die Seelen beherrschte, erwies sich jetzt auch darin, dass dieser Forschungsdrang sich in Deutschland mit besonderer Intensität auf die Quelle der religiösen Anschauungen selbst, auf die Bibel, richtete und aus dieser durch den Eindruck hoher Weisheit und Inbrunst unmittelbar eine neue Erwärmung der religiösen Stimmung empfing, gegen deren Innigkeit die zu einem weltlichen Machtmittel gewordene religiöse Weltanschauung der herrschenden Kirche wie schnöde Kälte erschien. Sehr bald aber wurde auch die katholische Kirche von jener neuerweckten Inbrunst religiösen Lebens ergriffen. Als streitende Kirche gegen revolutionäre Elemente fand sie auch in ihren leitenden Kreisen die geistige Grösse, den Ernst und die Wärme wieder, welche ihr in den Zeiten bequemer Herrschaft abhanden gekommen waren, und so war zunächst die Hauptwirkung jenes idealen Dranges nach Erneuerung menschlichen Forschens nur eine ergreifende Verstärkung des Einflusses der religiösen Weltanschauung auf die Gemüther Aller, leider verbunden mit einer Steigerung des schrecklichsten, verfolgungssüchtigsten Teufelsglaubens.

Der Aufschwung, mit welchem die neue religiöse Bewegung — im Kampfe gegen die Herrschaft eines gemeinsamen Gedankensystems über die geistigen und sittlichen Regungen aller Einzelnen — das Individuum selbst, sein Forschungsrecht und die innere Harmonie seines Empfindens, Denkens und Handelns, mit anderen Worten sein Gewissen, wieder zu einer unabhängigen Macht hatte erheben wollen, dieser Aufschwung war in dem Fortgange der religiösen Rewegungen im Ganzen und Grossen sehr bald wieder erlahmt.

Schon Luther war auf diesem Wege zur Umkehr gelangt. Aus einer entmuthigten Stimmung des begeistertsten Vorkämpfers der Geistesfreiheit, unsers Schiller, sind die bezeichnenden Worte hervorgegangen:

„Weh denen, die dem Ewigblinden
Des Lichtes Himmelsfackel leih'n,
Sie strahlt ihm nicht, sie kann nur zünden,
Und äschert Städt' und Länder ein."

Dieselbe Stimmung, welche alle denjenigen Zeiten eigen ist, in denen das plötzliche Hervorbrechen starker geistiger Bewegungen zu missverständlichen groben Wirkungen in der grossen Masse des Volkes Anlass gegeben hat, befiel auch Luther schon beim Anblick der Gräuel der Bauernkriege.

Und wenngleich die von ihm ausgehende Befreiung der Gewissen von dem Zwange einer zum Theil entsittlichten Autorität ihren Fortgang in weiteren Gesundungserscheinungen zu edelster Geistesfreiheit auch auf eigentlich religiösem Gebiete genommen hat, ist doch jene Stimmung des Misstrauens gegen das Eindringen kritischen Denkens in die grosse Masse des Volkes in den kirchlichen Gemeinschaften, welche sich neben die katholische Kirche gestellt haben, fast noch energischer und finsterer zum Ausdruck gelangt, als in der katholischen Kirche selbt, in welcher man die Beherrschung der Massen durch ein tiefes Studium ihrer Empfindungsbedürfnisse so sicher handhaben gelernt hatte, dass man allen revolutionären Regungen socialen Charakters siegesgewisser gegenüberstand als die anderen religiösen Gemeinschaften. Trugen doch letztere gewissermassen den Feind im Herzen, insofern ihr eigenes Entwickelungsprincip gegen eine bloss äusserliche raffinirte Beherrschung der Instinkte der Massen stritt. Und dies machte sie unsicherer und daher oft unduldsamer.

Der an der wieder erwachenden Kenntniss der Literatur des Alterthums neu entzündete Drang nach Erkenntniss, welcher in der Geltentmachung des Rechtes individuellen Denkens auf religiösem Gebiete zuerst wieder zu einer grossen Wirkung im Völkerleben gelangt war, hatte inzwischen noch umfassendere und tiefere Bewegungen auf wissenschaftlichem Gebiete hervorgerufen.

Ganz im engsten Bezirke der Eingeweihten war in der Sternkunde aus der strengen und stetigen Arbeit der Griechen und der Araber allmählich mit Evidenz die Lehre hervorgegangen, welche der alten auf die centrale Stellung der Erde begründeten Weltanschauung eine ganz neue Anschauung entgegensetzte, deren unermessliche, wenngleich nur sehr allmählich zu Tage tretende Wirkung hauptsächlich darin bestand, dass sie an einem fundamentalen Beispiele nachwies, wie sehr eine einseitig entwickelte, blos mit Vorstellungen aus dem Menschenleben erfüllte Einbildungskraft von einer zutreffenden Auffassung der Dinge abirrt.

Aus den wachsenden praktischen Erfolgen, mit welchen diese auf neuen Grundlagen reformirte Sternkunde die Vorausbestimmung der Erscheinungen beherrschte, sowie aus verwandten dadurch angeregten Entwickelungen auf benachbarten Gebieten der Naturforschung ergab sich im Stillen, aber in immer weitere Kreise dringend, eine geistige Entwickelung von einer Folgerichtigkeit und Fruchtbarkeit, welche in ihrer ganzen Grösse erst im Laufe des gegenwärtigen Jahrhunderts allen Menschen, auch den ungelehrtesten, durch mächtige praktische Leistungen, gewaffnet mit der Kraft des Dampfes und den Zaubern der Electricität, entgegengetreten ist, und welche nunmehr das ganze Verkehrsleben der Menschen umzugestalten begonnen hat.

Aehnlich wie in den Jugendtagen der griechischen Forschung hatte auch diesmal an der Wiege einer grossen Entwickelung kühnen Forschens eine wunderbare Blüthezeit der Kunst gestanden. Wie in jenen Tagen der Griechenwelt, wo der Apollo-Kultus sich zu verbreiten begann, die furchtgebietende Strenge der ältesten religiösen Weltanschauungen gemildert und die Menschenseele in ein tieferes sympathisches Verhältniss zu den religiösen Vorstellungen dadurch gebracht wurde, dass man das Menschenähnliche jener Schöpfungen der Einbildungskraft in Gebilden höchster Schönheit darstellte; ebenso löste sich nun auch allmählich in den Gemüthern der strengere Zwang, mit welchem die kirchliche Weltanschauung im Mittelalter alles Thun und Denken der Menschen umgeben hatte, dadurch, dass — unter den Anregungen der Kirche selbst — die den Menschen sympathischsten Elemente jener Weltanschauung immer mehr in Gestalten schönster Menschlichkeit verkörpert wurden. Unleugbar wurde der Einfluss der Grundelemente jener kirchlich religiösen Anschauung auf die Menschenseelen dadurch noch grösser und tiefer, aber in gesundem, unvergänglichem Sinne, nämlich in denjenigen Bereichen des Seelenlebens, in welchen menschenähnliche Vorstellungen von den völlig unbekannten, an der unerreichbaren Grenze jeder Forschung liegenden Dingen stets die schönsten und reinsten Erfüllungen einer doch nie ganz zu stillenden Sehnsucht bieten werden. Und durch jene von der Kunst vermittelte Hinüberführung dieser tief sittlichen Mächte der Seele auf ihr eigenstes Gebiet ward das Denken und Erkennen der Menschen immer freier zu gesundem Aufschwunge.

In ähnlichem Sinne befreiend ist dann zu der im 15. und 16. Jahrhundert entfalteten Blüthezeit der bildenden Künste in den beiden letzten Jahrhunderten die Blüthezeit religiöser Musik hinzugetreten. Diese hat die hohe Aufgabe erfüllt, jene ergreifenden und ehrwürdigen Vorstellungen von der Weltregierung und den Beziehungen des Menschen zu derselben, wie sie in vorangegangenen Jahrtausenden das Menschengeschlecht beherrscht haben, und mit ihnen das Leben und Leiden der grossen Geister, die auf dem Gebiete dieser für die Entwickelung der Menschennatur unentbehrlichen Hervorbringung vorangeleuchtet haben, in das Gebiet des Ideals zu gemeinsamer, von allen Unterschieden der Meinungen unabhängiger Verehrung emporzuheben.

Auf der anderen Seite trat in den letzten drei Jahrhunderten auf dem Gebiete der wissenschaftlichen Forschung immer mehr jene, der religiösen Weltanschauung völlig entgegengesetzte Neigung hervor, die Welt rein mechanisch zu erklären, wie sie schon in dem ersten Zeitalter systematisch wissenschaftlicher Arbeiten und Erfolge, nämlich in der spätgriechischen und römischen Zeit, eine verhältnissmässig grosse Ausbreitung unter den Gebildeten gefunden hatte. Insbesondere im 17. und 18. Jahrhundert entwickelte sich diese mechanische und materialistische Weltanschauung unter den Männern der Forschung in immer grösserer Schärfe und Allgemeinheit.

Während die instinktiven Erfahrungen und die Empfindungen der Menschenwelt in alten Zeiten als das Maass aller Dinge gegolten hatten, so dass der gesammte Haushalt der Natur und der tiefere Sinn ihrer Erscheinungen menschenähnlich gedacht worden war, was ja bis in die neueste Zeit hinein auch in philosophischen Lehrmeinungen und sogar in naturwissenschaftlichen Hypothesen eine Weiterentwickelung gefunden hat, verfuhren im Allgemeinen die Naturforschung und die von ihr ausgehenden philosophischen Bestrebungen ebenso absolut im entgegengesetzten Sinne. —

In den einfachsten und der denkenden Erfassung zugänglichsten Naturerscheinungen, den Himmelserscheinungen, waren feste, rein zahlenmässig zu beherrschende Beziehungen entdeckt worden, welche es ermöglichten, diese Erscheinungen mit Sicherheit voraus zu verkündigen. Auf benachbarten Gebieten mechanischer und physikalischer Forschungen hatte man ebenso gelernt, ganze Erscheinungsgruppen nach festen Zahlengesetzen zu beherrschen und hervorzurufen. Der Mechanik der Himmelserscheinungen hatte sich die Mechanik der Vorgänge in der irdischen Natur, ja in weiterem Fortgange die Mechanik der menschlichen Lebenserscheinungen und der Erscheinungen der menschlichen Gesellschaft mit immer kühneren und wenigstens theilweise immer erfolgreicheren Forschungen angeschlossen, und es war durch die Erfolge, welche diese Forschungen in der Handhabung des Spieles der irdischen Kräfte und in der Vorausbestimmung der Erscheinungen bis in die fernen Himmelsräume errangen, allmählich eine an Fanatismus grenzende Zuversicht erwacht, dass mit denselben verhältnissmässig sehr einfachen Gedankenverbindungen überhaupt alle Erscheinungen der Natur und des Menschenlebens zu verstehen und zu beherrschen sein müssten.

Hätte sich aus dieser Zuversicht nur ein begeisternder Antrieb für die Fortsetzung und Vertiefung jener grossartigen Arbeiten entwickelt, so wäre dagegen nichts einzuwenden gewesen, denn auf diesem Wege der Verallgemeinerung ist die Menschheit von jeher zu höheren Stufen ihrer geistigen Veredelung fortgeschritten.

Aber gerade wie die Fanatiker der religiösen Weltanschauung dazu gelangt sind, alle, auch die erhebendsten und bestbegründeten Ergebnisse der Forschung zu negieren, sobald sie sich aus ihren begrenzten Vorstellungen heraus nicht erklären lassen oder gar gegen die letzteren streiten; ebenso glaubte der aus der Naturwissenschaft geborene Fanatismus alle Erfahrungen, auch die ältesten und bewährtesten der Menschenseele, alle Ideen, auch die reinsten und beglückendsten, verneinen und verwerfen zu müssen, wenn sie dem trotz seiner grossen praktischen Erfolge doch noch überaus elementaren mechanischen Erklärungssystem nicht zu entsprechen schienen — ein Verfahren, welches durch Oberflächlichkeit des Denkens und Armuth des Empfindens einen dunklen Schatten auf das sonst so lichte Bild der praktischen Erfolge menschlichen Forschens wirft, und welches nur Demjenigen ganz verständlich wird, der da weiss, wie die durch jahrhundertlange Arbeit entwickelte, fast zum machinalen Apparat gewordene mathematisch-experimentelle Forschungsmethode mit ihrer auf dem rechten Gebiet fast selbstthätig arbeitenden Folgerichtigkeit sogar Ergebnisse hohen Ranges solchen Köpfen zuführt, deren Denken, trotz seiner Virtuosität, an Besonnenheit und Feinheit auf einer verhältnissmässig niedrigen Stufe echt menschlicher Kultur steht.

Die Naturforschung ist in der That durch die leichten Erfolge, die sich ihr jetzt darbieten, für höhere menschliche Durchbildung zu einer Gefahr geworden, welcher von besonnener Pädagogik mit um so grösserem Ernste entgegen zu treten sein wird, mit je vollerem Ruhmeskranze berechtigte Pietät und Dankbarkeit die sonst so herrlichen praktischen Erfolge jener Forschungen schmücken.

Während die materialistisch-mechanische Weltanschauung an sich echt sittlicher Wirkungen fähig ist und in der That schon zahlreichen Geistern zu einer Quelle reinster Hingebung an die rastloseste Arbeit und dadurch zu einer Quelle unbeschreiblichen Friedens und Glückes geworden ist, hatte sich in dem Tross der Naturforschung unter der Mitwirkung socialer und politischer Missstände ein radikaler Nihilismus ausgebildet, welcher den Menschen keinen Vorzug vor dem Thiere zuzugestehen und in gewissem Sinne die Gesetze der Thier- und Pflanzenwelt zu den leitenden der Menschenwelt zu machen schien, indem er die so zu sagen thierischen Seiten des Individuums und die wirthschaftlichen der menschlichen Gesellschaft als die ausschliesslichen Grundlagen vermeintlich neuer, aber wirklich nur den urältesten Anfangsstufen der Kultur entsprechender Gesellschaftssysteme hinstellte.

In einer berechtigten Gegenwirkung gegen den im 17. und 18. Jahrhundert im Bunde mit raffinirter Genussucht entwickelten aristokratischen Nihilismus der herrschenden Klassen, hatte schon der leidenschaftliche Genius Rousseau's einen mit den innigsten und edelsten Elementen der Menschennatur, insbesondere mit einer reichen und zarten Mitempfindung und einem hohen Kultus des Ideals geschmückten, aber höchst unklaren und verwirrenden Socialismus gepredigt, welcher die Menschheit zu einer arkadischen Idylle zurückführen sollte, aber in der That der nächste Ausgangspunkt der wildesten und gefährlichsten socialen Krankheitserscheinungen der Folgezeit geworden ist.

Auf der andern Seite hatten bedeutende Köpfe, wie Voltaire, mit einer durch die ersten grossen Erfolge der Naturforschung gewappneten Macht der Kritik an der Befreiung der Geister von der übermässigen Gebundenheit durch die im 16. Jahrhundert neu erwachten religiösen Bewegungen gearbeitet.

Während in den herrschenden Klassen diese geistigen Bewegungen sich ausbreiteten, hatten auch schon in den tieferen Schichten des Volkes die eigentlichen socialen Bewegungen, hervorgerufen durch die Ungleichheiten und Missstände der wirthschaftlichen Entwickelung und durch die Schlagwörter, die aus den geistigen Kämpfen der herrschenden Klasse herübertönten, sich stärker zu regen begonnen.

Gegen die geistigen Bewegungen waren die alten Staats- und Religions-Formen, insbesondere der Universal-Staat der mittelalterlichen Kirche, viel mächtiger und wirksamer gewesen als sie es gegen jene beginnenden wirthschaftlichen Bewegungen sein konnten.

Gegen die gebildeten Klassen besass man die Hülfe der Massen; aber den Bewegungen der Massen gegenüber trat der Zwiespalt zwischen den alten herrschenden Mächten und den Geistesbedürfnissen der Gebildeten jetzt immer schärfer und gefährlicher hervor.

Aus wirthschaftlichen Nothverhältnissen, die durch Genusssucht der herrschenden Klassen gesteigert waren, und im Ansturm gegen die zu engen Grenzen der Verwerthung menschlicher Arbeitskräfte jedoch in deutlicher Verbindung mit der Auflehnung des selbstständigen kritischen Denkens der Gebildeten gegen die Dogmen starr gewordener politischer und kirchlicher Autorität, sind die grossen Revolutionskrisen der letzten Jahrhunderte entstanden.

Die politischen und socialen Folgen dieser revolutionären Bewegungen sind fast immer in bedeutsamen Verbesserungen der betreffenden Zustände zu Tage getreten; aber diese Fortschritte sind nie ohne starke und gefährliche Nachwirkungen auf geistigem und sittlichem Gebiete geblieben. Auf diesem Gebiete haben nämlich revolutionäre Zeiten stets Rückschläge der traurigsten Art im Gefolge gehabt, durch deren richtige und vollständige Bemessung dereinst der strenge Nachweis geführt werden wird, dass überhaupt Gewalthandlungen nimmer wahrhaft Gutes eintragen, sondern dass die Vortheile, welche sie mitunter zu Wege bringen, in der menschlichen Gemeinschaft ebenso wie im Leben der Einzelnen, nur augenblickliche sind, die durch furchtbare Leiden wieder aufgewogen werden müssen.

Es giebt eben kein festeres und tieferes Band der menschlichen Gemeinschaft, als das Mitleid, als alles unbewusste oder bewusste sympathische Empfinden der Menschen. Wer dieses durch Gewalthaten abstumpft, oder wer demselben nachhaltig wehe thut, der endet damit, gegen seine Sache die gewaltigsten und unlenkbarsten Gegenwirkungen hervorzurufen.

Die entsetzlichen Erscheinungen, welche die revolutionären Bewegungen der durch unverstandene Schlagwörter und durch bitter empfundene Noth aufgestachelten Massen stets gezeigt haben, wirkten jedesmal so erschütternd auf die Gemüther aller derjenigen Menschen, der höchst- und der wenigst-gebildeten, deren Seelen während jener Bewegungen gesund geblieben waren, dass der oben schon citirte Wehruf über diejenigen, welche dem Ewigblinden des Lichtes Himmelfackel leihen, stets noch lange nach solchen Bewegungen die herrschende Stimmung ausdrückte, und dann man sich dass immer wieder mit erneuter Inbrunst an die religiös-sittliche Weltanschauung und an die festen Formen, welche dieselbe in den kirchlichen Gemeinschaften gewonnen hatte, anklammerte. Dazu kam, dass die nihilistischen oder die extrem-idealistischen Gesinnungen, welche in der Regel in solchen Bewegungen zur Herrschaft gelangt waren, von den wahren Bedürfnissen der Menschen auf sittlich-religiösem

Gebiete nur die dunkelsten Ahnungen hatten. Es wurden daher in solchen Zeiten dem Volke Einrichtungen geraubt oder bedroht, welche in dieser oder jener Form zu den unumgänglichen Bedürfnissen einer menschlichen Gemeinschaft, insbesondere zu den für das sympathische Leben der Menschen unbedingt erforderlichen gehören, wenn das Zusammenleben nicht allmählich der Thierheit verfallen soll.

Während der starken Erregungen der ersten französischen Revolution kam dem Volke jenes an den theuersten Gütern seines Lebens begangene Unrecht nicht sofort allgemein zum Aewusstsein, aber mit verstärkter Kraft kehrte bald seine Anhänglichkeit an seinen Gottesdienst und seine Feste wieder, und auf Jahrzehnte hinaus wurde nun den Dienern der Kirche eine Inbrunst und eine Unterordnung entgegengebracht, welche in Verbindung mit der allgemeinen Einschüchterung der gebildeten Klassen der alten, den socialen Problemen sonst nicht mehr gewachsenen kirchlichen Autorität einen erneuten und sogar verstärkten socialen und politischen Einfluss gab. —

Und die Kirche benutzte diesen Einfluss nicht etwa zu einer tieferen pädagogischen Reform der Volkbildung auf der Grundlage der neuen von der menschlichen Gesammtentwickelung herbeigeführten Bedingungen, sondern fast nur zur Niederwerfung und Niederhaltung der ihr entgegenwirkenden geistigen und sittlichen Kräfte der gebildeten Klassen. Und so konnten die Folgen derartiger Krisen schliesslich nur immer wieder die unheilvollsten Erkrankungen des öffentlichen Geistes sein.

Von derjenigen dieser Rückwirkungen, welche nach der ersten französischen Revolution eintrat und vorzugsweise in einer Stärkung der Macht der katholischen Kirche sich zeigte, wurde glücklicher Weise Deutschland, wenigstens der nicht ausschliesslich katholische Theil desselben, in höherem Grade verschont, als andere Kulturländer, dank der hohen Blüthe, zu welcher die Entwickelung der schönen und philosophischen Literatur — in Folge eines eigenthümlichen Zusammenwirkens der aus den vorangegangenen religiösen Bewegungen herrührenden Vertiefung der Gemüther mit den Anregungen wissenschaftlicher Forschung und kritischer Aufklärung — in Deutschland gerade um die Zeit per französischen Revolution gediehen war.

Der deutsche Idealismus und Individualismus, — kraft dessen das Dogma der Volkssouveränetät bei uns schon längst zur Souveränetät der Individuen in dem Sinne erweitert ist, dass Jeder Einzelne das Recht auf eine besondere Weltanschauung hat, und dass das Kritischste und Radikalste fast immer als das Bedeutendste erscheint, — war sonst gerade der geeignetste Boden für alle geistig revolutionären Bewegungen gewesen, wie es ja auch in dem Kampf auf religiösem Gebiete in der Reformationszeit zu Tage getreten war. Diesmal war dieser Volksgeist jedoch vor dem Uebermaass der Bewegung in jener revolutionären Krisis theils durch die unentwickelten politischen und socialen Verhältnisse Deutschlands, theils durch die harmonischen, die Seelen einigenden Wirkungen bewahrt geblieben, welche der gemeinsame Kultus des Ideals in jenem goldenen Zeitalter unserer Literatur auszuüben begann, und welche er noch bis in die Gegenwart im Sinne einer starken begeisterungsfähigen Gemeinsamkeit deutscher Seelen ausgeübt hat, genährt durch die in den philosophischen Bewegungen der Romantik bis in die Mitte dieses Jahrhunderts fortdauernden tief sittlichen Wirkungen.

Obgleich auch in Deutschland, als sich dort unter den Nachwirkungen der Revolutionskämpfe und der Erstarkung politischen Selbstgefühls in den Befreiungskriegen sociale und politische Bestrebungen zu regen begannen, polizeiliche Rückschläge gegen die Freiheit der geistigen Bewegungen eintraten, blieb doch die deutsche Volksbildung vor der Verkümmerung bewahrt, welche die anderweitig in viel höherem Grade zurückgekehrte Herrschaft der Kirche über die Schulerziehung, z. B. in Frankreich hervorbrachte.

In der deutschen Pädagogik herrschten bis zu dem verhängnissvollen Jahre 1848 die idealen Wirkungen unserer klassischen Blüthezeit nicht nur auf dem Gebiete der einzelnen Wissenschaften und der Philosophie, sondern auch auf dem Gebiete sittlich religiösen Denkens. Erinnert sich doch jeder, welcher die Wohlthaten des Unterrichts deutscher Gelehrtenschulen noch in jener Zeit oder unter Männern, die von jener Zeit her unabhängigen Denkens geblieben waren, genossen hat, mit Dank und Freude an die hochsinnige, von echt historischem und philosophischem Sinn beseelte Darstellung der religiösen Bedürfnisse des Menschengeschlechts und der Grundlagen seiner Sittlichkeit, welche in den höheren Klassen jener Schulen den Kultus des frommen Gemüthes mit dem tiefen Wahrheitsernst Kantischer und Fichtescher Anschauungen zu verbinden wusste.

Aus diesen Zeiten deutscher Pädagogik und Geistesfreiheit ist die Generation hervorgegangen, welche den kühnen Führern der Gegenwart ihre politischen Erfolge ermöglicht und die breite Basis gewährt hat, auf welcher sich das Ansehen Deutschlands unter den Völkern so stolz emporgerichtet hat.

Anders wurde es mit der deutschen Volksbildung, als uns in dem Jahre 1848 der Einheitsdrang des deutschen Volkes und das Verlangen desselben nach umfassender Gemeinsamkeit politischer Arbeit in jene neue von Frankreich ausgehende politische Bewegung hineinriss. Bekanntlich nahm dieselbe einen so gefährlichen und erbitternden Verlauf dadurch, dass zahlreiche, hauptsächlich den Kreisen geistiger Arbeit angehörende Führer der politischen Bewegung die Kräfte, deren sie gegen die „Trägheit und Verworrenheit“ aber auch gegen die Stärke des Bestehenden zu bedürfen glaubten, aus dem unruhigen Verbesserungsdrange der ärmsten Volksmassen hernahmen, welche durch vorangegangene wirthschaftliche Nothstände verbittert und gereizt waren.

Die Folge jener Vorgänge war, dass nun auch in Deutschland jener Rückschlag in der Behandlung der Aufgaben der Volksbildung eintrat, welcher unter der Herrschaft der katholischen Kirche von dem Beginne des Jahrhunderts an in Wirksamkeit war, dessen Prinzipien und Methoden aber schon seit der Begründung des Jesuitenordens zu einem unglaublich bestrickenden Netze von Halbwahrheiten durchgebildet worden waren.

Es kam die traurige Zeit, wo in Deutschland, besonders in Preussen, Bibel und Katechismus nicht nur den fast ausschliesslichen Inhalt des Programms der Volksschulen und der Volksschullehrer-Seminare, sondern auch in der Färbung ödester Pedanterie die Quintessenz der Pädagogik der Gelehrtenschulen bilden sollten; es kam die Zeit, in welcher die kühnsten und stärksten Geister Deutschlands sich auf das engste Gebiet ihrer Wirksamkeit zurückzogen und der Jugend unseres Volkes von den Gaben reinen und durch treueste Folgerichtigkeit entzückenden Denkens nur die kleinsten Dosen austheilten; es kam die Zeit, in welcher die Freudigkeit und der gesunde Ehrgeiz unserer Lehrerwelt die stärkste Verkümmerung dadurch erfuhr, dass nicht mehr Kenntnisse, Talent und begeisternde Lehrgabe, sondern politische und religiöse Rechtgläubigkeit die günstigste Bedingung äusseren Fortkommens wurde.

Nur mit tiefer Bewegung kann man an jene Zeiten zu Ende der fünfziger Jahre denken, als der tiefe Schrecken, der auch einen grossen Theil der Gelehrtenwelt befallen hatte, etwas zu weichen begann, als z. B. der Professor der Eloquenz an der Berliner Universität, ein alter erprobter Kämpfer für Geistesfreiheit und ein bahnbrechender Forscher, mit feierlichem Tone zuerst wieder ein Wort auszusprechen wagte, welches in längst vorangegangenen Zeiten für selbstverständlich galt, und welches jetzt als bemerkenswerthe Kühnheit von Lehrern und Jüngern der Wissenschaft aufgenommen wurde, das Wort: „Der Dienst der Wissenschaft ist auch ein Gottesdienst".

Wie langsam sind wir seitdem fortgeschritten, wie gebunden durch blasse Furcht vor den Massen ist auch gegenwärtig noch unsere Anschauung über Geistesfreiheit, verglichen mit den kühnen und sicheren Auffassungen in diesen Dingen, welche schon in vergangenen Zeiten entwickelt waren! Es ist, als ob die Schrecken der revolutionären Bewegungen der Massen in den herrschenden Klassen der Gesellschaft eine wahre Entmannung des Denkens über diese Fragen hervorgebracht hätten.

In unseren parlamentarischen Versammlungen erhebt sich nur schüchterner Widerspruch, wenn von Seiten der kirchlichen Parteien im Vertrauen auf jene Knechtschaft der Geister die Behauptung ausgesprochen wird, dass ohne Religion keine Sittlichkeit ist, und dass demgemäss die Kirche die einzige solide Grundlage der menschlichen Gesellschaft bilde.

In unserer Tagespresse erheben sich Stimmen, welche dasjenige beklagen, was man sehr unzutreffend die thörichte Halbbildung der Zeit nennt. Von keiner Seite wird dabei die wahre Ursache jener sittlichen Verworrenheit zur Sprache gebracht, nämlich das Versinken aller höheren Pädagogik, jeder edleren Erziehung zur Menschlichkeit, jeder Spur von dem Kultus der schönen Seele, das Erlöschen jener begeisterten Ethik vergangener Zeiten, statt deren auf der Oberfläche Nichts Anderes als die unfruchtbare Redeweise religiöser Altklugheit, in der Tiefe der jungen Gemüther dagegen vielfach, sowohl bei äusserlich konservativer als bei radikaler Haltung, der stümperhafteste Materialismus lebt, geschärft durch die Verachtung, die dem hellen Auge der Jugend aus dem Anblick der Halbheit und Unwahrhaftigkeit entsteht, an welcher Lehrer und Eltern, kurzum alle Autoritätspersonen, gerade in den tiefsten Fragen menschlichen Denkens kranken.

Angesichts der in der That so schwierigen Probleme, welche eine aus mächtiger Wissenschaftsblüthe in immer tiefere Schichten des Volkes gedrungene, höchst ungleichmässige Geistes-Entwickelung den Staatsmännern und Pädagogen stellt, kann man sich doch der schmerzlichsten Bewegung nicht entschlagen, wenn man sieht, dass mehr oder weniger die Anschauung, welche der Landgeistliche von den Bedürfnissen der menschlichen Kultur und den Heilmitteln für ihre Erkrankungen hat, während ganzer Jahrzehnte in der Entwickelung eines grossen Volkes vorwiegt, und dass neben diesem konservativen ein radikaler Dilettantismus sich entwickelt, der, weil die ersten Geister des Volkes durch politische und sociale Beängstigungen an ungehemmtem Wirken für Geistesfreiheit und Kultur gehindert sind, sich überall an Köpfe voll heroischen Ehrgeizes, aber entsetzlicher Unklarheit gewiesen sieht und mit diesen die Wege eines maasslosen und absurden Nihilismus beschreitet.

Ein Zeichen schwerster Erkrankung des Urtheils war es schon, dass nach den letzten revolutionären Bewegungsjahren allen Ernstes die Parole: „Umkehr der Wissenschaft, d. h. erneute Unterordnung derselben unter die alte religiös kirchliche Weltanschauung“ proklamirt werden konnte, zu einer Zeit, als die wissenschaftliche Forschung eben begann, ihren kühnsten und reichsten Aufschwung zu nehmen, als sie mit prometheischem Sinne die allgewaltigen Naturkräfte zu ihren dienstbaren Geistern machte, mit ihnen Verkehr und Wirthschaft der Menschen total umzugestalten begann, neue Kräfte auch in der Menschenwelt entfesselte und mehr als je des treuesten Rathes aller Genien der Menschheit bedurfte.

Die Kraft, welche es mit der Forderung der Umkehr der

Wissenschaft übernahm, diesen Prometheus an den Felsen zu fesseln, diese Kraft reicht dazu wahrlich nicht aus. Die Fesselung des unbändig gewordenen Titanen, sie kann allein durch diejenigen Kräfte der Menschenwelt geleistet werden, deren Erzeugniss diese ganze grosse Entwickelung ist, d. h. durch die Ermannung der ganzen Menschennatur zu ihrer vollen Grösse, zur vollen Besitzergreifung auch von allen denjenigen Gebieten, im Namen des menschlichen Verstandes, welche ihm noch immer von den alten vormundschaftlichen Mächten der menschlichen Gesellschaft bestritten werden, insbesondere zur endlichen rein vernünftigen und hochsinnigen Ordnung alles Schul- und Erziehungswesens. Jene volle Besitzergreifung aber, sie soll keineswegs im Namen wissenschaftlicher Aristokratie erfolgen, sondern im Dienste jenes höheren und umfassenderen Adels der Menschennatur, dessen Forderungen und Bedingungen im tiefsten Grunde dieselben sind, wie alle bisherigen Ideale der Menschheit, und welcher daher auch allein geeignet ist, die Mächte der Vergangenheit und der Gegenwart in höherem Einklange friedlich zu verbinden und jeder die geeignetste Wirksamkeit zuzuweisen.

Es ist ja unleugbar, dass jenes melancholische Wort von der Himmelsfackel, die dem Ewigblinden nicht leuchtet, auch innerhalb der Kulturstaaten noch für eine grosse Zahl der Menschen, vielleicht noch für die Mehrheit derselben, ihre ernste Bedeutung hat. Durchaus berechtigt ist es daher, wenn einer in's Extrem getriebenen Lehre von der Herrschaft der Majoritäten gerade aus jenen Kreisen, welche die Seelenbedürfnisse der untersten Schichten des Volkes vertreten zu müssen glauben, entgegengehalten wird, dass eine wahre Mehrheitsregierung nur auf ihrer Seite zu finden sei.

Jene breiteren und tieferen Schichten des Volkes, sie bilden aber so zu sagen nur den wesentlich vegetativen Theil des ganzen Staatsorganismus. Von ihrer Befriedigung und ihrer Gesundheit ist Leben und Gesundheit des Ganzen allerdings in hohem Grade abhängig. Aber wie derjenige Mensch, welcher sich blos mit der Kultivirung der vegetativen Funktionen seines Organismus beschäftigt, schliesslich dahin gelangt, dass diese übermässig kultivirten Funktionen krankhaft überwuchern, die zu ihrer Regulirung bestimmte centrale Organisation des Kopfes verkümmert und der ganze Organismus degenerirt und in Niedrigkeit versinkt, während umgekehrt eine übermässige Entwickelung des Kopfes und eine Vernachlässigung der vegetativen Funktionen zwar auch zur Erkrankung, aber nicht so schnell zur Degenerirung und Erniedrigung des Menschen führt, sondern lange Zeit hindurch noch die höchsten und edelsten Kraftäusserungen darzubieten vermag; gerade so gehört zur dauernden Gesundheit des ganzen Staatsorganismus noch in viel höherem Grade die Pflege der Funktionen seines Kopfes, d. h. die Erhaltung der normalen Lebensbedingungen derjenigen Schichten des Volkes, in welchen sich vorzugsweise die geistigen Kräfte der Gesammtheit koncentriren. Nur diese vermögen, wenn sie in normaler Verfassung sind, auch die wirthschaftlichen Funktionen des Ganzen so zu reguliren, dass für ihre stetige gesunde Erneuerung und ihre Widerstandskraft gegenüber den unvermeidlichen von Aussen kommenden Störungen oder dem zeitweisen Versagen der natürlichen Hülfsquellen grösstmögliche Sicherheit gegeben ist.

Glaubt denn irgend Jemand im Ernste, dass auch allen diesen Aufgaben der leitenden Kräfte menschlichen Gemeinwesens in dem wachsenden Umfang und der wachsenden Komplikation, welche durch die Zunahme der Bevölkerungen, die Zunahme ihrer Ansprüche, die Zunahme ihres Gleichheitstriebes unvermeidlich bedingt werden, durch ein Zusammenwirken von Kirche und Staat im Sinne patriarchalischer Verhältnisse jemals genügt werden könnte? Ist nicht dafür gerade die intensivste Hülfe aller wissenschaftlichen Kräfte, die höchste Pflege aller Institutionen, welche das Urtheil und welche die geistige Geschicklichkeit und Stärke der Menschen bilden, erforderlich?

Waren denn nicht die alten Priesterschaften, welche mit so ruhiger Grösse und so mächtigem Erfolge Jahrhunderte lang an der Erziehung und Leitung der Menschheit gearbeitet haben, hierzu nur dadurch befähigt, dass die höchsten Kenntnisse, die edelsten Geisteskräfte ihrer Zeit in ihrem Kreise sich vereinigten?

Ist denn aber die Mehrheit unserer Geistlichkeit, ist ihre Kenntniss und Meinung von den Dingen, wie sie leider auch die hochgebildeten und feinsinnigen Elemente des gewiss auch jetzt noch aller Ehrerbietung würdigen Priesterstandes mit sich fortzureissen pflegt, irgendwie einer leitenden Bethätigung auf dem Felde der socialen Probleme gewachsen? Werden dort nicht die geistigen Eigenschaften des Geschäftsmannes, des Technikers, des Arztes, des Naturforschers neben denen des frommen Menschenfreundes, der gewiss nicht fehlen darf, von der grössten Bedeutung sein?

Jener Geist der Kritik und der Forschung, welcher Jahrtausende lang in geheimnisswahrenden alten Priesterschaften in gewissem Grade gebunden geblieben war, welcher aber jetzt nicht blos das ganze Leben zahlloser geistig Arbeitenden, sondern auch das ganze wirthschaftliche Leben zu durchdringen begonnen hat, er sollte jemals wieder den Menschen entrissen werden können?

Wer dies zu erreichen glaubt durch Herabdrückung des Unterrichtes, der bringt nur eine Verkümmerung der sittlichen Wahrheit der Menschen, der bringt nur jene gefährliche Erbitterung zu Wege, welche die herrschenden Mächte des Staates und der Gesellschaft als die Quellen aller Unwahrheit und aller sittlichen Erniedrigung zu erkennen wähnt, und führt den Schaaren Derer Verstärkung zu, welche auf verbrecherischen und thörichten Umsturz all' des Weisen, Vernünftigen und Wohlthätigen sinnen, was in den bestehenden Einrichtungen der Menschheit schon gegeben ist.

Der Ausspruch, dass die Religion der populäre Idealismus sei, ist insofern nicht zutreffend, als sich auch in den höchsten Geistern recht eigentlich religiöses Bedürfniss und begeisterte religiöse Gesinnung zu entwickeln pflegt, die zwar ihre eigenen Wege wandelt, aber tief verwandt ist mit jener, religiöser Stimmungen bedürftigen Sehnsucht, welche die Gemüther auch der ganz ungelehrten Menschen erfüllt. Aber in dem Sinne ist jener Ausspruch richtig, dass der religiöse Kultus aus dem Idealismus des Volkes geboren ist und demselben dient.

Bewahrt den Menschen ihren Gottesdienst und seine altehrwürdigen Formen. Lasst ihnen mit gebührender Einschränkung des Uebermaasses, welches nur dem Müssiggang dient, ihre kirchlichen Feste mit ihrer stillen Sammlung oder ihrer sympathischen Heiterkeit. Lasst und erhaltet ihnen in allen, die Seele stärker bewegenden Lebensereignissen die innigen Beziehungen zu den schlichten und würdigen Männern, die ihnen im Bereiche der gottesdienstlichen Einrichtungen, in der Sprache altehrwürdiger Poesie Rührendes und Erbauendes aus menschlicher Vergangenheit vor die Seele bringen. Lasst ihnen, soweit die unvermeidliche von keiner Macht der Erde zu bemeisternde Entwickelung des Denkens über Welt und Leben nicht daran tastet, und soweit dieselbe nicht in anderer Form reichen Ersatz bietet, die Gedanken über die ewige Zukunft des Menschengeistes mit ihren tiefen Antrieben in Furcht und Hoffnung. Lasst allen Einrichtungen des Kultus und ihren Leitern und Dienern die grösstmöglichste Freiheit. Wahrt nur mit zarter Hand im Bereich der Erziehung diejenigen Grenzen, welche die Sorge für die Gesundheit des Leibes und der Seele, zumal des weiblichen Geschlechtes hierbei erfordert, dessen grosse Hinneigung zu den Stimmungen erregter Einbildungskraft das Uebermass religiöser Erregung als eine ernste Gefahr der Gesundheit erscheinen lässt. Aber glaubt nicht mehr, dass mit der Pflege des Kultus für die Gesittung der Menschheit genug gethan sei, und dass nun etwa derselbe Geist und dieselben Formen genügen könnten, um ein Volk von seinen tiefsten bis in seine höchsten Schichten sittlich und geistig gesund zu erhalten, dasselbe stetig zu erziehen, die Erfüllung der immer reicheren und schwierigeren Aufgaben der Gemeinschaft und die Erhaltung ihres Einklanges im unvermeidlichen Wettkampfe zu verbürgen.

Hierzu gehört mehr; — und in dieser Beziehung bestehen bei zahlreichen Gebildeten die gefährlichsten Täuschungen, wenn sie meinen, dass die Religion, die ihnen neben ihren sonstigen geistigen Besitzthümern genügt, auch dem Volke, welches die letzteren nicht hat, genügen könne; — hierzu gehört eine Schule, welche bis in ihre untersten Verzweigungen von dem lautersten Streben nach immer höherer und reinerer geistiger Arbeit erfüllt ist, eine Schule, in welcher auch die andere hohe Lehre der Menschheit verkündet wird, nämlich die Lehre, dass das Glück des Einzelnen und der Gesammtheit wesentlich von der Entwickelung der Freude an geistiger Arbeit, also von der Entwickelung grösstmöglichster Stärke und höchstmöglichsten Einklanges der Gehirnfunktionen des Menschen abhängt, von der Entwickelung derjenigen Gaben, welche in ihrer reinsten Durchbildung zum sympathischen Gesammtbewusstsein alles Menschenwesens, also in ihrer Verbindung mit den Himmelstöchtern, Mitleid und Mitfreude, den höchsten Adel des Menschen ausmachen, und deren Herabdrückung zu Gunsten eines faulen Friedens mit den wohlgefälligen Gebilden der Einbildungskraft nur zu den schwersten Erkrankungen der menschlichen Gesellschaft führen kann. —

Gebt euren Lehrern und euren Schulen freie Bahn; befreit sie unbedingt von jeglichem anderen als dem naturgemässen, im menschlichen Zusammenleben sich zwanglos entwickelnden Einfluss der kirchlichen Systeme, nach welchen sich die Menschheit zu Sondergemeinschaften enger verwandten und dadurch in sich gesteigerten, dafür aber auch stärker von Anderen trennenden Empfindens vereinigt. Weist sie vielmehr hin auf die Pflege aller die Menschen verbindenden Lehren, welche auf den allen Menschen und Völkern gemeinsamen Besitzthümern der Wissenschaft, auf der Erfahrung unbedingter, innigster Verwandschaft alles menschlichen Denkens in seinen strengsten und reinsten Sphären beruht. Verbannt vor allen Dingen in jeder Form aus der Schule jenen sophistischen Jesuitismus, welcher die Ergebnisse des erhebendsten Denkens der hellsten Köpfe höchstens als zweckmässige, praktische Kunstgriffe für die äussere Entwickelung der Menschheit betrachten lehrt. Lehrt zwar in den Schulen diejenigen Wahrheiten, welche das sittliche Leben des Volkes zu begründen und zu erhalten bestimmt sind, da wo es förderlich ist, auch in jener Form, welche den alten ererbten Bedürfnissen der Seele am Nächsten steht, geschmückt und geweiht mit allen Schätzen der religiösen Poesie und frommer, schlichter Erzählung aus jenen dem kindlichen Gemüthe so anziehenden Zeiten der Vergangenheit, in welche das Licht der Geschichte noch nicht hinabreicht.

Bekämpft jedoch in der Schule auf's Aeusserste sowohl jenen konservativen Nihilismus, welcher Vernunft und Wissenschaft „des Menschen allerhöchste Kraft“ verachtet, als denjenigen radikalen Nihilismus, welcher mit den wohlfeilsten Verallgemeinerungen naturwissenschaftlichen Handwerks die hohe

Sehnsucht der Menschenseele nach dem Unendlichen ausrotten zu können glaubt.

Verkündigt gerade in den Schulen, noch mehr als es in den Kirchen geschieht, jene Lehren des Christenthums, in welchen sein erhabener Stifter die Erfahrungen und Schlüsse seiner weisesten Vorgänger über wahre Sittlichkeit und wahres Glück zusammenfasste und weiterbildete, jene genialen und ergreifenden Lehren von den Seligkeiten, welche gerade jetzt das reinste Labsal für die ruhelose Menschheit sind; verkündigt sie mit dem über die Lehren der Kirche hinaus gehenden Nachweise, dass jene hohe Seligkeiten des Entsagens und Erbarmens schon hienieden eintreten, und dass ihnen kein anderes Glücks-Gefühl auf Erden gleicht.

Stellt die hohen Gedanken: Gott, Freiheit und Unsterblichkeit in populärer Fortbildung der Lehren von Kant und Fichte in ihrer vollen Grösse und Idealität hin, gereinigt von den Uebertreibungen, den sinnlichen Ausschmückungen und den phantastischen Welterklärungsversuchen, welche als eine Art von naturwissenschaftlicher Poesie, verbunden mit entzückenden oder erschütternden Bildern aus dem Menschenleben die alten Urkunden erfüllen. Nur bei gänzlich unentwickelter Naturerkenntniss konnten dieselben dem Welterklärungsbedürfnisse der Menschen ein Genüge bieten, schon bei der unvollkommensten Kenntniss von dem, was die Menschheit jetzt sicher wissen kann, mussten sie zu Fehlschlüssen über das Wesen der grossen und unvergänglichen Gedanken selbst führen, deren vergängliche Attribute und Ausdeutungen sie nur gewesen waren, zu Fehlschlüssen, deren weite und gerade in Deutschland gefährlichste Verbreitung sich darin zeigt, dass in dem Cynismus socialdemokratischer Phrase auch Recht und Moral als „Pfaffenlehre“ bezeichnet werden.

Zeigt ferner, dass, wenn die Naturwissenschaften von der gesetzmässigen Verknüpfung der Erscheinungen, in welcher sie so Förderliches, so einleuchtend Wahres leisten, zu weiteren Verallgemeinerungen aufsteigen und damit gewisse Grenzen der Erfahrung überschreiten, sie auch zu nichts Anderem als zur naturwissenschaftlichen Dichtung werden mit der Besonderheit, dass diese Dichtung, wenn sie die systematischen Formen und

Vorstellungen der wissenschaftlichen Erkenntniss beibehalten will, zu den ödesten und gezwungensten Verbildlichungen führt, dass sie aber, wenn jenen Verallgemeinerungen ein wärmerer und weihevollerer Charakter gegeben werden soll, unbewusst, wenn auch auf tausendfach gewundenem Wege, wieder in jene Gedankenwelt zurückkehrt, in welcher — unberührbar von dem veränderlichen und der Entwickelung fähigen Inhalt menschlichen Denkens — die ewige Form desselben zur Erscheinung kommt. Und diese Form, worin gipfelt sie? In Nichts Anderem als dem über unserm höchsten Denken thronenden Idealbilde der Menschennatur, ausgestattet mit den beiden höchsten Seligkeiten, welche die Menschenseele im Leben nur als Sehnsuchtsempfindungen und in vorübergehenden Vorgefühlen kennt: Freiheit und Unsterblichkeit, beide eins in der Begriffsbestimmung als die ersehnte Unabhängigkeit von dem Zwang der Kräfte in Raum und Zeit, jene Unabhängigkeit, auf deren sich stetig vervollkommnende, aber doch stets bedingte und begrenzte Verwirklichung in der Form der geistigen Beherrschung alles Erschienenen und Erscheinenden auch das tiefste Streben aller Wissenschaft gerichtet ist.

Stellt in der Erziehung unseres Volkes das Wesen der Willensfreiheit und der Verantwortlichkeit des Menschen, jener mächtigsten Antriebe des gesammten sittlichen Lebens, sicher vor den Ergebnissen aller kritischen Spekulationen und aller Forschungen über den menschlichen Organismus.

Stellt die Ansicht aller Vernünftigen über diese Dinge endlich dahin in's Klare, dass, ob auch immer unser ganzes Denken und Empfinden sich nur als eine besondere Form des Wirkens allgemeiner Naturkräfte erweisen, und durch welche Mechanismen dasselbe auch zu Stande kommen möge, die Form unseres Denkens unverkennbar seine Besonderheit und seine Hoheit in seiner relativen Unabhängigkeit von der Zeit in sich trägt.

Seine Erhebung über den Augenblick, seine bewahrende und sammelnde Kraft, die dadurch ermöglichte Befreiung von den elementarsten, veränderlichsten Naturwirkungen und das Emporsteigen der von diesen befreiten Seele unter eine höhere Ordnung von Wirkungen, dieses Aufathmen der Erscheinung von dem Zwange ruhelosen Wechsels, diesen Kern alles sittlichen

Lebens bezeichnen wir sehnsüchtig mit dem Namen „Freiheit", wie wir überall auch im Zusammenleben der Menschen unter diesem Namen nicht die absolute Unabhängigkeit der Einzelnen, sondern ihre Befreiung aus der Abhängigkeit von niederem, unedlem Zwange und ihre Abhängigwerdung von der Herrschaft der höheren und edleren Kräfte ihrer selbst und Anderer verstehen.

Eine Volkserziehung, in welcher in einer Weise, von der obige Umrisse nur ein mattes Schattenbild geben können, die Sittenlehre und die Lehre vom Menschen auf dem Boden der Naturgesetze des Organismus gepflanzt wird, ist dann auch in ihrem ethischen Kern unabhängig von allen vorübergehenden Irrungen und Uebertreibungen, welche mit dem unvermeidlichen, hypothetischen Charakter der einzelnen Entwickelungsstufen menschlichen Erkennens verbunden sind.

Ist doch der Schaden, welchen die Verbreitung geistvoller, aber noch unentwickelter Hypothesen der Naturforschung in letzter Vergangenheit vielleicht in den Anschauungen der Menschen hervorgebracht hat, nur dadurch zu erklären, dass eben kein fester Boden derjenigen für den Einklang der Menschenseele und der menschlichen Gemeinschaften unentbehrlichen Lehren da war, welche schon längst unwandelbar feststehen könnten und sollten. Nur so konnten jene leichtbeschwingten, von den Adepten übermässig sicher verkündeten Gedankenelemente aus der Naturforschung Ueberzeugungen in's Schwanken bringen, deren Unsicherheit eben die traurige Signatur der verkümmerten Pädagogik unserer Tage bildet.

Nimmer wird dem etwa abgeholfen werden können durch die vorgeschlagenen Einschränkungen in der pädagogischen Verkündigung wissenschaftlicher Wahrheiten auf dasjenige, was festes Besitzthum der Wissenschaft sei, und durch die Verbannung alles Desjenigen aus der Schule, was in diesen Dingen nur hypothetischen Charakters sei.

Welcher Forscher, welcher Lehrer will sich vermessen, derartige Unterscheidungen mit Sicherheit zu machen! Was würde aus der Pädagogik werden, wenn etwa wieder eine reglementirende Gedankenpolizei, diesmal auf naturwissenschaftlichem Gebiete, geübt werden sollte? Giebt es doch kein anderes Heil im Lehren der Wahrheit als die Freiheit, eingeschränkt durch dasjenige Maass des Urtheils, welches sich unter der Herrschaft gesunder Prinzipien von selber findet, welches aber in kranken, abnormen Zuständen nur durch den frischen freien Kampf der Geister, durch die lebendigste Diskussion wieder gefunden werden kann. —

Ist nicht z. B. gerade in den vielgeschmähten Darwin'schen Hypothesen, ganz abgesehen von dem hohen Aufschwung, den sie durch die von ihnen aufgeschlossene entzückende Fülle neuer Zusammenhänge dem naturwissenschaftlichen Unterricht ermöglichen, eine äusserst wirksame Hinweisung auf die Perfektibilität der Organismen und darin ein höchst fruchtbringender Kern der lebensvollsten Anregungen enthalten?

Ist nicht auch in noch höheren Stufen der Belehrung die scheinbar so schnöde Lehre von dem in der Natur waltenden Kampf um's Dasein einer hohen sittlichen Verwerthung fähig, für welche eine tiefere Erfassung der Natur des menschlichen Organismus schon eine genügend sichere Grundlage bietet. Lässt sich nicht gerade in Bezug auf jenen Daseins- und Entwickelungskampf der Geschöpfe erweisen, dass die Menschenseele das ruhevolle Ziel dieser Entwickelung ist, insofern aus der Verfeinerung ihres Empfindens und der Veredlung ihres Denkens das Gefühl und die Erkenntniss einer umfassenderen Gemeinschaft von Glück und Unglück, von Lust und Schmerz, das solidarische Gesammtbewusstsein der Menschlichkeit hervorgeht, so dass in ihr der rohe Daseinskampf, umgewandelt in den Wetteifer harmonischer Kräfte zur Erringung der grösstmöglichen Vollkommenheit für Alle, sein Ende und zugleich einen neuen Ausgangspunkt höchsten Strebens findet.

Man möge nicht einwerfen, dass alle diese Dinge Subtilitäten seien, dass sie niemals diejenige populäre wirksame Form finden würden, mit welcher so lange die religiöse Weltanschauung ausschliesslich in den Gemüthern geherrscht hat, und dass im besten Falle keine andere Grundlage der Sittenlehre auf diesem Wege gefunden werden könne, als eine Lehre von der Glückseligkeit auf Erden, welche schliesslich doch nur zur Genusssucht führe.

Man hat ein Recht zu solchen Zweifeln, wenn man keine eigenen Erfahrungen in dieser Hinsicht besitzt; aber es giebt erfahrungsmässig auf dem oben geschilderten Wege die ergreifendsten Antriebe und Beseligungen für die Menschennatur. Allerdings, um hierfür eine aus der subjektiven Erfahrung heraustretende Darlegung, eine für Jedermann einleuchtende und einfache Fassung zu finden, wird es, wenn kein Genius hierfür erweckt wird, noch langer pädagogischer Arbeit bedürfen.

Doch kommt es in allen solchen Dingen auch in hohem Grade auf die Gewohnheit der Menschen an. Was wir als tüchtig und gut gemeinsam mit zahlreichen strebenden Geistern erkannt, was wir in der eigenen Entwickelung als probehaltig befunden haben, dem müssen wir ernsten und innigen Ausdruck geben, möge es, verglichen mit dem Gewohnten, auch noch so wunderlich und phantastisch klingen. Auch besitzen wir ja als köstliches Hülfsmittel für die Erziehung zu voller innerer Wahrheit und Freiheit schon die herrlichsten Worte, die herrlichsten Sinnsprüche in den Werken aller grossen Dichter und Denker der Menschheit, eine für unsere eigensten Seelenbedürfnisse geschaffene Spruchweisheit, welche der biblischen Spruchweisheit, deren ehrwürdiges Alter und sonstige Tiefe uns ihre an vielen Stellen zu Tage liegende Unzulänglichkeit verhüllt, gewiss nicht nachsteht.

Ihr seht ja, wie die Begriffe über die elementarsten und unbestreitbarsten Pflichten gegen Leben und Eigenthum der Mitmenschen unter der Herrschaft einer im Wesentlichen auf die Ethik der Zehn Gebote beschränkten Volks-Pädagogik erst recht dahin gegangen sind. Und doch lasst Ihr schon wieder den Wehruf der Reaktion erschallen, welche nach so trüben Ergebnissen ihrer verhängnissvollen Wirksamkeit immer noch Kirche und Religion, Bibel und Katechismus als die einzigen Heilmittel der Gesellschaft preist und auf's Neue von einer Umkehr der Wissenschaft spricht.

Man gewähre nur endlich der Lehrerwelt die höchsten Antriebe zu pädagogischer und jeder anderen Forschung, indem man den trotz aufgeklärtester Absichten der gegenwärtig leitenden Männer immer noch auf den Schulen lastenden Bann kirchlicher Reaktion gänzlich abschüttelt. Man lasse das Talent, die sittliche Reinheit und Energie des Lehrers, unabhängig von seiner „Gesinnung“, wieder als die höchste Empfehlung desselben gelten, und bald wird sich auf diesem Gebiete, befruchtet durch die überall schon so mächtig entwickelte wissenschaftliche Forschung, ein neues Leben zeigen, dem es nicht fehlen wird, für die höchsten Bestrebungen der Menschheit auch auf dem Gebiete der Erziehung das rechte Maass und die rechte Form zu finden, insbesondere auch zu demjenigen Grade von Pflichtstrenge sich zu erheben, welcher nur aus innerer Einigkeit und Wahrhaftigkeit erwächst.

Wenn in diesem Sinne volle Geistesfreiheit wieder in alle Gebiete der menschlichen Thätigkeit einzieht, auch in der Form maassvollster Toleranz für die echten und eigenthümlichen Bethätigungen kirchlichen Sinnes und kirchlichen Lebens in allen seinen orthodoxen und freisinnigen Färbungen, aber mit Erhaltung desselben auf seinem eigensten Gebiete, wenn dann die leitenden Mächte befreit sind von dem der kirchlichen Politik eigenen, bewussten oder unbewussten Wahne, dass die Erregung der Massen geeignete Gegenwirkungen gegen den Freiheitsdrang der geistigen Kräfte der Menschheit darbiete, dann wird auch jene verhängnissvolle Halbheit verschwinden, welche es verhindert hat, dass der offenbaren Wahnwitzigkeit, die schon viel zu lange ihr agitatorisches Wesen in den untersten Volksklassen getrieben hat, mit aller Strenge und Majestät der Vernunft entgegengetreten wurde.

Das Maass der Strenge in der Handhabung derjenigen Vorschriften und Gesetze, welche die Grundlagen der menschlichen Gesellschaft zu schützen bestimmt sind, wird sich leichter bestimmen lassen, als es in der gegenwärtigen Erregung der Geister den Anschein hat. Entkleidet man in obigem Sinne die vorliegenden socialen Aufgaben von jener schweren Komplikation, die aus der Furcht vor der Verbreitung der Geistesbildung an sich und vor dem Einfluss derselben auf die unausbleiblichen wirthschaftlichen Bewegungen hervorgegangen war, so ergiebt sich für die Behandlung der Probleme schon eine bedeutende Vereinfachung.

Es würde ein beklagenswerther Rückschritt sein, wenn man die endlich auch den untersten Klassen gewährten Rechte freierer Bewegung und freierer Vereinigung zu wirthschaftlichen Zwecken wieder aufheben oder verkümmern wollte. Der Socialdemokratie, aufgefasst als eine auf grösstmögliche Verbesserung der Lage der ärmeren Volksklassen gerichtete Lehre und Bewegung, sollte immer mehr die Mitwirkung aller Denkenden und Wohlmeinenden zu Theil werden.

Den Deutschen ist es zum Ruhme anzurechnen, wenn in ihren gebildeten und besitzenden Klassen, ja sogar an den höchsten Stellen für diese Ziele der Socialdemokratie soviel mehr Sympathien wach geblieben sind, als in anderen Ländern, in welchen sich zwar eine Anzahl sehr hervorragender Bestrebungen, von denen wir nur zu lernen hätten, der socialen Probleme angenommen haben, aber die grosse Mehrzahl der Besitzenden und Gebildeten mit aller nackten Selbstsucht und Energie des Klassenkampfes gegen die Socialdemokratie Front gemacht hat.

Zur Ehre gereicht es der deutschen Wissenschaft, dass zahlreiche muthvolle Männer unter ihren Vertretern es unternommen haben, die socialen und wirthschaftlichen Fragen in demselben voraussetzungslosen, absolut kritischen Sinne, wie die Socialdemokratie, unbekümmert um die Verkennung, welcher sie sich dabei aussetzten, so streng wissenschaftlich, wie zur Zeit möglich, zu untersuchen, um dadurch entweder einen Boden für eine Emporhebung der Agitation in das Gebiet reinerer und berechtigterer Lehren und Erörterungen oder eine gestähltere Bewaffnung für die Bekämpfung aller Uebertreibungen und Verirrungen der Agitation zu gewinnen.

Ist doch nicht zu leugnen, dass, wenngleich rechtmässig erworbenes Eigenthum oder rechtmässig erworbener Eigenthums-Anspruch unbedingt heilig sein muss, wie Leben und Gesundheit des Mitmenschen, und wenngleich an eine Rückkehr der Menschheit in eigenthumslose Zustände — die Zustände nomadischer oder überhaupt primitivster Kultur — auch nur zu denken die grösste Thorheit ist, dennoch in unseren wirthschaftlichen Verhältnissen, sowohl denen der Privaten als der Staaten, viel Ungesundes und Verbesserungsbedürftiges vorhanden ist, und dass in der ganzen Lebensführung der gebildeten Klassen Missstände obwalten, welche nicht nur die Erbitterung aller Darbenden, sondern auch den tiefsten Unmuth vieler Besitzenden und Befriedigten hervorrufen.

Zur Unehre gereicht es den Deutschen einerseits, dass jene idealistische Unparteilichkeit und Grossmuth, die sonst eine so hohe deutsche Eigenschaft ist, viele Wohlmeinenden blind gemacht hat gegen die ungeheure Thorheit und Frechheit, welche sich innerhalb der socialdemokratischen Agitation entwickelt hatte, andererseits, dass es überhaupt in Deutschland so viele verhältnissmässig gebildete, aber unklare Menschen gegeben hat, die unter den Wirkungen, welche gänzlich verfehlte Volksbildungs-Zustände auf die oben erörterten Eigenthümlichkeiten dieses Volkes ausgeübt haben, sich und Andere zu verbrecherischer Denk- und Redeweise erhitzen konnten, ohne Schmach und Schande dafür zu ernten.

Dem musste ein Ende gemacht werden. Reichen die bestehenden Gesetze nicht aus, um mit drakonischer Strenge die Aufreizung zum Morde und zu Verbrechen gegen das Eigenthum zu verfolgen und auszurotten überall, wo sie zu Tage tritt, dann müssen die Gesetze — nicht gegen die Socialdemokratie, wohl aber gegen das verbrecherische Treiben, das sich unter ihrer Firma eingenistet hat, und das den unteren Volksklassen die ihnen im Interesse Aller verliehenen Rechte durch Missbrauch zu verkümmern droht — verschärft werden und zwar im Sinne desjenigen Schutzes gegen Verbildung und Wahnsinn, dessen jede Gemeinschaft, die freieste und gebildetste ebenso wie die unentwickeltste und roheste, dauernd bedarf. — Solchen Gesetzen gegen eine zu notorischen Verbrechen aufreizende Handhabung der Presse oder der Rede wird sich keine politische Partei versagen.

Dass man dieselben überhaupt noch nicht in hinreichendem Maasse besitzt, rührt wohl nur davon her, dass man früher zu weit gegriffen und die Verfolgbarkeit der Angriffe gegen die „Grundlagen des Staates und der Gesellschaft“ gefordert hat, worauf mit Recht wegen der unendlichen Dehnbarkeit solcher allgemeinen Begriffe nicht eingegangen worden ist. — Ein grosser Theil obiger Darlegungen würde von den kirchlichen Parteien auch als Angriff gegen die Grundlagen des Staates und der Gesellschaft qualificirt werden.

Mit allen oben erörterten Maassregeln, einerseits mit der Einkehr zu völliger Geistesfreiheit in der Erziehung des Volkes, andererseits mit der strengsten Verfolgung verbrecherischer Aufreizungen, ist es aber noch nicht gethan, wenn für unser Volk dauernd Grösse, Glück und Frieden gesichert werden soll.

Dazu ist es nöthig, dass jeder einzelne Wohlmeinende im täglichen Leben noch mehr seine Schuldigkeit thue, nicht nur in Betreff der äussersten Pietät für die Erziehung der unmündigen, sondern auch mit Rede und Schrift in Betreff der Sorge für die Seelenzustände der mündigen Kinder, als welche wir diejenigen Erwachsenen betrachten, deren Lebenslage oder Geistesanlage sie stärker abhängig und bedürftig gemacht und ihnen zugleich die vollere geistige Entwickelung verkümmert hat. Ihr Denken, das meist so gerade und richtig in einfachen Dingen geht, ist, wenn ohne persönlichen Anhalt, so leicht durch thörichte Allgemeinheiten zu beunruhigen und irre zu leiten, aber auch so leicht durch treue Wohlmeinung und Theilnahme am Rechten festzuhalten, und die tiefste Grundlage ihrer Sittlichkeit, das Mitleiden, ist zwar leicht durch Härte zu verkümmern, aber durch Menschlichkeit noch leichter und sicherer zu bewahren.

Endlich aber sollte auch bei den Schachzügen des politischen Lebens mit grösserem Ernst und grösserer Folgerichtigkeit an die Grundbedingungen normalen socialen Lebens gedacht werden. Gährungsvolle, gewaltthätige Zeiten, wie die gegenwärtigen, durch welche sich die politische Gestaltung Europas zu gesunderen Zuständen emporringt, haben nothwendig auch tiefe Wirkungen auf die Gesittungszustände der Massen.

Nicht zu verkennen sind die sittlichen Ermannungen, die kräftigen idealen Wirkungen, welche ein für die Selbstbestimmung, für die Existenz einer Nation geführter Krieg im Gefolge hat. Diese Wirkungen überwiegen vielleicht bei den Gebildeten die Uebel des Krieges, auf die Massen aber wirken die Kriege und alle anderen Gewaltthaten des politischen Lebens unzweifelhaft entsittlichend in vielfältigem Sinne.

Man sieht ja auch überall in den Schlagwörtern der Agitationen, wie eifrig die Analogieen gezogen werden zwischen der gewaltthätigen politischen Moral und der entsprechenden socialen Moral, welche sich „die um Linderung ihrer Noth kämpfenden Massen ebenfalls gestatten dürften“.

Der Abgrund, der sich vor uns aufgethan, wird auch in

dieser Beziehung eine Mahnung sein zur Einkehr, zu einer ernsteren Prüfung der Frage, ob denn nicht auch im politischen und wirthschaftlichen Verkehr der Kultur-Staaten, wie es schon in vereinzelten Fällen mit Erfolg versucht worden ist, dauernd aus dem Faustrecht herauszukommen und in gesichertere Rechtszustände mit wirksamen internationalen Rechtsordnungen hinüberzulenken ist. Sicherlich sind wir näher an der Verwirklichung dieser „utopischen" Ideen, als der gedankenlose konservative Nihilismus und der auf politischem und wirthschaftlichem Gebiete neu entfachte Nationalsinn ahnt. — Wird doch auch den krankhaften und gefährlichen Wucherungen, welche aus jenem unabweisbaren Drange menschlicher Entwickelung nach Frieden und Einklang schon hervorgewachsen sind, nämlich den internationalen Geheimbünden, in denen alle konstituirten nationalen Gewalten, insbesondere die Fürsten als die menschheitsfeindlichen Träger des Krieges und des Raubes verschrieen werden, nur dadurch die Ernährung abzuschneiden sein, dass man dem brüderlichen Kern jener Strebungen auch von Seiten der nationalen Gewalten einen geordneten Ausdruck zu geben beginnt.

Und gerade dem geschmähten Fürstenthum — in der hochsinnigsten Auffassung seiner Stellung — ist in diesen ernsten Zeiten gegenüber dem selbstsüchtigen Kampfe der Nationen, der Parteien und der Interessen die hohe Aufgabe vorbehalten, der Träger und der Vorkämpfer der selbstlosesten, friedlichsten und menschenfreundlichsten Gedanken zu sein.

In kurzem Nachwort zu vorstehenden, im Sinne einer Befreiung von eigener Qual in bewegter Zeit niedergeschriebenen Gedanken, möchte ich nur darauf hinweisen, dass die bedrängende Grösse, zu welcher in manchen Zeiten sittliche und gesellschaftliche Uebelstände aus zahlreichen kleinen, kaum deutlich wahrgenommenen Ursachen durch das Hinzutreten auslösender Nebenmomente fast plötzlich emporschwellen, die Gefahr mit sich bringt, gerade die wirksamsten Heilmittel, welche täglich und überall ihre Kraft entfalten, als nichtig und kleinlich erscheinen zu lassen. Gegen Missurtheile solcher Art können obige Darlegungen vielleicht auch jetzt noch eine Gegenwirkung ausüben helfen.

II.

Gemeinsames Maass und Gewicht

und der Pariser Vertrag vom 20. Mai 1875.

(1880.)

Jedermann weiss, dass die Blüthe der Naturwissenschaften, deren Wohlthaten so allgemein empfunden werden, zum grossen Theil auf den Fortschritten der Genauigkeit des Messens und Wägens beruht, und dass somit der gute Zustand und die sorgfältige Handhabung von Maassen und Gewichten zu den wichtigsten und vornehmsten Angelegenheiten der menschlichen Gemeinschaft gehört.

Man ist jedoch innerhalb und ausserhalb der Wissenschaft bisher im allgemeinen der Ansicht gewesen, dass es zur Sicherung jener feinsten und fruchtbarsten Anwendungen von Maassen und Gewichten keines besondern öffentlichen und staatlich geordneten Dienstes bedürfe, sondern dass es jedem einzelnen Forscher oder jeder einzelnen wissenschaftlichen Institution überlassen bleiben könne, mit derjenigen Sorgfalt und Kritik, welche überhaupt bei wissenschaftlichen Arbeiten vorausgesetzt wird, sich auch jedesmal von dem richtigen und sonst geeigneten Zustand der anzuwendenden Messungs- und Wägungsmittel zu überzeugen.

Bei der Erwähnung des öffentlichen Maass- und Gewichts- oder Aichungswesens pflegt man daher im allgemeinen nicht an wissenschaftliche Interessen, sondern überwiegend an diejenigen Anwendungen von Maassen und Gewichten zu denken, bei welchen fast im geraden Gegensatz zu den wissenschaftlichen Messungen und Wägungen der geringste Grad von Genauigkeit vorauszusetzen ist, nämlich an den Markt- und Ladenverkehr.

Wenn man nun auch zugeben muss, dass der unvermeidliche gröbere Charakter der Messungen und Wägungen im Markt- und Ladenverkehr einen entsprechend einfachen und in gewissem Sinne handwerksmässigen Charakter der zu ihrer unmittelbaren Controle dienenden Einrichtungen nothwendig bedingt, dass es z. B. lächerlich sein würde, Ellen mit dem Mikroskop zu prüfen, so hat dennoch sogar für die sorglosesten Handhabungen von Maassen und Gewichten die Aufrechterhaltung einer systematischen Genauigkeitsordnung eine viel höhere Bedeutung, als es zerstreuten Blicken oder den bisweilen nicht zu Ende geführten Erwägungen wissenschaftlicher Vornehmheit scheinen mag.

Wenn wir von den Bedürfnissen des Marktverkehrs ausgehen, so berühren sich die tiefern Bedingungen der Ordnung des Aichungswesens sogar mit den höchsten Forderungen, welche von der Wissenschaft an die Gleichartigkeit und Beständigkeit der Messungsmittel zu stellen sind, und es lässt sich aus den in den letzten Jahrzehnten gemachten Erfahrungen mit Leichtigkeit erweisen, dass ohne eine sorgsame, streng kritische Centralverwaltung der Maass- und Gewichtseinrichtungen auch die Bedürfnisse der exacten Wissenschaften auf die Dauer nicht mehr volle und sichere Befriedigung finden können.

Auf die Dauer können aber auch nationale Centralinstanzen des Maass- und Gewichtswesens für Verkehr, Technik und Wissenschaft nicht mehr genügen, ohne dass dieselben wenigstens von Nation zu Nation in geeignete Verbindung treten. Und diese Verbindungen müssen schliesslich mit Nothwendigkeit zur vertragsmässigen Begründung von internationalen Maass- und Gewichtsinstitutionen führen.

Der Versuch, in diesem Sinne eine internationale Centralinstanz für die gemeinsame Verwaltung der Grundlagen des Maass- und Gewichtswesens zu schaffen, ist nun in der durch den Pariser Vertrag vom 20. Mai 1875 ins Leben gerufenen Organisation wirklich gemacht worden.

Eine möglichst gedrängte geschichtliche Darlegung der bisherigen, auf dieses Ziel sowie überhaupt auf die immer zweckmässigere Gestaltung des Maass- und Gewichtswesens gerichteten Bestrebungen wird das Geeignetste sein, um die hohe Bedeutung, ja die Nothwendigkeit einer solchen Organisation gehörig ins Licht zu setzen und die nähere Darlegung der Entstehung und des Inhaltes des Pariser Vertrages verständlicher zu machen.

Als im Jahre 1790 die französische Nationalversammlung die Abstellung der groben Missbräuche und Unsicherheiten, welche sich in das französische Maass- und Gewichtswesen eingeschlichen hatten, in Betracht zog, bot sich den leitenden Männern der Gedanke dar, dass es zweckmässig sein würde, sich nicht auf eine blosse Reform der bestehenden Einrichtungen und ihrer Handhabung zu beschränken, sondern sofort auf die Neubegründung eines Maass- und Gewichtssystems Bedacht zu nehmen, welche sich nicht blos, wie alle gegenwärtig neben dem metrischen System noch bestehenden Maasssysteme und auch das damalige französische, beliebigen, mehr oder weniger willkürlichen und zusammenhanglosen Gewohnheiten des Verkehrs anpasse, sondern aus einer kritischen Untersuchung der dem ganzen Maass- und Gewichtswesen zu Grunde liegenden Anforderungen und Bedingungen als das Zweckmässigste hervorgehe.

Diese radicale Erfassung der Aufgabe verband sich schon damals mit dem berechtigten und fruchtbaren Gedanken, dass das Maass- und Gewichtswesen eine derjenigen menschlichen Einrichtungen sei, deren internationale Behandlung die einleuchtendste Vortheilen bieten und sich am frühesten im Anschluss an den Völker verbindenden Handel als ein Organisationskeim einer in ferner Zukunft liegenden, die ganze Menschheit umfassenden Gemeinschaft entwickeln werde.

Zunächst wurden von der mit dieser Angelegenheit betrauten Commission der Nationalversammlung die logischen und mathematischen Anforderungen an ein möglichst vollkommenes Maass- und Gewichtswesen reiflich erwogen. Die Hauptforderungen dieser Art dürften etwa in Folgendem bestehen.

1. Die Maasse und Gewichte müssen so abgestuft und eingerichtet sein, dass sie unter den Bedingungen, unter welchen sie zu handhaben sind, die jedesmal verlangte Genauigkeit und Sicherheit der Maassbestimmung mit dem geringsten Aufwande an Mühe u. s. w. erreichen lassen.

2. Die Abstufungen und die Beziehungen der Maasse u. s. w. untereinander müssen derartig sein, dass auch bei den Rechnungs-

operationen, welche sich an die Messungs- und Wägungsoperationen anschliessen, die grösstmögliche Leichtigkeit und Sicherheit erreichbar ist.

Die letztere Forderung wurde von der französischen Commission in erster Linie erwogen, während die erstere, welche in der That viel schwierigere Untersuchungen und Ermittelungen verlangt, in zweiter Linie blieb.

Es trat aber in Folge der Absicht, sogleich ein internationales Maass- und Gewichtssystem zu schaffen, noch eine dritte Forderung hinzu, welche sich auf die Wahl der fundamentalen Einheiten des neuen Systems bezog. Wollte man, so hiess es, das neue System den andern Nationen annehmbar machen, so dürften die Einheiten desselben keinerlei Beziehungen zu nationalen Gewohnheiten oder Benennungen haben; sie müssten vielmehr zu solchen Werthen in Beziehung gesetzt werden, welche allen Menschen gleich zugänglich und für die gesammte Menschheit von gleicher Wichtigkeit seien, also zu Naturgegenständen, und zwar zu solchen, welche eine das gesammte Erdenleben umfassende Bedeutung hätten.

Der Gedanke, die Grundlage eines neuen Maasssystems an solche Dimensionen oder Abstände anzuknüpfen, welche in der Natur irgend eine fundamentale Bedeutung hätten, und danach, wie man meinte, auch zu jeder Zeit leicht und sicher wieder gefunden werden und die Grundlagen des Maasssystems vor zufälligen Vernichtungen oder Verletzungen der Normalmaasse sicherstellen könnten, war nicht neu. Hatte man doch Aehnliches bezüglich der Fixirung der Maassabstufungen schon in uralten Zeiten versucht, z. B. unter Benutzung der einfachen Zahlenverhältnisse, welche zwischen den Dimensionen der Körper und ihren tönenden Schwingungen obwalten, feste Beziehungen der Maassabstufungen eingeführt und dieselben an Vorschriften musikalisch-harmonischen Charakters geknüpft.

Seit der ersten Hälfte des 17. Jahrhunderts, seitdem man überhaupt begonnen hatte, genauere physikalische Messungen, z. B. über die Wirkungen der Schwerkraft der Erde in den Pendelschwingungen und den Fallbewegungen anzustellen, waren ähnliche Gedanken vielfach erörtert worden. Insbesondere hatte man die Länge des Secundenpendels schon mehrfach als Grundlage neuer Maasssysteme vorgeschlagen, und in der Mitte des 18. Jahrhunderts hatten die beiden französischen Gelehrten Bouguer und La Condamine, denen eine Gradmessung in der Nähe des Aequators übertragen worden war, diesem Gedanken und dem Wunsche, dass jenes Naturmaass ein allgemeines werden möchte, in einer zu Quito errichteten monumentalen Inschrift bereits Ausdruck gegeben.

So geschah es denn auch, dass ein in dieser Angelegenheit von der französischen Nationalversammlung am 8. Mai 1790 erlassenes Decret einer hierzu ernannten Commission den Auftrag ertheilte, die Frage der Begründung eines neuen Maasssystems auf der Basis der Länge des Secundenpendels einer Prüfung zu unterziehen. Zugleich wurde der Wunsch ausgesprochen, dass es gelingen möge, sich mit England über dieses neue System zu verständigen. Bekanntlich gelang dies nicht; vielmehr ist England noch jetzt derjenige Staat, welcher im Maass- und Gewichtswesen ideellen Gesichtspunkten am meisten widerstrebt und an den schwerfälligsten Traditionen hängt.

Jene Commission, zu welcher neben andern bedeutenden Männern Laplace und Lavoisier gehörten, kam zu dem Resultat, dass es nicht zweckmässig sein würde, die Grundlage des neuen Maasssystems von einer Länge herzunehmen, welche aus der Schwerkraft der Erde zwar mit Hülfe der natürlichen Einheit des Zeitmaasses, nämlich der Umdrehungszeit der Erde, aber unter der Annahme einer blos gewohnheitsmässigen, an sich nicht zweckentsprechenden Art der Eintheilung dieser Zeiteinheit abgeleitet werde. Die Commission empfahl dagegen, die Grundage des neuen Maasssystems von den Dimensionen der Erde selbst mit Hülfe einer grossen Gradmessungsarbeit herzunehmen und zwar den zehnmillionsten Theil des zwischen einem der Pole und dem Aequator gelegenen Viertels eines Erdmeridians, nachdem die Länge desselben durch eine neue Messung gefunden sein würde, zur Einheit des neuen Längenmaasses zu erklären.

Die Wahl des zehnmillionsten Theiles jenes Viertels des Erdumfanges als Einheit gab nach den damals bekannten Bestimmungen des Erdumfanges der neuen Einheit eine Länge von etwa 3 Fuss des ältern französischen Maasses.

Die Frage, ob die Wahl dieser neuen Maasseinheit, des

Meter, eine glückliche und zweckmässige genannt werden darf, ist nicht leicht zu beantworten, und es bestehen darüber in der That nicht unerhebliche Meinungsverschiedenheiten.

Zunächst ersieht man aus der oben angegebenen Festsetzung des Verhältnisses der neuen Maasseinheit zum Erdumfange, dass hier noch andere natürliche Verhältnisse in die Wahl eines rein tellurischen, sogenannten Naturmaasses hineinspielten.

Als letzte Einheit oder Grundlage des Längenmaasses ist allerdings der Umfang eines Meridians der Erde gedacht, wie sich derselbe durch unmittelbare Ausmessung eines genügend langen Bogenstückes in Verbindung mit den aus derselben Messung definitiv abzuleitenden Gestaltungsgesetzen des Erdkörpers herausstellen würde. Da es jedoch ungeheuerlich gewesen sein würde, bei den Messungsoperationen des kleinen menschlichen Lebens immer von Verhältnissausdrücken zu jener grossen Maasslänge auszugehen, so handelte es sich um ein passendes Verhältniss, in welches die gewöhnliche Maasseinheit des menschlichen Verkehrs zu jenem natürlichen und, wie man annahm, unveränderlichen Urmaass zu setzen sei.

Als man für das Verhältniss des vierten Theiles des Erdumfanges — der vierte Theil des Kreisumfanges hat bekanntlich als Grundlage der Berechnung aller Beziehungen zwischen Winkel- und Linearmessungen eine grosse natürliche und conventionelle Bedeutung — die Zahl „10 Millionen“ wählte, legte man sofort dem Eintheilungssystem des eigentlichen Urmaasses das Decimalsystem zu Grunde, ein Zahlensystem, dessen Einführung bekanntlich auf der Naturerscheinung beruht, dass die Menschen mit höchst seltenen Ausnahmen 10 Finger besitzen, welche ursprünglich die einfachsten Zählungsmittel gebildet haben. Dass man aber gerade die Zahl 10 Millionen und nicht etwa 1 oder 100 Millionen wählte, war wieder durch andere natürliche Verhältnisse bedingt; denn der Divisor 10 Millionen gab für das aus dem Quadranten des Erdumfanges abgeleitete Maass eine Länge, welche sich einigermassen einem Naturmaass des menschlichen Körpers näherte, das beim Messen eine ähnliche Bedeutung hat, wie die Zahl der Finger beim Zählen, nämlich der Armlänge, der Grundlage aller Ellenmaasse. Die Wahl des Meters ist somit mehr oder weniger bewusst das

Resultat einer Verbindung des Umfanges der Erde, der Zehnzahl der Finger und der Länge der altfranzösischen Elle.

Hierbei dürfte überhaupt darauf hinzuweisen sein, dass die meisten der bis dahin in dem Verkehr der verschiedenen Völker zur Geltung gekommenen Maasseinheiten in viel eigentlicherem Sinne, als ein von dem Umfange der Erde hergenommenes Maass, bereits Naturmaasse gewesen waren, nämlich das mittlere Maass des menschlichen Fusses, des menschlichen Schrittes, des menschlichen Armes und der Spanne der menschlichen Hand.

Auch waren bereits mehrfach Anknüpfungen der Maasseinheiten an andere in der Natur in besonderer Gleichförmigkeit und Beständigkeit dargebotene Abmessungen versucht worden, z. B. an die Grösse der Körner gewisser Getreidearten, welche sich durch eine besondere Beständigkeit und Regelmässigkeit ihrer Fruchtgestalten auszeichnen; ebenso Anknüpfungen der Gewichtseinheiten an grössere Früchte, welche von gewissen Baumarten unter den regelmässigen klimatischen Bedingungen der subtropischen Zonen mit besonderer Regelmässigkeit der Gestalt und der stofflichen Zusammensetzung erzeugt wurden.

Auch hatten insbesondere die Naturmaasse, welche von dem Fuss, dem Schritt, dem Arm und der Hand des menschlichen Körpers abgeleitet waren, unleugbar in den niedern Zuständen des Maasswesens eine unmittelbarere praktische Bedeutung gehabt, als etwa der Erdumfang für ein höher entwickeltes Maasswesen zunächst zu haben scheint. Denn es war sehr bequem, wenn es sich nur um geringe Genauigkeit handelte, dass jeder Mensch die Maasseinheit beständig bei sich hatte und sich durch Schreiten oder durch Anlegen des Fusses oder des Armes, resp. der Handspanne, beliebige rohe Maassbestimmungen zu jeder Zeit selbst ableiten konnte.

Auch wird diese Bedeutung der alten Maasseinheiten gar häufig gegen die Zweckmässigkeit der dem metrischen System zu Grunde liegenden Maasseinheit ins Treffen geführt, wobei man natürlich den „verkehrten Idealismus“, der dem metrischen System zu Grunde liege, mitleidig belächelt und in dem Abirren der Maasse von Fuss, Arm und Hand wieder eins der Beispiele von der Thorheit aller Abwendungen von altgewohnten und einfachen Verhältnissen findet.

Es ist jedoch vollkommen in der Ordnung, dass der Vortheil der Anknüpfung der Maasseinheiten an die rohesten, wenngleich bequemsten Naturmaasse, die Gliedermaasse, immer mehr in den Hintergrund tritt, je schärfer die Anforderungen an die Genauigkeit und die Uebereinstimmung der Messungen des menschlichen Verkehrs werden. Auch zeigt sich diese Entwickelung bereits lange vor der Begründung des metrischen Systems darin deutlich, dass die conventionellen Maasseinheiten des Fusses und der Elle sich bei den verschiedenen Völkern immer mehr von ihren durchschnittlichen körperlichen Grundlagen entfernen und viel stärkere Verschiedenheiten erkennen lassen, als diese körperlichen Abmessungen bei verschiedenen Völkern und zu verschiedenen Zeiten je dargeboten haben.

Die Vortheile, welche in einfachen Beziehungen der Maasseinheiten zu den bei den verschiedenen menschlichen Individuen bekanntlich sehr verschiedenen Gliedermaassen insofern enthalten sind, als man durch Fuss-, Schritt- und Armlänge ohne andere Messungsmittel überall, sofort und bequem gewisse rohe Maassabschätzungen machen kann, diese Vortheile wird man nach einiger Uebung und Gewöhnung mit derselben geringen Genauigkeit, welche bei den starken Abweichungen der Fusseinheiten, Elleneinheiten u. s. w. von den einzelnen Füssen und Armen überhaupt erreichbar ist, sehr bald auch bei beliebigen andern Maasseinheiten mittels Aufsuchung einfacher Zahlenbeziehungen derselben zu den Abmessungen des menschlichen Körpers gewinnen können. Die Meterlänge z. B. entfernt sich nur wenig von dem durchschnittlichen Abstande zwischen den Fingerspitzen des einen ausgestreckten Armes und der Wurzel des andern Armes, eine Beziehung, welche für das Abschätzen nach Meterlängen mindestens ebenso bequem sein dürfte, als die ungefähre Uebereinstimmung anderer Maasseinheiten mit der Länge des einen Armes selbst. Genügend einfache Zahlenbeziehungen lassen sich überdies auch zwischen Meter und Fuss-, resp. Schrittlänge finden.

Aber alle solche Beziehungen können überhaupt in entwickeltern Zuständen des Messens, welche grössere Gleichförmigkeit und Genauigkeit des Messens verlangen, nur von untergeordneter Bedeutung sein. Nur die Armlänge kann insofern noch eine grössere Bedeutung behaupten, als sie für den Grad der Bequemlichkeit auch bei gewissen Arten der Handhabung von Maassstäben nicht unerheblich ist.

Es war jedenfalls natürlich, dass auch die französische Maass- und Gewichtsreform bei der Wahl des Verhältnisses der neuen Maasseinheit zum Naturmaasse des Erdumfangs dasjenige Maass zum ungefähren Anhalt nahm, welches bis dahin die grösste Bedeutung bei den Manipulationen des Messens von Längen im gewöhnlichen Handelsverkehr gehabt hatte, nämlich die an die Armlänge ursprünglich angeknüpfte Elle. Infolge des Zwanges, welchen das Naturphänomen der Zehnzahl der Finger und der daraus hervorgangene decimale Charakter der gewählten Verhältnisszahl der neuen Einheit zum Erdumfange mit sich brachte, wurde allerdings hierbei eine Einheit gefunden, welche die meisten Ellenmaasse, die bis dahin an die Armlänge angeknüpft worden waren, übertrifft, z. B. um etwa ein Fünfzehntel grösser ist als der englische Yard. Die gewöhnliche Handhabung des Meters ist hiernach vielleicht nicht ganz so bequem wie die der meisten frühern Ellenmaasse, aber z. B. von der des Yard, an welcher die doch für sehr praktisch geltenden Engländer noch festhalten, nur wenig verschieden. Ja die alte französische Elle ist sogar noch um 20 Centimeter länger gewesen als das Meter.

Dagegen stehen die bisher in der Präcisionstechnik vielfach üblichen, drei Fuss langen Massstäbe — auch das Urmaass des preusischen Fusssystems und alle davon abgeleiteten Normalmaassstäbe sind Dreifussstäbe — durchschnittlich dem Meter noch erheblich näher als die Ellenmaasse. Die neue Maasseinheit entfernt sich also durchaus nicht in solchem Grade von allen bisherigen Einrichtungen, wie man vielfach behauptet hat.

Die französische Commission, welche die Masseinheit aus dem Erdumfange in Verbindung mit dem Princip der Decimaltheilung und der Annäherung an eins der ältern Längenmaasse abzuleiten vorschlug, nahm übrigens hierbei das Princip der Decimaltheilung nicht ohne weiteres als das Zwekmässigste an; vielmehr erwog man ernstlich, ob nicht in dieser Beziehung der Anschluss an solche Grundlagen, die auf den ersten Blick von der Natur gegeben und menschlicher Willkür enthoben zu sein schienen, verlassen werden müsste, wenn ein anderes Zahlensystem als das decimale nach den natürlichen Gesetzen des Zahlenreiches grössere Vortheile darbiete.

Diejenigen, welche so grossen Werth darauf legen, dass die Maasseinheiten eine möglichst einfache Beziehung zu menschlichen Gliedermaassen haben, vermittels deren jeder einzelne seine Messungen überall und ohne allen Apparat annäherungsweise selbst ausführen könne, würden sich natürlich gegen eine Aufgebung derjenigen Vortheile erklären müssen, welche dem ungeübten Rechner, bei gewissen Operationen sogar einem vollendeten Kopfrechner, der sich der Vortheile der tabellarischen Rechenmittel nicht bedienen will, durch die Uebereinstimmung der Zahl der Finger mit der Grundlage unsers Zahlensystems gewährt sind.

Auch hier war man aber im Rechte, als man bei den Erwägungen über die zweckmässigste Gestaltung von solchen Einrichtungen, welche den hochentwickelten exacten Bedürfnissen zahlreicher, durch Umfang und Feinheit überwiegend wichtiger menschlicher Thätigkeiten und nicht blos den gewohnheitsmässigen Anforderungen des gewöhnlichen Verkehrs genügen sollten, auf den zahlenmässigen Anschluss an die Besonderheiten des menschlichen Organismus geringeres Gewicht legte, weil diese doch durch die machinale und schematische Entwickelung aller bezüglichen Hülfseinrichtungen immer mehr an Bedeutung verlieren.

Bekanntlich waren in den ältern Abstufungs- und Eintheilungssystemen von Messungsmitteln, obgleich von jeher und ausnahmslos das menschliche Zahlensystem auf der Grundlage der zehn Finger oder der zwanzig Finger und Zehen zusammengenommen aufgebaut worden war, schon andere geeigneter erscheinende Zahlen zur Anwendung gekommen. Insbesondere waren es zwei Zahlen gewesen, die als Grundlagen der Eintheilung und der Bildung von Vielfachen sowohl durch ihre im Vergleich mit der Zehn merklich günstigere Theilbarkeit, als auch besonders durch die Autorität, die sie in der Astronomie der Alten gewonnen hatten, sehr grosse Verbreitung erlangten, nämlich die Zahl 12 und die Zahl 60, an denen ja auch jetzt noch viele Zählungs- und Eintheilungsgewohnheiten hängen.

Die Grundzahlen 60 und 12 waren aus der Jahreslänge und der Monatslänge etwa in folgender Weise hervorgegangen.

Die Zahl 365, welche die Jahreslänge in vollen Tagen ausdrückt, erschien trotz dieser grossen natürlichen Bedeutung zur Eintheilungszahl der Umlaufszeit und der Umlaufsbahn, also des Kreisumfangs, nicht geeignet, weil sie zu wenig aufgehende Eintheilungen hat. Die ihr am nächsten kommende Zahl, welche in dieser Beziehung alle Anforderungen erfüllen konnte, war die Zahl 360; dieselbe lag ausserdem in der Mitte zwischen derjenigen Anzahl von Tagen, welche der Dauer des Sonnenjahres, und derjenigen Anzahl von Tagen, welche der Dauer des sogenannten Mondjahres, d. h. einer der Länge des Sonnenjahres am nächsten kommenden vollen Zahl von Monaten zugehörte.

Theilte man aber den Kreis in 360 Theile, so hatte der Halbmesser des Kreises, welcher bekanntlich der Sehne des sechsten Theiles des Kreisumfangs gleichkommt, einen Längenwerth, welcher sich der Länge von 60 Kreistheilen näherte, und so wurde die Zahl 60 auch die Grundlage aller Linear-Abmessungen und aller derjenigen Rechnungen, welche mit Anwendung der Lehre vom Kreise sich besonders in der Astronomie schon bei den Griechen zu einer umfangreichen Praxis entwickelten. In der Durchführung der Zahl 60 als Grundlage aller Eintheilungs- und Rechnungsoperationen auch ausserhalb der Astronomie ist man jedoch mit voller Consequenz nur in Babylon vorgegangen, wo auch für das gesammte Maass- und Gewichtssystem die 60-Theilung eine wichtige Grundlage bildete.

Die Bedeutung der Zahl 12 gründet sich zunächst darauf, dass sie die Zahl der vollen Mondumläufe darstellte, welche innerhalb eines Sonnenjahres stattfanden. Wir haben die verbundene Bedeutung der Zahlen 360 und 12 unmittelbar vor Augen in der aus ältester Zeit, insbesondere in der ägyptischen Chronologie bezeugten Einrichtung, dass man gewissermassen ein ideales Sonnenjahr von 360 Tagen festsetzte und dieses in 12 Monate zu je 30 Tagen, welche bis auf einen halben Tag der Dauer eines Mondlaufes entsprechen, theilte, während die 5 oder $5^1/_4$ Tage, welche bei den 360 Tagen noch zum vollen Sonnenjahre fehlten, dem Idealjahre jedesmal nur wie eine unvermeidliche Verunzierung als „Schalttage“ hinzugefügt wurden.

Späterhin ist die 12 ebenso wie die Zahlen 360 und 60, auch abgesehen von jener astronomischen Bedeutung, als eine besonders geeignete Eintheilungszahl festgehalten und auf andere Eintheilungsgebiete übertragen worden.

Im Uebrigen war, wie die Zahlzeichen beweisen, der Aufbau des Zahlensystems auch derjenigen Völker, welche die 60-Theilungen und die 12-Theilungen vorzugsweise entwickelt haben, auf decimaler Grundlage erfolgt, sodass der Vortheil der Eintheilungszahlen 12 und 60 keinesfalls zu derjenigen vollkommenen Durchführung gelangt ist, welche z. B. bei einer Gliederung des ganzen Zahlensystems nach der 12 erreichbar wäre.

Man war in Frankreich bei der Prüfung der Frage, ob die 10 für alle Zukunft die Grundlage des Zahlensystems und hiernach auch des Eintheilungssystems von Maassen und Gewichten bilden solle, jener alten Vorgänge, die erst in neuerer Zeit klarer erkannt worden sind, nicht vollkommen kundig, sondern man stellte nur ernstlich die Frage auf, ob es nicht rathsam sei, statt das in der Zählung und Rechnung bestehende Decimalsystem zur Grundlage der neuen Maasseinrichtungen zu machen, lieber das ganze Zahlensystem von Grund aus zu reformiren, indem man ein neues System etwa auf der 12 als Grundlage aufbaute und sodann das neue Maass- und Gewichtsstystem entsprechend dieser vielfach bereits beliebt gewesenen 12-Theilung einrichtete.

Bei näherer Erwägung erschien jedoch ein Versuch, eine Umänderung des ganzen menschlichen Zahlensystems von der Basis 10 auf die Basis 12 durchzusetzen, viel aussichtsloser, als der Versuch, endlich eine volle Gleichartigkeit in sämmtlichen willkürlichen Zahleneinrichtungen auf der Grundlage 10 zu erreichen und zunächst wenigstens das neue Maass- und Gewichtssystem mit der Zehnzahl als der bis dahin allgemein angenommenen Grundlage des Stellensystems der Zahlen in Uebereinstimmung zu setzen.

Es wurde demnach schliesslich entschieden, dass man dem Maass- und Gewichtssystem fortan eine streng folgerichtige decimale Gliederung geben und zugleich dahin wirken solle, dass dasselbe Princip auch in allen andern menschlichen Zählungs- und Theilungseinrichtungen zur Durchführung gelange.

Bekanntlich wurde auch in letzterer Beziehung von der ersten französischen Republik kräftig vorgegangen. Unter andern wurde der Quadrant des Kreises in 100 Theile, jeder der letztern wieder in Hundertel u. s. w. getheilt.

Auch in den Zeitmaassen wurde, soweit die dort nicht willkürlichen, sondern von der Natur gegebenen Eintheilungen es irgend gestatteten, eine zahlenmässige Vereinfachung erstrebt. Man konnte allerdings das Vierteljahr nicht in 100 Theile theilen, denn es enthielt eben $91^1/_3$ Tage; man konnte auch das Jahr nicht in 10 Monate theilen, denn der Mond vollendete in einem Jahre $12^1/_3$ Umläufe; aber man kehrte von der noch gegenwärtig geltenden, scheinbar so willkürlichen Vertheilung der Tage unter die Monate zu der bereits im hohen Alterthum begründeten Einrichtung zurück, dass man das Jahr in 12 Monate zu 30 Tagen mit 5—6 überschiessenden Schalttagen und jeden Monat in 3 Gruppen von 10 Tagen theilte.

Offenbar war aber die chronologische Reform die am wenigsten gelungene Maassregel jener Reformepoche. Da, wo in den natürlichen Verhältnissen des Tages, Monats und Jahres zu einander feste Beziehungen gegeben sind, bietet es keinen wesentlichen Vortheil, irgendwie noch die 10 hineinzubringen. Vielmehr ist hier die grösstmögliche Annäherung an die wirklichen Zahlenverhältnisse durch eine zweckmässige, etwa alternirende Folge von möglichst wenig verschiedenen Gruppen ganzer Tage geboten. Auch wird statt der zehntägigen Woche oder Dekade wohl die siebentägige Woche nicht blos durch ihren nahen Anschluss an die Viertelung des Mondumlaufs, sondern vorzugsweise mit ihrem wiederkehrenden Ruhetage durch ihre sehr alte und innige Verbindung mit den Lebensgewohnheiten, vielleicht sogar mit den durch die Gewohnheit entwickelten Leistungsbedingungen des menschlichen Organismus voraussichtlich andauernde Geltung behalten.

Auch in Betreff der Durchführung des Decimalsystems auf dem Gebiete der Messungen, wo natürliche Eintheilungsverhältnisse von entscheidender Bedeutung der Durchführung des Princips nicht widerstreben, darf man die Frage nicht scheuen, ob denn die von den Franzosen getroffene Entscheidung wirklich als zweckmässig und förderlich anerkannt werden kann, oder ob nicht doch noch dahin gestrebt werden muss, falls eine andere Zahl als Grundlage des ganzen Zahlensystems geeigneter ist als die 10, dereinst den Versuch zu wagen, vor welchem die sonst so radicale französische Commission zurückgeschreckt war, nämlich Zahlen-System und Maass-System völlig neu auf der geeignetsten Grundzahl aufzubauen.

Wenn man für 10 und 11 zwei neue Zahlzeichen einführte und erst die 12 durch 1 und 0, die 13 in derselben Weise wie unsere 11 u. s. f. bezeichnete, sodass z. B. 24 an die Stelle unserer 20, 36 an die Stelle unserer 30 treten würde, liessen sich, abgesehen von dem Vorzuge der neuen Grundzahl 12, welcher in ihrer Theilbarkeit durch 2, 3 und 4 besteht, auch durch die Vereinfachung der Ausdrücke vieler Zahlenbeziehungen und demgemäss vieler Rechnungsoperationen gewisse Vortheile erzielen.

Auch würde man gegen eine solche Annahme der Zwölf als Grundzahl den Conflict mit der Zehnzahl der Finger nicht ernstlich geltend machen können; denn der Anschluss an die natürlichen Messungs- und Zählungsmittel des menschlichen Lebens ist eben, wie wir bereits hervorgehoben haben, für entwickelte Zustände des Messens und Rechnens von verschwindend geringer Bedeutung, ganz abgesehen davon, dass uns vielleicht, wie man scherzweise bemerkt hat, von der Darwin'schen Lehre die Hoffnung eröffnet werden könnte, durch geeignete Anwendung ihrer Principien den menschlichen Organismus in solcher Richtung zu entwickeln, dass die Anzahl derjenigen Menschen, welche an jeder Hand sechs Finger haben, sich von einer verschwindend kleinen Minorität in die Majorität verwandelte u. s. w.

Erwägt man aber die grossen Schwierigkeiten, welche schon der folgerichtigen Durchführung der Zehn-Theilung innerhalb begrenzter Gebiete der menschlichen Thätigkeit entgegentreten, so wird man den Gedanken aufgeben, aus einem Zustande heraus, welcher noch so sehr mit unklaren und blos durch die Gewohnheit aufrecht erhaltenen Einrichtungen und Urtheilen erfüllt und welcher noch so weit entfernt ist von einer rein vernünftigen und einmüthigen Behandlung gemeinsamer menschlicher Angelegenheiten wie der gegenwärtige, fundamentale Reformen von so einschneidender Bedeutung, wie die oben erwähnte, verwirklichen zu wollen, auch wenn sie viel einleuchtender und tiefer begründet wären als durch Betrachtungen obiger Art, von denen man keinesfalls sagen kann, dass sie von irgend Jemand schon mit Rücksicht auf alle Seiten der Frage vollständig durchdacht worden sind.

Es wird viel zweckmässiger sein, zunächst die Einmüthigkeit nur in begrenzter Durchführung des unzweifelhaft richtigen Gedankens zu erstreben, dass die Grundlage des gegenwärtigen Zahlensystems auch die Grundlage der Abstufungen und Eintheilungsformen aller Messungs- und Wägungsmittel, überhaupt aller derjenigen Einrichtungen bilden müsse, welche einer theoretisch reinen und von natürlich gegebenen Bedingungen nahezu unabhängigen Gestaltung zugänglich sind.

Auch lässt sich leicht nachweisen, dass die Hauptvorzüge, welche man im Maass- und Gewichtswesen für andere Grundzahlen der Eintheilung als die 10, z. B. für die 12 geltend machen kann, und welche dieser letzteren Zahl sowie der 60 und der 360 eine besondere Bedeutung in den früheren Entwickelungsstufen des Messens gegeben haben, immer unwesentlicher werden, je geringer die Bedeutung von unmittelbaren Eintheilungsoperationen im menschlichen Maass- und Gewichtsverkehr wird, d. h. je mehr sich die technischen Messungseinrichtungen vervollkommnen.

Und hier ist auch der Ort, auf die vermeintlichen Vorzüge einzugehen, welche in den Augen vieler Menschen noch die Eintheilungen und Abstufungen von Maassen, Gewichten, Münzen u. s. w. nach fortgesetzten Halbirungen $^1/_4$, $^1/_8$, $^1/_{16}$, $^1/_{32}$ u. s. w. haben.

Die Vorzüge der fortgesetzten Halbirungseintheilungen ebenso wie die Vorzüge der Theilbarkeit der Grundzahl des Zwölfsystems durch die kleinsten ganzen Zahlen 2, 3, 4 machen sich, abgesehen von manchen rein gewohnheitsmässigen, allmäliger Abhülfe vollkommen zugänglichen Verhältnissen, eben nur bei eigentlichen Eintheilungsoperationen geltend; also können sie im öffentlichen Verkehr nur die allerrohesten und kindlichsten Operationen treffen, bei denen Jemand z. B. seine Waare auf der Stelle etwa nach dem Augenmaasse in eine kleine Anzahl von gleichen Theilen sondern und danach für entsprechend gleiche Theile anderer Waaren oder Tauschmittel verkaufen wollte, wobei also Rechnungs- und Messungsoperationen der zwar künstlicheren, aber doch so überaus bequemen und einfachen Art ganz vermieden werden sollten, wie sie jetzt fast Jedermann durch die vier Species und durch die Anwendung der einfachsten Messungs- und Wägungsmittel geläufig sind.

Es ist einleuchtend, dass bei solchen elementaren Eintheilungsoperationen fortgesetzte Halbirungen, bei denen man immer zwei gleiche Theile nebeneinander hat, den grössten Vortheil für die blosse Schätzung darbieten. Neben der Eintheilung in Halbe würden dann die in Drittel und Viertel für blosse Schätzungen die geläufigsten sein, während die bei dem Decimalsystem ausser der Halbirung vorhandene Fünftheilung im obigem Sinne schon viel weniger übersichtlich ist.

Die Eintheilung von Maassen und Gewichten nach einer Grundzahl, welche möglichst viele aufgehende Theilungen durch die kleinsten ganzen Zahlen erlaubt, würde also gegenwärtig überall da, wo überhaupt ein und dieselbe Eintheilungszahl durchgängig, z. B. auch im Münzwesen angenommen ist, im Verkehr gar keine und nur in denjenigen Gebieten der Technik noch einige Bedeutung haben, in denen wirkliche Eintheilungsoperationen vollzogen werden, welche die Grundlagen der Messungs- und Wägungsmittel des Verkehrs bilden sollen, nämlich bei den Verfertigern von Messungs- und Wägungsmitteln jeder Art.

Dem Mechaniker, welcher einen Maassstab einzutheilen hat, ist die Eintheilung in 12 Theile willkommener als die Eintheilung in 10, weil bei ersterer nicht nur die Ausführung von möglichst genauen Originaltheilungen, sondern auch die unabhängige Untersuchung und Prüfung derselben etwas bequemer und bei derselben Mühe genauer wird als bei einer Decimaltheilung. Dem Mechaniker, welcher einen Kreisumfang einzutheilen hat, ist ebenso die alte Theilung in 360 Grade und des Grades in 60 Minuten willkommener, als die dem Decimalsystem angepasste Eintheilung des Viertelkreises in 100 Grade u. s. w., weil er in der 360-Theilung bei der Auftragung der Theilmarken und bei ihrer Prüfung in ähnlicher Weise, wie der einen Maassstab anfertigende Mechaniker, durch die grössere Anzahl der aufgehenden und untereinander in einfachsten Verhältnissen stehenden Theile nicht unerhebliche Erleichterungen hat.

Endlich ist jedem Techniker, welcher einen bis zu den kleinsten Werthen abgestuften Gewichtssatz herstellen soll, eine Eintheilung des Gewichtes nach fortgesetzten Halbirungen lieber als jede andere Eintheilung, weil bei ersterer Eintheilungsart die Ableitung der kleineren Gewichte aus den grösseren und umgekehrt viel bequemer ist.

Aber die Anzahl der Fälle, in welchen Techniker Abstufungen und Eintheilungen solcher Art in unabhängiger Weise selbst auszuführen haben, ist doch verschwindend klein gegen die zahllose Menge von Fällen, in welchen vorhandene Eintheilungen und Abstufungen im Verkehr und in der Technik ohne das Bedürfniss eingehender Prüfung derselben zur Anwendung kommen, und in welchen z. B. die Zwölf-Theilung sogar bei einem auf die Zwölf gegründeten Zahlensystem oder die fortgesetzte Halbirungstheilung bei einem auf die Acht gegründeten Zahlensystem keine erheblichen Vortheile gewähren würde, in welchen sie aber innerhalb eines auf die Zehn begründeten Zahlensystems bedenkliche Schwerfälligkeiten, ganz unnöthige Verluste an Zeit und Mühe und Anlässe zu den verdriesslichsten Irrungen mit sich bringt.

Endlich dürften sogar die Fälle, in welchen absolute und originale Eintheilungen oder Abstufungen feinster Art vom Mechaniker sozusagen construirt werden, bei denen also die Natur der Eintheilungszahl eine wesentliche Bedeutung hat, überhaupt einen verschwindend kleinen Bruchtheil selbst unter den mechanischen Eintheilungs- und Abstufungsoperationen, welche bei der Fabrikation von Maassen und Gewichten erforderlich sind, bilden, da die Anfertigung genauer Theilungen u. s. w. in der weit überwiegenden Mehrheit der Fälle nur durch Copirung einer verhältnissmässig sehr geringen Anzahl sogenannter Originaleintheilungen ausgeführt wird.

An dieser Stelle dürfte auch die Bemerkung nicht überflüssig sein, dass sogar bei denjenigen Schätzungsoperationen von Theilintervallen und Verhältnissen, welche den Schlussstein auch der feinsten Messungsoperationen bilden, die Uebung — allerdings immer auf der fast instinctiven Grundlage der fortgesetzten Halbirungen oder der Dreitheilungen — allmählich eine eben solche Sicherheit in der Schätzung von Decimaltheilen verschafft, wie in der Schätzung von Zwölfteln und dergleichen erreichbar sein würde.

Sobald also das Decimalsystem nicht nur in dem Maass- und Gewichts- und Münzwesen und jedenfalls auch in der Winkeleintheilung, bei welcher dasselbe auch ganz bedeutende Rechnungsvortheile bietet, durchgeführt sein wird, werden die dadurch erlangten Vortheile für alle menschlichen Operationen mit Maassen, Gewichten und Werthbestimmungen jeder Art so ausserordentlich, und wird das Behagen der Menschen an den dadurch erzielten Erleichterungen so gross sein, dass voraussichtlich die Discussion über eine passendere Grundzahl des ganzen Zahlensystems ganz verschwinden wird, wenn nicht im Laufe der zukünftigen mathematischen Entwickelung sich ganz entscheidende neue Anregungen zu einer Weiterbildung der bezüglichen Einrichtungen ergeben. Jedenfalls beruhen aber die Anpreisungen der fortgesetzten Halbirungs- oder der Zwölf-Theilung innerhalb eines decimalen Zahlensystems auf unklaren oder nicht zu Ende geführten Erwägungen, welche wesentlich durch die Macht der Gewohnheit unterstützt werden. Vielleicht erscheinen sie vielen sehr bedeutenden Männern auch deshalb noch beachtenswerth, weil es auf der andern Seite auch einen Decimalfanatismus gibt, welcher unter anderm glaubt, künftig die gemeinen Brüche ganz ignoriren und überall nur mit Decimalausdrücken operiren zu dürfen, z. B. statt $^1/_3$ überall schreiben zu müssen $0{,}33333 \ldots\ldots$

Ganz im Gegentheil hierzu sind wir der Ansicht, dass man z. B. in der Winkeleintheilung, in welcher die decimalen Eintheilungen für Messungs- und Rechnungszwecke schon in naher Zukunft zur allgemeinen Geltung gelangen werden, dem Einwurf, „in der decimalen Eintheilung seien zahlreiche Winkelausdrücke von wichtiger geometrischer Bedeutung nicht mit runden und einfachen Zahlen ausdrückbar“, sehr wirksam dadurch wird begegnen können, dass man die Winkelausdrücke, welche einfache Beziehungen zum ganzen Kreisumfang oder zum Quadranten haben, überhaupt nicht mehr in Graden, sondern ausschliesslich mit den gewöhnlichen Brüchen $^1/_2$, $^1/_3$, $^1/_4$, $^1/_6$ u. s. w. unmittelbar im Verhältniss zum Umfange bezeichnet und hiernach auch besondere tabellarische Hülfsmittel abgekürzter Form für diese besondern Werthe einführt.

Nachdem von der französichen Commission die neue Maasseinheit, das Meter, mit Annahme des decimalen Systems und in Annäherung an die Elle, in eine einfache decimale Beziehung zu dem zwischen einem der beiden Pole und dem Aequator enthaltenen Bogenstücke des Erdumfanges gesetzt war, handelte es sich darum, auch in ähnlicher Weise die Gewichtseinheit entweder selbstständig auf besondere natürliche Verhältnisse zu begründen, oder dieselbe nach möglichst einfachen und naturgemässen Beziehungen, deren jedesmalige Verwirklichung besonders leicht und sicher sein musste, an die neue Maasseinheit anzuschliessen.

Hierzu war bei der Gewichtseinheit ein Stoff erforderlich, der in möglichst gleichartiger und unveränderlicher Beschaffenheit allgemein verbreitet sein musste. Aus einer auf der Längenmaasseinheit aufzubauenden Raum- oder Volumeneinheit eines solchen Stoffes musste die Gewichtseinheit (oder umgekehrt die Volumeneinheit aus der Gewichtseinheit) nöthigenfalls zu jeder Zeit und an jedem Orte ableitbar sein.

Als ein solcher vermittelnder Stoff zwischen Maasseinheit und Gewichtseinheit ist schon in sehr alten Zeiten in mehr oder weniger präciser Weise das Wasser benutzt worden.

Dies wurde nun durch die metrische Commission in wissenschaftlicher Strenge dahin ausgeführt, dass die Gewichtseinheit in einfache decimale Beziehung gesetzt werden sollte zu dem Gewicht einer Wassermenge, deren Volumen durch einen auf der Längeneinheit oder einem decimalen Theile derselben aufgebauten Würfel bestimmt werde, und dass bei dieser Ableitung der Gewichtseinheit die Beschaffenheit des Wassers folgenden strengeren Bedingungen genügen solle. Das Wasser sollte chemisch reines sein und sich in der Temperatur seiner grössten Dichtigkeit befinden, in deren Nähe die in Folge der unablässigen Wärmeänderungen eintretenden unvermeidlichen Volumenänderungen den geringsten Betrag hätten, oder aber das bei der

Bestimmung der Gewichtseinheit aus der Volumeneinheit und umgekehrt anzuwendende Wasser sollte wenigstens, wenn es jenen ideellen Bedingungen nicht genüge, seinem chemischen und seinem Wärmezustande nach so genau bestimmt sein, dass man das jedesmalige Verhältniss seiner Dichtigkeit zu der Dichtigkeit jenes eigentlich erforderten normalen Wassers hinreichend sicher angeben könne.

Durch diese Festsetzungen, welche im Interesse der wissenschaftlich genauen Festhaltung der Beziehungen zwischen Maass- und Gewichtseinheit unerlässlich wurden, ist allerdings der angebliche Vortheil der neuen Gewichtseinheit, dass sie nämlich aus der Maasseinheit überall mit Hülfe eines allverbreiteten Stoffes unmittelbar abgeleitet werden könne, in gewissem Sinne wieder aufgehoben; denn chemisch reines Wasser findet sich nirgends in der Natur, und die Ermittelung des Verhältnisses der Dichtigkeit beliebigen Wassers zu derjenigen reinen und dichtesten Wassers ist eine nicht zu jeder Zeit und an jedem Orte zu lösende Aufgabe. Indessen sind die Abweichungen der in der Natur vorkommenden Wasserbeschaffenheiten von den Eigenschaften des vom metrischen System verlangten Normalwassers doch so gering, dass man innerhalb solcher Genauigkeitsgrenzen, welche beim Verkehr überhaupt eingehalten werden, die Gewichtseinheit aus der Volumeneinheit, oder umgekehrt die Volumeneinheit aus der Gewichtseinheit mit Hülfe aller offenen und sogenannten süssen Gewässer: der Bäche, der Flüsse und der Teiche, bequem ermitteln kann.

Auch die Ungenauigkeiten, welche trotz der bei der Begründung des metrischen Systems zur Feststellung der obigen Beziehungen zwischen Gewichtseinheit und Maasseinheit ausgeführten sorgfältigen Arbeiten in der Kenntniss des Verhältnisses zwischen Volumeneinheit und Gewichtseinheit noch übriggeblieben sind, können den grossen Vorzug, welchen die Festsetzung der Gewichtseinheit des metrischen Systems für zahllose Aufgaben des Verkehrs, der Technik und der Wissenschaft bietet, nicht merklich trüben.

Die kleinen Verbesserungen, welche die Beziehung der beiden Einheiten zu einander durch die künftige Verschärfung der Messungen und Wägungen noch erfahren kann, werden sowohl im Verkehr als in der Wissenschaft mit grösster Leichtigkeit sich in die übrigens sehr einfachen Berechnungen derjenigen kleinen Verbesserungen einfügen lassen, die schon im Verkehr, geschweige denn in der Wissenschaft zur Berücksichtigung der Besonderheiten des jedesmal benutzten Wassers, insbesondere der unvermeidlichen Temperaturverschiedenheiten unumgänglich sind.

Nur die Kleinheit aller dieser Verbesserungen, also die relative Einfachheit der Beziehungen, begründet die grosse Zweckmässigkeit dieser ganzen Einrichtung des metrischen Systems; denn absolute Einfachheit und Identität wird man bei Beziehungen, die aus der Natur hergenommen werden sollen, überhaupt niemals erreichen können. Es ist doch eine überaus nützliche Einrichtung, wenn man z. B. den Inhalt eines Gefässes von beliebiger Form, dessen Inhaltsberechnung mit Hülfe linearer Ausmessungen ungemein schwierig und unsicher sein würde, aus dem Gewichte seiner Wasserfüllung mit leichtester Messungs- und Rechnungsarbeit nach Kubikdecimetern oder Litern zu bestimmen vermag und zwar mit einer Genauigkeit, die selbst im gegenwärtigen Zustande unserer Kenntniss des Gewichts der Volumeneinheit Wassers etwa bis auf $\frac{1}{10\,000}$ des Werthes geschätzt werden kann. Eine solche Genauigkeit würde sich durch blosse Ausmessungen selbst eines regelmässig gestalteten Hohlraumes nur bei grösster wissenschaftlicher Exactheit der Bearbeitung und der Ausmessung der Begrenzungsflächen erreichen lassen.

Die grossen Vortheile aber, welche gerade jene zahlenmässig einfachen Beziehungen zwischen der Gewichtseinheit und der Wasserfüllung der Volumeneinheit, wie sie in dem metrischen System eingeführt sind, im Vergleich mit denjenigen viel schwerfälligeren Beziehungen bieten, welche die älteren der gegenwärtig noch geltenden Maass- und Gewichtssysteme zwischen ihren Gewichtseinheiten und den Volumeneinheiten mittels des Wassers hergestellt haben, werden alle diejenigen bereits zur Genüge erkannt haben, welche mit der Ausmessung von Gefässen zu thun haben.

In den entwickeltsten Maass- und Gewichtssystemen der alten Völker waren übrigens ebenso einfache, auch auf Füllung mit Wasser begründete Beziehungen zwischen der Gewichts- und der

Längeneinheit schon zur Geltung gekommen, wie sie gegenwärtig einen der wesentlichsten Vorzüge des metrischen Systems bilden. Jene in formaler Beziehung sehr vollendeten Durchbildungen der alten Maass- und Gewichtssysteme sind aber beim Untergange der alten Welt zum grössten Theile verloren gegangen, und erst die von Gewohnheiten und Vorurtheilen befreiende Wiederkehr strengeren Denkens über alle menschlichen Einrichtungen, wie sie hauptsächlich den Italienern und Engländern des 17. und den Franzosen des vorigen Jahrhunderts verdankt wird, hat uns zu einem Theile jener Errungenschaften der alten Cultur zurückgeführt, die wir nun allerdings mit einer höheren Technik auch vollendeter durchzubilden vermögen.

Nach unseren gesammten bisherigen Darlegungen wird man uns im ganzen und grossen die Behauptung nicht mehr bestreiten, dass die Einrichtung des metrischen Systems in der That ein grosser Schritt zu der Verwirklichung derjenigen Ideen zu nennen ist, welche von den leitenden französischen Männern jener ganzen Reform zu Grunde gelegt worden waren, und dass das metrische System, wenngleich es jetzt noch mit vielem blos Gewohnheitsmässigen, dem nur vorübergehend noch einige Bedeutung zugeschrieben werden kann, streitet, den tieferen und wesentlicheren Grundbedingungen alles Messens und Wägens, einschliesslich aller davon untrennbaren Rechnungsoperationen, entsprechender gebildet wurde als irgend eins der bisherigen Maass- und Gewichtssysteme.

Hierdurch wurde aber dem zweiten Ziel, welches bei jener Reform ins Auge gefasst wurde, nämlich der Absicht, ein System zu schaffen, welches auch die grösste Wahrscheinlichkeit der allgemeinen Einführung innerhalb der ganzen menschlichen Gemeinschaft für sich habe, zugleich in hohem Grade Vorschub geleistet.

Man beruhigte sich jedoch damals bei dieser Zuversicht nicht, sondern suchte sofort die Annahme des metrischen Systems bei andern Nationen dadurch anzubahnen, dass man Gelehrte aus allen Nationen zur Theilnahme an der technischen und wissenschaftlichen Festsetzung der neuen Maass- und Gewichtseinheiten nach Paris einlud, um auf diese Weise auch andere Nationen zu einer sachverständigen Würdigung der grossen Fortschritte, welche man dem menschlichen Verkehr zu bieten gedachte, in den Stand zu setzen.

Die damalige Weltlage vereitelte das Zustandekommen einer solchen Vereinigung. Es gelang zwar, eine grössere Anzahl von Gelehrten anderer Nationen zur Theilnahme an den wissenschaftlichen Arbeiten, auf welche man nun mittelst der Gradmessung und mittelst umfassender physikalischer Experimente das neue Urmaass und das neue Urgewicht zu begründen hatte, heranzuziehen. Es erschienen nämlich Delegirte der Batavischen, der Römischen, der Cisalpinischen, der Ligurischen und der Helvetischen Republik, ausserdem Sardiniens, Toscanas, Spaniens und Dänemarks. Aber die ganze Entwickelung der Dinge entsprach nicht den kühnen und glücklichen Gedanken, welche der ganzen Reform zu Grunde lagen.

Die Wahl, welche man bei der Festsetzung des eigentlichen Urmaassstabes in Bezug auf Material und Gestaltungsverhältnisse traf, war keine glückliche.

Ein damals wegen seiner Eigenschaften besonders berühmtes Metall, dessen Vorzüge aber, wenigstens in der damals angewandten Beschaffenheit, für die in Rede stehenden Zwecke nachher fast völlig in Frage gestellt worden sind, das Platin, wurde sowohl zur Anfertigung des Urmaasses als des Urgewichts gewählt, und bei der Bearbeitung des neuen Urmaasses wurde bezüglich des Querschnitts und bezüglich der Beschaffenheit der Endflächen eine so unvollkommene Einrichtung angenommen, dass dadurch in dem folgenden halben Jahrhundert das ganze metrische System trotz seiner innern Vorzüge der lebhaften Kritik, ja der Abneigung der Fachmänner anderer Nationen ausgesetzt wurde, welche erst in allerneuester Zeit durch den endlich in Paris erkämpften Beschluss einer Erneuerung jener Grundlagen ihren Boden verloren hat.

Ausser jener nicht glücklichen technischen Fundirung des neuen Maass- und Gewichtssystems war der Einführung desselben bei andern Nationen gerade der eigenthümliche pathetische Charakter, mit welchem es sich als Naturmaass-System bezeichnete, hinderlich.

Geschmacklose Declamationen, wie sie sogar in officiellen

Schriftstücken bei der Begründung des metrischen Systems zugelassen wurden, z. B. fortan werde es jedem Grundbesitzer möglich sein, sofort anzugeben, den wievielten Theil der Erdoberfläche er besitze u. s. w., sowie überhaupt die ganze in der französischen Nation erregte Vorstellung, dass die Grundlagen des neuen Maass- und Gewichtssystems durch ihre blosse Anknüpfung an die Erde sicherer seien als die Grundlagen anderer Maass- und Gewichtssysteme, wurden von den Fachmännern anderer Nationen nur belächelt, und man sagte mit Recht, dass das neue System durch einen besseren Urmaassstab solider begründet worden wäre, als durch seine Beziehungen zu dem Erdumfange.

Die Idee der Anknüpfung des Meters an den Erdumfang, welche den sofortigen Beginn grosser Gradmessungen forderte, hat während der französischen Schreckenszeit zur Bewahrung wissenschaftlicher Traditionen nicht wenig beigetragen und der Wissenschaft grosse Mathematiker und Astronomen erhalten helfen, welche sonst vielleicht sämmtlich wie ihr Freund und Mitarbeiter, der geniale Chemiker Lavoisier, dem Neid und Hass der Gleichmacherei gegen grosse menschliche Vorzüge mit unterlegen wären. Nahe genug wurden trotzdem jene heldenkühnen Männer mehr als einmal während der Gradmessungsarbeiten dem Tode gebracht; denn das französische Volk benahm sich in jener Zeit gegen Forscher, die mit Instrumenten im Lande arbeiteten, kaum besser als der wildeste afrikanische Negerstamm.

Der Schutz von Seiten der Regierung half ihnen immer wieder durch; denn selbst die Schreckensregierung betrachtete, abgesehen von einer schnell vorübergehenden ganz brutalen Krisis, die Entwickelung des neuen Maass- und Gewichtswesens aus der Gradmessung als eine ruhmvolle nationale Aufgabe.

Auch die Kenntniss der Gestalt und der Dimensionen der Erde sowie das Vermessungswesen überhaupt hatten ja ansehnlichen unmittelbaren Gewinn von diesem grossen Werke.

Eine andere Bedeutung aber wollte man ausserhalb Frankreichs den Arbeiten nicht zugestehen, welche zur Herleitung des neuen Maass- und Gewichtssystems aus den Dimensionen der Erde ausgeführt worden waren.

Bei der französischen Nation und den Nationen von verwandter Cultur spielt allerdings noch immer die Anknüpfung des Meters an den Erdumfang eine grosse Rolle. Man wird z. B. fast keine Wandtafel des neuen Maass- und Gewichtssystems n Frankreich oder Belgien sehen, auf welcher nicht ein Bildchen enthalten wäre, das den vierten Theil des Erdumfanges mit der Inschrift „10 Millionen Meter" darstellt.

Bei der Einführung des metrischen Systems in Deutschland hat man aber gänzlich von jener, in mancher Hinsicht illusorischen Begründung der neuen Maasseinheit abgesehen und sofort sein Augenmerk darauf gerichtet, statt des bisherigen ungenügenden Urmaasses die Herstellung eines ordentlichen Maassstabes als Grundlage der neuen Einheit zu verlangen, ohne etwa auf eine neue Gradmessung und dergleichen im Sinne einer Prüfung der französichen Definition des Meters irgend welchen Werth zu legen.

Charakteristisch ist es in dieser Beziehung, dass selbst die französischen Fachmänner, als vor zwei Jahrzehnten insbesondere von Deutschland, der Schweiz und Russland aus die Forderung einer Revision der technischen Grundlagen des metrischen Systems erhoben wurde, wirklich glaubten, dass man in Deutschland verlangte, nochmals und noch genauer die Erde auszumessen und darauf ein besseres metrisches System aufzubauen.

Was überhaupt die sogenannten Naturmaasse betrifft, so kann zwar der ungefähre Anschluss an gewisse Dimensions- oder Stoffververhältnisse der Natur der Einrichtung eines Maass- und Gewichtssystems manche praktischen Vorzüge verleihen, sobald dabei gebührende Rücksichten auf die natürlichen Grundbedingungen der Messungs- und Wägungsoperationen in Verbindung mit den Zählungs- und Rechnungseinrichtungen genommen werden; indessen sind alle Ausmessungen von Dimensionen oder Abständen in der Natur ihrerseits stets mit gewissen unvermeidlichen oder unergründlichen Fehlern behaftet, und zwar sind gerade bei der Ausmessung von grösseren Bogenstücken des Erdumfangs jene Fehler im Verhältniss zu den gesuchten Längen viel grösser als bei der Ausmessung kleinerer Strecken. Bei jenen grösseren Strecken, bei welchen auch Winkelmessungen in ausgedehnten Dreiecksnetzen hinzukommen müssen, treten nämlich die Fehler des Winkelmessens mittelst des Visirens nach meilenweit entfernten Punkten zu den Fehlern der eigentlichen Linearmessungen hinzu, wodurch viel ungünstigere Fehlerverhältnisse entstehen als bei solchen nicht zu kleinen Entfernungen, die man noch ganz und gar mit sorgfältigster Aneinandersetzung feiner Maassstäbe ausmessen kann.

Hierzu kommt, dass die Gestalt der Erde selber, wenn es sich um die grösste Genauigkeit handelt, so wenig durch ein einfaches Gesetz darstellbar ist, dass die neuere Kritik der Gradmessungen überhaupt es nicht mehr für möglich hält, durch Ausmessung einzelner Strecken, mögen sie selbst Hunderte von Meilen lang sein, mit der für die Grundlagen eines Maass-Systems erforderlichen Genauigkeit auf die Gesammtdimensionen des Erdkörpers zu schliessen.

Gute Messungen mit Hülfe eines zweckmässig eingerichteten und sorgfältig aufbewahrten Urmaasses von Metall, vielleicht noch controlirt durch geeignete Stücke aus vollkommen krystallisirten Stoffen, werden daher viel eher dazu dienen können, wirkliche Veränderungen in den Erstreckungs- und Krümmungsverhältnissen eines bestimmten Flächenstücks des Erdkörpers zu erkennen, als dass man aus derartigen Maassbestimmungen unmittelbare und allgemein gültige Controlen der Unveränderlichkeit des Urmaasses ableiten könnte.

Nur sehr zahlreiche und über die ganze Erde zweckmässig vertheilte Bestimmungen der Pendellängen oder blosse lineare Messungen der Abstände zwischen gewissen an der Erdoberfläche möglichst solid festgelegten Punkten werden künftig in ihrer Gesammtheit eine gewisse Controle für die Unveränderlichkeit unserer Urmaassstäbe gewähren können.

Übrigens dürfte hier der Ort sein, noch darauf hinzuweisen, dass die bedeutendsten unter den Begründern des metrischen Systems bei der Festsetzung des einfachen Zahlenverhältnisses des Meters zum Erdumfange auch die grossen Vortheile im Auge gehabt haben, welche solche Zahlenverhältnisse durch ihre Einfachheit, bei einer für viele Zwecke vollkommen genügenden Annäherung an die Wahrheit, allen Ausmessungen auf der Erdoberfläche darbieten werden, sobald über kurz oder lang die so zweckmässige Hundert-Theilung des Viertelkreises auch in den geographischen und geodätischen Messungen durchgeführt werden wird.

Aehnliche Vortheile hat sich bekanntlich die Nautik bei der Wahl ihrer Entfernungsmaasse im Anschluss an die bisherige Winkeleintheilung schon längst angeeignet, indem sie die von ihr benutzen Längenmaasse (Seemeile u. s. w.) ebenfalls in ein einfaches Verhältniss zum Erdumfang gesetzt hat. Man sollte also auch in dieser Beziehung in Deutschland etwas gerechter gegen das metrische System sein.

Der Einführung des metrischen Systems ausserhalb Frankreichs lagen natürlich auch noch andere Hindernisse als die Kritik seiner unvollkommenen technischen Einrichtung und Handhabung und die Abneigung gegen seine Naturmaassprätensionen zu Grunde. Die internationalen Verkehrsverhältnisse, die Bedürfnisse der Technik und Industrie waren bei weitem noch nicht entwickelt genug, um den Vortheil eines gemeinsamen Maass- und Gewichtssystems so entscheidend erscheinen zu lassen, wie sich derselbe uns jetzt darstellt, und um die andern Nationen zu veranlassen, die grossen Mühen, Kosten und Unsicherheiten, welche mit der Abänderung gewohnter Maass- und Gewichtseinrichtungen verbunden sind, zu Gunsten eines zunächst rein ideal erscheinenden Anspruchs, wie er bei dem metrischen System erhoben wurde, auf sich zu nehmen.

Endlich war der Fortgang der Einführung des metrischen Systems auch in Frankreich selbst kein gedeihlicher. Dieser Punkt verdient etwas nähere Beleuchtung, weil die ausserordentliche Langsamkeit, mit welcher sich das neue Maass- und Gewichtssystem in Frankreich selbst zur Geltung gebracht hat, nicht nur vor der Einführung des metrischen Systems in Deutschland wiederholt gegen die Zweckmässigkeit desselben ins Feld geführt worden ist, sondern auch gegenwärtig bei allen denjenigen, die jenem System abgeneigt sind, einer gewissen Zweifelsucht Vorschub leistet und somit die Ueberwindung der Uebelstände jeder solchen Neuerung, d. h. die volle und allgemeine Annahme der neuen Einrichtung verzögert. Diejenigen, welche sich darauf berufen, dass in Frankreich selbst noch der Fuss und das Pfund u. s. w. neben den Einheiten und Bezeichnungen des metrischen Systems in populärer Geltung sind, werden meistens nicht wissen, dass die französische Regierung während des ersten Kaiserthums durch Massregeln, welche zum Theil in der Anhänglichkeit des sonst in mathematischer Richtung so begabten Kaisers an die ihm geläufigen Maasse und Gewichte des ältern Systems ihre Erklärung finden, die volle Durchführung der Einrichtungen des metrischen Systems sistirt, im Jahre 1812 sogar den alten Maass- und Gewichtsbenennungen und -Eintheilungen, angewandt auf die Einheiten des metrischen Systems, unbeschränkte legale Anwendung gestattet und dadurch Frankreich fast 25 Jahre lang in einen Zustand des Maass- und Gewichtswesens versetzt hat, welcher in seinen Nachwirkungen der später versuchten consequenten Durchführung des metrischen Systems äusserst hinderlich gewesen ist.

Erst durch das Gesetz vom 4. Juli 1837, welches das metrische System in seiner Reinheit und mit alleiniger Gültigkeit wiederherstellte, wurde der Versuch gemacht, den durch die vorangegangene Zeit der Verwirrung geschaffenen Zustand wieder zu beseitigen. Es ist aber klar, dass die Verwaltung, die sich einmal darauf eingelassen hatte, der Gewohnheit eine solche Concession zu machen, wie die im Jahre 1812 erfolgte, auch nicht beanspruchen konnte, dass man sofort an ihren dauernden Ernst, das neue Decret streng durchzuführen, glaubte. Nebenbei sicherte der frühere Mangel einer technischen Volkserziehung in Frankreich, d. h. die geringe Bekanntschaft mit den Elementen des decimalen Rechnens, auch in den folgenden Jahrzehnten den alten Einrichtungen innerhalb des Kleinverkehrs noch eine grosse Anhängerschaft.

Um die Einführung des metrischen Systems in Deutschland haben sich hauptsächlich die Ingenieure und die Vertreter des Maschinenwesens verdient gemacht. Die grosse Entwickelung des Maschinen- und Eisenbahnwesens und die dadurch bewirkte innigere Verbindung der Technik und Industrie aller Culturländer ist es besonders gewesen, welche den Vortheil gemeinsamer Maass- und Gewichtseinrichtungen mehr und mehr zum Bewusstsein gebracht hat. Der hoch gesteigerte internationale Verkehr hatte auf allen Handelsgebieten gerade die Männer der eingreifendsten Praxis zu den eifrigsten Vertretern der Einführung des metrischen Systems gemacht, während die deutsche Wissenschaft und insbesondere die Vertreter der eigentlichen Forschung auf dem Gebiete des Maass- und Gewichtswesens selbst sich vielfach in dem oben erläuterten kritischen Sinne dem metrischen System abgeneigt erwiesen haben.

Auch auf dem Gebiete der Technik und des internationalen Verkehrs war eine Zeit lang die Frage offen, ob das neue französische oder das englische Maass- und Gewichtssystem die grössere Aussicht auf allgemeine Annahme habe. Wer dabei in erster Linie den Umfang der gegenwärtigen Verbreitung des einen oder des andern Systems ins Auge fasste, musste dem englischen System allerdings den Vorzug geben, da dasselbe bis vor Kurzem in der Culturwelt bei einer grössern Anzahl von Menschen in Anwendung war als irgend ein anderes.

Auch die innigere Verbindung der deutschen Technik mit der englischen musste dem englischen Maass- und Gewichtswesen in den Augen vieler einen Vorzug vor dem metrischen Systems verleihen. Wer jedoch auf die möglichst grossen innern Vorzüge desjenigen Systems, dem man sich im Interesse der internationalen Gemeinsamkeit zuzuwenden hätte, höheren Werth legte, als auf den derzeitigen Umfang der Verbreitung desselben, konnte nicht zweifelhaft sein, dass dem metrischen System die Zukunft gehöre, und dass es binnen kurzem auch bezüglich seiner Verbreitung dem englischen den Vorrang ablaufen würde. Denn die englischen Maass- und Gewichtseinrichtungen enthalten zwar auch einige Besonderheiten, durch welche der Vortheil decimaler Eintheilungen anerkannt wird, sind im übrigen aber untereinander so zusammenhanglos und so sehr der numerischen Einfachheit und Folgerichtigkeit entbehrend, dass man kaum ein Maass- und Gewichtssystem hätte finden können, welches von den ideellen Bedingungen, denen ein solches wenigstens annähernd genügen soll, so weit entfernt gewesen wäre als das englische.

Ein solcher Ausspruch, welcher übrigens in einer Erklärung der britischen Gesellschaft für die Förderung der Wissenschaften, datirt vom Jahre 1861, ausdrücklich bestätigt wird, scheint in Betracht des anerkannt praktischen Sinnes der Engländer ein sehr gewagter; indessen wird seine im einzelnen durchaus nachweisbare Richtigkeit auch im Allgemeinen einleuchtend erscheinen, wenn man sich erinnert, dass mit dem praktischen Sinne der Engländer auch eine übergrosse Anhänglichkeit an gewohnheitsmässige Einrichtungen Hand in Hand geht, dass ferner gerade dann, wenn man womöglich den besonderen Bedingungen jedes einzelnen Verkehrszweiges durch besondere praktische Specialeinrichtungen von Maassen oder Gewichten Rechnung tragen will, wie es in England vielfach geschehen ist, die Einheit und Consequenz des Ganzen aufs Bedenklichste geschädigt wird.

Es wird dieser letztere Punkt auch in Deutschland im Auge zu behalten sein, wo eine ähnliche Neigung in vielen Kreisen waltet, jedem einzelnen praktischen Bedürfnisse, unter denen es übrigens zahllose eingebildete und blos auf Bequemlichkeit und Gewohnheit beruhende gibt, womöglich durch besondere Ausnahme-Einrichtungen eine Genüge zu verschaffen.

Eminent praktisch ist auf dem Gebiete des Maass- und Gewichtswesens gerade die Unterordnung der einzelnen Interessen und Gewohnheiten unter den Gesichtspunkt der Einfachheit und Folgerichtigkeit des Ganzen, welche durch Erleichterung und Sicherung aller Umsetzungen und Vergleichungen, überhaupt aller Rechnungsoperationen, Vortheile gewährt, deren Summe unberechenbar grösser ist als die Gesammtheit der Vortheile und kleinen Erleichterungen, die durch Specialeinrichtungen von besondern, aus der rechnungsmässigen Folgerichtigkeit heraustretenden Messungs- oder Wägungsmitteln für einzelne Zwecke zu erreichen sind.

Die ersten Vorbereitungen zur Einführung des metrischen Systems in Deutschland geschahen noch zu den Zeiten des Bundestages. Eine von den verbündeten Regierungen zusammenberufene Commission von Sachverständigen, welche zuerst im Jahre 1861 in Frankfurt a. M. zusammentrat, erklärte sich schliesslich ihrer Mehrheit nach principiell für die Einführung des metrischen Systems in Deutschland als die geeignetste Massregel, um innerhalb des Bundes die von der Entwickelung der Verkehrsverhältnisse unabweisbar geforderte volle Einheit in Maass- und Gewichtssachen herbeizuführen.

Die technischen Vorarbeiten jener Sachverständigen-Commission, innerhalb welcher in bezeichnender Weise Directoren von polytechnischen Schulen, unter ihnen am eingreifendsten der nunmehr verstorbene hochverdiente Dr. Hülsse aus Dresden, thätig waren, ebneten der Einführung des metrischen Systems die Wege bereits in dem Grade, dass die Grundlagen der gegenwärtigen Aichungsvorschriften im wesentlichen an die Arbeiten jener Commission angeschlossen werden konnten.

Ein unmittelbares Resultat hatten jene Berathungen nicht, weil insbesondere die preussische Verwaltung Widerspruch gegen die Einführung des metrischen Systems erhob. Erst nach dem Jahre 1866 wurde dies anders. Die Aufgabe, welche in diesem Jahre an den preussischen Staat herantrat, die abweichenden Maass- und Gewichtssysteme seiner neuen Provinzen mit den Einrichtungen der älteren Provinzen auszugleichen, machte die preussische Verwaltung geneigter, gemeinsam für alle das metrische System einzuführen, weil man sich sagte, dass die Einführung eines ganz neuen und durch seine innere Einrichtung vielfach bereits populär gewordenen Systems die neuen Provinzen zur Aufgebung der älteren Einrichtungen williger machen werde als die Aufdrängung des preussischen Maass- und Gewichtssystems, welches überdies keinerlei wesentliche Vorzüge vor den andern beanspruchen konnte. So kam es denn, dass bei der durch die Frankfurter Verhandlungen vorbereiteten Geneigtheit der bedeutenderen Mitglieder des neugeschaffenen Norddeutschen Bundes in der Maass- und Gewichtsordnung vom 17. August 1868 das metrische System für den Norddeutschen Bund zur Annahme gelangte. Leider gelang dies noch nicht ohne einige erhebliche Abänderungen dieses Maass- und Gewichtssystems, durch welche man glaubte, die Einlebung der neuen Einrichtung zu befördern, indem man sich an gewisse ältere Einrichtungen und Gewohnheiten anschloss, deren Beibehaltung aber gerade einen der Hauptvorzüge des metrischen Systems, nämlich die folgerichtige decimale Gestaltung desselben in Schreibart und Rechnung trübte.

Einige sehr erhebliche Irrungen muss man dem Reichstage selber nachsagen, und zwar trifft dies hauptsächlich die durch Hinzufügung vereinzelter deutscher Bezeichnungen der neuen Maasse bewirkte Einführung doppelter Namen und die dadurch zugleich bewirkte Beförderung des Gebrauchs von Einheiten, welche der Handhabung des Systems in streng decimalem Sinne höchst schädlich geworden sind.

Was zunächst die doppelten Namen betrifft, so wäre es nicht so schädlich gewesen, die Namen des metrischen Systems ganz zu unterdrücken und dafür durchgehends deutsche einzusetzen, als zwei Namen für ein und dasselbe Ding zuzulassen, ein Fehler, welcher gegen die Grundsätze des Maass- und Gewichtswesens wie jeder exacten Einrichtung verstösst, da er überhaupt und besonders bei einer neuen Sache nur Anlass zu Verwirrungen geben kann.

Die preussischen Schulen wissen davon zu erzählen, was der Zustand, in welchen die Rechenbücher infolge jener Bestimmungen der Maass- und Gewichtsordnung gerathen waren, der Einlebung der Vorzüge des neuen Maass- und Gewichtssystems geschadet hat und noch schadet.

Dass man sich scheute, die metrischen Bezeichnungen selbst zurückzuweisen, ist erklärlich, weil es der vom Reichstage selbst nachdrücklich betonten internationalen Bedeutung der Reform erheblichen Abbruch gethan haben würde, wenn man die gemeinsamen Namen, welche bei der Einführung internationaler Einrichtungen nothwendig zu der vollen Gemeinsamkeit gehören, über Bord geworfen hätte. Man hätte aber dann auch auf den nationalen Purismus verzichten sollen, für die neuen Dinge deutsche Nebennamen einzuführen, um so mehr, als die Erfahrung dafür spricht, dass neue Dinge mit ganz neuen Namen sich viel leichter und sicherer einführen als mit alten, welche bisher andere Dinge bezeichnet hatten. Man wird sich gegenwärtig wohl überzeugt haben, wie gänzlich unpopulär die deutschen Namen der metrischen Maasse und Gewichte geblieben sind, und mit welcher Leichtigkeit und welcher Geneigtheit die Leute überall die metrischen Namen bevorzugen. Man hatte hierbei auch eine Eigenthümlichkeit unsers Volkes, welche ebensowohl eine Schwäche als eine Stärke desselben bildet, ausser Acht gelassen, nämlich die auf manchen Gebieten entschieden schädlich wirkende und daher mit Recht bekämpfte, aber auf Gebieten, wo es sich um die Aneignung eines gemeinsamen geistigen Besitzes sämmtlicher Culturvölker handelt, überaus förderliche Eigenthümlichkeit, in Sprache und Sitte Fremdes leicht aufzunehmen und sogar eine gewisse Genugthuung in dem geläufigen Gebrauche von solchen Fremdwörtern zu finden, welche wirklich Neues und Gemeinsames in nicht missverständlicher und überall gültiger Weise bezeichnen.

Zwei Hauptmängel der deutschen Maass- und Gewichtsordnung bestehen ausserdem in der bereits oben erörterten und besonders neben den unerlässlichen decimalen Abstufungen bedenklichen Zulassung der Eintheilung nach fortgesetzten Halbirungen bei den Hohlmaassen und in der Zulassung des halben Kilogramms, d. h. des Pfundes als Einheitsname bei Gewichtsbezeichnungen. Letztere Zulassung gründete sich hauptsächlich auf eine schon im Jahre 1856 erfolgte, also der Einführung des metrischen Systems in Deutschland vorangegangene theilweise Unification des Gewichtswesens des Deutschen Zollvereins. Man hatte damals einer dringlichen Nothwendigkeit des Verkehrs nachgebend die Verschiedenheit der Gewichtseinheiten in Deutschland beseitigt, und zwar durch Annahme des halben Kilogramms, als eines neuen gemeinsamen Zollpfundes. Von verschiedenen Seiten war auch damals schon sofort die Einführung des Kilogramms und seiner decimalen Eintheilung gefordert worden, und in mehreren Staaten des Zollvereins hatte man auch sogleich die Einführung des halben Kilogramms in die des Kilogramms hinüberzuleiten gesucht, indem man durch Eintheilung des Pfundes in tausend halbe Gramm die dem Kilogramm zu Grunde liegende Einheit, das Gramm, mindestens mittelbar zur Geltung brachte.

Dass damals nicht statt des halben Kilogramms sogleich das Kilogramm adoptirt wurde, ist wesentlich durch die an sich verständliche Absicht zu erklären, die damals unmittelbar wichtige blosse Vereinbarung nicht durch einen zu grossen Sprung auf eine von den bisherigen Gewichtseinheiten zu stark abweichende neue Einheit zu erschweren. Ausserdem hat man auch damals schon für die Vorzüge des Pfundes als Einheit mancherlei Gründe geltend gemacht, denen man es aber ansieht, dass sie im Wesentlichen bloss der Abneigung gegen eine „zu weit gehende“ Reform ihren Ursprung verdanken.

Der nachdrücklichste dieser Einwände, welcher gegen das

Kilogramm noch heute geltend gemacht wird, ist der, dass dasselbe für die Gewichtseinheit zu gross sei, was zunächst dadurch bewiesen werde, dass die bisherigen Gewichtseinheiten fast aller Völker sich in der Nähe von einem halben Kilogramm gehalten hätten.

Wenn man weiss, wie sehr Gewohnheitsverhältnisse bei einer solchen Uebereinstimmung älterer Einrichtungen untereinander weit mehr massgebend gewesen sind als innere Zweckmässigkeitsgründe, so kann diesem Einwurfe keine grosse Bedeutung zugeschrieben werden.

Etwas erheblicher erscheint die Behauptung, dass die Pfundeinheit deshalb geeigneter sei als die Kilogrammeinheit, weil ein Gewichtsstück zu hundert Pfund noch von einem Manne gehandhabt werden könne, während ein Gewichtsstück zu hundert Kilogramm dafür bereits zu schwerfällig sei. Dieser Umstand hat in neuester Zeit fast seine ganze Bedeutung dadurch verloren, dass der Verkehr mehr und mehr bei Abwägung grösserer Lasten verjüngende Waagen in Anwendung bringt, bei denen das Centnerstück, welches demgemäss auch anderwärts, z. B. in Frankreich, fast gar nicht mehr vorkommt, in einer weit überwiegenden Anzahl von Fällen keine Rolle spielt. Die Bedeutung, welche das Centnerstück noch bei gleicharmigen Balkenwaagen und bei den grössten Decimal- und Centesimalwaagen behält, dürfte an sich nicht erheblich genug sein, um fernerhin der Durchführung des Kilogramms als ausschliesslicher Gewichtseinheit ein Hinderniss zu bieten. Der Uebelstand, welcher durch die Zulassung der Pfundeinheit neben der Kilogrammeinheit hervorgerufen wird, ist insofern ausserordentlich gross, als die Anwendung der Pfundeinheit die Einführung der rein decimalen Schreib- und Rechnungsweise mit Gewichtsgrössen, z. B. die sonst so einfache Berechnung der Gewichtssummen bei Decimalwagen, nachhaltig stört; denn da das Pfund nach der Maass- und Gewichtsordnung in 500 Theile getheilt wird, liegt es auf der Hand, dass durch die Beförderung der Zählung nach Pfunden, wenn das Pfund auch in einer noch so einfachen Beziehung zum streng decimal getheilten Kilogramm steht, zahllose immer wiederkehrende Rechnungserschwerungen und Anlässe zu Irrthümern aufrecht erhalten werden, welche durchaus sobald als irgend möglich abgestellt werden sollten.*)

Der Wortlaut des Beschlusses, welchen der Deutsche Reichstag sofort nach der Annahme der Maass- und Gewichtsordnung fasste: „den Bundeskanzler aufzufordern, durch Verhandlungen mit denjenigen Staaten, in welchen das metrische System angenommen ist oder wird, dahin zu wirken, dass Abweichungen von dem gemeinschaftlichen System nur von einer Conferenz sämmtlicher betheiligter Staaten beschlossen werden können", musste, unmittelbar nachdem man selbst so erhebliche Abweichungen von dem metrischen System eingeführt hatte, einen etwas befremdenden Eindruck machen, doch wurde er in der Folge von günstigster Wirkung.

Obschon nach dem Obigen bei der Einführung des metrischen Systems in Deutschland manches zu wünschen übriggeblieben ist, wenn die Gesammtheit der Vortheile, welche dieses System zu bieten vermag, baldmöglichst verwirklicht und für die Kosten, Beschwerden und Uebelstände der Neuerung der volle Ersatz geerntet werden soll, so ist doch bei billiger Würdigung nicht zu leugnen, dass auch das, was bisher geschehen ist, bereits einen höchst bedeutenden Fortschritt darstellt.

Dies wird auch auf vielen Gebieten des Verkehrs von den Betheiligten schon jetzt deutlich empfunden, obgleich im Kleinverkehr, zumal ausserhalb der Städte, die Neuerung nur sehr langsam durchdringt.

Am wenigsten befriedigt ist aber bei dem gegenwärtigen Zustande die Präcisionstechnik und die Wissenschaft.

Zwar können diese über die mannigfachen bei der Einführung des metrischen Systems in Deutschland zugelassenen „Halbheiten", welche sie bedauern müssen, sich durch ausschliessliche Benutzung der in der Maass- und Gewichtsordnung wenigstens zugelassenen reinen Gestaltung der metrischen Einrichtungen hinwegsetzen.

Auch sind durch die Legalisirung des metrischen Systems in Deutschland der Präcisionstechnik und der Wissenschaft ebenso

---

*) Anmerkung. Die vorerwähnten Mängel der deutschen Maass- und Gewichtsordnung sind sämmtlich im Jahre 1884 in der befriedigendsten Weise beseitigt worden. W. F.

wie dem Verkehr für die Zukunft die grössten Vortheile gesichert; aber für den Augenblick ist der Zustand des metrischen Systems für alle Präcisionszwecke insofern ein höchst unbefriedigender, als durch die Sorglosigkeit der früheren französischen Verwaltung des metrischen Urmaasses und Urgewichts und die nicht genügende Zuverlässigkeit der seit Jahrzehnten in Paris ausgegebenen Copien, von denen je ein Exemplar auch die Grundlage des neuen deutschen Maass- und Gewichtswesens bildet, eine empfindliche Unsicherheit, insbesondere in der genauen Kenntniss der Längeneinheit, eingetreten ist.

Abgesehen von der mangelhaften Beschaffenheit der maassgebenden Endflächen des Pariser Urmeters und den entsprechenden Mängeln seiner Copien, ist nicht einmal der Abhängigkeitsgrad des Urmaasses von der Temperatur hinreichend bekannt und eine genügend strenge Berücksichtigung der Temperatureinflüsse hat demnach auch bei der Ausgabe der Copien nicht stattgefunden, während überdies die technischen Bedingungen, unter welchen bisher die Vergleichung der Copien mit dem Urmaasse im Pariser Archiv stattgefunden hat, auch sonst weit entfernt von denjenigen Anforderungen geblieben sind, welche an Fundamentalarbeiten dieser Art gestellt werden müssen.

Die Folgen jener Sorglosigkeit haben sich bei der weiteren Copirung solcher Copien lawinenartig angehäuft und bewirkt, dass, wenn einmal Normalmeter aus verschiedenen Ländern untereinander zur Vergleichung kommen, dieselben häufig bis zu Zehntheilen des Millimeters von einander abweichend befunden werden, während die Wissenschaft und die Präcisionstechnik die sicher erfüllbare Forderung stellen müssen, dass die Maasseinheit mindestens innerhalb eines Tausendtheiles des Millimeters überall festgehalten werde, wenn nicht bei der Vergleichung der Resultate mühsamer wissenschaftlicher Arbeiten die verdriesslichsten Unterschiede und Weiterungen durch Ansammlung von blossen Maassstabfehlern hervorgerufen werden sollen. Die durch gute Normalmaasse zu bewirkende Sicherung der Vergleichbarkeit aller feineren Messungsresultate innerhalb derjenigen, Genauigkeitsgrenze, welche bei den schärfsten Messungen eingehalten werden kann, ist jetzt geradezu eine Lebensfrage für den Fortschritt der Präcisionstechnik und der Forschung geworden.

In Preussen hatte bereits vor 40 Jahren der grosse Königsberger Astronom Bessel Einrichtungen getroffen, durch welche jene Forderung innerhalb des preussischen Maasssystems in viel höherem Grade erfüllt werden konnte als bisher innerhalb des metrischen Systems. Bessel hatte einen Urmaassstab von solcher wohlbedachten Einrichtung hergestellt und für die Ausgabe von Copien dieses Urmaasses so zweckmässige und vorsichtige Bestimmungen getroffen, dass in dieser Beziehung der Stolz der preussischen Fachmänner, mit welchem sie vielfach das metrische System wegen der Unvollkommenheit seiner entsprechenden Einrichtungen als eine Verschlechterung des Zustandes der Messwissenschaften zurückwiesen, nicht unberechtigt erschien.

Sieht man jedoch näher zu, so war es auch in Preussen in dieser Beziehung nicht glänzend bestellt. Zwar war ein vorzügliches Urmaass vorhanden und die Copirung desselben gut bedacht; aber auch in Preussen hatte man versäumt, nach der Festsetzung jener Grundlagen die dauernde Handhabung derselben durch geeignete Maassregeln, z. B. durch Herstellung zweckmässiger Institutionen für die Aufbewahrung und für die Vergleichung des Urmaasses mit den Copien zu sichern, sodass auch in Preussen die erstrebte Genauigkeit nicht dauernd erreicht wurde.

Es hat sich durch alle diese und ähnliche Erfahrungen herausgestellt, dass für die Aufbewahrung und Handhabung der Urmaasse u. s. w. und für die Ableitung der verschiedenen Abstufungen von Copien aus diesen letzten Bewahrern der Einheiten die ununterbrochene gewissenhafte Sorgfalt besonderer permanenten Institutionen unerlässlich ist, welche unter den günstigsten Bedingungen in Bezug auf Localität und Apparate beständig verpflichtet sein müssen, nicht nur bei der Ausgabe von Copien von grösserer oder geringerer Genauigkeit jedesmal mit aller Kritik und Strenge zu arbeiten und über alle solche Arbeiten Documente zu führen, sondern welche auch fortwährend den Antrieb geben müssen, dass die von ihnen ausgegebenen Copien von Zeit zu Zeit zur Controle wieder eingesandt und aufs neue verglichen werden. Nur auf diese Weise wird es allmählich möglich werden, bessere Erfahrungen über die Vorzüge der einzelnen zu Maassen oder Gewichten benutzten Materialien und über die zur Darstellung der Einheiten angewandten Einrichtungen zu erhalten, und schliesslich diejenigen Anhäufungen von Fehlern zu vermeiden oder in gewissen engen Grenzen zu halten, welche sonst mit ertödtenden Zweifeln auf den folgerichtigsten und daher ergiebigsten Arbeiten der Menschen lasten. Aber nicht bloss für die Wissenschaft und Präcisionstechnik, deren Arbeiten mittelbar die Lebensquelle des Fortschritts der gesammten wirthschaftlichen Thätigkeit bilden, ist diese äusserste Sorgfalt in der Bewahrung der Grundlagen des Maass- und Gewichtswesens erforderlich, sondern der wirthschaftliche Verkehr kann auch unmittelbar in verwirrender Weise von den Mängeln jener fundamentalen Einrichtungen getroffen werden.

Wenn in der letzten Controlinstanz aller Normalmaasse und -Gewichte nicht die äusserste formelle Strenge zur Anwendung kommt, sondern etwa mit Rücksicht auf die sehr weiten Fehlergrenzen, welche den Maassen und Gewichten des Verkehrs belassen werden müssen, um letzteren nicht durch unnöthige Peinlichkeiten zu beengen, eine sorglose Auffassung platzgreift, dann tritt nicht nur die Gefahr ein, dass auch in den unteren Controlinstanzen dieselbe Sorglosigkeit allmählich einreisst und die auch bei diesen unerlässliche formelle Strenge in der Einhaltung der ihnen auferlegten etwas weiteren Genauigkeitsgrenzen lockert, sondern es entstehen auch unmittelbar durch die erfahrungsmässigen Anhäufungen der Fehler von Maass zu Maass und von Gewicht zu Gewicht allmählich Unsicherheiten von solchem Betrage, dass Streitigkeiten sogar im öffentlichen Verkehr die unausbleibliche Folge sind und, was noch verhängnissvoller ist, dass dann das zur Entscheidung dieser Streitigkeiten nöthige Ansehen der technischen Behörde durch ihre Sorglosigkeit verloren gegangen ist. Die Forderungen der Wissenschaften vereinigen sich also auch auf diesem Gebiete durchaus mit allen andern wohlverstandenen Staatsinteressen, und die möglichst vollkommene wissenschaftliche und technische Fundirung der obersten Institutionen des Maass- und Gewichtswesens erweist sich hiernach als eine wesentliche Bedingung der öffentlichen Ordnung.

Solange die verschiedenen Nationen verschiedene Maass- und Gewichtssysteme hatten, konnte jeder Staat sich damit begnügen, bei sich selbst derartige Einrichtungen herzustellen und jedem Einzelnen, der mit ausländischen Maassen und Gewichten zu thun bekam, zu überlassen, sich von der Richtigkeit derselben zu überzeugen. Sobald aber ein Maass- und Gewichtssystem eingeführt wird, von welchem die Regierung selbst erklärt, dass die Gemeinsamkeit desselben mit andern Staaten ein Motiv der Einführung sei, und dass die Vortheile dieser Gemeinsamkeit als ein Aequivalent für einen Theil der mit der Veränderung der Maasse und Gewichte verbundenen Kosten und Schwierigkeiten dienen sollen, wird von Seiten des Staates zugleich die Verpflichtung übernommen, dafür zu sorgen, dass jene Identität der neuen Einrichtung mit denen anderer Nationen mit derselben Strenge, mit welcher der Staat nach dem Obigen selbst die Grundlage seiner eigenen Maass- und Gewichtseinheiten aufrecht zu erhalten hat, auch wirklich gesichert werde, und diesen Sinn hat auch die oben mitgetheilte höchst wichtige und verständnissvolle Resolution des Deutschen Reichstages gehabt.

Wenn es aber auch verbürgt wäre, dass jeder Staat, der das metrische System anwendet, bei sich selbst die vollkommenste Controle in obigem Sinne übte, so könnten doch sogar technische Verschiedenheiten, z. B. in Form und Material der Urmaasse und Urgewichte, sowie verschiedene Arten der Handhabung der Copirung derselben u. a. m. bewirken, dass dennoch mit der Zeit die Maass- und Gewichtseinheiten der verschiedenen Länder, welche das metrische System anwenden, so verschieden von einander würden, dass nicht nur die in diesen Ländern gefundenen wissenschaftlichen Resultate in empfindlicher Weise des Vortheils wirklich gemeinsamer Einheitswerthe verlustig gingen, sondern dass sogar der internationale Verkehr von bemerklichen Unsicherheiten und Streitigkeiten betroffen werden würde.

Der gegenwärtige Zustand des metrischen Systems ist in der That ein solcher, dass zwischen der Präcisionstechnik der verschiedenen Länder bereits erhebliche Unsicherheiten dieser Art obwalten, weil das eine die Meterlänge des andern nicht mehr ohne weiteres anerkennt, nachdem durch Anhäufung von Fehlern bei den Copirungen des Pariser Meters die Kenntniss der Einheit innerhalb ziemlich weiter Grenzen unsicher geworden ist, und nachdem ganz in obigem Sinne durch jene bei der Confrontirung der Normalmeter verschiedener Länder erkannten

Unsicherheiten das Vertrauen auf die bisherige letzte Instanz des metrischen Systems, nämlich auf die Zuverlässigkeit der Handhabung des bisherigen Pariser Urmaasses und Urgewichts, verloren gegangen ist.

Die übelste Folge dieses Misstrauens ist aber die gewesen, dass dann auch an andern Stellen die Vorsicht des Urtheils und die Sorgfalt der Arbeit bei weiteren Copirungen metrischer Normalmaasse erheblich geschwächt worden ist; denn Jedermann ist in Gefahr, weniger genau zu prüfen und zu arbeiten, wenn er von vornherein die Grundlagen seiner Arbeit für schwankend hält.

Allen diesen Uebelständen und allen oben erörterten Anforderungen dauernde Erfüllung zu sichern, ist der Gegenstand der seit dem Jahre 1869 geführten Verhandlungen gewesen, welche zum Abschluss des Pariser Vertrages vom 20. Mai 1875 geführt haben.

Der im Vorstehenden dargelegte Zustand hatte schon im Anfang des Jahres 1867, also bereits vor der Annahme des metrischen Systems in Deutschland, dem Generallieutenant Dr. Baeyer in Berlin Anlass gegeben, in einer der Berliner Akademie der Wissenschaften übergebenen Abhandlung die Herstellung einer europäischen Institution zu verlangen, welche mit der Aufbewahrung eines gemeinschaftlichen Urmaasses, ferner mit der beglaubigten Ausgabe von Copien desselben und mit der regelmässig wiederholten systematischen Controle der Copien an erster Stelle beauftragt werden sollte.

Die im Herbst 1867 in Berlin unter dem Ehrenpräsidium des Generallieutenants Dr. Baeyer abgehaltene zweite Generalconferenz der Europäischen Gradmessung hatte alsdann demselben Gedanken in einer Anzahl von Resolutionen, deren Formulirung und deren Annahme hauptsächlich Dr. Hirsch, Director der Sternwarte in Neuchâtel, zu verdanken war, Ausdruck gegeben.

Der nächste wichtige Schritt für die Entwickelung der Sache geschah von Seiten der Petersburger Akademie der Wissenschaften. Dieselbe befürwortete auf Anregung des ihr angehörenden berühmten Physikers Jacobi eine Reform der Grundlagen des metrischen Systems und eine internationale Behandlung dieser Reform in weitesten wissenschaftlichen Kreisen mit solchem Nachdruck, dass die Pariser Akademie der Wissenschaften endlich nicht umhin konnte, auch ihrerseits den Zustand des metrischen Systems in Erwägung zu ziehen und eine internationale Berathung der Reform desselben einzuleiten. Als auf Grund aller dieser Anregungen endlich die französische Regierung sich entschloss, eine internationale Conferenz zu diesem Zwecke zu berufen, wurde diese Entwickelung der Dinge allerseits warm begrüsst, weil man, wenngleich das von der französischen Regierung für diese Conferenz vorgeschlagene Programm deutlich zeigte, dass die Grösse und Wichtigkeit der Sache in Frankreich noch nicht völlig verstanden wurde, dennoch hoffte, dass die Conferenz selbst die Dinge beim rechten Namen nennen werde. Auch England schien jetzt ein gewisses Interesse an der Sache zu zeigen, nachdem es begonnen hatte, dem metrischen System im eigenen Lande eine wenigstens facultative Geltung einzuräumen und sich überdies mit der Einführung des metrischen Systems in Ostindien zu beschäftigen. Die folgerichtige decimale Einrichtung dieses Systems, deren Grundlage, nämlich die Ausbildung und praktische Durchführung des Princips des Stellenwerthes der Zahlzeichen, ihre eigentliche Heimath im alten Indien hat, schien bei den Hindus eine besonders bereitwillige Aufnahme zu finden.

Die erste Einladung, welche die französische Regierung bezüglich einer Reform des metrischen Systems ergehen liess, gab ausdrücklich nur zu erkennen, dass man die Nothwendigkeit eingesehen habe, ausser dem bisherigen Urmaasse, welches die Längeneinheit durch die Abstände seiner Endflächen angab, noch ein zweites Exemplar herzustellen, welches die Längeneinheit auf einer seiner Seitenflächen durch Punkte oder Striche entsprechend der Einrichtung zahlreicher anderer Messungsmittel markiren sollte. Von der Untersuchung und Abstellung der Mängel des bisherigen Urmaasses selbst war aber noch gar nicht die Rede, ebenso wenig von einer Berathung über die Art der künftigen gemeinsamen Behandlung aller fundamentalen Angelegenheiten eines gemeinsamen Maass- und Gewichtssystems.

Schon in den ersten Sitzungen der internationalen Conferenz, welche auf Grund der französischen Einladung zusammengetreten war, wurde jenes Programm der französischen Regierung jedoch in der gehörigen Weise erweitert, indem als Aufgabe der Confenz die unbeschränkte Discussion über alle Grundfragen eines gemeinsamen Maass- und Gewichtswesens hingestellt wurde. Leider fand diese erste Conferenz zu einer ungünstigen Zeit, nämlich im August 1870, statt, sodass Deutschland an der Betheiligung verhindert war.

Die Kriegsereignisse veranlassten eine ziemlich schnelle Beendigung der Vorberathung; doch ging man nicht auseinander, ohne ein Comitee eingesetzt zu haben, welches von der Conferenz ausdrücklich beauftragt wurde, in dem umfassenden Sinne, in welchem die Aufgabe der internationalen Berathungen nunmehr festgestellt worden war, Vorlagen für die nächste Zusammenkunft vorzubereiten. Auch zögerte die französische Regierung nicht, bald nach der Beendigung des Krieges, nämlich im Frühjahr 1872, dieses Comitee nach Paris einzuladen.

Bei dieser vorbereitenden Versammlung trat zuerst der unter den Fachmännern der andern Nationen schon seit mehr als fünf Jahren verhandelte Plan der Begründung eines internationalen Instituts für Maass und Gewicht als des künftigen Mittelpunktes der gemeinsamen Verwaltung aller Grundlagen des Maass- und Gewichtswesens auch den Franzosen gegenüber klarer in den Vordergrund. Infolge der in diesen Berathungen des Comitees gegebenen Anregung wurde die Einladung zu der nächsten für den Herbst 1872 entbotenen Zusammenkunft der allgemeinen Conferenz von der französischen Regierung ausdrücklich mit dem Zusatze versehen, dass es sich bei den Berathungen dieser Conferenz auch um die Begründung internationaler Einrichtungen des erwähnten Charakters handeln werde, und dass es daher wünschenswerth erscheine, die zu der Conferenz zu entsendenden Delegirten auch von Seiten der Regierungen mit Instructionen über diesen Punkt zu versehen.

Am 24. September 1872 trat diese Conferenz in Paris zusammen, von dem officiellen Frankreich bezeichnet als „Commission Internationale du Mètre“.

Die Zusammensetzung der Versammlung war eine recht eigenthümliche. Von Seiten Frankreichs erschienen fast vollzählig die bedeutendsten in Paris anwesenden Fachmänner der exacten Wissenschaften; Russland und Belgien hatten je drei, England, Oesterreich, Ungarn, Italien und Holland je zwei Delegirte gesandt; Deutschland war durch den Verfasser dieser Darlegungen und Professor Dr. von Jolly aus München vertreten; die Vereinigten Staaten von Nordamerika, Spanien und die Türkei, ebenso die Schweiz und die skandinavischen Staaten hatten je einen Delegirten gesandt. Auch der päpstliche Stuhl war vertreten, und zwar durch den Astronomen Secchi. Ausserdem waren als Betheiligte an der Conferenz noch eine nicht geringe Anzahl kleinerer Staaten, insbesondere Süd- und Mittelamerikas verzeichnet, deren Stimmen nicht durch Fachmänner, sondern durch diplomatische Vertreter in Paris geführt wurden. Es lag bei dieser Zusammensetzung der Conferenz auf der Hand, dass von eigentlichen Majoritätsentscheidungen nicht die Rede sein konnte, wie denn überhaupt bei derartigen Versammlungen blosse Majoritätsbeschlüsse, durch welche über wissenschaftliche Fragen oder über Grundlagen der internationalen Organisation entschieden werden soll, ihre grossen Bedenken haben, während einstimmige oder wenigstens ohne erheblichen Widerspruch gebliebene Beschlüsse solcher Versammlungen stets eines grossen Gewichtes sicher sein werden.

Man hätte nun erwarten sollen, dass in einer Versammlung, welche doch überwiegend aus Vertretern der exacten Wissenschaften bestand, in Bezug auf alle wesentlichen Fragen durch die Anerkennung der Evidenz thatsächlicher Verhältnisse oder theoretischer Darlegungen eine volle Einmüthigkeit leicht erzielbar gewesen wäre. Auf allen eigentlich wissenschaftlichen Gebieten gelang dies auch nach einigen Bemühungen fast durchgehends in dem verständigsten Sinne. Nur eine Angelegenheit war es, welche von Anfang an von den Franzosen mit unverkennbarer Erregung behandelt wurde, nämlich die auf Grund der Beschlüsse des internationalen Vorbereitungs-Comitees in den Einladungen zur Conferenz enthaltene Hinweisung auf die Begründung dauernder internationaler Maass- und Gewichtsinstitutionen. Zunächst waren die Erfahrungen der meisten französischen Fachmänner in Betreff der Feinheiten des Messens und Wägens und der kritischen Zweifel an der Beschaffenheit und Einrichtung der bisherigen Prototype des metrischen Systems zu unentwickelt, als dass sie sofort in ganzer Schärfe den Nothstand hätten erfassen können, welcher eine eng verbundene Gruppe der wissenschaftlichen Delegirten anderer Nationen bereits zu der festen Ueberzeugung von der Nothwendigkeit einer dauernden internationalen Controle bei der Verwaltung und Handhabung der Prototype geführt hatte. Sodann complicirte sich jener Mangel an Sachkenntniss mit einer grossen Abneigung, die bevorzugte Stellung, welche Frankreich als die Heimath des metrischen Systems auch in der künftigen Verwaltung desselben beanspruchen zu dürfen glaubte, irgendwie durch die dauernde Einnistung fremder Controle beeinträchtigen zu lassen, und diese Abneigung war so stark, dass sie vielleicht bei einer Mehrheit der anwesenden Franzosen sogar eine klare Erkenntniss der wissenschaftlichen Berechtigung der ausländischen Forderungen verdunkelt haben würde.

Die einmalige Betheiligung der andern Nationen an einer Reform der Grundlagen des metrischen Systems wollte man sich schon gefallen lassen, um so mehr, als man dieselbe im Anschluss an die früher erwähnten Vorgänge bei der Begründung des metrischen Systems sogar mit einem besonderen Glanz für Frankreich in Scene setzen konnte; aber eine dauernde Mitarbeiterschaft der Fremden in Paris sich organisiren zu lassen, widerstrebte den französischen Collegen nicht nur als ein vermeintlicher Ausfluss von Misstrauen gegen ihren guten Willen und gegen ihre Fähigkeit, die einmalige Reform zu verwirklichen, aufrecht zu erhalten und weiter zu führen, sondern erschien auch gerade denjenigen Kreisen, welche bisher die Leitung der Maass- und Gewichtsangelegenheiten in Frankreich gehabt hatten, als eine Verminderung ihres Einflusses in Frankreich selbst und gewissermassen als eine Verdrängung aus einem Theil ihrer Functionen. Diese überwiegend nationale, jedenfalls erklärliche und verzeihliche Auffassung einer grossen und auch für Frankreich überaus wichtigen Culturfrage hat die Entwickelung der internationalen Organisation des Maass- und Gewichtswesens empfindlich gehemmt, wenngleich sie, dank dem intelligenten und hochsinnigen Verhalten einiger leitenden Mitglieder der Pariser Akademie der Wissenschaften, eine vernünftige Entwickelung der Dinge auf die Dauer nicht zu hindern vermocht hat. Trotz der hervorragenden Mitwirkung dieser letzerwähnten Gruppe von wissenschaftlichen Männern würde indessen die Weiterentwickelung der Bestrebungen, für welche die internationale Conferenz von 1872 eine bedeutsame Epoche bildete, auch nicht einmal denjenigen Fortgang genommen haben, welcher im Folgenden dargelegt werden soll, wenn nicht durch die geschlossene, der Sache geradezu feindliche Stellung einer Gruppe französischer Fachgenossen, welche ihren Hauptsitz in dem Mittelpunkt des französichen Aichungswesens, dem Conservatoire des Arts et Metiers, hatte, auch eine ebenso geschlossene und feste Vereinigung einer Gruppe von wissenschaftlichen Delegirten der anderen Nationen zu Wege gebracht worden wäre, welche endlich mit Hülfe des unbefangeneren Theiles der wissenschaftlichen Männer Frankreichs die Forderungen der Wissenschaft und des gemeinsamen Interesses aller Maass- und Gewichtsverwaltungen in der Form einer vertragsmässigen Organisation zur Geltung gebracht und die letztere bis jetzt durch alle Klippen von Gegenwirkungen glücklich hindurchzusteuern vermocht hat. Diese eng verbundene internationale Gruppe bestand anfangs aus den wissenschaftlichen Delegirten von Russland, Oesterreich, Italien, Spanien, Deutschland und der Schweiz, welchen sich allmählich mit wachsender Uebereinstimmung die Delegirten von Skandinavien und Belgien anschlossen, während der leider an der persönlichen Betheiligung meist verhinderte College aus Nordamerika ebenfalls in wichtigen Momenten seine Unterstützung nicht versagte. Von Seiten dieser Vereinigung wurde gegenüber der erregten Auffassung, mit der man bei Beginn der Conferenz von 1872 den Vorschlägen zu einer dauernden internationalen Organisation des Maass- und Gewichtswesens in Paris begegnete, mit Nachdruck geltend gemacht, dass, wenn man in Paris glaubte, durch die Organisation derartiger permanenter Controleinrichtungen eine bisherige dominirende Position aufzugeben, man doch nicht übersehen dürfe, ein wie ausserordentliches Geschenk der französischen Wissenschaft und der französischen Technik, überhaupt der ganzen Stellung Frankreichs auf dem Gebiete der geistigen und materiellen Cultur dafür dargebracht werde, indem man für die Maass- und Gewichtsinteressen der ganzen Erde einen dauernden wissenschaftlichen Mittelpunkt in Paris begründen wolle. Dass man aber bei der Darbringung einer Concession von solcher Tragweite dafür Sorge tragen wolle, auch einen gewissen Einfluss auf die weitere Entwickelung und Handhabung der unentbehrlichen gemeinsamen Institutionen zu üben, denen man sich im Interesse der Wissenschaft mit unterwerfen wolle, obgleich sie in Paris seien, könne doch bei ruhiger Ueberlegung Niemand in Verwunderung setzen. Wenn z. B. dem Deutschen Reichstage zugemuthet werden solle, ein in Paris befindliches Urmaass und Urgewicht als die letzte Instanz in Maass- und Gewichtssachen auch für Deutschland zu erklären, so könne dies doch unmöglich anders als unter der Bedingung geschehen, dass Deutschland auch bei der Verwaltung dieser letzten Grundlagen gleichmässig mit Frankreich und andern Nationen betheiligt sei, und dass man sich bei der Mitbenutzung jener Grundlagen nicht an eine französische Administration, sondern an eine gemeinsame wissenschaftliche Institution gänzlich unpolitischen und neutralen Charakters zu wenden habe.

Man erklärte jedoch von Seiten der Leitung des Conservatoire des Arts et Metiers in Paris, dass es sich überhaupt nur um einmalige oder höchstens in Intervallen von Jahrzehnten wiederkehrende Anordnung gemeinsamer Massregeln für die Schaffung jener Grundlagen des Maass- und Gewichtswesens handle, dass aber in der Zwischenzeit keine permanente Organisation zu diesem Zwecke erforderlich sei. Als hierauf durch die schlagendsten Erfahrungen aus dem Zeitraum, innerhalb dessen die metrischen Prototype in Paris zu wiederholten Vergleichungen und Copirungen von Normalmaassen und -Gewichten für andere Länder gedient hatten, nachgewiesen wurde, dass die Grundursache der vorhandenen Uebelstände nicht durch eine blosse Herstellung verbesserter Prototype, sondern nur durch die dauernde Sicherung ihrer kundigen und zuverlässigen Handhabung beseitigt werden könne, begegnete man eben jener oben erwähnten Unkenntniss der tieferen Grundbedingungen sorgfältigen Messens und Wägens, welche den meisten der französischen Fachmänner strengere und stetigere Anforderungen der erwähnten Art als übertriebene Subtilitäten erscheinen liess.

Es wird nach diesen Darlegungen verständlich sein, dass der ganze Verlauf der internationalen Berathungen über die neue Fundirung des metrischen Systems in Paris einen in Betracht des überwiegend wissenschaftlichen Zweckes befremdlichen Charakter, nämlich den eines ununterbrochenen Kampfes gehabt hat, in welchem mitunter sogar unter Anwendung von Mitteln operirt worden ist, die einen wahren Kriegszustand bezeichnen. Schon die Versammlung im Herbst 1872 hatte in Folge der eben geschilderten Verhältnisse einen ziemlich stürmischen Verlauf.

Die erregte und einer wirklich internationalen Behandlung der Angelegenheit abgeneigte Auffassung der damals in der Versammlung leitenden französischen Collegen hätte bei einer Abstimmung nach der Kopfzahl obgesiegt. Nicht nur waren mehrere wissenschaftliche Delegirte des Auslandes, welche später auf Grund der von ihnen in der Folge in Paris gemachten Wahrnehmungen eifrige Anhänger der rein internationalen Intentionen wurden, damals noch grosse Bewunderer der überall hervortretenden glänzenden formalen Eigenschaften der Franzosen und in Folge dessen Anhänger der französischen Auffassung, sondern man wusste auch die diplomatischen Vertreter der kleinen amerikanischen Staaten u. s. w. von französischer Seite so zu instruiren, dass alle diese Stimmen, hinzukommend zu der grossen Zahl französischer Fachmänner, welche in der Versammlung anwesend waren, eine bedeutende Majorität darstellten. Um nun nicht durch zufällige Majoritäten dieser Art wichtige Beschlüsse zu gefährden, war die sogenannte internationale Gruppe mehrfach gezwungen, eine Abstimmung nach Ländern, statt nach Köpfen, in Aussicht zu nehmen (es kam sogar eine Abstimmungsliste mit verschiedener Stimmzahl der grossen und kleinen Staaten zu Stande), schliesslich aber eine gänzliche Aufgebung der Gemeinsamkeit der Reform ins Auge zu fassen. In diesen bewegten Tagen war es der damalige Präsident der Republik, Mr. Thiers selber, welcher noch im letzten Moment das resultatlose Auseinandergehen der Conferenz dadurch verhinderte, dass er die französischen Mitglieder, denen dann ihre Anhänger in der Versammlung folgten, zur Nachgiebigkeit veranlasste, so dass endlich fast einstimmig diejenigen Vorschläge zur Annahme gelangten, welche auf eine dauernde Organisation gemeinsamer

Controle des Maass- und Gewichtswesens hinzielten. Es wurde sogar in der letzten Sitzung ein permanentes Comitee gewählt, dessen Zusammensetzung, obgleich sich in der Nichtberücksichtigung einzelner hervorragender Männer der internationalen Gruppe die nur zurückgehaltene Feindseligkeit der französischen Partei der Versammlung noch kundgab, für die gedeihliche weitere Entwicklung der internationalen Organisation der Maass- und Gewichtsinteressen einige Gewähr bot. Zugleich wurde ein Beschluss angenommen, durch welchen die französische Regierung von der Versammlung ersucht wurde, ausser den technisch-wissenschaftlichen Beschlüssen der Conferenz auch diejenige Resolution, in welcher die Nothwendigkeit einer vertragsmässigen Organisation der internationalen Verwaltung der Grundlagen des Maass- und Gewichtswesens hervorgehoben war, zur Kenntniss der betheiligten Regierungen zu bringen und auf diplomatischem Wege die Entwickelung dieser Angelegenheit zu fördern.

Leider blieb jedoch letztere Förderung eine Zeit lang im Hintergrunde. Nur die Beschlüsse, welche sich auf die Herstellung der neuen Prototype des Maasses und Gewichtes sowie ihrer Copien bezogen, wurden Gegenstand eifriger Verhandlungen.

Die Conferenz hatte allerdings beschlossen, dass die Fabrikation dieser neuen Grundlagen des Systems und die Vergleichung der neuen Prototype und ihrer Copien mit den älteren in dem Pariser Archiv aufbewahrten Prototypen des metrischen Systems den französischen Fachgenossen als einer besonderen Section Française der internationalen Commission anvertraut werden sollte.

Indessen hatte die Conferenz ausdrücklich die ganze weitere Entwickelung der Sache so präcisirt, dass diese den Franzosen überlassenen Arbeiten in gewissem Sinne nur als Vorarbeiten der definitiven Reform dienen sollten. Die definitive Verificirung der neuen Prototype als der für alle Nationen, die das metrische System angenommen hätten, gültigen Vertreter der Maass- und Gewichtseinheiten sollte lediglich dem permanenten internationalen Comitee zustehen. Als ausführendes Organ aber für das permanente Comitee sollte eine besondere internationale Institution, nämlich ein Centralbureau für Maass und Gewicht, in Paris mit einem internationalen, vertragsmässig aufzubringenden Budget begründet werden, und erst in diesem Centralbureau sollte unter Leitung des permanenten Comitees die definitive Prüfung und Sanctionirung der gemeinsamen neuen Prototype erfolgen.

Die französische Regierung brachte zwar auch letztere Beschlüsse der Conferenz zur Kenntniss der betheiligten Regierungen, schien aber die Tragweite dieser Beschlüsse insofern nicht vollkommen zu würdigen, als sie die Regierungen zur finanziellen Betheiligung an der der französischen Section übertragenen Fabrikation der neuen Prototype und der für die einzelnen Nationen zu liefernden Copien dieser Prototype einlud, ohne dass sie jedoch zuvor diejenigen internationalen Garantien mit den Regierungen vereinbarte, welche von der Conferenz als die wesentlichen Voraussetzungen der künftigen Gemeinsamkeit der Prototype erachtet worden waren, nämlich die vertragsmässige Fundirung des internationalen Instituts und die vertragsmässige Anerkennung eines zur Leitung desselben zu creirenden internationalen Comitees.

Diese missverständliche Auffassung der französischen Regierung konnte allerdings dadurch motivirt werden, dass man die Dringlichkeit des Beginnes der fabrikatorischen Vorarbeiten für die Herstellung der neuen Prototype in den Vordergrund stellte und es für rathsam erklärte, den Beginn dieser wichtigen Arbeiten nicht auf die nothwendig sehr langsame Entwickelung einer diplomatischen Verständigung warten zu lassen.

Indessen konnte diese Motivirung doch nicht als ausreichend gelten, denn wenn sofort mit demselben Eifer, mit welchem man Bestellungen auf Copien der neuen in Paris zu fabricirenden Prototype bei den Regierungen einholte, die diplomatischen Verhandlungen über die internationale Organisation und die definitive Anerkennung des permanenten Comitees betrieben worden wären, so würde der Zeitaufwand voraussichtlich nicht grösser gewesen sein als derjenige, welcher für gediegene wissenschaftliche Vorarbeiten zur Fabrikation der neuen Prototype und ihrer Copien als unumgänglich zu erachten war.

In dieser Lage der Dinge wurde denn auch der französischen Regierung von mehreren Staaten auf den Rath ihrer wissenschaftlichen Delegirten die bestimmte Antwort gegeben, dass man sich auf keinerlei technische und finanzielle Abmachungen einlassen könne, bevor die künftige vertragsmässige Controle und Verwaltung der neuen Prototype und ihrer Copien hinreichend gesichert sei.

Auch Deutschland verweigerte in diesem Sinne gemeinsam mit Russland und Oesterreich jede bindende Erklärung in Betreff der eventuellen Annahme der neuen Prototype und in Betreff der Bestellung von Copien derselben unter dem Hinweise auf die Nothwendigkeit einer vorherigen vertragsmässigen Ordnung der ganzen Angelegenheit.

Als dann im Herbst 1873 das permanente Comitee von seinem Präsidium zu einer Zusammenkunft nach Paris eingeladen wurde, erklärten obiger Auffassung gemäss die dem Comitee angehörenden wissenschaftlichen Delegirten von Russland, Oesterreich und Deutschland, dass die Voraussetzung der definitiven Constituirung und jeder weiteren Wirksamkeit dieses permanenten Comitees für sie durch die vorherige Erledigung der von der internationalen Conferenz des Jahres 1872 der französischen und den anderen Regierungen empfohlenen Verhandlungen in Betreff der vertragsmässigen Fundirung der gesammten gemeinsamen Einrichtungen gebildet werde. Auch könne die ganze Thätigkeit des Comitees erst dann eine den Beschlüssen des Jahres 1872 entsprechende werden, wenn dasselbe auf Grund solcher vertragsmässigen Abmachungen mit der gehörigen Ermächtigung und den nöthigen Mitteln versehen sei, diejenige arbeitsfähige Institution, welche seiner Leitung unterstellt werden solle, wirklich ins Leben zu rufen. Trotz der Weigerung dieser drei Comiteemitglieder traten die anderen Mitglieder, unter welchen sich aber eine ansehnliche Zahl solcher befand, die im Princip mit der Auffassung des russischen, österreichischen und deutschen Delegirten einverstanden waren, am 1. October 1873 in Paris zusammen. Immerhin konnte das Comitee, nachdem die den französischen Fachmännern von der internationalen Conferenz des Jahres 1872 übertragenen Vorarbeiten und Fabrikationsarbeiten bezüglich der neuen Prototype und ihrer Copien bereits in Gang gekommen waren, in Paris eine nützliche berathende Wirksamkeit ausüben und dazu beitragen, für die richtige Auffassung der Sachlage und die Nothwendigkeit eines ernsten und folgerichtigen Eingehens auf eine internationale Entwickelung der

Sache in Paris zu wirken. Dies geschah auch im besondern mittels einer in der Sitzung vom 3. October 1873 beschlossenen Resolution, in welcher das Comitee sein Präsidium beauftragte, bei der französischen Regierung auf die baldigen Berufung der unumgänglichen diplomatischen Conferenz hinzuwirken.

Eine unmittelbare Folge einer solchen Einwirkung dieser Zusammenkunft des Comitees in Paris zeigte sich zwar nicht, indessen wurde bei dieser Versammlung insofern ein wesentlicher Fortschritt eingeleitet, als auch diejenigen Mitglieder des Comitees, welche sich der in formaler Beziehung folgerichtigen, aber vom praktischen Gesichtspunkte aus damals vielleicht anfechtbaren, ablehnenden Haltung der erwähnten drei Delegirten nicht angeschlossen hatten, welche aber in der Sache dasselbe Ziel vor Augen hatten, sich untereinander fester zusammenschlossen und gleichzeitig ihre Erfahrungen über die in Paris vorwaltenden Auffassungen im Sinne einer Befreiung von manchen früheren Illusionen bereicherten.

Nach dem Auseinandergehen des Comitees, welches übrigens im Wesentlichen die von den französischen Fachmännern in der Zwischenzeit getroffenen technischen Maassregeln billigte, ging man nun in Paris von Seiten der sogenannten Section Française mit der Bearbeitung des Materials der neuen Prototype mit grossem Geschick und Eifer voran.

Man hegte offenbar in Paris auf derjenigen Seite, welche eine dauernde internationale Vereinigung auf dem Maass- und Gewichtsgebiete als unnöthig erachtete und sich auf die nächste Nothwendigkeit einer Herstellung neuer Prototype zu beschränken wünschte, den Plan, das dringende Bedürfniss der Wissenschaft und Technik fast aller Staaten nach neuen Prototypen so schnell als möglich zu befriedigen, indem man wohl meinte, dass die weiter gehenden, auf dauernde internationale Controle der Aufbewahrung und Handhabung der Prototype gerichteten Wünsche nach dieser Befriedigung des dringendsten Bedürfnisses von selbst erlöschen würden. Man bedachte hierbei nicht, dass die streng wissenschaftliche Fundirung der neuen Prototype und die mit der äussersten Sorgfalt anzustellende Vergleichung der den einzelnen Nationen einzuhändigenden etwa 40 Copien so umfassende Arbeiten und eine so eingehende Controle von Seiten aller betheiligten wissenschaftlichen Männer erfordern würden, dass unmöglich in der Eile faits accomplis geschaffen werden konnten, welche irgendwelche Aussicht auf allgemeine und dauernde Annahme zu bieten vermochten.

Im Frühjahr 1874 war man im Conservatoire des Arts et Metiers in Paris bereit, den Guss der neuen Metalllegirung auszuführen, aus welcher die Prototype und ihre Copien hervorgehen sollten.

Dieser Guss war zu einer überaus schwierigen und wichtigen Sache dadurch geworden, dass die internationale Conferenz im Jahre 1872 den Beschluss gefasst hatte, die neuen Prototype und ihre Copien sollten aus einem und demselben Guss einer Legirung von Platin und Iridium (90% Platin und 10% Iridium) hervorgehen, was auf die Nothwendigkeit führte, etwa 250 Kilogramm einer solchen Legirung auf einmal zu giessen.

Aus dem einen grossen Gussblocke sollten dann durch mechanische Bearbeitung zunächst die sämmtlichen, etwa 40 Normalmeter (die Prototype und ihre Copien) gewonnen werden, und Aehnliches war für später auch hinsichtlich der Kilogramme beabsichtigt.

Jener Beschluss der internationalen Versammlung, welcher fast gar keinen Widerspruch in derselben gefunden hatte, wird historisch ein denkwürdiges Zeichen von der damaligen Schärfe des Strebens nach einer vollen Identität der Grundlagen des Messens und Wägens in den verschiedenen Ländern sein. Man hatte geglaubt, diese volle Identität des Materials der neuen Prototype und des Materials ihrer sämmtlichen Copien nur dann sicher genug zu erreichen, wenn dieselben wirklich aus einem einzigen Gusse hervorgegangen seien.

Jene Identität des Materials kann nun zwar eine Erleichterung für die Vergleichung der sämmtlichen Normalmeter untereinander und eine gewisse Controle für die Ergebnisse dieser Vergleichungen in Betreff der Abhängigkeit der Maasslängen von den Temperaturen gewähren; aber hinsichtlich einer unveränderlichen Erhaltung der Längeneinheit durch Masskörper enthält sie eher eine Verminderung der Sicherheit, da die aus einem und demselben Material unter völlig identischen Umständen gleichzeitig angefertigten Stäbe allen möglicherweise noch zu befürchtenden Veränderungen wahrscheinlich in einem und demselben Grade und in übereinstimmenden Richtungen unterworfen sein werden. Jener Beschluss war aber, wie jetzt ziemlich allgemein anerkannt wird, auch insofern ein irriger, als die Identität des Materials durch die in hinreichendem Maasse erreichbare Gleichartigkeit der Zusammensetzung kleinerer Gussmassen sicherer verbürgt wird, als durch den Guss einer Legirung aus zwei so äusserst schwer zu behandelnden und erst in so hoher Temperatur flüssig werdenden Metallen wie Platin und Iridium in einer verhältnissmässig so grossen Menge.

Die Durchdringung der beiden Bestandtheile eines solchen Gusses und die Identität der erforderlichen hohen Temperaturen in den verschiedenen Theilen dieser Masse wird mit der Vergrösserung der letztern sehr erheblich in Frage gestellt, und um zahlreiche kleinere Körper von bestimmter Gestalt und bestimmten Dimensionen aus dem grossen Block herauszuarbeiten, werden schliesslich so gewaltsame Operationen erforderlich, dass bei eingehendster Erwägung und in Betracht der Erfahrungen, welche sich in dem Fortgange der Arbeit selbst darboten, ein gegen die erheblichsten Einwürfe gesicherter Erfolg aus der ganzen Veranstaltung nicht hätte erwartet werden sollen.

Den ausgezeichneten Fachmännern der Section Française konnten Zweifel dieser Art auch nicht entgehen; in der Mehrheit glaubten sie sich jedoch durch den Beschluss der internationalen Conferenz von 1872 um so unwiderruflicher gebunden, als es von ihnen und von dem jene Versammlung vertretenden permanenten Comitee bei der ganzen Sachlage auch aus allgemeinen Gründen nicht für rathsam erachtet wurde, in irgend welcher Form eine Revision jenes Beschlusses zu veranlassen. Die hierzu als nothwendig erscheinende neue Zusammenberufung der sämmtlichen Delegirten erschien, verglichen mit den möglichen Uebelständen, welche die Ausführung jenes Beschlusses mit sich bringen konnte, als die grössere Gefahr; denn eine neue Discussion konnte möglicherweise auf die ganze eben erst erreichte Vereinigung über zahlreiche andere wichtige und schwierige Fragen eine auflösende Wirkung von grösserem Umfange ausüben und die ganze Angelegenheit, bei welcher es in der That vielmehr auf eine Vereinigung überhaupt, als auf absolut vollkommene Grundlagen der Vereinigung ankam, wieder ins Drehen bringen.

Die Section Française hielt sich demnach mit vielem Recht für verpflichtet, alles daran zu setzen, um einen möglichst gleichartigen Guss der erwähnten grossen Quantität von Platin und Iridium wirklich zu Stande zu bringen.

Die französischen Fachgenossen haben auch hierbei ihre bekannte Geschicklichkeit in chemischen und physikalischen Arbeiten im allgemeinen glänzend bewährt, gleichzeitig auch ihre Geschicklichkeit, derartige Ausführungen sozusagen in Scene zu setzen.

Der Guss des Materials der neuen Prototype und ihrer Copien wurde im Mai 1874 feierlichst im Beisein des Präsidenten der Republik und der namhaftesten Gelehrten vollzogen, und das anscheinende Gelingen desselben wurde laut in den Zeitungen verkündet, während die illustrirten Blätter bildliche Darstellungen des ganzen Vorgangs und der sämmtlichen Veranstaltungen brachten.

Sofort nach dem anscheinenden Gelingen des Gusses wurden mit grosser Energie und Geschicklichkeit die mechanischen Arbeiten (Hämmerungs- und Ziehungsoperationen) in Gang gebracht, durch welche nun aus dem unförmlichen Gussblock etwa 40 Normalmeter von einer für ihre Zwecke ganz besonders berechneten complicirten Gestalt und Einrichtung hervorgehen sollten. Das Verhalten des Materials bei diesen Arbeiten, sowie die Ergebnisse der chemischen Untersuchung desselben schienen anfangs zu erweisen, dass es wirklich gelungen war, zur Herstellung von Normalmaassen aus sehr gleichartigem vorzüglichem Material zu gelangen, dessen Zusammensetzung überdies den im Jahre 1872 gefassten Beschlüssen sehr nahe entsprach.

Aufs neue (October 1874) wurde nun das Comitee eingeladen, um eine gewisse vorläufige Sanctionirung dieser Ergebnisse auszusprechen und sich bezüglich des weiteren Vorgehens zu äussern.

Nachdem auch diesmal wieder das deutsche, russische und österreichische Mitglied des Comitees aus denselben Gründen wie früher die Betheiligung abgelehnt hatten, überwog endlich bei dieser Versammlung der Eindruck, dass das Comitee gegenüber dem durchaus autorisirten thatkräftigen Vorgehen der Section Française auch selber einer definitiven Fundirung bedürfe.

Ohne die ausdrückliche vertragsmässige Anerkennung seitens der betheiligten Regierungen gefunden zu haben, und ohne durch dieselben mit den nöthigen Befugnissen und Geldmitteln zu der in den Beschlüssen der Conferenz von 1872 vorgesehenen Mitwirkung an der gemeinsamen Arbeit ausgerüstet zu sein, befand sich das Comitee in der Lage, die ihm gestellten Aufgaben, sozusagen, nur akademisch behandeln zu können, während mit dem Fortschreiten in der Fabrikation der Prototype die Nothwendigkeit einer thätigen Mitwirkung an der Herstellung und Prüfung derselben sich immer dringender geltend machte.

In dieser Lage fasste das Comitee am 9. October 1874 unter dem Präsidium des Generals Ibañez den folgenden Beschluss: „Die französische Regierung ist zu bitten, sobald als irgend möglich die diplomatische Conferenz nach Paris einzuladen. Das Comitee wird sich fortan nicht eher wieder versammeln, als bis die Beschlussfassung der diplomatischen Conferenz und die Sanctionirung derselben von Seiten der Regierungen vorliegen wird.“ Infolge dieses Schrittes erkannte nunmehr die französische Regierung, dass überhaupt ohne eine auf diplomatischem Wege zu bewirkende vertragsmässige Organisation eine gedeihliche Entwickelung der internationalen Handhabung gemeinsamer Grundlagen des Maass- und Gewichtswesens nicht möglich und auch die bisherige Stellung Frankreichs innerhalb des metrischen Systems nicht aufrecht zu erhalten sein werde.

Man entschloss sich daher, nunmehr in dem Sinne, in welchem die Generalversammlung von 1872 das weitere Vorgehen empfohlen hatte, die sämmtlichen betheiligten Regierungen zur Beschickung einer diplomatischen Conferenz einzuladen, als deren Aufgabe der Abschluss vertragsmässiger Festsetzungen, betreffend die Herstellung und die Aufbewahrung eines gemeinsamen Urmaasses und Urgewichts u. s. w. bezeichnet wurde.

Diese Conferenz, schlechtweg als Conférence diplomatique du Mètre bezeichnet, trat endlich am 1. März 1875 in Paris zusammen. Da es sich indessen dabei nicht bloss um den Abschluss eines Vertrags, sondern auch um die definitive Erörterung einer Reihe von technischen Fragen und um Organisationsbestimmungen von wissenschaftlicher Tragweite handelte, waren den diplomatischen Vertretern der betheiligten Regierungen als sogenannte technische Delegirte die meisten derjenigen Vertreter beigegeben worden, welche im Jahre 1872 zu der technischen Conferenz – der Commission Internationale du Mètre — entsandt worden waren.

Die Geschichte der Verhandlungen, welche vom 1. März bis 15. April 1875 dauerten und in dem Vertrage vom 20. Mai 1875 ihren Abschluss fanden, wird trotz der schlichten Bedeutung der Sache, um welche es sich dabei handelte, ein wichtiges Kapitel der Culturgeschichte bilden.

Es sind in diesen Verhandlungen tiefgehende Meinungsverschiedenheiten und Erregtheiten zu Tage getreten, welche auch jetzt noch nicht ganz zur Ruhe gelangt sind, und auch in der weiteren Entwickelung der in dem Pariser Vertrage geschaffenen Institutionen haben sich bis in die neueste Zeit noch Schwierigkeiten gezeigt, die erst jetzt einem ruhigeren Verständnisse zu weichen beginnen.

In Betracht dieser ganzen Sachlage dürfte es zweckmässig sein, eine volle und authentische Darstellung aller dieser merkwürdigen und wichtigen Vorgänge auf einen Zeitpunkt zu verschieben, in welchem ein gewisser Abschluss derselben eine erschöpfendere und in strengerem Sinne geschichtliche Behandlung ermöglicht.

Wir beschränken uns daher hier auf eine Mittheilung der wesentlichen Grundzüge der in dem Vertrage vom 20. Mai 1875 geschaffenen Organisation des internationalen Maass- und Gewichtsdienstes und auf eine kurze Darstellung der Wirksamkeit, welche diese Institutionen bis zum gegenwärtigen Zeitpunkte entfaltet haben.

Als das ständige leitende Organ des internationalen Maass- und Gewichtsdienstes wurde ein aus 14 Mitgliedern bestehendes Comitee eingesetzt, welches sich im Allgemeinen alljährlich in Paris zu versammeln hat. Bei der ersten Ernennung der 14 Mitglieder, welche nach den Bestimmungen des dem Vertrage vom 20. Mai 1875 beigefügten Reglements stattfand, nahm man die von der Versammlung von 1872 vollzogene Wahl des sogenannten permanenten Comitees zum Ausgangspunkte. Für die Zukunft wurde die periodische Erneuerung der Zusammensetzung des Comitees und zugleich die periodische Controle der Geschäftsführung desselben einer Generalconferenz von Delegirten aller betheiligten Staaten übertragen, welche sich zum ersten Mal sofort nach der definitiven Fertigstellung des neuen Urmaasses und Urgewichts und der an die einzelnen Staaten zu verabfolgenden Copien derselben, später aber regelmässig alle sechs Jahre versammeln soll.

Als das ausführende unter der Leitung des Comitees stehende Organ des internationalen Maass- und Gewichtsdienstes wurde ein internationales Institut für Maass und Gewicht geschaffen, welches seinen Sitz in oder bei Paris haben sollte. Diesem Institut sollte die definitive Feststellung des neuen Urmaasses und Urgewichts, die verantwortliche Aufbewahrung und Conservirung dieser Prototype, sowie die erstmalige und später periodisch zu wiederholende Vergleichung und Beglaubigung der Copien des Urmaasses und Urgewichts, ausserdem die Ausführung derjenigen technischen und wissenschaftlichen Arbeiten hohen Ranges obliegen, deren gemeinsame Ausführung in dem Gesammtinteresse des Maass- und Gewichtswesens der betheiligten Staaten liegen würde. Einige von diesen letzteren Aufgaben, unter ihnen auch zurückgreifende kritische Untersuchungen auf ältere und noch neben dem metrischen System in Geltung stehende Maass- und Gewichtssysteme und solche Arbeiten, welche im gemeinsamen Interesse der Gradmessungen und Landesaufnahmen liegen, wurden sofort in die Ausführungsbestimmungen des Vertrages mit aufgenommen.

Es ist klar, dass ein internationales Institut mit derartigen Aufgaben auch ein entsprechendes Budget erforderte, und zwar handelte es sich zunächst um die Einrichtungskosten, nämlich um die Herstellung der erforderlichen Baulichkeiten und die Ausrüstung mit den nothwendigen Instrumenten.

Es ist ferner bekannt, dass die Ausführung der feinsten Messungen und Wägungen ganz besondere Ansprüche nicht blos an die Instrumente, sondern auch an die Beschaffenheit und Einrichtung derjenigen Räume stellt, in welchen solche Arbeiten ausgeführt werden.

In erster Linie wird dabei die Anforderung gestellt, dass man innerhalb dieser Räume zu jeder Jahreszeit beliebige Temperaturen zwischen 0° und + 30° schnell und sicher herstellen und tagelang innerhalb eines und desselben Zehntels des Grades aufrecht erhalten kann.

Hierdurch wird aber auch der Einrichtung der erforderlichen Beleuchtung eine besondere Einschränkung auferlegt; denn im Allgemeinen sind ja alle Beleuchtungen mit Wärmewirkungen verbunden. Der Beleuchtungsdienst muss also durch ganz besondere Vorkehrungen so eingerichtet werden, dass er zusammen mit dem Temperaturdienst den an das jedesmalige Temperaturgleichgewicht zu stellenden Ansprüchen genügt.

Alle complicirten Einrichtungen dieser Art in Verbindung mit den vollkommensten Messungs- und Wägungsapparaten kosten sehr viel Geld, und es ist einleuchtend, dass nicht blos die einmalige Herstellung und erste Einrichtung, sondern auch der Betrieb und die Unterhaltung derselben, zumal einer in jeder Jahreszeit sicher wirksamen Präcisionsheizung oder Präcisionskühlung, sehr kostspielig werden müssen. Demgemäss wurden in den Ausführungsbestimmungen des Vertrags vom 20. Mai 1875 die ersten Einrichtungskosten des Internationalen Instituts zu 400 000 Frs. und die jährlichen Ausgaben für dasselbe und für das Comitee zu 100 000 Frs. angenommen.

Es handelte sich nun darum, wie diese einmalige Ausgabe und die fortlaufenden jährlichen Unkosten zu decken seien.

In dieser Beziehung wurde eine Lösung gefunden, welche in ihren Besonderheiten, abweichend von den Bestimmungen anderer bereits bestehender internationaler Organisationen, allgemeines Interesse beanspruchen darf.

An dem internationalen Budget für Maass und Gewicht wurde jeder Staat mit einem Beitrage betheiligt, welcher in einem bestimmten Verhältniss zu der von ihm anzugebenden Bevölkerungszahl steht.

Da indessen die praktischen Interessen der am Vertrage betheiligten Staaten gerade mit Bezug auf das metrische Maass- und Gewichtssystem nicht völlig gleichartig waren, insofern nämlich neben solchen Staaten, bei welchen das metrische System ausschliesslich und obligatorisch eingeführt ist, andere Staaten betheiligt waren, bei denen dasselbe nur facultativ eingeführt ist, und endlich sogar Staaten, bei welchen das metrische System im öffentlichen Verkehr überhaupt noch gar nicht generell zugelassen, sondern nur für Wissenschaft und internationalen Verkehr von Bedeutung ist, so sollten dieser Stufenfolge entsprechend drei verschiedene Kategorien von Beitragspflichtigen geschaffen werden, bei deren erster die nach der Bevölkerung berechnete Verhältnisszahl mit 3, bei deren zweiter dieselbe Verhältnisszahl mit 2 multiplicirt werden und bei deren dritter lediglich jene Verhältnisszahl selbst bei der Berechnung der Beiträge in Ansatz kommen sollte.

Nimmt man z. B. die Bevölkerung Deutschlands zu 40 Mill., die Bevölkerung Russlands zu 80 Mill. an und berücksichtigt dabei, dass in Deutschland das metrische System ausschliesslich und obligatorisch eingeführt ist, in Russland dagegen nur in der Wissenschaft und im internationalen Verkehr zur Zeit von Bedeutung ist, so wird 3 $\times$ 40 oder 120 als die für die Berechnung der Beiträge Deutschlands geltende Zahl und 80 als die für die Beiträge Russlands geltende Zahl anzusetzen sein. Die Summe der auf solche Weise für die sämmtlichen betheiligten Staaten gebildeten Verhältnisszahlen beträgt nahezu 800. Wenn also jährlich 100000 Frs. aufzubringen sind, so wird davon Deutschland $\frac{120}{800}$ oder 15000 Frs., Russland $\frac{80}{800}$ oder 10000 Frs. beizutragen haben u. s. w.

Durch eine solche Vertheilungsart ergeben sich allerdings starke Unterschiede der Beitragszahlungen, indem die kleinsten Staaten, die das metrische System überdies noch nicht eingeführt haben, wie Dänemark, jährlich etwa 250, und die grössten, welche zugleich das metrische System ganz und voll eingeführt haben, wie Deutschland, etwa 15000 Frs. zahlen.

Natürlich entstand hierbei die Frage, ob nicht entsprechend einer solchen starken Ungleichheit der Leistungen für die Vertragszwecke auch Verschiedenheiten der Rechte, insbesondere des Stimmrechtes eintreten sollten, und in der That enthielt der von den technischen Delegirten der diplomatischen Conferenz unterbreitete erste Vorschlag auch eine, den Verschiedenheiten der Beitragspflichten einigermaassen entsprechende Abstufung der Stimmenzahlen, welche den einzelnen Staaten in der obenerwähnten Generalconferenz ihrer Delegirten zuzutheilen wären.

Dieses Princip wurde indessen in einem Falle, wie der vorliegende, als nicht durchführbar erachtet, da jeder der betheiligten

Staaten ausser seinem Beitrage das volle Gewicht seiner Souveränetät in die Wagschale lege, und daher bei internationalen Abstimmungen dieser Art bisher im Wesentlichen auf Stimmengleichheit gehalten worden sei. Demgemäss wurde in dem Vertrage angeordnet, dass in der, als höchstes Organ der am Vertrage betheiligten Staaten anzusehenden Generalconferenz jeder Staat eine Stimme führen solle.

Dagegen wurde eine Art von Ausgleichung des hiernach bestehenden Missverhältnisses zwischen Rechten und Pflichten darin erkannt, dass das ständige leitende Organ der gemeinsamen Institutionen, das internationale Comitee, nicht als eine eigentliche Vertretung der Staaten fungiren solle, dass also nicht jeder Staat das Recht haben solle, als solcher in dem Comitee vertreten zu sein, dass vielmehr die Mitglieder des Comitees gewissermassen eine von sämmtlichen betheiligten Staaten gemeinsam ausgehende, überwiegend wissenschaftliche Mission ausüben und nur als Ganzes für den administrativen Theil ihrer Thätigkeit gegenüber der als Vertretung der einzelnen Staaten fungirenden Generalconferenz verantwortlich sein sollten.

Dieser Stellung des Comitees als eines Collegiums von wissenschaftlichen Vertrauensmännern der Gesammtheit entsprach es, dass auch die Auffassung zum Ausdruck gelangte, „auch solche hervorragende Fachmänner, welche keinem der betheiligten Staaten angehörten, dürften in das Comitee gewählt werden, falls ihre Mitwirkung bei der Leitung des internationalen Instituts als vortheilhaft für das technische und wissenschaftliche Gesammtinteresse der betheiligten Staaten erachtet werden könne“.

Die Beitragszahlungen der betheiligten Staaten haben mit dem 1. Januar 1876 begonnen, und unmittelbar nachher sind denn auch von Seiten des Comitees alle Maassregeln ergriffen worden, um mit den bewilligten Mitteln die ihm vertragsmässig obliegenden Aufgaben zu erfüllen.

Die Sorge für die Herstellung der erforderlichen Räume und Einrichtungen wurde hierbei wesentlich erleichtert durch ein grosses Entgegenkommen der französischen Regierung. Dieselbe schenkte nämlich nicht nur einen ausgezeichneten Bauplatz, welcher im Anschluss an den Park von Saint-Cloud auf einer sich am Seine-Ufer erhebenden Hügelkette gelegen ist, sondern auch die auf demselben belegenen, zwar bei der Belagerung verwüsteten, aber doch noch für Wohnungen der Beamten des internationalen Instituts und für die Geschäftsräume des Comitees brauchbar zu machenden Baulichkeiten. Die ganze Anlage hatte bis dahin den Namen „Pavillon de Breteuil" geführt und war als eine sogenannte Dépendance des Schlosses von Saint-Cloud betrachtet worden. Durch dieses dem internationalen Budget des Maass- und Gewichtswesens von der französischen Regierung dargebrachte Geschenk sind die Kosten und Mühewaltungen der Herstellung der für diesen internationalen Dienst erforderlichen Einrichtungen bedeutend vermindert worden.

Auch sonst hat sich das Comitee bei der schwierigen Aufgabe, einen Bau und eine complicirte technische Einrichtung, sowie die nachherige Verwaltung und Anwendung derselben von der Ferne aus, sozusagen par correspondance, zu leiten, der entgegenkommendsten Unterstützung von Seiten der französischen Regierung zu erfreuen gehabt, wie denn überhaupt die Bedeutung der ganzen Institution und des ihr zu Grunde liegenden Vertrages von den nicht unmittelbar am französischen Maass- und Gewichtswesen betheiligten Kreisen und von den politischen Männern Frankreichs durchaus verständnissvoll gewürdigt zu werden scheint.

Anders verhielt es sich leider mit einem Theile der engeren Fachgenossenschaft.

Wie ich oben bereits näher erörtert habe, war die bisherige Leitung des französischen Maass- und Gewichtswesens von Anfang an einer internationalen Fundirung der Grundlagen und letzten Instanzen des metrischen Systems abhold gewesen, und von dieser Seite waren auch im Jahre 1875 alle erdenklichen Gegenwirkungen gegen das Zustandekommen des Vertrages ausgeübt worden. Es war daher durchaus natürlich, dass die betreffenden Fachgenossen sich eine Zeit lang in die durch den Vertrag geschaffene definitive Lage nicht finden konnten. Unter völlig normalen Umständen wäre dies zwar für das Comitee betrübend und vielleicht im einzelnen hinderlich, aber sonst mit geduldigem Humor leicht zu ertragen gewesen; der schwache Punkt der ganzen Organisation bestand aber darin, dass man in verständigem Anschluss an die Vergangenheit dasjenige Mandat, welches den französischen Fachgenossen (der Section Française) von der Versammlung von

1872 ertheilt worden war, nämlich den Auftrag, die neuen Prototype und ihre Copien anzufertigen, nicht zurückzog und etwa dem Comitee übertrug, sondern vertrauensvoll in den damit einmal betrauten Händen beliess, zumal da dieselben bereits einen Theil dieser Aufgabe so weit gefördert hatten, dass ein Uebergang derselben in andere Hände damals mit den grössten Schwierigkeiten und Verlusten an Zeit und Mühe verknüpft zu sein schien.

Natürlich wurde dem Comitee die schliessliche Entscheidung über die vertragsmässige Beschaffenheit der von der Section Française zu liefernden Prototype und ihrer Copien übertragen, und ihm überdies die Ermächtigung zu einer kritischen Mitwirkung auch im Verlaufe der Fabrikation derselben, sowie die Befugniss ertheilt, bei technisch-wissenschaftlichen Schwierigkeiten und Meinungsverschiedenheiten, welche sich der Lösung jener Aufgabe noch entgegenstellen könnten, im Sinne und Geiste der Vertragsbestimmungen den Ausschlag zu geben und dabei nöthigenfalls, wenn der Fortschritt der wissenschaftlichen Erfahrungen es rechtfertigen sollte, die in den Vertrag aufgenommenen früheren Festsetzungen angemessen abzuändern.

Es wird die Sache der oben vorbehaltenen geschichtlich erschöpfenderen Darstellung dieser ganzen Entwickelung sein, die wissenschaftlich und menschlich interessanten Vorgänge zu schildern, welche sich an dieses autoritative Verhältniss des Comitees zu der Thätigkeit berühmter französischer Fachgenossen geknüpft haben. Hier will ich nur in Kürze erwähnen, dass das Comitee auf Grund der ihm ertheilten Vollmachten es schliesslich für nothwendig befunden hat, eine Reihe von chemischen Untersuchungen und fabrikatorischen Arbeiten zum Zwecke einer möglichst vollkommenen Herstellung des Urmaasses und Urgewichts aus reinstem Platin-Iridium selbst in die Hand zu nehmen, um den französischen Fachgenossen den Beweis zu führen, dass gewisse Uebelstände, die sich bei der Herstellung der ersten Meter aus Platin-Iridium ergeben hatten — nämlich hauptsächlich die Beimengung erheblicher Quantitäten Eisens — nicht unüberwindlich seien.

Die Gerechtigkeit verlangt es, zu erwähnen, dass das Gelingen dieses Beweises wesentlich der Mitwirkung zu danken ist, welche der berühmte, auf dem Gebiete der Kenntniss und Behandlung der Platinmetalle in erster Linie stehende französische Chemiker Henry Sainte-Claire-Deville dem Comitee in hochsinnigster Weise, von jeglicher nationalen Erregung unberührt, gewährt hat. Hierbei ist er allerdings aufs entscheidendste durch ein Mitglied des Comitees, den um der Genauigkeit seiner chemischen Arbeiten willen gefeierten Chemiker Stas aus Brüssel, und bei den bezüglichen rechnerischen Untersuchungen durch das Comiteemitglied Staatsrath Broch aus Christiania kräftigst unterstützt worden.

Das Comitee hat übrigens bei der Geltendmachung der Ergebnisse dieser von ihm ins Leben gerufenen kritischen Arbeiten stets den hohen Werth anerkannt, welchen die von der Section Française auf demselben Gebiete vorher ausgeführten Arbeiten als eine wichtige und fast unentbehrliche Vorstufe der darauffolgenden vollständigeren Untersuchungen gehabt haben. Ebenso hat das Comitee stets die besondere Geschicklichkeit und Feinheit gewürdigt, mit welcher die Section Française auch eine Anzahl von Detailfragen bei der Bearbeitung der gemeinsamen Aufgabe behandelt hat, wenngleich die darauf begründeten praktischen Leistungen nicht durchweg als zweckentsprechend anerkannt werden konnten.

Es scheint endlich der maassvollen Haltung des internationalen Comitees und einiger leitenden Männer unter den französischen Fachgenossen zu gelingen, diejenigen der Fertigstellung der neuen Prototype und ihrer Copien entgegengetretenen Hindernisse, welche weniger in Schwierigkeiten der Behandlung der Metalle als der Menschen bestanden haben, zu überwinden.

Inzwischen sind die baulichen und instrumentalen Einrichtungen des Instituts für Maass und Gewicht zu Breteuil bei Paris fast ganz vollendet und in rüstigen Betrieb gesetzt worden. Eine Anzahl hervorragender wissenschaftlicher Männer, theils französischer, theils deutscher Zunge, sind dort in collegialem Zusammenwirken mit der Prüfung der Instrumente und mit einer Reihe von wissenschaftlichen Arbeiten, welche den engsten Bezug auf die demnächstigen praktischen Aufgaben des Instituts haben, beschäftigt. Von den Einrichtungen dieses Instituts und den hohen wissenschaftlichen Leistungen der dort thätigen Männer gibt bereits ein vor Kurzem erschienener erster Band von wissenschaftlichen Publicationen desselben, welcher eine Reihe von fundamentalen Arbeiten auf dem Gebiete des Maass- und Gewichtswesens enthält, erfreuliche Kunde.

Auch hat das Institut bereits den betheiligten Staaten einen wesentlichen Dienst dadurch geleistet, dass es in der Zwischenzeit bis zur Vollendung der neuen Prototype und ihrer Copien eine schon seit langer Zeit ersehnte Vergleichung der gegenwärtig in den einzelnen Staaten geltenden Maass- und Gewichtseinheiten metrischen Systems, dargestellt durch eine Reihe von Normalmetern und Normalkilogrammen, welche von den einzelnen Maass- und Gewichtsdiensten eingesandt worden sind, ausgeführt hat. Hierdurch ist wenigstens für einen Theil der Nothstände, welche zur gemeinsamen Herstellung neuer Prototype und gleichwerthiger Copien derselben den Anstoss gegeben haben, eine vorläufige Abhülfe gewährt.

Man darf hoffen, dass die internationale Organisation für Maass und Gewicht, auf diesem Wege strenger und kritischer Arbeit fortschreitend, bald als eine unschätzbare Wohlfahrt für Wissenschaft und Technik aller Völker anerkannt werden und eine wichtige Entwickelungsstufe weiterer gemeinsamer Behandlung wirklich gemeinsamer Interessen aller Menschen bilden wird.

III.

Ein Wort über das deutsche Aichungswesen.

(1884.)

Eine Denkschrift der Kaiserlichen Normal-Aichungs-Kommission vom Mai 1882, betreffend die Lage des deutschen Aichungswesens, ist bisher in der öffentlichen Diskussion noch kaum zur Sprache gekommen, obwohl sie in ziemlich weiten, u. a. auch in gewerblichen Kreisen zur Kenntniss gebracht worden ist.

Das Aichungswesen nimmt überhaupt eine eigenthümliche Stellung im öffentlichen Leben ein. Es gilt den Politikern und National-Oekonomen als eine unerquickliche technische Spezialität, vielen Gewerbe- und Handeltreibenden als eine Einrichtung, die ebenso oft Hemmungen als Wohlthaten bereite, den wissenschaftlichen Männern als ein Arbeitsgebiet, in welchem man, in den Streit der Erwerbsinteressen hineingezogen, ohne Verständniss und Boden für eigentliche Genauigkeit zu finden, leicht seinen guten Ruf verlieren und doch unmittelbar weder dem Gemeinwohl noch der Wissenschaft erheblich nützen könne. Einen sehr grossen Theil des Leserkreises der periodischen Presse aber interessiren bei dem Aichungswesen fast nur die Gläser und Flaschen.

Die Denkschrift der Normal-Aichungs-Kommission eröffnet nun demjenigen, der einigen Ernst an dieselbe wendet, ein ganz anderes Bild. Sie lässt die Fülle und Bedeutung der Aufgaben des Aichungswesens, seine immer grösser werdende Wichtigkeit für das gewerbliche und das Verkehrsleben, ja sogar für die wissenschaftliche Arbeit, und sie lässt auch die Mühsamkeit deutlichst erkennen, mit welcher von den deutschen Regierungen und von den Reichsbehörden an der Neubegründung und an der Hebung des Aichungswesens gearbeitet worden ist, allerdings auch den relativ geringen Erfolg, von welchem alle diese Anstrengungen bis jetzt begleitet gewesen sind, und die wichtigen Aufgaben, welche der Verwaltung und Gesetzgebung in dieser Beziehung in nächster Zeit obliegen werden.

In den früheren gewerblichen und Handelszuständen waren offenbar dem Aichungswesen einfachere Aufgaben gestellt, war seine volkswirthschaftliche Bedeutung viel geringer als jetzt, wo der gewerbliche Betrieb und der Handelsverkehr, unter der Mitwirkung der Eisenbahnen und der Telegraphen einerseits und der exakten Naturforschung andererseits, in ein ganz anderes Stadium der Anforderungen an das Messen und Wägen eingetreten ist.

Es ist erklärlich, dass sich die Erkenntniss dieser Veränderung der Sachlage sowohl bei den Verwaltungsbehörden, als bei den Interessenten langsam entwickelt, dass man z. B. an manchen Stellen noch an der nicht mehr zutreffenden Anschauung festhält, hauptsächlich sei es der Kleinverkehr — der Laden-, Kram- und Marktverkehr — welcher die an das Aichungswesen zu stellenden Anforderungen wesentlich bedinge, während dagegen der Grossverkehr, wie es in der That früher der Fall war, im Stande sei, sich selbst beim Messen und Wägen zu überwachen und daher nur mittelbarer und entfernter der Hülfe des Aichungswesens benöthigt sei.

Der Laden-, Kram- und Marktverkehr wird allerdings stets in besonderer Weise einer behördlichen Aufsicht bedürfen; denn die Umstände, unter denen bei diesem Verkehr zugemessen und zugewogen wird, werden es niemals zulassen, hierbei den Parteien allein die Aufrechthaltung ordnungsmässigen Verfahrens anzuvertrauen.

Aber diese behördliche Ueberwachung wird stets viel mehr eine Sache der Polizeibehörden, als der Aichungsbehörden sein; denn die Genauigkeitsgrenzen, welche in diesem Kleinverkehr der Natur der Sache nach eingehalten werden können, sind im Allgemeinen so viel weitere, als die von den Aichungsorganen bei der Prüfung und Berichtigung der Messungs- und Wägungsmittel mit Leichtigkeit einzuhaltenden, dass es sich bei der

Ueberwachung dieses Verkehrs eigentlich nur um die Frage handelt, ob die allergröbsten Unzweckmässigkeiten und Vorschriftswidrigkeiten bei den betreffenden Messungs- und Wägungsmitteln vermieden sind, d. h. ob dieselben überhaupt, wie die Stempelung zu erkennen geben soll, den Aichungsorganen vorgelegen haben, und ob nicht etwa nachträglich ganz grobe Veränderungen an solchen Messungs- oder Wägungsmitteln vorgenommen oder eingetreten sind.

Hätte das Aichungswesen hauptsächlich nur in diesem Sinne zur Aufrechterhaltung der Ordnung des Verkehrs beizutragen, so müsste man vielen der technischen Aichungsvorschriften eine übermässige Subtilität nachsagen, und man würde auch die Forderungen nicht durchweg rechtfertigen können, welche in Ausführung der principiellen Bestimmungen der Maass- und Gewichtsgesetzgebung im Einzelnen an den Richtigkeitsgrad der Messungs- und Wägungsmittel im öffentlichen Verkehr gestellt werden.

In einigen Fällen hat das deutsche Aichungswesen denn auch den Besonderheiten des Kleinverkehrs in diesem Sinne Rechnung zu tragen vermocht, indem man z. B. eine besondere „Hökerwaage“ für den gewöhnlichen Marktverkehr zulässig gemacht und überaus geringe Anforderungen an die Einrichtungen und Leistungen derselben bei der Zulassung zur Stempelung gestellt, sodann auch bei allen denjenigen Gemässen, welche lediglich dem Kleinverkehr dienen, die Grenzen der zulässigen Abweichungen von der Richtigkeit sehr weit gesteckt hat. Gewisse Messungs- und Wägungsmittel des Kleinverkehrs kommen aber zugleich auch im Grossverkehr und im gewerblichen Betriebe zur Anwendung, wo sie nicht nur mit grösserer Genauigkeit gehandhabt werden können, sondern auch gehandhabt werden müssen, und wo sie demnach auch genauer richtig erhalten werden müssen, wenn nicht erhebliche Unsicherheiten und Schwierigkeiten oder auch unablässige Streitigkeiten eintreten sollen. Durch diesen Sachverhalt und durch die Schwierigkeit der Auseinanderhaltung beider Verkehrsgebiete wird aber den Erleichterungen, welche sonst im Punkte der Genauigkeit wesentlich mit Rücksicht auf den Kleinverkehr gewährt werden könnten, eine bestimmte Grenze gezogen; denn in der That ist, wie ich jetzt näher erörtern will, die Ansicht nicht mehr haltbar, dass sich das Aichungswesen viel mehr um den Kleinverkehr zu kümmern habe, und dass der Grossverkehr in der Lage sei, die bei ihm erforderliche Genauigkeit durch eigene Sorgfalt und Ordnung zu erreichen und nöthigenfalls sich selber korporative Einrichtungen zur Ueberwachung der Messungs- und Wägungs-Ergebnisse und zur definitiven Entscheidung bezüglicher Streitigkeiten zu schaffen.

Diese Ansicht ist hauptsächlich deshalb nicht mehr zutreffend, weil die Genauigkeitsforderungen des Grossbetriebes und Grossverkehrs, ja sogar vieler kleineren sehr intensiven Betriebe in Landwirthschaft, Gewerbe und Handel so gestiegen sind, dass es für diese ohne die Hülfe umfassender und gleichartiger Institutionen, von einer nur durch den Staat dauernd zu organisirenden Stetigkeit, Gründlichkeit und Unabhängigkeit, nicht länger möglich sein wird, diejenige Ordnung und Sicherheit der Quantitäts-Bilanzen zu erreichen und aufrecht zu erhalten, ohne welche an Stelle des legitimen Concurrenzkampfes der Arbeitskraft, Geschicklichkeit und Intelligenz ein Ausbeutungssystem der bedenklichsten Art überhand zu nehmen droht, nämlich eine raffinirte Ausnutzung sowohl der zufälligen als der systematisch eintretenden oder herbeizuführenden Umstände, durch welche gewisse an sich kleine, aber in den Gewinnbilanzen eine immer grössere relative Erheblichkeit erreichende Unrichtigkeiten oder Ungleichartigkeiten von Quantitätsbestimmungen herbeigeführt werden können.

Früherhin ist es im Allgemeinen möglich gewesen, in Geschäften verschiedenster Art einen die ökonomische Existenz sichernden Gewinn zu erreichen, welcher bis zu vielen Procenten der Umsätze eines Geschäfts stieg. Deshalb brauchten früher die Umsätze auch nicht in so hohem Maasse wie jetzt das Betriebskapital zu übersteigen, und demgemäss brauchten auch die Quantitätsbestimmungen bei den Umsätzen nicht viel genauer zu erfolgen, als etwa bis auf das Procent derselben.

Seit einiger Zeit ist dagegen durch die hohe Anspannung des Concurrenzkampfes der unmittelbare Gewinn eines landwirthschaftlichen, gewerblichen, oder commerciellen Betriebes vielfach derartig eingeschränkt, dass eben nur durch grösstmögliche Steigerung der Intensität der Verwerthungen und der Arbeitsleistungen aus sehr kleinen Bruchtheilen der Quantitätsbeträge, mitunter nur aus wenigen Tausendsteln der Umsätze oder der durch die Arbeit geschaffenen Werthe die Grundlage der ökonomischen Existenz gewonnen wird, welche sich früher müheloser und sicherer aus vielen Procenten der weit geringeren Quantitäts- und Werthbeträge der Umsätze und Arbeitsleistungen ergab.

Es ist einleuchtend, dass es hierdurch zu einer Lebensfrage geworden ist, auch mindestens in demselben Verhältnisse genauere Quantitätsbestimmungen sowohl selber auszuführen, als auch von anderen eingehalten zu sehen; denn eine ganze wirthschaftliche Existenz kann ja unter diesen Umständen in Frage gestellt werden, wenn sie von systematischen Ungenauigkeiten der von anderen ausgeführten Quantitätsbestimmungen anhaltend in einem und demselben ungünstigen Sinne getroffen wird.

Es ist z. B. in den letzten Jahrzehnten beobachtet worden, dass auf der einen Seite grosse Summen verdient und auf der gegenüberstehenden Seite die ökonomischen Beengungen gesteigert worden sind, dadurch dass man an manchen Stellen sehr früh gelernt hatte, bei massenhaften Spirituslieferungen diejenigen kleinen Differenzen der Quantitätsbestimmungen auszubeuten, welche — in Folge des starken Einflusses der Wärme auf das Volumen des Spiritus — lediglich durch Temperatur-Differenzen, und zwar mit systematischer Benutzung entweder der Besonderheiten der geographischen Lage oder des blossen Verlaufes der Jahreszeiten, in gewinnbringendem Sinne zu Wege gebracht werden konnten.

Und hiergegen haben keinerlei Kautelen korporativer Art irgend welchen Schutz geboten. Erst die Aichungsbehörden haben die Sachlage wenigstens allmählich zu deutlicherem Bewusstsein der Betheiligten bringen helfen und die Mittel zur Abhülfe durch Messung und Rechnung dargeboten, und erst in Verbindung hiermit hat dann der solidere Spiritus-Verkehr begonnen, Messungsmittel bei den Behörden zu beanspruchen und mit Verständniss zu handhaben, welche gegenüber gewissen systematischen Differenzen nahezu das Tausendstel der Quantitätsbestimmungen zu verbürgen gestatten und dadurch überhaupt mittelbar die Solidität der bezüglichen Transactionen zu heben beitragen.

In ähnlicher Weise wie systematische Einflüsse der Temperatur bieten sich auch systematische Unterschiede des atmosphärischen Luftdruckes und dergl. nicht nur bei Wägungen, sondern noch mehr bei gewissen physikalisch-chemischen Maass- oder Grenzbestimmungen als Hülfsmittel von scheinbar sehr geringfügigen, aber in Massenwirkungen auf die Bilanzen erheblich drückenden Gewinnen dar, und die Behörden sind auch in dieser Beziehung schon in der Lage gewesen, helfend eingreifen zu müssen.

Ich erinnere ferner daran, dass man u. A. im Handel mit Textil-Rohstoffen schon hat beginnen müssen, gewisse Maassbestimmungen in Betreff des jeweiligen Feuchtigkeitszustandes sogar in die Verkehrstransactionen hineinzuziehen, um sich bei den Abmachungen vor systematischen Benachtheiligungen relativ erheblicher Art zu bewahren.

So durchsichtig für den Kenner, wie in obigem besonderen Beispiel in Betreff der Temperaturen, liegen aber die Verhältnisse selten, man kann jedoch mit Sicherheit behaupten, dass die mächtige Verkehrs- und Betriebsentwickelung der letzten Jahrzehnte mit Gewinnen ganz ähnlichen oder noch viel weniger wirthschaftlich zu rechtfertigenden Charakters vielfach durchwachsen ist.

Auf den ersten Blick könnte es nun scheinen, als ob, wie sehr man auch alle Ausbeutungen verdammen müsse, die auf wissentlich und systematisch unrichtigem Messen und Wägen beruhen, dennoch solche Gewinne, welche aus einer bei der Gegenpartei fehlenden Kenntniss von physikalischen Einflüssen bei Quantitätsbestimmungen und dergl. hervorgehen, ebenso legitim seien, wie jeder andere durch grössere Kenntnisse und erfinderische Intelligenz erlangte Gewinn, dass man daher auch in dieser Beziehung dem Concurrenzkampfe seinen Lauf lassen und nicht von oben her in ein Gebiet eingreifen solle, in welchem der Beamte und der Gelehrte doch niemals der Findigkeit des Erwerbsinteresses gewachsen seien. Was hier gegen die rührige Klugheit des Geschäftsmannes von oben her im regulirenden, ordnenden Sinne versucht werde, könne nur dem Ganzen zum Schaden gereichen, indem man dadurch überhaupt Unternehmungsgeist und Elasticität einschränke.

Die Grenze der Berechtigung und der wirthschaftlichen Gesundheit geschäftlichen Raffinements der in Rede stehenden Art ist allerdings im Einzelnen sehr schwer, im Allgemeinen aber wohl ziemlich leicht folgendermassen zu präcisiren:

Abgesehen von allem nicht eigentlich als Gewinn, sondern als Entgelt zu bezeichnenden berechtigten Erwerb, welcher bloss das Aequivalent von Bemühung oder von Risico oder von beiden zusammen bildet, und welcher seine vernünftige Begrenzung nach oben wesentlich in der Concurrenz findet, muss in der gewerblichen und geschäftlichen Thätigkeit unbedingt freie Bahn und Anerkennung für alle solchen Gewinne gegeben sein, welche aus Ueberlegenheit an Kenntnissen, Geschicklichkeiten, Erfahrungen, Arbeitskraft und Findigkeit hervorgehen, sobald solche Gewinne nicht blos dem Besitzer dieser Vorzüge, sondern gleichzeitig auch der Gesammtheit zu Gute kommen, d. h. sobald sie in wirklichen Verbesserungen der Leistungen, in soliden und andauernden Erhöhungen der Werthe, Verminderungen der unproductiven Aufwände und der Arbeitsverluste etc. bestehen; denn alle Gewinne dieser Art, wenn sie auch vielleicht eine Zeit lang nur in die Tasche des Urhebers der Verbesserungen fliessen mögen, enthalten ausser den für den allgemeinen Wohlstand günstigen Wirkungen doch im Grossen und Ganzen und auf die Dauer auch heilende und fördernde directe Ausgleichungen für diejenigen, Anderen augenblicklich bereiteten Verluste, aus denen sich jedenfalls ein Theil auch dieser Gewinne zunächst zusammensetzt.

Gewinne dagegen, welche in diesem Sinne nicht auch direct eine positive und productive Bedeutung für Alle, schliesslich auch für die zunächst dabei Verlierenden, erlangen (an Förderung des Allgemeinen durch abschreckende Beispiele und dergl. ist allerdings hierbei nicht gedacht) haben einen anfechtbaren Charakter, denn die blosse schlaue Verkürzung Anderer zu eigenem Vortheile, die blosse eigensüchtige Veranstaltung des Besitzwechsels unterscheidet sich, auch wenn sie durch Benutzung der raffinirtesten wissenschaftlichen Kenntnisse bei ihren Quantitätsbestimmungen im Grossen sich einen vornehmen Anstrich giebt, nur durch den höheren Grad der Gefährlichkeit von der gemeinen Beutelschneiderei.

Uebrigens sind es fast niemals tiefere Kenntnisse, welche in geschäftlichen Manipulationen der oben verurtheilten Art zur Anwendung gebracht werden. (Die in obigem Beispiel erwähnte Kenntniss der starken Veränderlichkeit des Spiritusvolumens mit der Temperatur war in der Wissenschaft und der Technik längst bekannt, als endlich mit der Steigerung der Umsätze die Speculation darauf verfiel, sie zum systematischen Abstreichen wohlfeiler Gewinne auszunutzen.)

Glücklicherweise ist überhaupt die bloss kalkulatorische, lediglich für sich selber productive Schlauheit auch fast immer kurzsichtig und von engem Horizonte, und die Erwerbung tieferer Kenntnisse, die in unedlen Händen zu noch gefährlicheren und schwerer zu durchschauenden Manipulationen obigen Charakters führen könnten, macht auf die Dauer von selbst innerlich vornehmer und verwandelt — wenigstens allmählich — das blosse Geschäfts-Raffinement entweder in bedeutendere und echt productive Thatkraft oder in resignirte Einschränkung.

Dieser einigermassen beruhigende Zusammenhang der Wirkungen hat es jedoch allein nicht zu hindern vermocht, dass in der gegenwärtigen Entwickelung der Industrie und des Handels neben ganz ausserordentlichen Fortschritten gediegensten Charakters eine noch immer steigende Gefahr mehr oder minder systematischer Ausbeutungen zu Tage getreten ist, sei es durch an sich geringfügige, aber um so schwerer zu constatirende und doch in der Massenwirkung sehr erhebliche, planmässige Ungenauigkeiten oder Ungleichartigkeiten der Quantitätsbestimmungen, sei es durch die in naher Verbindung damit stehenden sonstigen, wenngleich nur mittelbar in das Gebiet des Messens und Wägens fallenden Unsoliditäten der Production, z. B. durch Hervorbildung solcher unmittelbar bestechenden Eigenschaften der Producte u. s. w., welche durch viel grössere und höchst verlustbringende Mängel aufgewogen werden. Und der Verkehr an sich scheint, trotz aller Organisations-Versuche, die Mittel und die Fähigkeit nicht zu besitzen, diese schädlichen aber keineswegs auf der Hand liegenden Trübungen der Bilanzen durch entsprechend verfeinerte Maassbestimmungen, Dauerprüfungen u. dgl. sicher zu bekämpfen.

In Kürze wäre hier nur zu verweisen auf vereinzelte wohlbekannte Entwickelungen innerhalb der Textil-Industrie, auf den Verfall wichtiger Eigenschaften des Papiers, auf die besonders ungünstige Richtung, welche einige Zweige der deutschen Glasindustrie hinsichtlich der auch für die gewerblichen Maassbestimmungen unentbehrlichen Eigenschaften des Glases genommen haben, auf die starke Werthverminderung tieferer Art, welche zahlreiche Metall-Legirungen durch den nur secundären Vorzügen dienenden starken Beisatz von Zink erleiden, an die Uebelstände, welche durch gewisse Härtungsprocesse des Eisens hervorgerufen werden, des Capitels der Verfälschungen auf den verschiedensten Gebieten gar nicht einmal zu gedenken.

Es mehren sich bei dieser Lage der Dinge die Fälle, in denen auch sehr intelligente und productive Denker und Arbeiter in der gewerblichen und Handelswelt wirthschaftlich kranken oder zu Grunde gehen, weil ihre aus der Richtung auf tiefere Verbesserungen der eigenen und der Gesammtleistung hervorgehenden Gewinne durch die Anhäufungen derjenigen Verluste mehr als aufgewogen werden, welche gerade ihnen, bei einer gewissen Sorglosigkeit gegen scheinbar Nebensächliches, das System der undurchsichtigen unsoliden Gewinne Anderer auferlegt.

Charakteristisch ist es unter Anderem für die betreffenden Zustände, dass auch das Aichungswesen selber, wie die Denkschrift der Normal-Aichungs-Commission mittheilt, in Folge gewisser Uebelstände, unter denen die Thätigkeit der Aichämter leidet, zu Gewinnen solcher Art systematisch ausgenutzt worden ist.

Erscheinungen obiger Art sind gar sehr geeignet, wahre Productivität und Gewissenhaftigkeit der Arbeit herabzustimmen und dem blossen Raffinement Proselyten zuzuführen.

Selbst bis in die wissenschaftliche Forschungs-Arbeit hinein beginnt es sich fühlbar zu machen, dass das gewerbliche Productionssystem einer tieferen Fundirung und dauernden Unterstützung durch die zuverlässigsten und umsichtigsten Massbestimmungen, durch unablässige Sorgfalt der Rathertheilung und der kritischen Förderung, verbunden mit derjenigen Gelassenheit, welche der Entstehung der Unwahrheit aus den Wirkungen der Kritik vorbeugt, bedarf, und zwar von Seiten völlig interesselos und unabhängig gestellter Organe des Staates und der Wissenschaft.

Das Aichungswesen an und für sich ist nur ein Theil dieser immer unentbehrlicher werdenden staatlichen Organisationen, aber das feste Knochengerüst derselben, denn auch in allen anderen Zweigen dieser gemeinsamen Arbeit der Wissenschaft und der Gewerbe wird die schärfste Massbestimmung, wird die Verkörperung und Festhaltung der zahlenmässigen Normen, des einzig Festen im Flusse der natürlichen Dinge, stets den tiefsten Kern der Forschung und der Gestaltung bilden.

Die Denkschrift der Normal-Aichungs-Commission lässt den Beginn und das Bedürfniss solcher Entwickelungen schon in der Fülle der Aufgaben und der Beziehungen erkennen, welche sich zwischen den verschiedensten Gewerb- und Verkehrszweigen und dem Aichungswesen aufgethan haben.

Auch die Wissenschaft selbst scheint allmählich die Exclusivität aufzugeben, die sie eine Zeit lang geglaubt hat, gegenüber der staatlichen Organisation der Maass- und Gewichtsbestimmungen festhalten zu können, als ob sie dem Aichungswesen nur zu geben und von ihm nicht auch Wohlthaten zu empfangen hätte. Der Verfall ihrer eigenen Messungsmittel hat sie belehrt, dass sie selber in dieser Beziehung auch einer stetig wirksamen Organisation und einer, sonst vielfach von ihr belächelten und kritisch zurückgewiesenen Uniformität der Einrichtungen bedarf, welche sich naturgemäss mit den höheren Zweigen des Aichungswesens verbinden werden. Sehr bezeichnend sind in dieser Beziehung u. A. gewisse Schritte, die zur Zeit innerhalb der medicinischen Wissenschaft und Praxis eingeleitet sind, um die Gleichförmigkeit ihrer thermometrischen Bestimmungen, bei denen wenige Zehntel des Grades von Bedeutung geworden sind, in höherem Grade, als bisher geschehen, zu sichern.

Offenbar wird aber ein deutsches Aichungswesen von solcher im besten Sinne liberalen Art, wie es im Vorstehenden als eine immer unabweisbarere Forderung auch aller solideren, glücklicherweise weit überwiegenden Elemente des Gewerbes und

Handels dargelegt worden ist, sich mit seinen bisherigen Elementar-Organen nicht zufrieden geben können. Es wird zwar seinen Ursprung nicht verleugnen und über den reicheren und höheren Aufgaben die Sicherung und Regulirung des Kleinverkehrs nicht vergessen dürfen; aber es wird auch den Bedürfnissen des letzteren zugleich mit den allmählich entstandenen umfassenderen Aufgaben in einer wirksameren Weise, als durch Repression geschehen kann, dadurch gerecht werden, dass es sich im Wege der Einführung regelmässiger periodischen Aichungen allmählich zu einem stetigen Helfer und Berather aller Betheiligten entwickelt, wobei sich auch die Möglichkeit ergeben wird, von allen Subtilitäten an der unrechten Stelle mehr und mehr abzusehen und dafür an der rechten Stelle die höchste Sorgfalt und Gründlichkeit vorbildlich zu entfalten.

Die gesetzgeberischen Maassregeln, die in obigem Sinne zu treffen sein würden, sind jedenfalls sehr zusammengesetzter Natur. Dieselben werden eher in einer Verminderung als in einer Vermehrung von Repressivmassregeln und Interventionen polizeilichen und gerichtlichen Charakters zu bestehen haben, nämlich wesentlich in einer Stärkung des Urtheils und der Information der Betheiligten, in einer weitreichenden Unterstützung derselben durch Maassbestimmungen und einschlägige Untersuchungen umfassender und gründlicher Art. Für diese hätten, soweit nicht unmittelbare oder mittelbare Anregungen Seitens der Interessen selber vorliegen, die Aichungsbehörden, in Verbindung mit den technisch-wissenschaftlichen Versuchs- und Prüfungs-Aemtern, wie sie in den einzelnen Staaten theils schon bestehen, theils in Uebereinstimmung mit obigen Gesichtspunkten und Erfahrungen neuerdings erweitert und neu organisirt werden, die Initiative zu ergreifen.

Es ist nach vielen bereits vorliegenden, oben schon angedeuteten Erfahrungen mit Sicherheit zu erwarten, dass mit Hülfe andauernder gründlicher Bethätigungen aller dieser Institutionen die solidesten und intelligentesten Elemente der gewerblichen und Handelswelt durchgängig die Führung erlangen und behalten werden.

Im Aichungswesen insbesondere wird es aber mit der generellen Einführung der vorerwähnten, in Bayern und in Elsass-

Lothringen bereits bestehenden, Institution der periodischen Aichungen keinesfalls gethan sein, wenn nicht gleichzeitig eine bedeutende Erhöhung der Dotation des gesammten Aichungswesens eintritt, mit Hülfe deren allein auch den unteren Aichungsbeamten die gehörige ökonomische Stellung zu geben sein wird; denn es liegt auf der Hand, dass ohne diese von einer Hebung des Aichungswesens auf die Höhe der oben verlangten Leistungen nicht entfernt die Rede sein kann.

Dass aber eine solche Erhöhung der Staats-Ausgaben höchst productiv sein wird, bedarf nach dem Obigen kaum einer weiteren Erörterung. Die Denkschrift der Normal-Aichungs-Commission lässt überdies erkennen, dass durch eine wirksamere Gestaltung des Aichungswesens eine Verminderung derjenigen sehr ansehnlichen Last zu ermöglichen sein wird, welche in Gestalt der gegenwärtigen Höhe der Aichgebühren und in Form von Geldstrafen in einer, wie die Behörde selbst zugiebt, nicht rationellen Weise, und zwar im jährlichen Betrage von vielen Hunderttausend Mark, der Gesammtheit auferlegt wird.

Gewiss wird eine solche Entwickelung der Dinge auch nicht ohne lebhafte Gegnerschaft vor sich gehen. Die gute Sache wird dadurch nur reifer und stärker.

Es ist aber vielleicht nicht ohne Nutzen, noch einen Blick auf den Nihilismus zu werfen, mit welchem notorisch von mancher einflussreichen Stelle, glücklicherweise nicht von den leitenden Staatsmännern des Reiches, solche Darlegungen, wie sie oben versucht worden sind, bemängelt werden.

Auf staatsmännischer Seite wird oft darüber geklagt, dass man von der Bedeutung, welche die Politik als eine grosse Wissenschaft und Kunst beanspruchen dürfe, viel zu oft absehe, und dass jeder beliebige Mann des Gewerbes, des Handels, der Wissenschaft u. s. w. ohne Weiteres glaube, in der Politik mitsprechen zu dürfen.

Viel ärger sieht es aber mit der Art und Weise aus, in welcher an manchen Stellen auf Gebieten dilettirt wird, die der anhaltendsten und eingehendsten Denk- und Erfahrungs-Arbeit bedürfen, um richtig und erschöpfend beurtheilt werden zu können. Der specielle Fachmann, vielleicht mit Ausnahme des Juristen, ist ja allerdings häufig in der Gefahr, sich für seine

Sache übermässig zu erwärmen, aber derjenige Verwaltungsmann, der hiernach das Urtheil des Fachmannes lediglich in den Wind schlägt und lieber seiner eigenen „durch Sachverständniss nicht getrübten“ Anschauung folgt, kommt und bringt doch noch in grössere Gefahren.

Auf dem Gebiete des Maass- und Gewichtswesens und ähnlicher Einrichtungen liebt man ganz besonders dem „theoretisirenden“ Fachmann gegenüber den Anwalt des niederen Volkes, z. B. mit Vorliebe des Bauern, zu spielen und jeglicher Feinheit und Strenge der Beweisführung damit die Spitze abzubrechen, dass man sich als den tieferen Kenner des Volksverstandes und des Volksgemüths darstellt und gewisse gesetzgeberische Massregeln eigentlich nur für diese mächtigen Factoren berechnet haben will.

Man kann auch dem einzelnen Opponenten darüber nicht zu gram sein, da solche Auffassungen in der Vergangenheit ziemlich allgemeinen Kurs gehabt haben, wie man auch aus den Debatten bei der Einführung der gegenwärtigen Maass- und Gewichtsgesetzgebung ersehen kann.

Es ist aber demgegenüber einleuchtend erweisbar, dass es auf diesen Gebieten keine grösseren Wohlthaten für das ganze Volk giebt, als grosse exakte Massregeln von wohldurchdachtem theoretischen und principiellen Gehalt, welche z. B. überall da, wo in grösserem Style ordentlich gemessen und gewogen und gerechnet werden soll und muss, die höchsten Vortheile entfalten und die Bedrängnisse, welche sie mitunter eine Zeit lang dem kleinen Manne bereiten, durch den grossen Segen überreich ausgleichen, der auch ihm durch wohlorganisirte, gleichartig und durchsichtig gestaltete Verkehrs- und Betriebsverhältnisse sicher zu Theil wird.

IV.

Abendbesuch auf einer Sternwarte.

(1880.)

Gar manchen meiner Leser hat wohl, wie mich selbst, schon in früher Jugend bei den Vorstellungen, welche sich an das Thema meiner vorliegenden Mittheilungen knüpfen, eine Bewegung eigener Art ergriffen. Der Gedanke, den Mond mehrere hundert Male grösser zu schauen, als man ihn mit blossen Augen sieht, als man ihn z. B. schon vergrössert zu sehen meint, wenn in der Nähe des Horizontes hohe Bäume, Häuser oder Thürme wie Miniaturbilder von seiner vollen Scheibe umrahmt werden, der Gedanke, in die Welt der Saturnsringe oder der Jupitersmonde wie aus der Vogelperspective hineinzuschauen, den matten Schimmer der Milchstrasse in ein zahlloses Heer glänzender Sterne aufgelöst zu sehen und in Nebelflecken von mildem Glanze und geheimnissvollen Umrissen einen Schimmer von Weltgestalten und Weltaltern zu empfangen, die in Raum und Zeit unaussprechlich und ewig weit von uns entfernt sind — alle diese Vorstellungen üben wohl auf die Gemüther Vieler einen eigenen Zauber aus.

Derjenige aber, dem es von einem gütigen Geschick beschieden wird, sein Leben oder einen Theil seines Lebens der geistigen Arbeit innerhalb dieser Welt von Vorstellungen, welche so Vielen ein ferner Traum bleibt, zu widmen, er wird in der Regel ungemein schnell und mächtig von einer ganz anderen Seite dieses Thätigkeitsgebietes erfasst. Man kann sogar behaupten, dass der grössere Theil derjenigen, welche sich der Astronomie widmen, von Anfang an mehr von letzterer Seite dieser Beschäftigung, nämlich von ihrer Gedankenstrenge, von ihrer reinen, meinungslosen Folgerichtigkeit und von der Erhabenheit des in ihr entwickelten Zusammenwirkens der verschiedensten Völker und Zeiten angezogen wird, als von dem unmittelbaren Reiz der Wahrnehmungen, die sie darbietet.

Indessen auch der Astronom von Fach erlebt stets aufs Neue inmitten der nüchternsten messenden und kritisch untersuchenden Arbeiten, welche er den Himmelslichtern zu widmen hat, Augenblicke, in denen der Eindruck der herrlichen Lichtfülle und der Reinheit der Formen, wie sie uns ein starkes Fernrohr in den Himmelsräumen vor Augen bringt, sich mit dem geistigen Einblick verbindet, den die Astronomie in das Wesen dieser Erscheinungen gewonnen hat.

Empfindungen dieser Art treten unter Anderem ein, wenn man ein besonderes Wahrnehmungsgebiet, z. B. die Details der Mondoberfläche mit verhältnissmässig geringen optischen Mitteln näher kennen gelernt hat und dann einmal unter besonders reinen und ruhigen Luftverhältnissen das Glück erlebt, mit einem Fernrohr von ungewöhnlicher Stärke einen wahrhaft beseligenden Lichtreichthum über jene Landschaften sich ergiessen zu sehen, wie der Wanderer, der aus den Nebeln der Alpenwelt in die magischen Farbentöne des Südens hinabsteigt.

Die Genussfähigkeit des Astronomen für solche Eindrücke nimmt sogar mit der Dauer seiner Beschäftigung zu. Nicht nur wächst ja überhaupt die Intensität der geistigen Genüsse mit dem zunehmenden Reichthum der Gedankenwelt, das heisst mit dem Alter, sondern es ist auch, um die von dem Fernrohr dargebotenen Wahrnehmungen im Himmelsraume ganz würdigen zu können, ein gewisser Grad von Uebung des äusseren und sozusagen des inneren Gesichtssinnes erforderlich. Erst der Ernst, den keine Mühe bleicht, lässt auch hier den Einzelnen zu den höchsten, mit unseren Mitteln erreichbaren Genüssen der erwähnten Art gelangen.

Hiernach begreift es sich denn auch, welcher hohe Grad von Enttäuschung mitunter denjenigen zu Theil wird, welche, von einem tiefen Interesse für die Himmelserscheinungen getrieben, bloss dazu gelangen, bei einem mehr oder weniger flüchtigen Abendbesuch auf einer Sternwarte den Anblick einiger Erscheinungen dieser Art durch ein immerhin bedeutendes Fernrohr zu geniessen.

Es ist klar, dass selbst, wenn bei einem solchen ersten oder einzigen Besuche die einzelnen Wahrnehmungen durch unmittelbare Wiederholungen derselben und eingehende Belehrungen seitens eines Fachmannes unterstützt werden, dem weniger geübten Auge Vieles entgehen wird, mitunter sogar der Anblick, den das Fernrohr bietet, seinem wesentlichen Inhalte nach gar nicht zum Verständniss kommen wird.

Bei den meisten Abendbesuchen auf einer Sternwarte verhält es sich aber in dieser Hinsicht noch viel ungünstiger mit dem Umfang und dem Werthe desjenigen, was unter den gegebenen Umständen dem Publikum überhaupt dargeboten wird und dargeboten werden kann.

Es sei gestattet, dies im Anschluss an die auf der Berliner Sternwarte vorliegenden Erfahrungen etwas näher zu erörtern, sodann wenigstens Einiges von demjenigen hervorzuheben, was dem Publikum von astronomischen Anschauungen unter günstigeren Umständen leicht und sicher dargeboten werden könnte, endlich einige Ansichten hinsichtlich solcher Einrichtungen darzulegen, durch welche eine Verbesserung des bestehenden Zustandes in dieser Beziehung zu ermöglichen wäre.

Bekanntlich hat die Berliner Sternwarte seit ihrer vor etwa fünfzig Jahren erfolgten Neubegründung sich bestimmungsmässig bemüht, nicht nur der astronomischen Forschung und den akademischen Lehraufgaben zu dienen, sondern auch innerhalb gewisser Grenzen dem Publikum Berlins den Anblick der Himmelserscheinungen mit bedeutenden optischen Mitteln zu ermöglichen.

Es erschien dies auch als eine Pflicht der Dankbarkeit gegen die allgemein geistigen Interessen, welche unleugbar an der Begründung und Dotirung von Sternwarten einen ebenso erheblichen Antheil haben als die strengeren wissenschaftlichen Gesichtspunkte, wie sich auch aus einer kurzen Recapitulation der Geschichte der Berliner Sternwarte sofort ergiebt.

Bekanntlich datirt die Begründung astronomischer Institutionen in Berlin aus derselben Zeit, dem Anfang des achtzehnten Jahrhunderts, in welcher Berlin eine Akademie der Wissenschaften erhielt; aber erst im weiteren Verlauf des achtzehnten Jahrhunderts kam eine eigentliche Sternwarte mit etwas entwickelteren instrumentalen und sonstigen Einrichtungen zu

Stande, welche innerhalb des bekannten, schon von Friedrich I. erbauten viereckigen Thurmes über dem an die Dorotheenstrasse stossenden königlichen Stallgebäude, auch jetzt noch durch eine Windrose und Wetterfahne gekennzeichnet, eingerichtet wurde. Zwar gab es von Anfang des achtzehnten Jahrhunderts an schon königliche Astronomen zu Berlin. Dieselben entstammten in den ersten Jahrzehnten dieses Jahrhunderts einer Astronomenfamilie, der Familie Kirch, deren Männer und Frauen zu den eifrigsten und geschicktesten Beobachtern ihrer Zeit gehörten. Etwas Aehnliches wie eine Sternwarte war aber anfangs nur auf dem Dache des Hauses Wallstrasse No. 72 vorhanden.

Diese kleine Sternwarte, so zu sagen der erste Ausdruck des Interesses der Berliner für den Anblick der Himmelserscheinungen, auch der Schauplatz der ersten Arbeiten der Familie Kirch, war von dem Besitzer des genannten Hauses, dem Freiherrn v. Krosigk, eingerichtet worden. Herr v. Krosigk war ein in grossartiger Weise freigebiger Freund und Jünger der Astronomie, der auch sogar überseeische astronomische Unternehmungen, wie eine Bestimmung der Entfernung des Mondes von der Erde durch gleichzeitige Beobachtungen in Berlin und am Cap der guten Hoffnung, auf seine Kosten ausführen liess und sich an den bezüglichen Messungen selbst betheiligte.

Die Grenzen meiner Arbeit verbieten es mir leider, zu einer eingehenderen Schilderung dieser wissenschaftlichen und persönlichen Verhältnisse abzuschweifen, deren Darstellung der anziehende Gegenstand eines besonderen Aufsatzes werden könnte.

Ich eile daher sogleich von dieser kurzen Erwähnung der Lage der hiesigen astronomischen Institutionen im achtzehnten Jahrhundert und der ersten hiesigen Stätte astronomischer Genüsse zu der wichtigen Epoche, welche der Begründung der gegenwärtigen Sternwarte unmittelbar vorausging. Ich meine den Zeitpunkt, in welchem Alexander v. Humboldt hier die denkwürdigen Vorträge hielt, aus denen später das Lehrgebäude seines Kosmos hervorgegangen ist.

Dies war gegen Ende der zwanziger Jahre dieses Jahrhunderts. Die alte Sternwarte auf dem Thurme des nach einem bekannten Witzworte, „musis et mulis“, gewidmeten Gebäudes hatte sich überlebt. Sie war neben den anderen grösseren Warten, die in anderen Ländern und auch in Deutschland inzwischen entstanden waren, den Aufgaben der Wissenschaft nicht mehr gewachsen. Alexander v. Humboldt aber war es, welcher durch seine Vorträge den Keim ausstreute, aus dem in einer der sparsamsten Zeiten preussischer Verwaltung durch die besondere Theilnahme König Friedrich Wilhelm's III. eine neue Sternwarte erwuchs, die damals unzweifelhaft zu den grössten und vollendetsten ihrer Art gehörte. In bemerkenswerther Weise war der Kernpunkt, um welchen diese neue Einrichtung sich bildete, ein mächtiges Fernrohr, die letzte grosse Arbeit Fraunhofer's. Es war Humboldt gelungen, die Anschaffung desselben zu erwirken, nachdem seine Vorträge das Interesse besonders an den grossen Entdeckungen Herschel's im Himmelsraume in den höchsten und in den weitesten Kreisen Berlins mächtig belebt hatten.

Nachdem dieses Fernrohr, damals eines der grössten überhaupt vorhandenen, mehrere Jahre der Aufstellung geharrt hatte, gelang es endlich Encke und Humboldt, auch das dafür erforderliche Gebäude und die zur weiteren Vervollständigung der astronomischen Forschungsmittel unentbehrlichen anderen Einrichtungen zu Stande zu bringen.

Es war natürlich, dass auf einer Sternwarte, deren erste Entstehung so notorisch aus dem Interesse der Laien an dem mittelst starker Fernröhre zu gewinnenden Anblick der Himmelserscheinungen hervorgegangen war, eine lebendige Tradition verblieb, sich dem geistig regen Publikum der Hauptstadt auch dauernd förderlich und dankbar zu erweisen.

Während in den ersten Jahrzehnten ihres Bestehens ein verhältnissmässig seltener Gebrauch von dieser vorzugsweise den Einheimischen, aber auch den Fremden sich darbietenden Gelegenheit gemacht wurde, ist im Laufe des letzten Jahrzehnts mit dem starken Anwachsen der Bevölkerung Berlins und der unleugbaren Ausbreitung des Interesses an allen Zweigen der Naturerkenntniss die Zahl der Gesuche und Meldungen zu Abendbesuchen auf der Sternwarte in schnellem Steigen begriffen gewesen, so dass in den letzten Jahren die Anzahl der Abendbesucher der Sternwarte sich mitunter jährlich auf mehr als tausend Personen belaufen hat, abgesehen von den vielen Hunderten von Personen, welche im Laufe eines Jahres an den Mittwochs und Sonnabends Vormittag angesetzten Stunden bloss von den Einrichtungen der Sternwarte Kenntniss nehmen.

Wenn man nun bedenkt, dass es in dem Klima Berlins während eines Jahres höchstens 120 bis 140 Nächte von anhaltender und hinreichend vollkommener Klarheit des Himmels, sodann vielleicht nur noch 50 oder 60 Nächte von bloss vorübergehender oder unvollkommener Durchsichtigkeit der Luft giebt, so erkennt man sofort, in welcher schwierigen Lage ein Institut sich befindet, welches sich neben der astronomischen Forschung und den akademischen Lehraufgaben auch noch in dem erwähnten Umfang dem an sich so berechtigten und so erfreulichen Interesse des Publikums an den von einem grossen Fernrohr dargebotenen Himmelserscheinungen zu widmen hat.

Als im Jahre 1858 der bekannte nach seinem Entdecker Donati benannte Komet mit der wundervollen Schweifentwickelung, die wie ein Springbrunnen von Licht über dem Horizonte emporstieg, am Himmel stand, war der Besuch der Sternwarte so zahlreich geworden, dass gerade in denjenigen Wochen, welche für die messende Untersuchung der an dem Kopfe dieses Kometen hervortretenden höchst merkwürdigen Erscheinungen am günstigsten waren, den hiesigen Astronomen die beste Zeit durch die Beschauer verloren ging. Fast an jedem Abend lösten einander Hunderte von Personen ab, und es erwies sich als völlig unmöglich, diese Besuche abzulehnen, wenn man nicht zu einer absoluten und ausnahmelosen Versagung schreiten wollte, die aber aus vielen Gründen ganz undurchführbar erschien.

In den letzten Jahren ist mitunter in solchen Zeiten, in welchen die geringe Anzahl der sternhellen Tage und Abende es zur unumgänglichen Pflicht machte, jeden Anblick des Himmels, den die Wolken gestatteten, für dringliche Zwecke der Forschung zu verwerthen, die Annahme und Berücksichtigung von Meldungen zu Abendbesuchen auf günstigere Jahreszeiten verschoben worden; aber auch diese Einschränkung wird sich nicht vollständig durchführen lassen, da hiermit offenbar auf die Dauer eine wirkliche Beeinträchtigung der Jnteressen und Wünsche des Publikums hinsichtlich astronomischer Belehrung und Anschauung verknüpft sein würde. Es liegt auch auf der Hand, dass in dieser schwierigen Sachlage dem Einzelnen, welcher nach langem vergeblichen Sehnen und Bemühen endlich zu einem Abendbesuche auf der Sternwarte kommt, mitunter so wenig dargeboten wird, dass nicht selten (vielleicht sogar in der Mehrzahl der Fälle) verdriessliche Enttäuschungen eintreten, welche natürlich in dem gemeinsamen Interesse aller Betheiligten, sowohl des Publikums als der Astronomie und der öffentlichen astronomischen Institutionen, vermieden werden sollten. Oft genug kommt es z. B. vor, dass Meldungen viele Monate lang wiederholt werden müssen, bis es ermöglicht wird, irgend eine zahlreiche Gruppe von Gesuchen zu berücksichtigen. Es ist dann schon ein ungewöhnlicher Glücksfall, wenn an demjenigen Abend, für welchen Jemand den Zutritt zu der Sternwarte erlangt hat, das Wetter keinen Strich durch die Rechnung macht und die Besuchenden, ungestört durch Bewölkungen, einige Blicke auf den Mond und die Planeten durch das grosse Fraunhofer'sche Fernrohr erlangen können. Sehr oft aber ist an solchen Abenden, sowohl in Folge wiederholter Störungen der vorangegangenen Besuchsabende durch Wolken als in Folge anderer unvermeidlicher Aufschübe, die Zahl der Besuchenden so gross geworden, dass vielleicht auf jeden in dem Fernrohr dargebotenen Gegenstand von jedem Besucher nur ein einziger kurzer Blick geworfen werden konnte, der dann trotz rastlos hinzugefügter Erläuterungen sehr oft im Auge und im Gedächtniss des Beschauers nur einen räthselhaften Eindruck hinterliess, ohne ihn irgendwie im Verständniss gefördert, geschweige denn ihm auch nur annähernd einen solchen Genuss bereitet zu haben, wie er erwarten zu dürfen geglaubt hatte.

Wie in dieser Beziehung für das Publikum der anderen grossen Städte gesorgt wird, ist mir nicht erschöpfend bekannt, besonders vermag ich nicht anzugeben, ob in neuerer Zeit in London irgend welche namhaften Einrichtungen für die Befriedigung der in Rede stehenden geistigen Bedürfnisse entstanden sind. Ich weiss nur, dass die Sternwarte zu Greenwich zum Schutze ihrer eigentlichen Messungsaufgaben, welche bekanntlich seit ihrem Bestehen in England besonders populär waren, weil Leib und Leben der englischen Seeleute an dieselben geknüpft erschien, die blosse Besichtigung ihrer Einrichtungen, geschweige denn die Benutzung ihrer grossen Instrumente für Beschauungs- und Belehrungszwecke populärer Art bis zu einer vollständigen Ausschliessung erschwert.

Auch die Traditionen der Pariser Sternwarte weichen in dieser Hinsicht von denen der hiesigen Sternwarte ab. Unter Leverrier's Regime gab es wohl mitunter glänzende astronomische Soireen, zu welchen die Spitzen der Gesellschaft eingeladen waren, aber für das grosse Publikum blieb die Sternwarte vollständig verschlossen.

Es wird vielen meiner Leser bekannt sein, in welcher Weise man sich bisher in Paris zu helfen suchte. Auf dem Eintrachtsplatze, auf dem grossen Triumphbogen (dem „Triumphbogen des Sternes") und an einigen anderen Punkten sind ziemlich ansehnliche Fernröhre von grober äusserer Einrichtung, aber nicht unbedeutender Lichtstärke im Freien aufgestellt, und das Publikum geniesst mittelst derselben — zu festen Preisen — am Tage den Anblick von Sonnenflecken, am Abend den Anblick von Mondbergen, Jupitersmonden, Saturnsringen u. dgl. Die hierbei geltenden Preisansätze, nämlich einige Sous für jedes eine gewisse Zeit lang beschaute Object, entbehren in ihren Einzelheiten nicht einer gewissen Komik. (Als Curiosum möchte ich hierbei einschalten, dass ein ähnliches Princip, aber in umgekehrter Anwendung, eine Zeit lang für die jüngeren Astronomen auf der Pariser Sternwarte unter Leverrier zur Geltung gelangt war. Dieselben erhielten nämlich so und so viel Centimes für jeden einzelnen etwa beim Durchgang durch den Meridian im Fernrohr von ihnen beobachteten Stern, dessen Durchgangszeit sie aufgezeichnet hatten.)

Von den Unternehmern jener öffentlichen Fernröhre werden natürlich gewisse Erläuterungen für den Beschauer hinzugefügt. welche mitunter in ganz kundiger und geschickter Weise, mitunter aber derartig gegeben werden, dass es dem Herzen eines Astronomen, der sich etwa unter die Beschauer gemischt hat, recht wehe thut, zumal wenn er die enthusiastische und hingebende Art bemerkt, mit welcher Männer und Frauen selbst einem so unvollkommenen Orakel zu lauschen pflegen.

Erst neuerdings ist in Paris für die Befriedigung dieser

Interessen und Neigungen des Publikums ein bedeutsamer Schritt in derselben Richtung geschehen, in welcher schon seit mehreren Jahren von Seiten der Leitung der Berliner Sternwarte einige Versuche — leider bis jetzt vergeblich — gemacht worden sind.

Der letzte Abschnitt meiner Darlegungen wird mich hierauf zurückführen.

Zunächst möchte ich noch eine Frage beantworten, welche möglicher Weise im Anschluss an meine bisherigen Erörterungen gestellt werden könnte, nämlich die Frage, ob man nicht überhaupt von einer öffentlichen Berücksichtigung der in Rede stehenden Wünsche und Interessen des Publikums absehen könnte. Zumal in Betracht des auch von mir zugegebenen Umstandes, dass man, um vollen Genuss und volle Belehrung von den Wirkungen stärkerer Fernröhre zu empfangen, eines gewissen nicht leicht zu erlangenden Grades von Uebung und Kenntniss bedürfe, sei es vielleicht besser, jedem Einzelnen, dem es um Erwerbung von lebendigeren und zutreffenderen Anschauungen auf diesem Gebiete der Naturerkenntniss ernstlich zu thun sei, zu überlassen, sich selbst, nöthigenfalls unter Vereinigung der Kräfte und Mittel Gleichgesinnter, die erforderlichen Hülfsmittel zu beschaffen. Auf diese Weise werde er selbst zu reiferem Genusse gelangen und dann vielleicht in kleineren Kreisen der Mittelpunkt für Verbreitung weiterer Belehrung und Darbietung der betreffenden geistigen Genüsse werden. Nach meiner Ueberzeugung liegt die Sache nicht so einfach.

Auch jetzt schon sind in nicht geringer Zahl Mittelpunkte astronomischer Orientirung für kleinere Kreise vorhanden. Nicht nur sind zahlreiche Schulinstitutionen mit ansehnlichen Fernröhren ausgerüstet, sondern auch viele Privatleute sind schon im Besitze ähnlicher Einrichtungen. Aber gerade aus solchen Kreisen, in welchen ein gewisser Grad von Uebung teleskopischen Sehens und viele klare Vorstellungen und Kenntnisse astronomischen Inhalts durch die Anwendung derartiger Hülfsmittel bereits entwickelt sind, geht nicht nur erfahrungsmässig die grösste Zahl derjenigen Besucher hervor, welche auf einer Sternwarte den betreffenden wissenschaftlichen Gesichtskreis zu erweitern und zu vertiefen wünschen, sondern diese Besucher sind auch recht eigentlich diejenigen, welche den wahren Genuss und Gewinn von der Darbietung der mächtigeren Leistungen grösserer Instrumente und vollkommenerer Einrichtungen davontragen und wiederum in ihrer Weise für Andere verwerthen. Vieles, was bei der vereinzelten und unentwickelten Anwendung geringerer Hülfsmittel unverstanden bleibt oder wenigstens in seiner ganzen Bedeutung und Schärfe nicht ohne einen unverhältnissmässigen Aufwand von Mühe und Geisteskraft erfasst werden kann, bietet sich fast mühelos demjenigen dar, dem es ermöglicht wird, die hochentwickelten Einrichtungen bedeutender Institute zu benutzen, an denen die Vertiefung und Erweiterung der feinsten Wahrnehmungen dieser Art zur Lebensaufgabe gemacht wird, und an denen allein sich derjenige Grad von Leichtigkeit und Klarheit in der Beherrschung dieser Dinge entwickelt, welche das Verständniss Vieler zu fördern und ihren Blick zu erhellen geeignet ist.

Es dürfte endlich hervorzuheben sein, dass es sich dabei auch um Weckung und Verbreitung geistiger Anregungen und nicht bloss um die Befriedigung der bereits Angeregten und Orientirten handelt, und eine solche Verbreitung von Anregungen vermögen nur grössere öffentliche Institutionen zu ermöglichen, deren Zugänglichkeit in jeder Weise erleichtert wird.

Ich glaube nach diesen Erörterungen und nach den in dieser Hinsicht bereits vorliegenden Erfahrungen in der That behaupten zu dürfen, dass es in Zukunft eine grosse öffentliche Angelegenheit sein wird, astronomische Institutionen zu schaffen, welche, unter der Leitung competenter Männer und mit den geeignetsten Hülfsmitteln versehen, ebenso vorzugsweise dazu dienen, astronomische Belehrung und Anschauung in vollendetster Form dem grösseren Publikum zu gewähren, wie die bisher vorhandenen Sternwarten vorzugsweise dazu bestimmt gewesen sind, der Forschung und den Lehraufgaben im engeren akademischen Kreise zu dienen.

Natürlich werden derartige Institutionen zunächst nur in gewissen Centralpunkten zu schaffen sein, denn obgleich bereits vor zwanzig Jahren von einem ehrwürdigen Geistlichen aus unserer Nachbarschaft der Vorschlag befürwortet und verbreitet wurde, dass in Preussen mindestens in jedem landräthlichen Kreise eine Sternwarte errichtet werden müsse, wage ich doch nicht zu hoffen, dass der Verlauf der von mir befürworteten Entwickelung neuer astronomischer Institutionen zu populären Lehr- und Anschauungszwecken ein so gewaltiger und schneller sein werde.

Die Aufgaben solcher Institutionen, in hohem Sinne gefasst, würden weit über speciell astronomische Interessen hinausreichen und in innigem Zusammenhange mit der Erhaltung und Vertiefung der wichtigsten Grundlagen unserer ganzen geistigen und sittlichen Cultur stehen.

Bei einem grossen Theil der Besucher einer Sternwarte lässt sich zur Zeit deutlich erkennen, dass ein wesentliches Element der Anziehungskraft, welche die nähere Beschauung der Himmelskörper auf sie ausübt, der Gedanke an die Bewohner anderer Welten ist. Sehr häufig wenigstens wird beim Anblicke der Oberfläche des Mondes oder der Planeten die Frage an die Astronomen gerichtet, wie es sich denn mit den Bewohnern dieser Himmelskörper verhalten könne, und ob es nicht dereinst gelingen werde, mit verstärkten optischen Mitteln wirkliche Spuren bewusster geistiger Thätigkeit auf anderen Weltkörpern zu entdecken.

Ohne Letzteres insbesondere für den Mond in Abrede stellen zu wollen und ohne die sinnvolle Bedeutung des fast unabweisbaren Gedankens an die Bewohnbarkeit und Bewohntheit anderer Welten irgendwie bestreiten zu wollen, möchte ich doch glauben, dass es andere Ueberzeugungen von höherem Werthe und von grundlegender Bedeutung für das Seelenleben der Menschen giebt, welche unter geeigneter Führung gerade aus dem Anblick und aus der Erkenntniss der Himmelserscheinungen eine Fülle von Stärkung und Belebung empfangen können.

Ich meine den Glauben an Vernunft und Wissenschaft überhaupt, an die Erreichbarkeit hoher Ziele des Menschengeistes und an die Beglückungsfähigkeit der Menschenwelt durch Geistescultur, zugleich mit dem Vertrauen auf die Reinheit der Forschung und auf die Zuverlässigkeit ihrer Methode.

Astronomische Erkenntniss nimmt in dieser Beziehung unter den übrigen Zweigen der Naturerkenntniss eine wichtige und besondere Stellung ein.

Ihre Lehren und Ergebnisse sind von höchster Bedeutung

für die Grundfragen der menschlichen Existenz und der menschlichen Erkenntnisslehre. Die Einblicke, welche die Astronomie in die Vergangenheit und Zukunft der Weltentwickelung gewinnt, sind von entscheidender Wichtigkeit für die Fragen hinsichtlich der Vergangenheit und Zukunft des Menschengeschlechts.

Die prophetische Macht, welche die Astronomie über die Zukunft der Erscheinungen erringt, ist dem Menschengeschlecht der einfachste und sicherste Prüfstein für die Macht und Wahrheit der methodischen Gedanken, mit welchen wir im Zusammenwirken der Geisteskräfte aller Völker und Zeiten allmälig dahin gelangen, immer grössere Kreise der Erscheinungen und hoffentlich auch uns selbst zu bemeistern.

Das blosse Hinnehmen aller dieser Dinge auf Treu und Glauben, ohne dass Vielen die Möglichkeit geboten wird, wenigstens einzelne, persönlich überzeugende Einblicke in dieselben zu thun, ist eine Gefahr für die Sicherheit menschlicher Gesammtüberzeugungen und macht die Menge unter Umständen zu einer leichten Beute des gefährlichsten Nihilismus.

Einzig und allein die Hineinziehung Aller, die da sehen und hören wollen, in die Heiligthümer der geistigen Thätigkeit wird dazu geeignet sein, diejenige Stärke der Ueberzeugungen und diejenige Solidität des Denkens zu entwickeln und zu erhalten, welche die Menschheit vor dem Hin- und Herwogen schmerzlichster Rückschläge bewahrt und ihr allmälig, als die wahre Quelle aller Gerechtigkeit und Liebe, einen gesicherteren Frieden bereitet.

Es wird einer Institution, die sich auf astronomischem Gebiete eine derartige Aufgabe stellt, ein Leichtes sein, gewisse Wahrnehmungen und gewisse Messungsergebnisse mit dem Fernrohr und den zugehörigen Einrichtungen den Beschauern in einer solchen Weise zur überzeugenden Anschauung zu bringen, dass z. B. die zutreffende Realität der copernicanischen Lehre und die Richtigkeit der anderen im Anschluss an dieselbe entwickelten Bewegungslehren sozusagen mit Händen greifbar wird. Es wird ihr ein Leichtes sein, auf die zahllosen Fragen, welche dem Astronomen in Betreff des eigentlichen Wesens seiner Beobachtungsarbeiten entgegentreten, fast Jedem durch eigene Wahrnehmung eine befriedigende Antwort zu verschaffen, z. B. die

Verhältnisse klar zu stellen, welche zu den so räthselhaft erscheinenden unablässigen Wiederholungen gewisser Messungen zwingen. Es wird ihr ferner gelingen, die Bedeutung, welche gewisse, dem Unbewanderten als öde Subtilitäten erscheinende Arbeiten für die eingreifendsten praktischen Probleme haben, in einfachen Anschauungen oder Messungsexperimenten zu versinnlichen, kurzum ein theilnehmenderes Verständniss zu erwecken für alle die grossen Systeme gemeinsamer Arbeit, die bisher nur den eigentlich Wissenden eine Quelle von Lebensfreude und Stärkung geworden sind, leider bei diesen selbst in ihren sittlichen Wirkungen oft beeinträchtigt durch das Uebermaass geistiger Anspannung.

Schon mit einfachen Mitteln wird es ausführbar sein, die Art und Weise zu veranschaulichen, wie die Wirkung der Drehung der Erde in den schnellen Durchgangsbewegungen der himmlischen Objecte durch das Gesichtsfeld eines Fernrohrs zur Erscheinung kommt, wie diese Bewegungen zur Bestimmung der Lage der Sterne zu einander, sodann zur Bestimmung der veränderlichen Lage der Erdachse im Himmelsraume benutzt werden können, wie die Wiederkehr der Durchgänge der Sterne durch die Mittagslinie eines Ortes zu den feinsten und unabhängigsten Zeitbestimmungen dient, wie dabei die Beobachtungen dieser Durchgangszeiten auf die Angaben der Uhren übertragen werden, auf welche Weise es endlich gelingt, für gewisse feinere Messungen, bei welchen das schnelle Hindurchlaufen der Sterne durch das Gesichtsfeld des Fernrohrs aufgehoben werden muss, dem Apparate selbst solche Drehungsbewegungen zu ertheilen, welche den Drehungsbewegungen der Erde entsprechen, aber in entgegengesetzter Richtung erfolgen, und wie dadurch dem Fernrohr im Himmelsraume eine unveränderte Richtung erhalten wird und die dahineilenden Sterne plötzlich und andauernd an ein und dieselbe Stelle des Gesichtsfeldes des Fernrohres gebannt erscheinen.

Endlich wird es, wenn volle Musse und Liebe der Sache gewdmet werden können, möglich sein, die Abendbesucher einer Sternwarte sogar zu Zeugen gewisser Vorgänge zu machen, welche ihnen eine Art von Empfindung der Gegenwart auf einem fernen Weltkörper in so ergreifender Weise bereiten, dass daraus Wirkungen auf das Gemüth entstehen, mit denen nur die Wirkungen der schönen Künste verglichen werden können.

In den ersten Abenden nach dem Erscheinen der jungen Mondsichel bietet z. B. nicht nur das Nebeneinander der strahlend hellen directen Sonnenbeleuchtung der Mondlandschaften und des Dämmerlichtes, in welchem der übrige Theil der Mondfläche, bestrahlt von dem sanfteren Schimmer des Erdscheines, nämlich des von der Erde zurückgestrahlten Sonnenlichtes, ruht, Wirkungen der eigenthümlichsten und anziehendsten Art dar, sondern es ist auch möglich, das Vorrücken des Tages auf dem Monde an dem Zurückweichen der Schatten, an der allmäligen Zunahme der Anzahl der von der Sonne schon bestrahlten Bergspitzen, welche wie lichte Inseln in dem dunkleren Theile der Mondfläche auftauchen, und an dem allmäligen Vordringen des Sonnenlichtes in die tieferen Bergschluchten und Thalkessel so deutlich wahrzunehmen, dass man wirklich dem Sonnenaufgang auf dem Monde beizuwohnen glaubt.

Auch in die bedeutend entferntere Jupiterswelt lassen sich ähnliche Einblicke gewinnen, wenn man das Eintreten der Trabanten des Jupiter in den von demselben im Sonnenlicht geworfenen Schattenkegel beobachtet, und wenn man etwa den Schatten eines Trabanten (eine totale Sonnenfinsterniss für kleine Theile der Jupitersoberfläche) langsam über den Jupiter hinwegwandern sieht.

Sogar in dem schon so weit entfernten Saturnsystem kann man durch sorgsame Beobachtung und Deutung der Schattenphänomene bis zu einer so unmittelbaren Erfassung der perspectivischen Wirkungen, sozusagen der Körperlichkeit des ganzen Phänomens gelangen, dass man in einzelnen Momenten sich wirklich wie in den Himmelsraum versetzt fühlt.

Nichts aber ausser den Wirkungen des Schönen dürfte geeigneter sein, den Menschen rein und friedlich zu stimmen, als solche ruhevolle Genüsse, als solche vorübergehende Loslösungen des Gedankens von den Schranken und den Erregungen dieser Erdenwelt.

Und solche Seelenstimmungen, sind sie nicht das höchste Bedürfniss gerade einer Zeit, in der so viel gewaltige Energie entwickelt ist, welche nur des Maasses und der Liebe entbehrt?

einer Zeit, in welcher so viele künstliche Schranken innerhalb der Menschenwelt wieder errichtet oder verstärkt werden mit einer Beflissenheit und Selbsttäuschung, gegen welche es kaum eine bessere Gegenwirkung giebt als die sanfte Erhebung des Geistes über die Erde hinaus und die verbindende Empfindung des Erdenbürgerthums? Sind nicht gerade jetzt als die wichtigsten Beiträge zu der eigentlichen Bildung, d. h. zu der Milderung der Sitten, alle diejenigen Erkenntnissfrüchte zu betrachten, welche dazu helfen, jenem Unmass, man könnte sagen jener Verwilderung entgegenzuwirken, die sich fast in allen Schichten der Gesellschaft wieder zu entwickeln droht?

Wie aber, wird man mich nun fragen, kann man zu dem Besitze von Institutionen von solcher ideellen Wirksamkeit gelangen, wenn z. B. die vorhandenen Sternwarten infolge der unumgänglichen Einschränkung und Concentrirung ihrer Leistungen auf die nothwendigsten Forderungen der Forschung und Praxis sich dem Publikum verschliessen sollten.

Ich erwähnte vorhin bei einer kurzen Schilderung der bezüglichen Pariser Zustände neuere Bestrebungen, die dort bereits zu Nutz und Frommen des Publikums nach dieser Richtung aufgetaucht seien. Diese Bestrebungen haben in der That in letzter Zeit zu der Begründung eines grossen öffentlichen Observatoriums auf einem der Thürme des bekannten, vom Staate bei Gelegenheit der letzten Ausstellung erbauten Trocaderopalastes geführt.

Mit öffentlichen Mitteln ist dort also eine Institution geschaffen worden, welche wesentlich und bestimmungsmässig dazu dienen soll, astronomische Kenntnisse und Anschauungen mit Hülfe der besten vorhandenen Mittel und Einrichtungen zum Gemeingut Vieler zu machen.

Auch in Berlin ist schon seit mehreren Jahren von Seiten der Sternwarte in engeren Kreisen lebhafte Anregung zur Entwickelung eines ähnlichen Observatoriums gegeben worden.

Da bei der bescheideneren Lage unserer öffentlichen Finanzen zunächst an die Herstellung solcher Einrichtungen aus öffentlichen Mitteln nicht gedacht werden konnte, wurde zuerst der Plan aufgestellt, im Wege der Subscription oder im Anschluss an bestehende mercantile Institute verwandten Charakters ein Observatorium zu Stande zu bringen, dem natürlich die Unterstützung Seitens der hiesigen Astronomen in jeder Weise gesichert gewesen wäre. Leider sind diese Bemühungen bisher gescheitert, obwohl nach den auf der Berliner Sternwarte gemachten Erfahrungen hinsichtlich der Anzahl der Besuchenden und noch mehr der Anzahl der Meldungen und Wünsche sogar ein finanzieller Erfolg eines solchen Unternehmens ziemlich bestimmt in Aussicht genommen werden könnte.

In den Vereinigten Staaten von Nordamerika hat man dem hervorgetretenen ähnlichen Bedürfnisse bisher durch Associationen zu genügen gesucht; z. B. war in Chicago vor einiger Zeit eine Gesellschaft vermögender Männer zur Begründung eines bedeutenden, mit Instrumenten ersten Ranges ausgestatteten Observatoriums zusammengetreten. Dieses Observatorium sollte zwar in erster Stelle der Forschung dienen, gleichzeitig aber, wenigstens an gewissen Abenden der Woche, den sämmtlichen Familienmitgliedern der zahlreichen Begründer in solcher Weise offen stehen, dass der an dem Institut anzustellende Astronom an diesen Abenden lediglich der Belehrung des Publikums zu dienen hatte, — natürlich eine noch ziemlich unvollkommene und particularistische Form der Befriedigung des in Rede stehenden allgemeineren Bedürfnisses.

Ich wage keineswegs zu hoffen, dass in Deutschland schon in nächster Zeit auch nur irgend etwas Aehnliches, wie neuerdings in Paris geschehen ist, mit öffentlichen Mitteln eingerichtet werden könnte, doch ist es eine unumgängliche Vorbedingung für die Entwickelung derartiger Institutionen, dass von ihnen gesprochen wird, und es war für mich eine schon seit längerer Zeit tiefempfundene Pflicht, öffentlich über diese Dinge zu reden, hierdurch die schmerzlich gefühlte Verantwortung hinsichtlich des gegenwärtigen für die Sternwarten und für das Publikum gleich unerquicklichen Zustandes zu mildern und einen Keim des Besseren auszustreuen.

Wenn derartige Zeiten wie die jetzigen vielleicht für die Verwirklichung von Absichten solcher Art nicht günstig sind, so dürften sie doch zu Projecten, sozusagen zu inneren Schöpfungen dieser Art geeignet sein, denn in äusserlich gedrückten Zeiten hat der Geist der Menschen Anlass und Musse, sich überhaupt tieferem Denken über öffentliche Fragen zur Entfaltung neuer Stärke zu sammeln.

Man werfe auch nicht ein, dass Institutionen der erwähnten Art insofern nicht aus öffentlichen Mitteln begründet und unterhalten werden dürften, als sie sozusagen Luxuseinrichtungen für die Gebildeten seien.

Zunächst würde hierauf zu bemerken sein, dass derselbe Einwurf in gewissem Sinne für viele Einrichtungen auf dem Gebiete der Kunst und Wissenschaft gelten würde, bei denen doch Niemand zweifelhaft ist, sie mit öffentlichen Mitteln zu dotiren, und bei denen dies auch völlig berechtigt ist, sobald nur in immer grösserem Umfange Jedem aus dem Volke die Aufnahme und die geistige Förderung innerhalb solcher Institutionen gehörig erleichtert und gesichert ist.

Oft genug aber habe ich Gelegenheit gehabt, zu bemerken, dass ein tiefes nnd warmes Interesse für den Anblick der Himmelserscheinungen, vielleicht sogar eine besondere unmittelbare Fähigkeit des Verständnisses derartiger Wahrnehmungen und Einrichtungen, wie sie eine Institution der erwähnten Art zu bieten hätte, in der gewerblichen und handarbeitenden Bevölkerung jeder Art lebt, und dass es sich wohl lohnt, auch gerade zu dieser bei solchen Anlässen in eindringlicher Art zu reden.

Was die Ungunst der Lage einer Sternwarte mitten in einer grossen Stadt betrifft, so ist zuzugeben, dass diese Ungunst in Berlin, wo es nur sehr geringe Höhenunterschiede giebt, besonders gross ist, doch wird die Bedeutung dieser Verhältnisse meistens sehr überschätzt. Man meint mitunter, dass die jetzige Lage der Berliner Sternwarte dieselbe eigentlich untauglich für astronomische Forschungen machen müsse, da nicht nur der Horizont von hohen Häusern verbaut sei, sondern auch die starken Trübungen der Luft durch den Rauch und Staub eines grossen Verkehrscentrums ungemein störend sein müssten. Unzweifelhaft ist dies der Fall für die lichtschwächeren Gegenstände des Himmels, welche sich an den Grenzen dee Wahrnehmung selbst für das verschärfteste Sehen befinden. Die Verbauung des Horizonts hat dagegen für die feinere astronomische Beschauung und Messung keine erhebliche Bedeutung, da erst in ziemlich grossen Höhen über dem Horizont der eigentliche Horizont astronomischer

Arbeit beginnt, und für zahllose Wahrnehmungen und Messungen an helleren Objecten bewirkt auch die materielle Trübung der Luft durch Rauch und Staub eine in unserem Klima verhältnissmässig geringe Beeinträchtigung, da es leicht nachzuweisen ist, wie die dünnsten, fast unsichtbaren Schichten von Nebeltröpfchen, welche durch die fast unablässigen Veränderungen des Luftdrucks und der Windrichtung hervorgerufen werden, die Reinheit und Intensität der Lichtbewegungen, die aus dem Himmelsraum zu uns dringen, in demselben Grade beeinträchtigen wie eine tiefdunkle Rauchwolke, vorausgesetzt, dass die letztere sich nicht in zu grosser Nähe befindet. Die grössere Dunkelheit der letzteren entstammt nur der Schwärze der kleinen Kohlentheilchen, zwischen denen jedoch das Licht ungestörter durchgeht als zwischen den in unserem Klima — auch ohne den Anlass, welchen materielle Verunreinigung der Luft zu Niederschlagsbildungen giebt — fortwährend wechselnden Zuständen des Wasserdampfes der Atmosphäre.

Allerdings wird man es verständiger Weise vermeiden, in diesem Klima und zumal mitten in einer grossen Stadt, in welcher bei den stärksten Vergrösserungen auch die Erschütterungen des Erdbodens sehr bemerklich werden, die feinsten optischen Messungen ausführen zu wollen oder so kolossale Fernrohre aufzustellen, wie der rastlose Wetteifer der Nationen jetzt zu errichten bemüht ist, oftmals ohne der Bedingungen kritisch eingedenk zu sein, welche für die Wirksamkeit derartiger Hülfsmittel unumgänglich sind. Innerhalb gewisser Grenzen, über welche hinaus natürlich eine Ergänzung durch Einrichtungen in günstigster Lage geboten werden muss, wird eine Sternwarte auch mitten in einer grossen Stadt noch eine bedeutende Forschungsthätigkeit, jedenfalls aber die lebendigste Thätigkeit belehrender Art ausüben können. Ein Fernrohr von der Grösse des bedeutendsten jetzt auf der hiesigen Sternwarte aufgestellten würde sicher hinreichen, eine Fülle derjenigen Anschauungen und Anregungen zu gewähren, deren allgemeinere Bedeutung darzulegen ich hier versucht habe.

Bevor ich diese Darlegungen schliesse, gestatte man mir noch hinzuzufügen, dass ich keineswegs den Wunsch habe, öffentliche Institutionen dieser Art ausschliesslich der Astronomie gewidmet zu sehen; vielmehr wird es durchaus zweckmässig sein, wie man auch in dem vorerwähnten neuen Observatorium in Paris beabsichtigt, experimentelle Einrichtungen mannigfacher Art, welche in glücklichste Verbindung mit astronomischen Einrichtungen treten können, als Hülfsmittel der Anschauung und Belehrung auf verwandten Gebieten der Naturerkenntniss, z. B. optischen und elektrischen Charakters, hinzuzufügen.

Weckung und Belehrung solcher Art wird auch allen privaten Leistungen auf demselben Gebiete, denen das Publikum bereits ein so grosses Interesse widmet, eminent förderlich sein, wie ich auch glaube, dass die Errichtung solcher Sternwarten, welcke ausschliesslich der Forschung dienen, keinen Abbruch, sondern hohe Förderung erfahren wird durch die Begründung von Institutionen, welche auf demselben Gebiete ausschliesslich oder überwiegend der populären Belehrung dienen. Der wissenschaftliche Geist überhaupt wird auch aus letzterer grössere Stärke gewinnen und dann vielleicht auch in Deutschland Erscheinungen zeitigen wie die zahlreichen Privat-Sternwarten, welche in England und Nordamerika sowohl der Forschung als dem geistigen Genusse und durch diesen der Gesittung Vieler dienen.

V.

Himmelsforschung und Erdkunde.

(1881.)

Eine zusammenfassende Erörterung der Beziehungen, welche zwischen der Himmelskunde und der Erdkunde bestehen, oder der Bedeutung, welche die Beobachtung der Himmelserscheinungen für die Entwickelung der Erdkunde gehabt hat und noch hat, dürfte ein geeigneter Gegenstand für eine öffentliche Besprechung sein in einem Zeitpunkte, in welchem auf Grund eines internationalen Programmes in unwirtbaren Polargegenden mehrere von Seiten des Deutschen Reiches ausgerüstete wissenschaftliche Stationen in Gemeinschaft mit ähnlichen von anderen Staaten ausgerüsteten in Thätigkeit sind, denen allen die Aufgabe gestellt ist, mindestens ein Jahr lang mit astronomischen, meteorologischen und magnetischen Instrumenten bestimmte Beobachtungsreihen auszuführen, um der wissenschaftlichen Erforschung der Erde zu dienen.

Ich glaube die Grösse der Aufgaben aller dieser Expeditionen und die Höhe der Gesichtspunkte, von denen auch die Staatsregierungen bei der Entsendung derselben ausgegangen sind, nicht besser ersichtlich machen zu können, als indem ich in kurzen Zügen ein Bild entwerfe von der bisherigen Entwickelung der Erdkunde und zwar unter Hervorhebung derjenigen grossen Momente, in welchen die Himmelserscheinungen und ihre Erforschung die Erdkunde auf das Bedeutsamste gefördert haben.

Es ist zunächst einleuchtend, dass von Erdkunde in wissenschaftlichem Sinne nicht die Rede sein konnte, bevor man einigermassen klare und zutreffende Gedanken über die Gestalt des Erdkörpers als Ganzen hatte.

Man konnte wohl Orts- und Länderkunde treiben, sorgfältige Land- und Küstenvermessungen ausführen, rohe kartographische Darstellungen geben selbst in einer Zeit, in welcher man sich die Erde noch als eine von dem Okeanos umflossene und etwa auf demselben schwimmende Scheibe dachte; aber klare Vorstellungen über die Zusammenhänge zwischen der gegenseitigen Lage der Länder und dem Sonnenstande, den Tageslängen, dem Klima u. s. w. waren nicht möglich, bevor man die wesentlichen Grundbegriffe von der Erdgestalt und von demjenigen Gesetze hatte, welches die lothrechten Richtungen an der Erdoberfläche beherrscht, nach welchem dieselben nämlich nicht, wie es bei unmittelbar benachbarten Lothrichtungen den Anschein hat, parallel miteinander sind, sondern nach dem Mittelpunkte des nahezu kugelförmigen Erdkörpers hin convergiren.

Ist nun die Lehre von der Kugelgestalt der Erde zunächst aus Forschungen oder Messungen geographischen Charakters oder ist sie zuerst aus astronomischen Forschungen hervorgegangen, und in welcher Zeit, bei welchem Volke ist ihr Ursprung zu suchen?

Die Lehr- und Handbücher für Geschichte der Geographie und Geschichte der Astronomie geben hierauf keine bestimmte Antwort.

Bekanntlich ist die Entstehnng fast aller solcher Grundanschauungen menschlicher Wissenschaft eine überaus dunkle und zweifelhafte. Sie tauchen meistens schon in denjenigen Jahrtausenden auf, in welchen überhaupt geschichtliche Aufzeichnungen beginnen, aber nicht mit dem Glanze neuer Wahrheiten, etwa ausstrahlend von einem bestimmten Ort und einer bestimmten Person, sondern an mehreren Stellen in solcher Art der Ueberlieferung, als ob sie die kümmerlichen, nur noch halbverstandenen Reste einer sonst verloren gegangenen vollkommeneren Weisheit wären. Doch würde man sicher irren, wenn man hieraus, wie von gewissen romantischen Schulen in der Geschichte der Wissenschaften versucht worden ist, wirklich auf einen derartigen wunderbaren Ursprung menschlichen Wissens, auf eine gewisse Art von Wiederbesinnung des Menschengeistes, der etwa in goldener Jugendzeit die vollkommenste Erkenntniss gehabt habe, schliessen wollte; nein, jenes erste Auftauchen wissenschaftlicher Grundanschauungen im Bereich der geschichtlichen Ueberlieferung ist, wenn man ganz nahe und unbefangen zusieht, gerade mit solchen Halbheiten und Irrthümern verbunden, welche charakteristisch für neugeborene Gedanken sind, und wir können in späteren Zeiten wissenschaftlicher Entwickelung deutlich nachweisen, dass auch das erste Entstehen gewisser ganz neuer Ideen im Menschenhirn, welche unzweifelhaft als Produkte ihres Jahrhunderts gelten müssen, z. B. der Lehre von der allgemeinen Massenanziehung, ganz ähnlichen Charakters ist wie jenes verstreute und traumhafte erste Anklingen gewisser Grundanschauungen in den dunkelsten Anfängen menschlicher Ueberlieferung.

Gerade die Lehre von der Kugelgestalt der Erde konnte, obgleich ihre Spuren schon sehr früh aufzutauchen scheinen, unmöglich ein Ueberbleibsel uralter tieferer Weisheit sein, denn die wahre Gestalt der Erde weicht ja merklich von der Kugel ab, und nur den weniger genauen Messungen der Jugendzeit menschlichen Wissens konnte die Annahme dieser einfachsten Gestalt überhaupt genügen.

Die vorerwähnten Romantiker unter den Erforschern der ältesten Kulturgeschichte haben uns aber, obgleich wir ihre dogmatischen Voraussetzungen und ihre Endergebnisse ablehnen müssen, auf dem Wege zu ihrem Ziele viel Wichtiges erschlossen, unter anderem uns weit, weit über das Griechenthum hinaus auf ungezählte Jahrtausende einer menschlichen Geistesarbeit hingewiesen, mittels deren die asiatischen Kulturvölker schon zwei- bis dreitausend Jahre vor Christo reiche Schätze mathematischen, musikalischen und philosophischen Gedankeninhaltes angesammelt hatten.

Systematische Ausmessungen grosser Stücke der Erdoberfläche nach gesunden mathematischen und experimentellen Grundsätzen und unter Hinzuziehung astronomischer Beobachtungen sind nach allen jetzt bekannten Ueberlieferungen zuerst von den Chinesen angestellt worden. Ihr Reich umfasste Landflächen von grösserer Ausdehnung und von verhältnissmässig gleichartigerem und gleichartiger bewohntem Charakter, als die Gebiete der anderen ältesten Kulturvölker enthielten.

Aegypten wurde zwar wegen des hohen Werthes, den die

befruchtende Wirkung der Flussüberschwemmungen den kleinsten Landflächen des Nilthales verlieh, die eigentliche Wiege der Feldmesskunst, der Geometrie in engerem Sinne; zu weit ausgreifenden geographischen Vermessungen bot es aber unmittelbar keine Anregung, und das Zwei-Strom-Land der babylonisch-assyrischen sowie das Fünf-Strom-Land der ältesten indischen Kultur waren zu umfassenderen Landvermessungen offenbar wenig geeignet.

Die Chinesen aber brachten durch zahlreiche Messungen von Wegelängen und von Richtungen, indem sie sich zur Festhaltung der letzteren der Richtkraft des Erdmagnetismus, in der Gestalt des sogenannten magnetischen Wagens, zuerst bedienten, sodann durch Hinzuziehung von Messungen des Sonnenstandes mit Hülfe von grossen lothrechten Schattensäulen, die an vielen Punkten ihres Reiches errichtet wurden, eine geographische Darstellung ihres Landesgebietes zu stande, aus welcher sie unzweifelhaft das Ergebniss abzuleiten vermocht hätten, dass wenigstens das chinesische Reich einer Kugelfläche angehöre, nach deren Mittelpunkt die sämmtlichen innerhalb ihres Reiches lothrecht aufgestellten Schattensäulen hinwiesen.

Diese Schlussfolgerung konnte sogar mit aller Strenge aus einer Reihe von Messungen hervorgehen, welche unverkennbar zeigen mussten, dass die Winkel, welche die Richtungen der Schattensäulen je zweier Orte, gemessen gegen einen und denselben Sonnenstand, mit einander bildeten, sich bei verschiedenen Combinationen von je zwei Orten wie die Wegelängen zwischen den Fusspunkten der an den beiden betreffenden Orten errichteten Schattensäulen verhielten.

Einer ausdrücklichen Verkündigung dieses Ergebnisses aber begegnen wir nirgends in der bis jetzt bekannten chinesischen Literatur, wenngleich gewisse Züge ihres speculativen Weltbildes darauf hinweisen. Uebrigens lag es ganz in dem Charakter chinesischer Naturforschung, ausserordentlich langsam in der Verallgemeinerung zu sein. Nach allem, was wir sonst von ihrer Kosmologie wissen, wäre, selbst von der klaren Erkenntniss ausgehend, dass China, das Reich der Mitte, auf einer Kugelfläche liege, der Schritt zu dem Schlusse auf die Kugelgestalt der ganzen Erde ein fast zu weitgehender für sie gewesen.

Bekanntlich verdanken wir dieser ihrer charakteristischen Abneigung gegen Analogieschlüsse auch vieles Gute, nämlich jahrtausendlange chinesische Aufzeichnungen von solchen Himmelserscheinungen, welche den anderen Völkern der Erde entweder bloss Schrecken verursachten oder ihnen auf Grund von schnellfertigen Analogieschlüssen für abgethan und der näheren Verfolgung und Aufzeichnung nicht werth galten. Und gerade unter diesen Himmelserscheinungen sind manche gewesen, welche in neuerer Zeit sehr erhebliche Bedeutung auch für die Erdkunde gewonnen haben.

Für den grossen Schritt von den Ergebnissen geographischer Messungen zur Lehre von der Kugelgestalt der Erde und der Convergenz der Lothe im Erdmittelpunkte wurde offenbar entscheidend ein himmlisches Phänomen, welches diese Verallgemeinerung auch sinnlich unterstützte, dadurch, dass es die Umrisse eines Schattenbildes der Erde erkennen liess, und dies lieferten die Mondfinsternisse.

Auch die Chinesen hatten dieselben Jahrtausende beobachtet, ihre periodische Wiederkehr in je achtzehn Jahren zehn Tagen erkannt und zur Voraussagung verwerthet; aber die wissenschaftliche Deutung aller dabei beobachteten Erscheinungen in Verbindung mit den Ergebnissen der sonstigen Mond- und Sonnenbeobachtungen blieb einem ihnen verwandten, aber von anderen Völkern, zuletzt von semitischen Völkern umgebenen Stamme, den Akkadiern oder Chaldaern in Babylon, vorbehalten.

Von ihrer Astronomie haben wir in den Schriften der griechischen Astronomen, denen durch Alexanders des Grossen Heereszug ein unmittelbarer Zugang zu der chaldaeischen Himmelsforschung eröffnet worden war, so wohlverbürgte Details, dass wir den Schluss auf die Kugelgestalt der Erde fast mit Sicherheit als das Ergebniss ihrer Forschungen construiren können.

Nach allem, was man in Babylon von der Mond- und Sonnenbewegung beobachtete und wusste, ist es unzweifelhaft, dass dort die Deutung der Finsternisserscheinungen, insbesondere der Mondfinsternisse, schon mit aller Sicherheit in demselben Sinne gegeben worden ist wie in der jetzigen Astronomie. Der Mond trat bei seinen Verfinsterungen in den Schatten, welchen die Erde unter der Wirkung des Sonnenlichtes warf.

Die Begrenzungslinie dieses Schattens wurde nicht nur auf der Mondscheibe in Gestalt einer krummen Linie sichtbar, sondern wiederholte genauere Messungen, insbesondere die Beobachtungen der Antritts- und Austrittszeiten des Mondes am Schattenrande, ergaben auch deutlich die Kreisgestalt dieser Grenzlinie.

Ob der Mond in der Nähe der nördlichen oder der südlichen Begrenzung des Schattenraumes oder ob er durch die Mitte desselben durchging und somit am Anfang und am Ende der Verfinsterung die westliche und östliche Begrenzung erkennen liess, ob er bei der Verfinsterung in der Nähe des Scheitelpunktes oder in der Nähe des Ost- oder Westhorizontes des Ortes stand, und zu welcher Nachtzeit oder zu welcher Jahreszeit die Verfinsterung auch stattfand, immer zeigte sich, dass der Querschnitt des Schattenraumes, welchen er passirte, durch eine Kreislinie von einer und derselben Krümmung begrenzt war. Folglich konnte der schattenwerfende Körper — die Erde — keine andere Gestalt haben als eine solche, die von allen Seiten durch eine Kreislinie begrenzt erscheint, nämlich die Gestalt einer Kugel. Hierzu kam, dass eine naheliegende Deutung der Lichtgestalten des Mondes dieselben Astronomen, welche obige Schlüsse machten, mit Nothwendigkeit zu der Annahme führen musste, auch der Mond sei eine Kugel.

Und diese Schlussfolgerung sowie die kreisförmige Gestalt der Sonne, welche wenigstens einer Verallgemeinerung der Kugelgestalt nicht widerstrebte, musste die Schlüsse, die man aus den Schattenumrissen auf die Erdgestalt zog, wesentlich verstärken. Die Griechen waren nur die Erben dieser chaldaeischen Beobachtungsergebnisse, zunächst Pythagoras und seine Schüler, bei denen diese Lehre mit der mystischen Lehre von der Kugel als der vollkommensten Gestalt zusammenfloss, sodann Parmenides, endlich Aristoteles.

Aristoteles, dem die wissenschaftliche Ausbeute der Eroberungszüge seines grossen Schülers Alexander wohl am Unmittelbarsten zufloss, war es, der die Lehre von der Kugelgestalt der Erde und von der Convergenz aller Lothrichtungen im Erdmittelpunkte, sowie die darauf gegründete Methode der Ausmessung des Erdumfanges und der Länge eines Grades zuerst in so überzeugter, lichtvoller Weise vortrug, dass sie von da ab eine in der wissenschaftlichen Welt nicht mehr ernstlich bezweifelte Wahrheit blieb, so lange, bis ihre weitere Ausbildung zur Lehre von der kugelähnlichen, aber in sehr geringem Maasse an den Polen abgeplatteten Gestalt durch Newton erfolgte.

Um die weitere Förderung der Geographie auf der Grundlage der Lehre von der Kugelgestalt der Erde erwarben sich sodann zwei griechische Astronomen die grössten Verdienste, Eratosthenes um das Jahr 280 v. Chr., Ptolemaeus um das Jahr 140 n. Chr., beide in Alexandria thätig.

Es war für die Verbindungen zwischen Astronomie und Geographie von glücklichster Bedeutung, dass von 300 v. Chr. bis 200 n. Chr. der Hauptsitz der astronomischen Forschung zugleich der Mittelpunkt der ausgedehntesten geographischen und nautischen Interessen und Nachrichten war. Durch das Mittelmeer mit dem Westen und Norden, durch das Rothe Meer mit dem Süden und Osten verbunden, hatte Alexandria schon in jener Zeit Handelsbeziehungen und Forschungsgelegenheiten ohnegleichen.

Dem Astronomen und Geographen Eratosthenes boten endlich die schon erwähnten sehr vollständigen und systematischen Detailvermessungen des Nilthales, in Verbindung mit den Besonderheiten der Lage der bedeutenden Stadt Syene in Oberägypten, Anregung und Gelegenheit zu einer Messung der Gradlänge und des Erdumfanges, welche die wohl schon aus älterer Zeit vorhandenen und dem Aristoteles vielleicht bereits bekannten Ergebnisse ähnlicher Messungen oder Schätzungen vervollkommnete und eine grosse Annäherung an den wahren Werth erreichte.

Die Besonderheit der Lage von Syene bestand aber darin, dass es um jene Zeit sehr nahe dem Wendekreise des Krebses, also auf demjenigen nördlichsten Parallelkreise lag, auf welchem beim höchsten jährlichen und täglichen Sonnenstande lothrechte Schattensäulen ohne Schatten waren.

Eratosthenes fand aber in genau demselben Zeitpunkte, in welchem die lothrechte Säule zu Syene schattenlos war, zu Alexandria eine merkliche Schattenlänge, aus deren Messung er den Schluss zog, dass die Verlängerung einer lothrechten Säule im Parallel von Alexandria und die Verlängerung einer lothrechten Säule im Parallel von Syene, auf demselben Meridian mit der ersteren gelegen, am Erdmittelpunkte einen Winkel mit einander machten, welcher etwas weniger als $^1/_{50}$ des ganzen Umkreises betrug.

Den kürzesten Abstand der beiden Parallelkreise in Wegelängen konnte er aus den ägyptischen Landvermessungen zu rund 5000 Stadien bestimmen, so dass der auf einem Meridian gemessene Erdumfang sich zu 39700 km ergab, wofür wir jetzt 40000 annehmen. Etwas richtiger ist es und noch etwas besser wird die Uebereinstimmung, wenn wir den von Eratosthenes zu rund 700 Stadien oder 110,25 km gefundenen Werth einer Gradlänge mit dem jetzt genauer bekannten Werth einer Gradlänge in dem Parallel von Mittelägypten vergleichen. Der wahre Werth ist nur um 0,6 km, also etwa um ein halbes Prozent, grösser als der des Eratosthenes.

Auf Grund der so erlangten sehr zutreffenden Kenntniss der Länge eines Grades hat dann Eratosthenes ein bemerkenswerth richtiges Bild des damals bekannten Theiles der Erdoberfläche entworfen.

Wenngleich die West- und die Ostküste von Afrika, ferner die Gestaltung der Südost- und der Ostküste Asiens und des ganzen Nordens noch im Dunkel blieben, enthalten doch Eratosthenes' Karten für die Gestaltung und die Erstreckung der bekannten Landflächen von West nach Ost im Sinne der geographischen Längenunterschiede die richtigsten Angaben, welche bis zum Zeitalter der ersten Weltumsegelungen bekannt waren.

Einen Rückschritt machte in dieser Beziehung der letzte grosse Astronom und Geograph von Alexandria, Ptolemaeus. Eines seiner bedeutendsten Werke, die Geographie, enthielt zwar sonst gegen Eratosthenes bedeutende Fortschritte in der Detailkenntniss der Lage vieler Städte, Länder und Meere, von dem Piktenwall in Britannien bis weit nach Innerasien, für die er ein reiches Verzeichniss nach geographischen Längen und Breiten giebt, zum Theil auf astronomischen Beobachtungen, zum Theil auf Messungen von Wegelängen und Richtungen unter Annahme einer gewissen Gradlänge beruhend, aber sein Weltbild im Grossen wird durch stärkere systematische Fehler entstellt als das des Eratosthenes. Vielleicht in Folge irrthümlicher Zeitbestimmungen von Mondfinsternissen, vielleicht veranlasst durch einen Irrthum, den er bei der Annahme der Gradlänge in den damals üblichen, von denen des Eratosthenes abweichenden Stadien beging, fand Ptolemaeus für die Erstreckung des Mittelländischen Meeres und für die Entfernung der Ostküste Asiens von Alexandria zu grosse geographische Längenunterschiede, so dass nach ihm der ergänzende Abstand der Ostküste Asiens von der Westküste Europas auf dem westlichen, nachher von Columbus eingeschlagenen Wege erheblich kleiner wurde als nach Eratosthenes, ein Irrthum, der aber für die Entwickelung der Erdkunde höchst glückliche Folgen haben sollte.

Sonst ist in den Karten des Ptolemaeus bemerkenswerth, dass der Lauf des Nil und die Lage seiner Quellseen jenseits des Aequators ziemlich treffend angegeben ist, dass also in Alexandria damals dieses geographische Problem gelöst war, leider in einer so wenig durch Messungen verbürgten Weise und so sehr mit den grössten Phantasmen verbunden, dass es im neunzehnten Jahrhundert völlig neu gestellt und gelöst werden musste. Dieselbe Darstellung nämlich, welche den Lauf des Nil ziemlich richtig angiebt, lässt Afrika im Osten mit dem nach Süden verlängerten Ostasien zusammenhängen, so dass der Indische Ocean ein Binnenmeer wird. (Bekanntlich ist die Hypothese, dass in uralter Zeit wenigstens die Inselgruppe der Maskarenen bei Madagaskar mit Neuseeland zusammengehangen habe, neuerdings auf Grund von zoologischen Entdeckungen wieder aufgetaucht.) Anders hatte Aristoteles sich die Verbindung von Indien und Afrika gedacht, indem er, um das Vorkommen der indischen Elefanten in Südafrika zu erklären, die Vermuthung aussprach, Südafrika hänge nach der anderen Seite, nämlich nach Westen hin, mit dem südöstlich verlängerten Asien zusammen.

Alle diese fundamentalen Unsicherheiten des Erdbildes sollten ihre entscheidende Lösung erst im fünfzehnten und sechzehnten Jahrhundert unserer Zeitrechnung finden. Bis dahin blieb im Ganzen und Grossen die Darstellung der letzten griechisch-römischen Astronomen und Geographen, welche nahe mit Ptolemaeus übereinkamen oder ihm einfach folgten, in der wissenschaftlichen Welt bestehen.

Die Lehre von der Kugelgestalt hatte allerdings ausserhalb der Wissenschaft einen Kampf zu bestehen, der sie für Jahrhunderte aus dem Vorstellungskreise vieler Menschen ausschloss, nämlich den Kampf mit der christlichen Kirche.

Unter den Kirchenvätern vermochten es nur wenige, unter ihnen der geistvolle und hochgebildete Augustinus, sich in die mathematische Erfassung der Erscheinungen, wie sie jene Lehre verlangt, hineinzudenken. Dass aber überhaupt energisches mathematisches Denken von diesen ehrwürdigen Männern als etwas der erhabenen Mystik ihrer inneren Welt Fremdes mit grossem Eifer abgelehnt wurde, und dass daher ein Weltbild, welches dem Neulinge ununterbrochene Vergegenwärtigung mathematischer Gesichtspunkte aufzuerlegen schien, von ihnen verworfen werden musste, wer könnte sich darüber wundern! Nur das officielle Motiv dieser Verwerfung muss unser Lächeln erregen, wenn es heisst, mit der Annahme der Kugelgestalt sei die Annahme von Antipoden verbunden, und das sei eine unchristliche Annahme wegen der Unerreichbarkeit und Unbekehrbarkeit solcher Antipoden. Sehr bald fanden sich aber auch höchst orthodoxe Männer von mathematischen Gaben, unter ihnen hohe Kirchenfürsten und Päpste, welche sich der evidenten Wahrheit jener vermeintlichen Irrlehre nicht verschlossen und sie unbedenklich annahmen. Schon im zwölften Jahrhundert, in welchem sich die Berührungen mit der Wissenschaft des Islam, die jene Lehre unbedingt angenommen hatte, und der Verkehr mit der arabischen Nautik sowie die Schifffahrt und der Handelsverkehr überhaupt zu heben anfingen, begannen die gesunden Grundlehren der alten Geographie auch im Abendlande Gemeingut aller wissenschaftlichen Schriftsteller sowie aller Seefahrer und Reisenden zu werden.

Es war um diese Zeit, als endlich auch im Abendlande als Wegweiserin auf der See die Magnetnadel in Gebrauch kam, nachdem sie schon mehrere Jahrhunderte lang die arabischen Seeleute und viel länger bereits die Chinesen zu Lande und zur See geleitet hatte.

Sofort nahm die Anfertigung von Küstenkarten und Detailkarten jeder Art einen grossen Aufschwung, und der Seemann löste sich mit grösserer Sicherheit von der Nähe der Küsten.

Die kühnen Männer, die das schon vorher thaten, hatten sich auf der nördlichen Halbkugel hauptsächlich nach dem Polarstern gerichtet, der bekanntlich nicht genau im Norden steht, dessen kleine Abweichungen vom Meridian man aber mit Hülfe der jedesmaligen Stellung der Bärensternbilder zum Horizont in Rechnung zu bringen wusste. Da, wo die Sterne versagten und die Richtung der Fahrt überhaupt zweifelhaft wurde, mussten häufig die Vögel aushelfen.

Es ist vielleicht nicht ohne Interesse, hierüber einiges Erläuternde zu sagen, da die Vögel hier als geographische Beobachter ersten Ranges auftreten, somit unter den Astronomen und Geographen durch nähere Schilderung ihrer Leistungen gerühmt zu werden verdienen. Wir alle kennen die Experimente, welche Noah auf der Arche, nicht wissend, ob und wo schon Land zu finden sei, mit mehreren Vögeln anstellte. Die wenigsten werden aber wissen, dass dies ein uralter Seemannsbrauch war.

War der Seemann ganz rathlos, in welcher Richtung das Land ihm am nächten liege, so liess er Vögel von hohem Flug und besonders scharfem Gesichtssinn steigen. Kehrten sie nicht nach dem Schiffe zurück, so folgte er ihrem Fluge, sicher, in dieser Richtung Land zu finden.

Dies erklärt sich folgendermassen: Humboldt hat mitgetheilt, dass er noch vom Chimborazo aus, also in einer Höhe von etwa 6000 m, den Kondor hoch über sich wie einen verschwindend kleinen Punkt gesehen habe. Das giebt mindestens eine Höhe von 10 000 m über der Meeresfläche, bis zu welcher der Flug die Vögel trägt. Luftschiffer, welche in Höhen von 6000 bis 7000 m Tauben fliegen liessen, haben allerdings bemerkt, dass diese Vögel in solcher Höhe unsicherer flogen als in den unteren dichteren Luftschichten, indessen ist es gewiss anderes, ob ein Vogel sich allmählich mit aller Kraftanspannung so hoch erhebt oder ob er plötzlich unter so ungewohnten Verhältnissen zum Fliegen gezwungen wird. Mit Gewissheit können wir also annehmen, dass auch Tauben, Raben und dergleichen bis in Höhen von 8000 m aufsteigen können. Von dort aber haben sie einen gewaltigen Umblick. Eine flache Küste können sie noch bis auf 40 geographische Meilen oder 300 km erkennen; hebt sich die Küste auch nur bis zu 100 m Höhe, so wächst diese Sehweite sofort um 35 km. Einen Berg von 1000 m Höhe, wie den Brocken in Mitteldeutschland, können sie bis auf nahezu 55 Meilen oder über 400 km, also von Köln wie von Berlin aus, mit Bequemlichkeit erkennen, und, wenn die gewöhnlichen tiefliegenden Wolken da sind, vielleicht noch besser, weil sich dann nur wenige Merkzeichen über das Nebelmeer erheben. Dass aber das Gesicht der Vögel scharf genug ist, um solche geographische Panoramen zu erfassen und sich sogar ihre kleinsten Besonderheiten bis zur leichten Wiedererkennung einzuprägen, daran lassen zahlreiche Erfahrungen keinen Zweifel zu.

Von den Leistungen der Vögel haben insbesondere die nordischen Ueberlieferungen, welche die ersten Entdeckungen Amerikas durch die Nordmannen um das Jahr 1000 schildern, zu erzählen gewusst. Einzelne friedlos gewordene, in ihrer Heimath geächtete Nordmannen hatten auf Island, Grönland und in Nordamerika der Reihe nach festen Fuss gefasst und waren von der Küste des amerikanischen Festlandes nur durch feindliche Angriffe der Eingeborenen wieder vertrieben worden.

Von diesen Vorgängen wusste man aber im übrigen Europa nicht das mindeste, und für die Geographie blieben dieselben daher fast unfruchtbar.

Als man endlich im fünfzehnten Jahrhundert mit wachsender nautischer Kraft und Kühnheit in Portugal und Spanien sich weitere Ziele zu stellen begann, richteten sich die begehrlichsten Blicke nach Ostasien. Vor allem Marco Polos Schilderungen der gewaltigen chinesischen Handelsstädte und seine schimmernden Andeutungen von dem enormen Goldreichthum der noch weiter nach Osten liegenden Insel Zipangu hatten den heiligen Hunger nach Gold geweckt. Entweder auf dem östlichen Wege um Afrika herum oder direct nach Westen steuernd sollte das Wunderland gefunden werden.

Der bedeutendste Astronom, den Italien im fünfzehnten Jahrhundert hatte, Paolo Toscanelli, wurde von den Portugiesen zu einem Gutachten über den besten Weg nach Ostasien aufgefordert. Er schloss sich im Wesentlichen an Ptolemaeus' Weltbild an, übertrieb aber dessen schon zu grosse östliche Erstreckung Asiens noch erheblich, so dass unter Mitwirkung einer irrigen Auslegung der Angaben Marco Polos über den Abstand der

Insel Zipangu vom asiatischen Festlande diese Insel ungefähr bis in die Gegend von Californien heranrückte. Noch näher an Europa nahm der sanguinische Astronom eine ganz sagenhafte Insel Antiglia an, die er ungefähr in die Gegend des heutigen Haïti setzte und nach der wohl später die Antillen benannt wurden. Somit hatte er den portugiesischen Seeleuten den westlichen Weg nach Asien bedeutend günstiger gestaltet als den östlichen, der ausserdem noch durch das Phantasma eines Zusammenhanges von Ostafrika und Ostasien verdunkelt war. Dennoch nahm erst fünfzehn Jahre später Toscanellis Landsmann Cristobal Colon dieses Gutachten und diesen Plan wieder auf.

Immer noch war auch nach Toscanellis Gutachten ein im Vergleich zu den bisherigen Wagnissen der Seefahrt enormer Weg bis Antiglia oder Zipangu zu durchfahren. Columbus verminderte diesen Eindruck weiter durch einen Rechenfehler, den er offenbar in gutem Glauben beging, indem er arabische Meilen und italienische Miglien gleichsetzte und dadurch mit den Gradmessungen der Araber zu einer gegen Toscanellis Annahmen noch um ein Fünftel kürzeren Entfernung zwischen Westeuropa und Ostasien gelangte.

Alle diese Rechnungen hatten übrigens, wie sehr sie auch bezüglich der Nähe von Asien in der Luft schwebten, doch den sehr vernünftigen Hintergrund, dass viele sehr erhebliche Zeichen mehr seemännischer Art darauf hindeuteten, dass wirklich ein grosser Continent so nahe an Europa liege, wie Toscanelli und Columbus Asien heranbrachten.

Wie Columbus endlich in Spanien mit seinen Plänen durchdrang trotz des in gewissem Grade berechtigten Widerstrebens der Geographen, welche ungeachtet der ins Feld geführten Autorität des Ptolemaeus die übertrieben günstigen Darstellungen der beiden Italiener nicht anerkennen wollten, aber schliesslich durch den unbeschreiblichen Sturm und Drang der Zeit, welchem diese nur Ausdruck gaben, überrannt wurden, wie dann im Westen eine grosse Entdeckung der anderen folgte, sodann auch der östliche Weg nach Indien gefunden, wie die ganze Erde umsegelt wurde und wie dann in den folgenden Jahrhunderten mit Ausnahme der Polargegenden alle grossen Länder und Inseln umschifft und immer genauer verzeichnet wurden, das auch nur in Ueberblicken zu schildern, würde über die Grenzen und Ziele dieses Aufsatzes hinausführen.

Im Bereiche meines Themas liegt es nur, auf die Wechselwirkungen hinzuweisen, durch welche in diesen Jahrhunderten grossartigster geographischer Entdeckungen bis zur Gegenwart Himmelskunde und Erdkunde sich gegenseitig förderten.

Als die kühnen Entdeckungsfahrten am Ende des fünfzehnten Jahrhunderts begannen, waren die Hilfsmittel und die Kunst der astronomischen Bestimmung der geographischen Lage des Schiffes auf hohem Meere noch ganz unentwickelt. Zur Noth konnte man mit hängend in der Hand gehaltenen Astrolabien, die mit einer Visirlinie versehen waren und Darstellungen eingetheilter Kreissysteme enthielten, die geographische Breite und die Ortszeit bestimmen.

Um aber die geographische Länge zu finden, musste man auch die Ortszeit kennen, welche in demselben Augenblick, in welchem man seine eigene Ortszeit bestimmte, in irgend einem anderen, seiner geographischen Länge nach bekannten Orte stattfand. Jetzt pflegt man sich diese letztere Zeit, und zwar die Zeit der Greenwicher Sternwarte, auf jedem grösseren Schiffe durch eine gewisse Anzahl von Chronometern wochen- und monatelang zu conserviren, und die Vergleichung des Mittelwerthes dieser Chronometerangaben mit der Ortszeit, die man jedesmal durch Messung von Sonnenhöhen oder Sternhöhen findet, ergiebt sofort die geographische Länge des Schiffes gegen den Meridian von Greenwich, der den Längenangaben der Seekarten zu Grunde liegt.

Auch jetzt noch, trotz hochentwickelter Uhrentechnik, lässt dies Verfahren mitunter im Stiche. Jedenfalls bedarf es bei längerem Verweilen auf hoher See, insbesondere bei geringerer Anzahl der benutzten Chronometer oder wenn gar bloss ein solcher auf dem Schiffe vorhanden ist, der Controle durch astronomische Beobachtungen. Aber bei der ganz unentwickelten Uhrentechnik des Zeitraumes vom fünfzehnten bis zum Ende des siebzehnten Jahrhunderts gewährte die Astronomie die einzige Lösung des Problems und zwar bekanntlich mit Hülfe des Mondes.

Der Mond, der in siebenundzwanzig Tagen eine Umkreisung des Himmels vollführt und somit in einer Sekunde seinen Ort am Himmel um einen deutlich messbaren Betrag veränder, kannt bei dieser Schnelligkeit der Bewegung wie der Zeiger einer Himmelsuhr angesehen werden, dessen Angaben auf die Zeit eines bestimmten Ortes, z. B. Greenwich, eingestellt und mittels dessen dann an jedem Orte, über dessen Horizont der Mond sich befindet, bei Tag und bei Nacht Greenwicher Zeiten abgelesen werden können.

Zu dieser Ablesung der Monduhr bedarf der Schiffer zunächst einer zum Voraus berechneten Ablesungstabelle, die ihm etwa von drei zu drei Stunden der Greenwicher Zeit angiebt, an welcher Stelle des Himmels, das heisst in welchem Abstande von gewissen hellen Sternen oder von der Sonne, sich der Mond in jedem Moment der Greenwicher Zeit befindet.

Die Messung des augenblicklichen Abstandes des Mondes von einem dieser Sterne oder von der Sonne giebt dann dem Schiffer mittels der Tabelle diejenige Greenwicher Zeit, auf welche der Mond im Augenblicke dieser Messung als Zeiger weist.

Solche Vorausberechnungen der Mondbewegung können natürlich nur auf Grund der ausdauerndsten und sorgfältigsten Beobachtungen dieses Himmelskörpers und auf Grund der aus solchen Beobachtungen abgeleiteten Theorie aufgestellt werden.

Die Entdecker Amerikas und die ersten Geographen, welche genauere Bestimmungen der Lage des neuen Continentes machten, unter ihnen Amerigo Vespucci, dessen besondere Geschicklichkeit und Betriebsamkeit in der Herstellung und Verbreitung der ersten Karten desselben durch die auf seinen Namen erfolgte Benennung des neuen Erdtheils übermässig belohnt wurde, waren fast nur auf diejenigen astronomischen Vorausberechnungen angewiesen, welche auf Grund der griechischen, der arabischen und der damaligen abendländischen Beobachtungen des Mondes und ganz nach den Theorien des Ptolemaeus von den damals an der Spitze der Astronomie stehenden Astronomen Nürnbergs herausgegeben wurden.

Sehr bald stellte sich hierbei die Unvollkommenheit der ptolemaeischen Theorie heraus, und von dieser Zeit an wurde die Sorge für Leib und Leben der Seefahrer eines der wichtigsten Förderungsmittel der astronomischen Forschung. Kopernikus, Tycho Brahe, Keppler, Newton und alle ihre Nachfolger haben diese

Förderung in hohem Masse erfahren. Hatten sich bis dahin die Grossen der Erde wesentlich nur aus astrologischem Interesse, höchstens noch im Interesse der Zeitrechnung und des Festkalenders, der Astronomie angenommen, so begannen jetzt die Regierungen der seefahrenden Länder sichere astronomische Vorausberechnungen so hoch zu schätzen, dass für wesentliche Verbesserungen derselben grosse Geldsummen ausgesetzt, ja, was noch wichtiger war, dass auch grosse Sternwarten gegründet und dass auch die schlichten und stetigen Arbeiten der Astronomen, die oft erst nach Jahrzehnten oder Jahrhunderten wahrhaft fruchtbar werden, gebührend unterstützt und hochgehalten wurden.

Durch solches Zusammenwirken der menschlichen Interessen sind wir gegenwärtig dem unmittelbaren Ziele dieser Bestrebungen sehr nahe gekommen; denn der Ort des Mondes am Himmel kann jetzt stets auf mehrere Jahre im Voraus für jeden in Greenwicher Zeit ausgedrückten Moment so genau angegeben werden, dass die noch vorhandenen kleinen Unsicherheiten dieser Berechnungen gegen die unvermeidlichen gröberen Unsicherheiten, mit welcher die Messungen des jedesmaligen Abstandes des Mondes von gewissen Sternen oder von der Sonne auf dem Schiffe selbst behaftet sind, nicht mehr in Frage kommen. Ein geschickter Seemann vermag jetzt auf rein astronomischem Wege seinen Ort auf hoher See, selbst wenn er monatelang kein Land gesehen hat, so genau zu kennen, dass die Abweichung des aus den astronomischen Beobachtungen berechneten Ortes von dem wahren Orte die Hälfte des Abstandes desjenigen Gesichtskreises nicht übersteigt, bis zu welchem der Blick von dem Verdeck eines Schiffes von mittlerer Grösse reicht, d. h. innerhalb weniger Kilometer.

Trotzdem bleiben für dauernde Sicherung der Lösung dieser Aufgabe noch erhebliche Anstrengungen der astronomischen Messung und Theorie erforderlich. Man glaubte vor etwa fünfundzwanzig Jahren, als die auf Kosten der englischen Regierung von dem Astronomen Hansen in Gotha berechneten, hauptsächlich auf die mehr als hundertundfünfzig Jahre umfassenden Mondbeobachtungen in Greenwich begründeten Mondtafeln erschienen, endlich für die nächsten hundert Jahre oder wenigstens für mehrere Jahrzehnte hinreichend sichere Grundlagen für die Befriedigung aller nautischen Bedürfnisse zu besitzen; aber schon zehn Jahre nach dem Erscheinen dieser Tafeln zeigte sich, dass das Problem noch Geheimnisse birgt, die sofort weitere ernste Arbeiten verlangen. Jedenfalls wird es auch in Zukunft unablässiger sorgfältigster Messungen der Mondbewegung auf mehreren Sternwarten bedürfen, wenn die den Seeleuten von der Astronomie darzubietenden Hilfsmittel jederzeit diejenige Sicherheit gewähren sollen, welche die Fürsorge für Hunderttausende von Menschenleben gebieterisch fordert. Schon auf dem bisherigen Wege zur Erfüllung dieser Anforderungen hat nun die Astronomie viele Entdeckungen am Himmel und grosse Fortschritte in der Theorie aller Bewegungserscheinungen im Himmelsraum gemacht.

Nachdem im sechzehnten Jahrhundert Kopernikus die Bewegung der Erde um die Sonne erwiesen, am Anfang des siebzehnten Jahrhunderts Keppler das Gesetz der Bahnen, welche die Erde und die anderen Planeten um die Sonne beschreiben, und am Ende des siebzehnten Jahrhunderts Newton die alle diese Bewegungen regierenden Kräfte und ihr Gesetz erkannt und damit erst genaue Vorausberechnungen ermöglicht hatte, empfing durch ihn endlich auch die Lehre von der Gestalt der Erde ihre feinere Durchbildung. Aber nicht aus neuen geographischen Messungen, sondern nur aus der geistigen Durchdringung zahlreicher Erscheinungen im Himmelsraume stammten die Schlüsse, welche ihn zu der Lehre von der an den Drehungspolen durch die Drehung selbst abgeplatteten ellipsoidischen Gestalt der Erde führten. Und die unverkennbarsten, entscheidendsten Analogien für den Schluss auf eine solche Gestalt der Erde zeigten im Fernrohr die mit einer besonders schnellen Drehungsbewegung begabten Planeten Jupiter und Saturn.

Den strengen erfahrungsmässigen Beweis indessen für Newton's Folgerung in Betreff der Erde und die genauere Bestimmung der Grösse ihrer Abweichung von der Kugelgestalt ergaben die Gradmessungen, welche gegen Mitte des achtzehnten Jahrhunderts durch die Pariser Akademie in Peru und in Lappland veranstaltet wurden und seitdem durch neue Messungen in den verschiedensten Gegenden der Frde im Wesentlichen bestätigt worden sind.

Diese neuen Messungen haben aber auch immer deutlicher erkennen lassen, dass zwar die wirklichen Gestaltungsverhältnisse der Erde durch die Annahme einer abgeplatteten ellipsoidischen Gestalt viel genauer wiedergegeben werden als durch die Lehre von der Kugelgestalt, dass aber auch die genauere Lehre nur das Ganze und Grosse näherungsweise richtig darstellt, während selbst die Gestaltung unserer Meeresflächen oder der sogenannten Niveauflächen sehr merklich von einem einfachen Gesetze abweicht. Es ist z. B. immer wahrscheinlicher geworden, dass überall nach den Küsten hin die Meeresfläche in Folge der Anziehung der dichteren Ländermassen vielleicht um Hunderte von Metern über die mittlere Gleichgewichtsfläche der grossen Oceane emporsteigt, dass also, wenn wir die Ergebnisse der Messungen von Gradlängen, welche innerhalb der Continente ausgeführt sind, auf den an den Küsten beobachteten Stand der Meeresfläche beziehen, unsere Resultate nur einen mehr oder weniger lokalen, aber für die allgemeinen Ausdehnungs- und Krümmungsverhältnisse der Erdoberfläche noch nicht ohne Weiteres gültigen Charakter haben. Zu diesen Schwierigkeiten kommt die Wahrnehmung hinzu, dass die Lothrichtungen an der Erdoberfläche, d. h. die Richtungen, in welchen die Gesammtheit aller Massenanziehungen, verbunden mit den Wirkungen der Drehung, sich zusammensetzt, in stärkerem Maasse und viel allgemeiner, als man früher geglaubt, von den Massenvertheilungen in der unmittelbaren Nähe des Beobachtungsortes beeinflusst werden, sei es, dass sichtbare, sehr hohe oder besonders dichte Bergmassen oder die Nähe der weniger dichten Wassermassen, wie an der Küste, sei es, dass unsichtbare Ansammlungen dichterer Massen oder grössere Hohlräume unter der Erdoberfläche störende Ablenkungen der Lothrichtungen bedingen.

Von welchem Belange solche Ablenkungen sein können, dürfte unter anderem aus der Thatsache hervorgehen, dass schon die bedeutenden Wassermassen, welche die Fluth zweimal täglich an den englischen Küsten bei Bristol anhäuft, durch ihre Massenanziehung die Lothrichtungen so beeinflussen, dass dort eine zweimalige tägliche Schwankung der geographischen Breite im Betrage von merklichen Bruchtheilen der Bogensekunde eintritt, welche gar keine andere Realität hat als eben in jenen Lothablenkungen. Aus allem diesem folgt, dass, wenn die Genauigkeit, mit welcher man durch die astronomische Orientirung der Lothrichtungen oder der ihnen entsprechenden Scheitelpunkte am Himmel jetzt geographische Breiten und Längen bestimmt, eine entsprechende Verwerthung finden soll, noch viele eindringende Untersuchungen über diese wichtigen Fragen erforderlich sind, dass aber bei diesen Untersuchungen auch sehr viel für andere Probleme der Geographie und Geologie zu gewinnen sein wird.

Die grossen Schwierigkeiten dieser Probleme werden aber wiederum eine wesentliche Erleichterung erfahren durch eine umfassendere Mitwirkung der Astronomie.

Wie sich zuerst dem Menschen die allgemeinen Schattenumrisse der Erdgestalt auf der Mondscheibe darstellten, wie sich ihm sodann für die systematischen Abweichungen dieser Gestalt von der Kugel Beispiele aus dem Himmelsraume im Gesichtsfelde des Fernrohres darboten, ebenso wird für das feinere Studium der einzelnen Besonderheiten der Erdgestaltung die genaueste Messung der Mondbewegungen am Himmel wesentliche Aufschlüsse geben helfen.

Wird nämlich von zwei verschiedenen Orten der Erdoberfläche gleichzeitig der Ort des Mondes am Himmel bestimmt, so findet zwischen diesen beiden Ergebnissen eine im Allgemeinen messbare Verschiedenheit statt, die nichts anderes darstellt als den Winkel, unter welchem der Abstand der beiden Beobachtungsorte von einander vom Monde aus gesehen wird. Stellt man solche gleichzeitige Messungen des Mondortes am Himmel in zahlreichen verschiedenen Orten der Erdoberfläche und unter recht verschiedenen Umständen an, und erweitert man solche correspondirende Messungen mit Hülfe der für kurze Zeiträume vollkommen genau bekannten Mondbewegung auf die während der Drehung der Erde stattfindenden successiven Lagen eines und desselben Beobachtungsortes zum Mond, so wird man überaus wichtige Anhaltspunkte für die feineren Probleme der Erdgestalt hierdurch gewinnen, denn die Unsicherheiten der Lage und der Gestaltverhältnisse auf der Erde, wie sie jetzt in Folge der lokalen Ablenkungen der Lothe und der Abweichungen der Meeresflächen von einer mittleren Niveaufläche bestehen, werden auf Grund sorgfältiger und zweckmässig organisirter Mondbeobachtungen auf einen kleinen Theil ihres Betrages eingeschränkt werden können.

Auch die astronomischen Expeditionen, welche im Jahre 1874 zur Beobachtung des Vorüberganges der Venus vor der Sonnenscheibe nach fernen Küsten und Inseln entsandt wurden, und an denen sich auch im Jahre 1882 Deutschland beteiligt (bekanntlich kommt nach dem 6. December dieses Jahres die nächste dieser Erscheinungen erst im Jahre 2004 wieder), auch diese Expeditionen dienen in erheblichem Maasse den Problemen der Erdforschung. Selbst abgesehen davon, dass dieselben zur Ausführung sehr genauer geographischer Ortsbestimmungen und Vermessungen in solchen Regionen Anlass geben, welche — schon im Interesse der Schifffahrt — deren noch sehr bedurften, hat auch ihr eigentlicher astronomischer Zweck, nämlich die Bestimmung des Verhältnisses zwischen den Dimensionen des Erdkörpers und den Entfernungsmaassen innerhalb unseres ganzen Planetensystems, eine wichtige mittelbare Bedeutung für fundamentale Probleme der Erdforschung selbst.

Wir hoffen unter Anderem auf diesem Wege auch ein genauer bekanntes Mittelglied zu erhalten zwischen der Grösse der Erde und der genauen Grösse derjenigen Bahn, welche allmonatlich die Erde um einen Punkt beschreibt, dessen Lage derjenigen des Schwerpunktes zwischen ihr und dem Monde entspricht.

Die genauere Bestimmung der Lage dieses Punktes in irdischen Maassen verspricht aber eine genauere Kenntniss der Anziehungskraft oder Masse des Mondes zu liefern, als wir bis jetzt besitzen, und hierdurch wiederum wird helleres Licht fallen auf die Ergebnisse der Messung der regelmässigen Bewegung der Erdaxe, welche durch die Mondanziehung verursacht wird, und auf die dabei mitwirkenden Gesetze der Massenvertheilung im Erdkörper selbst, sowie auf zahlreiche damit verwandte Probleme, besonders solche, welche das wichtige Ebbe- und Fluthphänomen betreffen, ein Erscheinungsgebiet von der höchsten Bedeutung für fundamentale Fragen der Erdkunde.

In letzterer Beziehung wäre z. B. darauf hinzuweisen, dass eine jahrelange systematische Beobachtung der Eintrittszeiten und der Höhen der Ebbe und Fluth in allen Zonen und in allen

Meeresbecken der Erde auch von entscheidender Bedeutung sein wird für die Beantwortung der Frage, ob und in welchem Betrage die Geschwindigkeit der Drehung der Erde als veränderlich anzunehmen ist und wie man sich die Beschaffenheit des Erdinneren zu denken hat.

Zum Schlusse möchte ich mir noch gestatten, einen Blick auf die Erforschung der magnetischen und elektrischen Zustände der Erde und ihre Beziehungen zu astronomischen Forschungs-Ergebnissen und -Zielen zu werfen und damit für die besondere Bedeutung der in der Einleitung von mir erwähnten Einrichtung von wissenschaftlichen Polarstationen einen näheren Anhalt zu geben.

Der Magnetismus der Erde, welcher als richtende Kraft des Kompasses schon seit alten Zeiten eine so grosse Rolle auch bei der geographischen und nautischen Orientirung spielt, hat endlich im neunzehnten Jahrhundert bei feineren und unablässigeren Messungen, insbesondere bei correspondirenden gleichzeitigen Messungen an sehr weit von einander abstehenden Punkten der Erde, höchst bedeutungsvolle Erscheinungen gezeigt, welche auf nähere Beziehungen auch dieser irdischen Zustände zu den Einwirkungen benachbarter Himmelskörper hinweisen, so dass bei tieferer Ergründung derselben die Astronomie vielleicht im Stande sein wird, die Hilfe des Magnetismus für die nautische und geographische Orientirung wesentlich sichern und verfeinern zu helfen. Insbesondere haben die wechselnden Zustände der Oberfläche und der nächsten Umgebung des Sonnenkörpers, wie sie uns in den Schwankungen der Grösse und Anzahl der Sonnenflecken und in den mit dem Spektroskop enthüllten Schwankungen der Häufigkeit und Ausdehnung der die Sonne umgebenden Gewölke glühender Gase entgegentreten, ihre Spiegelbilder in fast ganz entsprechenden Schwankungen der Phänomene des Erdmagnetismus. Mit den letzteren Phänomenen aber sind die grossen elektrischen Phänomene der Erde auch in nähere Beziehung getreten. Wir kennen zwei Haupttypen von elektrischen Lichterscheinungen in der Atmosphäre, verwandt mit entsprechenden Typen des physikalischen Experiments: die Funkenentladung und die Glühentladung.

Die Funkenentladung, das Gewitter, hat auf der Erde den

Hauptsitz in den Tropen. In gewissen Tropengürteln, die ihre Lage innerhalb des Jahres verändern, ist es die tägliche regelmässige Erscheinung. Die Glühlichtentladung hat ihren Hauptsitz in der Nähe der Pole, wo sie in der Gestalt der sogenannten Polarlichter (Nordlichter und Südlichter) ebenfalls eine regelmässige und charakteristische Erscheinung bildet. In den zwischenliegenden Zonen kommen beiden Arten von Erscheinungen vor, bei uns häufiger die Gewitter, seltener die Polarlichter.

Eine intensivere Entwickelung und Ausbreitung der Polarlichter und das Herabdringen derselben in unsere Zonen scheint nun in Verbindung mit den entsprechenden Schwankungen der erdmagnetischen Zustände stets in denjenigen Jahren einzutreten, in denen die Umgebung des Sonnenkörpers in ungewöhnlicher Erregung begriffen ist.

Mit den elektrischen Ausgleichungen im Luftkreise mussten natürlich auch elektrische Strömungen in der Erdoberfläche in Verbindung stehen. Früher hatten wir keine Mittel, dieselben wahrzunehmen. Jetzt, wo fast alle Länder und Meere mit Drähten durchzogen sind, zeigen sich diese Strömungen und zwar mitunter in einer für die Telegraphie höchst lästigen Art, indem sie die Correspondenz unterbrechen. Es ist bisweilen so starker natürlicher Strom in den Linien, dass die künstlichen Stromgebungen dadurch erheblich gestört werden. Glücklicherweise kommen auch diese Erscheinungen häufiger und ausgedehnter nur in denselben Zeiten der Sonnenfleckenmaxima vor, in welchen auch die Polarlichter in unsere Breiten herabdringen. Ein solches Maximum findet in den Jahren 1882 bis 1883 statt.

Um diese Epoche für die Erkenntniss aller dieser Phänomene gründlich auszubeuten, sollen nun in den betreffenden Jahren alle civilisirten Nationen mit allen ihren magnetischen Instrumenten und mit ihren telegraphischen Einrichtungen an festen Tagen, zu festen Stunden und auch sonst so oft als möglich nach einem gemeinsam aufgestellten Plane Beobachtungen machen, und die Schlusssteine dieses Messungsbaues sollen die wissenschaftlichen Stationen bilden, die in nördlichen und südlichen Polargegenden für mindestens ein Jahr, vom

1. September 1882 anfangend, eingerichtet worden sind, und zu denen auch Deutschland für je einen südlichen und einen nördlichen Punkt kluge und tapfere junge Männer entsandt hat. Auch für die Gesetze des Gewitters, welches in den letzten Jahrzehnten in einigen Gegenden der Erde mit besonderer Gefährlichkeit aufzutreten scheint, sollen demnächst durch weiteres Zusammenwirken der Forschungen tiefere Anhaltspunkte gesucht werden, in der Hoffnung, alsdann in Zukunft den Schutz auch gegen diese Gefahren ausreichend verstärken zu können.

Es liegt auf der Hand, wie wichtig für alle vorerwähnten Probleme auch die gleichzeitige astronomische Messung und Ergründung der auf der Sonne und in deren Nähe stattfindenden Vorgänge ist. Zu der Erörterung aller dieser Aufgaben und zu allen diesen weitaussehenden Arbeiten könnte man vielleicht mit mildem Lächeln sagen: Du hast uns auf die unmittelbar für die Menschheit nützlichen, ja unentbehrlichen Seiten vieler dieser Forschungen hingewiesen. Auch für ihre darüber hinausgehenden Ziele haben wir Sympathie, denn die Geschichte erweist, dass gerade aus den sogenannten reinen, d. h. nicht unmittelbar auf elementare Bedürfnisse der Menschen gerichteten geistigen Arbeiten oft die schönsten Früchte für die Hebung ihres Gesammtzustandes hervorgegangen sind. Aber — wir hätten jetzt wohl noch Dringenderes zu thun, als geographisch-astronomische Arbeiten in grösstem Umfange zu treiben. Die Probleme der menschlichen Gesellschaft sind zur Zeit viel wichtiger als alle Probleme, welche ihren grossen Wohnplatz betreffen.

Ich erlaube mir hierzu die Schlussbemerkung, dass die umfassenden wissenschaftlichen Arbeiten, von denen ich gesprochen habe, im Schoosse der Zukunft auch für die Lösung der specifisch menschlichen Probleme wesentliche Hilfe verheissen.

Abgesehen davon, dass es auch für die Wirthschaft der Menschen immer grössere Bedeutung gewinnt, dass die ganze Erde und ihre volle Productivität an Gütern in gemeinsamen geistigen und, soweit es irgend thunlich, auch in gemeinsamen materiellen Besitz genommen werde, was bei geeignetem Vorgehen ein wesentliches Nebenresultat einer strafferren Organisation ihrer wissenschaftlichen Erforschung bilden könnte, ist auch nichts so sehr geeignet, die Kulturvölker untereinander zu verbinden als der Blick ins Weite, den die gemeinsame geographisch-astronomische Forschung hohen Styles entwickeln hilft.

Und der Kampf mit dem gewaltigen Meere, mit all den mächtigen Aeusserungen der Naturkräfte, denen die geographisch-astronomischen Forschungen an den Polen und in den Tropen die Stirn zu bieten haben, dieser fruchtbare menschenfreundliche Kampf wird stets wesentlich dazu beitragen, der Menschheit denjenigen höchsten Adel zu erhalten, welcher unzweifelhaft wurzelt in der Uebung der Fähigkeit, sein Leben für das Ganze dahinzugeben.

VI.

Zur Geschichte einer astronomischen Episode in Wilhelm Meister's Wanderjahren.

(1882.)

Im zehnten Capitel des ersten Buches von „Wilhelm Meister's Wanderjahren" wird von einem Besuch Wilhelms auf dem Schlosse der Dame Makarie erzählt.

Noch bevor bei diesem Besuche Wilhelm zu der Herrin des Schosses, der so ehrwürdig und lieblich geschilderten Makarie, gelangt, in welcher sich bekanntlich, wie in einer guten Fee, mannigfache Allegorien verkörpern, tritt ein auf dem Schlosse weilender Astronom ihm entgegen, welcher als Hausfreund im schönsten und weitesten Sinne eingeführt wird. Er sei, so heisst es, „bei Tage der belehrende Gesellschafter, bei Nacht Astronom und Arzt zu jeder Stunde."

Bei dem ersten Zusammensein Wilhelm's mit Makarien liest der Astronom eine Abhandlung über die Mathematik vor, deren Inhalt uns leider nicht mitgetheilt wird.

Nachdem man sich in später Abendstunde nach eingehendster, wissenschaftlicher Unterhaltung von Makarien getrennt, lässt der Astronom „seinen Gast die Treppe zur Sternwarte sich hinaufwinden und zuletzt auf die völlig freie Fläche eines runden hohen Thurmes hinaustreten. Die heiterste Nacht, von allen Sternen leuchtend und funkelnd, umgiebt den Schauenden, welcher zum ersten Male das hohe Himmelsgewölbe in seiner ganzen Herrlichkeit zu erblicken glaubt." Nach einigen Wechselreden von tiefem und sinnigem Gehalte zwischen Wilhelm und dem

Astronomen werden alsdann der Jupiter und seine Monde mit dem Fernrohr betrachtet.

Unter weiteren Gesprächen rückt die Nacht so weit vor, dass der im Wachen bewährte Astronom seinem jungen Freunde den Vorschlag macht, sich auf dem Feldbette niederzulegen und einige Zeit zu schlafen, um „alsdann mit frischerem Blick die dem Aufgange der Sonne vorauseilende Venus, welche eben heute in ihrem vollendeten Glanze zu erscheinen verspricht, zu beschauen und zu begrüssen". Wilhelm versinkt alsbald in tiefen Schlaf. Zur rechten Stunde von dem Sternkundigen geweckt, springt er erstaunt auf, und es folgt alsdann die Mittheilung eines wundersamen Traumes, welcher ihm auf der Sternwarte in diesen kurzen Stunden vor die Seele getreten sei. Die begeisterte Erzählung dieses Traumes beantwortet der Astronom mit folgenden Worten: „Wunder, ja Wunder, Sie wissen selbst nicht, welche wundersame Reden Sie führten; mögen sie nicht auf den Abschied der Herrlichen hindeuten, welcher früher oder später eine solche Apotheose beschieden ist".

Diese Worte des Astronomen sowie der Anblick eines abgesondert verschlossenen Faches in den auf der Sternwarte zugänglichen Schränken mit der Inschrift: „Makariens Eigenheiten" veranlassen Wilhelm alsdann zu dringenden Bitten um weitere Aufschlüsse. Die junge Freundin und Gesellschafterin Makariens, Angela, macht ihm hierauf unter Zustimmung des Astronomen geheimnissvolle Mittheilungen über räthselhafte Erscheinungen in Makariens Seelenleben, von denen wir folgenden Auszug hier zur Orientirung wiedergeben:

„Wie man von dem Dichter sagt, dass ihm nichts in der Welt zum Anschauen komme, was er nicht vorher in der Ahnung gehabt, ebenso sind, wie es scheinen will, Makarien die Verhältnisse unseres Sonnensystems von Anfang an erst ruhend, sodann sich nach und nach entwickelnd, fernerhin sich immer deutlicher belebend, gründlich eingeboren. Erst litt sie an diesen Erscheinungen, dann vergnügte sie sich daran, und mit den Jahren wuchs das Entzücken. Nicht eher jedoch kam sie hierüber zur Einheit und Beruhigung, als bis sie den Beistand, den Freund, gewonnen hatte, dessen Verdienste Wilhelm auch schon genugsam kennen gelernt habe.

„Als Mathematiker und Philosoph ungläubig von Anfang an, war er lange zweifelhaft, ob diese Anschauung nicht etwa angelernt war; denn Makarie musste gestehen, frühzeitig Unterricht in der Astronomie genossen und sich leidenschaftlich damit beschäftigt zu haben. Daneben berichtet sie aber auch, wie sie viele Jahre ihres Lebens hindurch die inneren Erscheinungen mit den äusseren verglichen habe, aber niemals hierin eine Uebereinstimmung habe finden können.

„Der Wissende liess sich hierauf dasjenige, was sie schaute, welches ihr nur von Zeit zu Zeit deutlich war, auf das genaueste vortragen, stellte Berechnungen an und folgerte daraus, dass sie nicht sowohl das ganze Sonnensystem in sich trage, sondern dass sie sich vielmehr geistig als ein integrirender Theil darin bewege. Er verfuhr nach dieser Voraussetzung, und seine Calcüls wurden auf eine unglaubliche Weise durch ihre Aussagen bestätigt.“ — — —

Diese merkwürdige Stelle der „Wanderjahre“ findet alsdann in dem Anfang des 15. Capitels des dritten Buches eine weitere Ausführung, und diese wird durch den Schluss des vorangehenden Capitels in folgender Weise eingeleitet:

„Zu diesem Punkte aber gelangt, können wir der Versuchung nicht widerstehen, ein Blatt aus unserem Archiv mitzutheilen, welches Makarien betrifft und die besondere Eigenschaft, die ihrem Geiste ertheilt war. Leider ist dieser Aufsatz erst lange Zeit, nachdem der Inhalt mitgetheilt worden, aus dem Gedächtniss geschrieben und nicht, wie es in einem so merkwürdigen Falle wünschenswerth wäre, für ganz authentisch anzusehen. Dem sei aber, wie ihm wolle, so wird hier schon soviel mitgetheilt, um Nachdenken zu erregen und Aufmerksamkeit zu empfehlen, ob nicht irgendwo etwas Aehnliches und Annäherndes vermerkt und verzeichnet worden.“

Diese Mittheilungen, welche man wohlthun wird, in ihrer vollen Ausführlichkeit innerhalb des Rahmens der wundersamen Dichtung selbst nachzulesen, schliessen mit folgenden bedeutsameren Wendungen:

„Nun, warum sollte Gott und die Natur nicht auch eine lebendige Armillarsphäre, ein geistiges Räderwerk erschaffen und einrichten, dass es, wie ja die Uhren uns täglich und stündlich leisten, dem Gang der Gestirne von selbst auf eigene Weise zu folgen im Stande wäre.

„Hier aber wagen wir nicht, weiter zu gehen, denn das Unglaubliche verliert seinen Werth, wenn man es näher im Einzelnen beschauen will, doch sagen wir soviel. Dasjenige, was zur Grundlage der anzustellenden Berechnungen diente, war Folgendes:

„Ihr, der Seherin, erschien unsere Sonne in der Vision um Vieles kleiner, als sie solche bei Tage erblickte; auch gab eine ungewöhnliche Stellung dieses höheren Himmelslichtes im Thierkreise Anlass zu Folgerungen.

„Dagegen entstanden Zweifel und Irrungen, weil die Schauende ein und das andere Gestirn andeutete als gleichfalls in dem Zodiak erscheinend, von dem man aber am Himmel nichts gewahr wurde. Es mochten die damals noch unentdeckten kleinen Planeten sein; denn aus anderen Angaben liess sich schliessen, dass sie längst über die Bahn des Mars hinaus der Bahn des Jupiter sich näherte. Offenbar hatte sie eine Zeit lang diesen Planeten — es wäre schwer zu sagen, in welcher Entfernung — mit Staunen in seiner ungeheuren Herrlichkeit betrachtet und das Spiel seiner Monde um ihn her geschaut, hernach aber ihn auf die wunderseltsamste Weise als abnehmenden Mond gesehen und zwar umgewendet, wie uns der wachsende Mond erscheint. Daraus wurde geschlossen, dass sie ihn von der Seite sah und wirklich im Begriff sei, über dessen Bahn hinauszuschreiten und in dem unendlichen Raume dem Saturn entgegenzustreben. Dorthin folgt ihr keine Einbildungskraft; aber wir hoffen, dass eine solche Entelechie sich nicht ganz aus unserem Sonnensystem entfernen, sondern, wenn sie an die Grenze desselben gelangt ist, sich wieder zurücksehnen werde, um zu Gunsten unserer Urenkel in das irdische Leben und Wohlthun wieder einzuwirken.

„Indem wir nun diese ätherische Dichtung, Verzeihung hoffend, hiermit beschliessen, wenden wir uns wieder zu jenem terrestrischen Märchen, wovon wir oben eine vorübergehende Andeutung gegeben.“

Soweit der Dichter.

Was das zuletzt erwähnte terrestrische Märchen betrifft, so

besteht dasselbe bekanntlich in der Schilderung ähnlicher übernatürlicher Begabungen eines anderen weiblichen Wesens, welches dem Geologen der Wanderjahre, Montan, in Betreff der Dinge unter der Erde ähnliche hellsichtige Aufschlüsse giebt, wie Makarie ihrem Astronomen über die Zustände unseres Sonnensystems.

Eine volle culturgeschichtliche Würdigung des Auftretens dieser und ähnlicher Ideen in Goethe's Dichtung könnte sehr anziehend sein.

Im Allgemeinen sieht man wohl, in welchem Zusammenhange derartige dichterische Gebilde mit dem seit dem Auftreten Swedenborg's und später Mesmer's im 18. Jahrhundert neu erwachten und weit verbreiteten Glauben an hellsichtige Zustände der menschlichen Seele gestanden haben. Welche Bedeutung derartige Ideen bis in die Kreise der grössten Denker und Dichter hinauf gewonnen hatten, kann man auch in der merkwürdigen, neuerdings viel besprochenen Schrift von Kant, betitelt „Träume eines Geistersehers", erkennen, in welcher sich bezüglich der Möglichkeit einer schon neben der irdischen Bethätigung der Seele einhergehenden Zugehörigkeit derselben zu einer höheren Geisterwelt eine zwar überwiegend humoristische und kritische, aber doch sehr eingehende Erörterung findet.

Gewiss kann man gegen Träume ähnlicher Art, wenn sie sich eben als Träume oder, wie Goethe sie bezeichnet, als ätherische Dichtungen geben, nicht viel einwenden. Keinesfalls sind sie schlechter als viele andere holde Märchen, so lange sie keinen Anspruch erheben, im hellen Tageslichte irdischen Lebens das nüchterne Streben jeder gesunden oder, wie man es bescheidener ausdrücken kann, jeder „gewöhnlichen" Menschenseele nach einem stetigen, gegen Willkür gesicherten Einklange und Zusammenhange ihres gesammten Denkens irgendwie zu schwächen, dieses Streben, dessen unverbrüchliche, gewissenhafte Aufrechterhaltung die sicherste Grundlage des Glückes und Friedens des Einzelnen und der Gesammtheit bildet.

Aber nicht um von solchen Dingen zu reden, habe ich den Blick der Leser auf die astronomischen Visionen Makariens gelenkt, sondern mit der Absicht, etwas näher darzulegen, aus welchen eigenen Erlebnissen und Erinnerungen der grosse Dichter den Stoff zu jener Dichtung von Makarien und ihrem Astronomen entnommen hat.

Während ein solcher Nachweis, zu welchem nach der Versicherung meines verehrten Collegen Wilhelm Scherer in der Goethe-Literatur bis jetzt kein ernsterer Versuch vorliegt, die Gestalten des Dichters nicht schöner und interessanter macht, und für die Geschichte seines Dichtens und Denkens nicht viel bedeutet, dürfte es vielleicht gelingen, für diejenigen historischen Erscheinungen, welche so zu sagen als die Urbilder jener Dichtung gelten können, durch den Nachweis ihrer Beziehung zu jenen schönen Gestalten eine erhöhte Theilnahme zu erwecken und aus den hochidealen Eindrücken, welche jene historischen Personen offenbar in dem Gemüthe des Dichters zurückgelassen haben, etwas mehr Idealität der Auffassung für dieselben heimzubringen, als manche Beurtheilung Seitens der Mitwelt und als sogar die Geschichte der Wissenschaft ihnen bisher zuzugestehen pflegte.

Es war im Jahre 1786, als Herzog Ernst II. zu Sachsen-Gotha den Astronomen von Zach kennen lernte, einen Mann von umfassender Geistesbildung, grosser astronomischer Geschicklichkeit und vollendeten Weltmannseigenschaften.

Franz Xaver v. Zach, im Jahre 1754 in Pesth geboren, war anfangs österreichischer Offizier gewesen, hatte als solcher an den Landesvermessungsarbeiten Antheil genommen und die dabei gewonnenen Anregungen zu mathematischen und astronomischen Beschäftigungen durch ernste Studien und längeren Aufenthalt in den damaligen Mittelpunkten wissenschaftlicher Forschung und Bildung, Paris und London, weiter entwickelt.

In der zweiten Hälfte des 18. Jahrhunderts hatte die Astronomie ein Entwickelungsstadium erreicht, in welchem sie nicht nur für fachmännische, sondern auch für dilettantische Bestrebungen in höchstem Grade anziehend zu werden begann. Die im 17. Jahrhundert geschehene Einführung des Fernrohrs in die Messinstrumente war allmälig zu allgemeiner und bequemer Durchführung gelangt. Man erkannte mit Entzücken den grossen Gewinn an Genauigkeit, den man durch diese Neuerung in den astronomischen Messungen erreichen konnte. Durch die grossen theoretischen Arbeiten Newton's und der sich ihm anschliessenden französischen Mathematiker war ferner der Anfang dazu gemacht worden, eine bis ins Kleinste gehende Uebereinstimmung der Theorie und der Messung auszubilden, welche immer mehr Andacht und Bewunderung für die Kraft und die Bestimmung des menschlichen Geistes erweckte, dem es nun glückte, die Mühen mehrtausendjährigen Zusammenwirkens der Vorfahren auf diesem Forschungsgebiete endlich mit strahlenden Erfolgen zu krönen.

Es galt daher nicht nur in den gelehrten, sondern auch in den weltmännischen und vornehmen Kreisen Europa's als ein Genuss ohne Gleichen, astronomische Messungen, wenn auch nur mit kleinen Instrumenten, machen und selbst an der Freude jener Uebereinstimmung von Theorie und Erfahrung theilnehmen oder gar zu der Kenntniss der Bewegungen im Himmelsraume und der Orientirung auf der Erdoberfläche ein Schärflein beitragen zu können.

Mit einem dieser vornehmen Jünger der Wissenschaft, dem damaligen sächsischen Gesandten zu London, Grafen Brühl, der in der Nähe Londons eine ansehnliche Sternwarte errichtet hatte, war v. Zach in London bekannt geworden, und bald hatte sie der gemeinsame Cultus der Sternkunde zu inniger Freundschaft verbunden. So kam es, dass, als im Jahre 1785 Herzog Ernst II. seine Absicht, in Gotha eine Sternwarte zu begründen, dem Grafen Brühl mittheilte und dessen Vermittelung bei den englischen Optikern und Mechanikern, die damals die ersten der Welt waren, beanspruchte, ihm dieser unseren Zach aufs Wärmste als Berather und Helfer bei seinem wissenschaftlichen Vorhaben und als Astronomen der zu begründenden Sternwarte empfahl.

Hieraus entwickelte sich jenes persönliche und wissenschaftliche Verhältniss, welches den Herzog und die Herzogin mit dem Astronomen von Zach verband, welches zu der Errichtung der so berühmt gewordenen Sternwarte auf dem Seeberge bei Gotha (sie trat 1792 in Thätigkeit) führte und der Ausgangspunkt eines neuen Aufschwunges der Astronomie in Deutschland wurde.

Und nicht nur in Deutschland wurde die dem Herzog Ernst zu verdankende Begründung der Sternwarte auf dem Seeberge von bedeutsamen Folgen für die Entwickelung der Wissenschaft, sondern es gelang Herrn von Zach auch, diesem neuen Mittelpunkte der deutschen Astronomie im Auslande eine Geltung zu verschaffen, welche denselben einige Jahrzehnte lang fast ebenbürtig neben die Sternwarten von Greenwich und Paris stellte.

Auch bildete Zach zahlreiche Schüler, von denen einige in der Folge Astronomen von Bedeutung wurden, unter ihnen Bohnenberger und Bernhard von Lindenau, welcher letztere seinem Lehrer als Director der Sternwarte nachfolgte, später jedoch die Leitung der Sternwarte an Encke übergab und in den Staatsdienst zurückkehrte, in welchem er als herzoglich sächsischer, später königlich sächsischer Minister ein vielgenannter Staatsmann wurde.

Im Jahre 1798 wurde der Seeberg sogar der Versammlungsort eines astronomischen Congresses, welcher sich durch die Betheiligung ausländischer Astronomen, insbesondere des berühmten französischen Astronomen Lalande, als ein Vorläufer der jetzigen internationalen Versammlungen darstellt.

Als dann im Jahre 1800 Zach zu den ansehnlichen astronomischen Werken, welche die Sternwarte auf dem Seeberge herausgab, auch eine astronomische Zeitschrift, die „Monatliche Correspondenz", hinzufügte, welche sofort eines der Hauptorgane der astronomischen Forschung wurde und noch jetzt eine werthvolle Fundgrube für historische und theoretische Studien bildet, konnte Herzog Ernst wirklich mit hohem Stolze auf die Blüthe seiner Schöpfung blicken.

Es wird glaubwürdig berichtet, dass der Herzog und die Herzogin nicht nur selbst astronomische Messungen auszuführen verstanden, sondern dass sie sich auch an einigen grösseren rechnerischen Arbeiten, welche Zach ausführte, als thätige Helfer ausdauernd betheiligten, und dass sie auf solche Weise das tiefe Frohgefühl, welches die exacten Wissenschaften demjenigen, der ihren mächtigen Apparat handhaben lernt, darbieten, mit redlichem Eifer selbst zu erringen suchten.

Diese Jahre hochsinnigster wissenschaftlicher Thätigkeit auf dem Seeberge müssen auf die Mitlebenden, soweit dieselben mit reinem Sinne den idealen Gehalt dieser Thätigkeit aufzufassen vermochten, unstreitig einen bedeutenden Zauber ausgeübt haben, und es ist zu wünschen, dass sich, noch bevor es zu spät wird, eine geschickte Hand finden möge, welche aus Briefen und Tagebüchern, an denen jene Zeit ja so reich war, ein vollständigeres und farbenreicheres Bild dieser culturgeschichtlichen Episode der Nachwelt vor die Augen stellt.

Im Jahre 1804 starb Herzog Ernst, und seine Gemahlin zog sich auf ihren Wittwensitz bei Jena zurück, von wo aus sie jedoch bald auf kürzere Zeit nach Italien ging, bis sie endlich vom Jahre 1807 ab vollständig in ein südlicheres Klima übersiedelte.

Zach blieb anfangs noch Director der Sternwarte auf dem Seeberge, aber die nahe Freundschaft, welche in den vorangegangenen Jahren auch die Herzogin mit ihm verbunden hatte, entzog ihn immer mehr der Thätigkeit auf dem Seeberge.

Nachdem er zum Oberhofmeister der Herzogin ernannt worden war, wurde ihm übrigens auch in ihrem Schlosse bei Jena eine Art von Sternwarte eingerichtet.

Als dann nach längeren Reisen in Italien die Herzogin ihren Wohnsitz dauernd in der Nähe von Marseille aufschlug, begann ihr treuer Begleiter, dem sie in diesem schönen Klima ebenfalls sehr vollständige astronomische Einrichtungen herstellen liess, unter diesen neuen Verhältnissen wiederum eine astronomische Thätigkeit grossen Styls, die sich nun besonders auf solche Messungen und solche theoretische Untersuchungen richtete, welche für die astronomische Orientirung auf der Erde und für die Bestimmung der Gestalt der Erde von Wichtigkeit waren.

In dieser herzoglichen Residenz, im schönsten Klima und in glücklichster Musse muss sich in der That für Zach eine Art von Idealleben entwickelt haben, von welchem die Kunde auch sicher nach Thüringen gedrungen ist; denn nicht selten erschienen von dort fürstliche und wissenschaftliche Gäste und nahmen natürlich in die bewölktere thüringische Heimath jene schönen Eindrücke mit sich, die von der Erinnerung vielleicht bald in märchenhafte Romantik getaucht wurden.

Ich brauche wohl nichts mehr hinzuzusetzen, um den Wahrscheinlichkeitsbeweis zu vollenden, dass die Herzogin-Wittwe, Marie Charlotte Amalie von Sachsen-Gotha-Altenburg, geb. Prinzessin von Sachsen-Meiningen, wenigstens für den astronomischen

Theil der Geschichte Makariens in „Wilhelm Meister's Wanderjahren" das Urbild gewesen ist, und dass Makariens Astronom mit Niemandem anders zu vergleichen ist als mit dem berühmten Astronomen Franz Xaver von Zach.

Bekanntlich bestand zwischen den Höfen von Gotha und von Weimar eine jener edlen fürstlichen Rivalitäten, welche der Entwickelung der Kunst und Wissenschaft so förderlich geworden sind. Weimar hatte in jener Zeit seine Specialität in der schönen Litteratur, Gotha in der Astronomie, und auch dieses Rivalitätsverhältniss macht es höchst wahrscheinlich, dass Goethe und seine Freunde in Weimar nicht nur an den Vorgängen auf dem Seeberge, sondern auch an denjenigen Lebensentwickelungen, welche sich an die astronomische Blüthezeit Gotha's angeschlossen hatten, einen höchst eifrigen Antheil nahmen und Mittheilungen von jenen Vorgängen erhielten, die in manchen Beziehungen genauer, in manchen ungenauer, jedenfalls durch persönliche Verhältnisse noch lebhafter gefärbt und stärker vergrössert waren als die bisher auf uns gekommenen Mittheilungen.

Es ist aber besonders einleuchtend, wie gerade in Goethe's Phantasie jene verbürgte Wirklichkeit sich in das Gebiet des oben mitgetheilten ätherischen Märchens emporheben konnte; denn gerade für ihn musste der astronomische Enthusiasmus des Herzogs und der Herzogin und das ganze Verhältniss derselben zu ihrem Astronomen ausschliesslich einen romantischen Anstrich haben und, was insbesondere die Herzogin betrifft, nur durch seelische Zustände ähnlich den Visionen Makariens erklärbar scheinen.

Die einzige menschliche Glückseligkeit, welche Goethe verborgen oder wenigstens unverstanden blieb, war das oben schon erwähnte unnennbare Frohgefühl, welches den Einzelnen ergreift, so bald und so oft es ihm zum Bewusstsein kommt, dass er den grossen Apparat mathematischer Gedanken und Hülfsmittel, welchen mehrtausendjähriges Zusammenwirken der Menschheit allmälig geschaffen hat, mit einiger Freiheit und Sicherheit und einigem Erfolge zu handhaben vermag.

Es ist richtig, dass dieser Apparat in gewisser Beziehung einen machinalen Charakter hat, und dass es keiner Gaben hohen Ranges bedarf, um denselben sehr erfolgreich handhaben zu lernen; jedenfalls aber ist die Stärke, die der einzelne Mensch gewinnt, wenn er dieses Rüstzeug — vergleichbar den von Göttern geschmiedeten Waffen der griechischen Mythen — anthut, eine so gesteigerte, und die Beherrschung dieser von der Menschheit allmälig erworbenen Hülfsmittel ist so sehr die Vorbedingung jeder echten und grossen Leistung in der mathematischen Naturerkenntniss, dass der machinale Charakter des Apparates in dem idealen Glanze, der die Erfolge seiner Leistungen umgiebt, auch für den Wissenden fast ganz verschwindet. Und nur die Geringeren unter denen, welche jener Steigerung ihrer eigenen Kräfte sich erfreuen lernen, vergessen dabei der naturgemäss damit verbundenen Empfindungen der Demuth und Verpflichtung.

Das achtzehnte Jahrhundert war, wie schon erwähnt, auf dem Gebiete der Astronomie und der Mathematik besonders durch Newton schon in die Lage gebracht, in hohem Maasse derartige Freuden empfinden zu können, aber leider war um die Zeit von Goethe's Jugendjahren die pädagogische Darstellung der Methoden der exacten Erkenntniss noch eine so ausserordentlich geistlose und unentwickelte, dass Goethe, selbst wenn ihm diese Dinge von der väterlichen Erziehung näher gebracht worden wären, sich vielleicht doch davon abgewandt haben würde.

Es liegt aber in seiner späteren Entwickelung klar zu Tage, mit welchen riesenhaften Kräften er danach rang, diese Lücke seiner Universalität auszufüllen, wie er es aber in der stolzen Empfindung seiner schöpferischen Kraft verschmähte, bei jenen so schulmässig aussehenden Erwerbungen menschlicher Vergangenheit in die Lehre zu gehen. Es ist bekannt, dass er sich insbesondere auf dem Gebiete der mathematischen Optik wie ein Titan gegen das ganze moderne Göttergeschlecht, als dessen Zeus ihm der gewaltige Newton erschien, in die Schranken stellte, und dass er den Versuch machte, aus eigener Kraft beinahe ohne allen Apparat an Stelle dessen, was die mathematische Physik schon damals fast mit spielender Leichtigkeit erschloss, eigenartige und völlig originale Gebilde zu setzen. Leider erwies sich dieses mächtige Bemühen aber nur als ein Thürmen von Berg auf Berg, ohne den Charakter jenes lebensvollen organisirenden Bauens und Bildens zu erreichen, welches allmälig immer reifer und fruchtbarer aus dem stetigen Walten der Gesetze des Menschenhirns hervorgegangen ist.

Bekanntlich verdanken wir aber jenem titanischen Ringen dieses einzelnen Helden gegen eine Welt von Arbeit, deren Ergebnisse er nicht verstand und würdigte, einige der ergreifendsten Töne seiner Dichtungen.

Dass nun auf der von ihm so hart bekämpften Seite angeblich geistlosen machinalen Denkens, welches er in dem Namen Newton zusammenfasste, sich eine Begeisterung entwickeln konnte, wie diejenige, welche ihm sogar im Gewande der Schönheit in den Erscheinungen der Nachblüthe der Seeberger Astronomie entgegentrat, war natürlich in gewissem Grade bedrängend für Goethe, und es ist hoch charakteristisch, dass er hiergegen nichts Anderes thun konnte, als seiner Pietät für dieses Unverstandene den Ausdruck zu geben, dass er diejenige Persönlichkeit, die ihm als die wundersamste Trägerin dieser Begeisterung erschien, gewissermassen bei Lebzeiten schon in den Himmel versetzte.

Zum Schluss sei es mir noch gestattet, in Erinnerung zu bringen, wie die Idylle von Marseille zu Ende ging.

Die Herzogin und Zach sahen sich durch die politischen Wirren des Jahres 1814 gezwungen, nach fünfjährigem Aufenthalt den Süden Frankreichs zu verlassen. Von Genua aus, wo zunächst Halt gemacht wurde, ging Zach auf kurze Zeit nach Neapel, um dort dem König Murat eine Sternwarte begründen zu helfen. Das Ende dieses Napoleonischen Königthums wurde auch das Ende dieser Bestrebungen. Zach und die Herzogin lebten hiernach hauptsächlich bei Genua, wo die Herzogin ebenfalls wieder der Muse der Sternkunde Tempel errichtete.

Leider beginnt dort eine Entwickelung, welche der Herzogin und ihrem Astronomen den Lebensabend verbitterte. Zach hatte sich schon früh gegen den Jesuitenorden besonders feindlich gestellt. Die Wiederherstellung sowie das neue Aufblühen dieses Ordens erfüllten ihn mit der grössten Erbitterung, welche er keineswegs verbarg.

Im Königreich Sardinien hatte aber damals der Orden besonders festen Fuss gefasst, und so erfuhren Zach und die

Herzogin in ihrem neuen Aufenthaltsorte allmälig die stärksten Anfechtungen. Die von dem Orden ausgehende polizeiliche Ueberwachung und Verfolgung Zach's, zu deren Werkzeug sich sogar der König Karl Felix von Sardinien hergab, gipfelte endlich im Jahre 1826 in einem Ausweisungsbefehl gegen Zach, und es gelang nur der grössten Anstrengung der Herzogin, unterstützt durch den preussischen Gesandten in Turin und durch eine Erklärung des gothaischen Ministeriums, eine Hinausschiebung dieser Ausweisung bis zur Genesung ihres Astronomen von einer ernsten Erkrankung, die ihn reiseunfähig machte, durchzusetzen. Die Herzogin starb über diesen Verfolgungen, und Zach zog dann ruhelos, von schweren körperlichen Leiden geplagt und zumeist bei Pariser Aerzten Hülfe suchend, umher, bis im Jahre 1832 zu Paris ein Cholera-Anfall diesem reichen und bedeutenden Leben ein Ziel setzte.

V.

Zur Geschichte und zum Verständniss des Fernrohres und seiner Leistungen.

(1883).

Die Erfindung des Fernrohres gehört bekanntlich dem Anfange des 17. Jahrhunderts und dem ruhmvollen mit uns stammverwandten Gemeinwesen an, welches damals in den Niederlanden, nachdem es die Ketten finsterer Tyrannei abgeschüttelt, mächtige Geisteskraft fast in allen Gebieten menschlicher Thätigkeit leuchten zu lassen begann und sich binnen kurzem an Reichthum, Kunstsinn, Gelehrsamkeit und Erfindungsgabe ebenbürtig neben die grossen Handelsrepubliken Italiens stellte.

Nach allen Mittheilungen, welche wir über die Empfängniss und die Geburt der Idee des Fernrohres besitzen, scheint innerhalb der ersten Jahre des 17. Jahrhunderts bei den niederländischen Optikern der Gedanke, durch Zusammensetzungen von Glaslinsen zu optischen Fernwirkungen zu gelangen, sozusagen in der Luft gelegen zu haben; denn Nachrichten über die Erreichung eines solchen Zieles durch mehr oder minder zufällige Zusammensetzungen von Glaslinsen schwirrten um das Jahr 1608, welches die verbürgte Epoche der eigentlichen Erfindung ist, sowie kurz nachher in den verschiedensten Gestalten durch die wissenschaftliche Welt.

Ist nun der Eindruck, dass jetzt erst, um das Wort eines Dichters zu gebrauchen: „die Erde das Auge nach dem Himmel aufschlug“, und dass erst an demjenigen Tage, an welchem der Brillenschleifer Lippershey in Middlenburg durch seine Glaslinsen-Zusammensetzung den Knopf oder das Zifferblatt eines fernen Thurmes bis dicht an seine Fenster heranholte, der Grundstein für den stolzen Bau der gegenwärtigen Astronomie gelegt wurde, ist dieser häufig kundgegebene Eindruck der richtige? oder fügte sich diese wichtige Erfindung nach ihrer Vorgeschichte stetig in die gesammte Entwickelung menschlicher Kunstfertigkeit und Forschung ein?

Vergrössernde Wirkungen von Glaslinsen und Glasprismen oder von Hohlspiegeln scheinen in der That schon im früheren Alterthum bekannt gewesen zu sein. Es wird neuerdings sogar behauptet, dass auch in der assyrischen Litteratur, wie sie uns z. B. in den mit Keilschrift bedeckten Ziegeltäfelchen der Bibliothek des Sardanapal aufbewahrt ist, Hindeutungen auf die Wirkungen solcher Apparate enthalten seien.

Notorisch ist es, dass dem Archimedes, welcher bekanntlich sein Syrakus mit gewaltigen Brennspiegeln vertheidigt haben soll, auch die Leistung zugeschrieben wurde, mit Hohlspiegeln entfernte Gegenstände, z. B. Schiffe, deutlicher sichtbar gemacht zu haben. Indessen diese letzteren und alle ähnlichen frühen Spuren der Erwähnung von Vergrösserungswirkungen, angewandt auf entfernte Gegenstände, scheinen nichts anderes zu sein, als Träume und Sagen, welche sich an andere grosse Leistungen genialer Männer dichterisch angeschlossen haben. Denn wenn Archimedes Vergrösserungswirkungen solcher Art 200 Jahre vor dem Beginne unserer Zeitrechnung schon gekannt hätte, würden wir wohl in den mit vielen Einzelheiten uns aufbewahrten Ueberlieferungen der so vollständigen und grossartigen Einrichtungen, mit welchen um das Jahr 140 n. Chr. die Sternwarte des Museums zu Alexandria ausgerüstet war, sowie in den zahlreichen Mittheilungen, welche uns der damalige Astronom dieser Sternwarte, Claudius Ptolemaeus, über seine mühsamen Messungen und Beobachtungen am Himmel hinterlassen hat, irgend eine Spur von Erörterungen jener Leistungen oder wenigstens jenes Problems finden.

Solche Erörterungen fehlen dort aber gänzlich. Sehr lehrreich in Betreff der Kritik, mit welcher wir überhaupt ähnliche Traditionen, wie die von den Spiegelfernröhren des Archimedes, aufzunehmen haben, ist späterhin eine Aeusserung des genialen und eigenartigen Mannes, welcher im 13. Jahrhunderte als einer der hellsten Lichtpunkte in dem Dunkel der damaligen wissenschaftlichen Zustände auftaucht und bemerkenswerthe Kenntnisse des Alterthums mit sinnreichen eigenen Gedanken verbindet, nämlich des Engländers Roger Baco.

Baco entwirft uns ein entzückendes Bild von der Beflügelung des menschlichen Geistes durch die Leistungen eines von ihm nicht näher beschriebenen Apparates, welcher ferne Gegenstände vergrössert zu sehen und überhaupt in grosse Ferne mit dem Auge zu reichen gestatten sollte; die begeisterten Ausblicke aber, die er uns in die künftigen Leistungen eines solchen Werkzeuges eröffnet, lassen klar erkennen, dass wir nichts als einen kühnen Traum vor uns haben. Denn das Fernrohr des Roger Baco sollte Leistungen aufweisen, die nur einem märchenhaften Fernrohr zukommen können, keinem solchen, das unter den Bedingungen der Naturgesetze steht.

Jedenfalls hat aber das Alterthum das eine Grundprincip der Vergrösserung, welches auch jetzt noch bei unseren Fernröhren zur Geltung kommt, bereits gekannt und bei seinen astronomischen Instrumenten benutzt; ja kurz vor der Erfindung des Fernrohres war von dem scharfsinnigen ostfriesischen Pastor Fabricius, ganz nach demselben Princip, angewandt auf Sonnenbeobachtungen, eine Vergrösserung erzielt worden, mit Hilfe deren er das Erscheinen und Verschwinden, sowie die Bewegungen der Sonnenflecken zuerst mit wissenschaftlicher Consequenz beobachtet hat.

Dieses Princip der Vergrösserung, welches man das Objectiv-Element derselben nennen kann, ist alsdann in unseren optischen Instrumenten (Fernrohr und Mikroskop) mit einem zweiten, dem Ocular-Element der Vergrösserung, zu gesteigerten Gesammtleistungen verbunden worden. Mit diesen beiden Elementen der Vergrösserung, welche sehr wohl auch ohne Glaslinsen, Hohlspiegel und dergleichen zur Anwendung kommen können, hat es aber folgende Bewandtniss.

Die Lichtstrahlen, welche von einem leuchtenden Punkte herkommen, werden im Allgemeinen in unserem Auge auf der hinter dem Linsensystem desselben liegenden sogenannten Netzhaut, einer aus sehr zarten Nerven-Enden mosaikartig zusammengesetzten Fläche, wieder in einem Punkte, dem Bildpunkte, vereinigt. Von einer Configuration leuchtender Punkte entsteht ebenso auf der Netzhaut des derselben zugewandten Auges eine entsprechende Configuration von Bildpunkten.

Die Abstände dieser Bildpunkte von einander sind auf der Netzhaut, wie man leicht sieht, um so grösser, unter je grösseren Winkeln sich die Axen der von den einzelnen leuchtenden Punkten des Gegenstandes auf die Augenlinse fallenden und hinter derselben zu den Bildpunkten zugespitzten Strahlenkegel in einem gewissen Mittel- oder Knoten-Punkte des lichtbrechenden Systems des Auges kreuzen, mit anderen Worten unter je grösseren Winkeln dem Auge die Configuration der leuchtenden Punkte erscheint.

Der Winkel aber, unter welchem man den Abstand zwischen zwei in nahezu gleicher Entfernung vom Auge liegenden Punkten erblickt, ist um so grösser, je grösser entweder der wirkliche Abstand derselben von einander oder die gemeinsame Annäherung derselben an das Auge ist.*)

Bekanntlich werden durch letztere Alternative zahlreiche Unsicherheiten unserer Urtheile über Grösse und Entfernung der Gegenstände bedingt, da wir unmittelbar nur die Grösse der Abstände der Bildpunkte auf der Netzhaut empfinden und daher den Schluss, welcher daraus entweder auf die wirkliche Grösse der ihnen entsprechenden Configuration leuchtender Punkte, also des gesehenen Gegenstandes, oder auf die Nähe desselben gezogen werden kann, nur mit Hilfe zahlreicher Nebenerfahrungen aus der Sphäre des Gesichtssinnes oder des Tastsinnes etc., unter Hinzuziehung von Veränderungen unseres eigenen Ortes, zu einem mehr oder minder bestimmten und unzweideutigen machen können.

Das Eine bleibt indessen unzweifelhaft, dass wir innerhalb einer ausgedehnten Configuration leuchtender Punkte, z. B. einer

*) Anmerkung. Verwunderlich ist es übrigens, welche Schwierigkeiten noch immer die Auseinanderhaltung der wirklichen Grösse eines Gegenstandes und der Grösse, in welcher er uns in einer bestimmten Entfernung erscheint, Vielen bereitet. Man spricht im Publikum z. B. von einem Kometenschweif von der Länge eines Meters, während man doch nur sagen kann, dass derselbe so lang erschienen sei, wie ein Meter, wenn er sich in der und der Entfernung vom Auge befindet.

aus zahlreichen leuchtenden Punkten zusammengesetzten Lichtfläche, wie der Sonnenscheibe oder dem Monde, um so mehr gesonderte Configurationen von einzelnen Lichtpunkten und -Linien wahrnehmen, also um so mehr Einzelheiten zu unterscheiden vermögen, über je grössere Flächen der Netzhaut die entsprechenden Bildpunkte sich ausbreiten; denn diese Nervenfläche besitzt keine unbegrenzte Schärfe für die gesonderte Wahrnehmung benachbarter Lichteindrücke; vielmehr ist es erwiesen, dass, wenn die von verschiedenen leuchtenden Punkten auf der Netzhaut entworfenen Bildpunkte einander so nahe liegen, dass sie auf ein und dasselbe feine Nerven-Ende (Nerven-Element) fallen, die sichere Unterscheidung der beiden Lichteindrücke erlischt.

Sonach besteht das Wesen der Vergrösserungs-Wirkung im optischen Sinne lediglich und unzweideutig in der Vergrösserung des Abstandes der Bildpunkte auf der Netzhaut, sei es nun, dass letztere Vergrösserung durch eine grössere Annäherung der lichtentsendenden Configuration, also des Gegenstandes selber, oder durch grösstmögliche Ausbreitung einer vermittelnden, seinen leuchtenden Punkten correspondirenden Configuration von Bild-Punkten bewirkt wird, von welcher letzteren dann erst das möglichst nahe an dieselbe herangebrachte Auge die Strahlungswirkungen empfängt.

Dass wir durch Annäherung einen Gegenstand deutlicher sehen, wird alltäglich und unbewusst von uns erfahren und geübt. Es giebt jedoch in dieser Beziehung eine Grenze, welche uns durch die Natur des lichtbrechenden und bilderzeugenden Systems unseres Auges auferlegt wird. Dieses bei verschiedenen Augen etwas verschiedenen, aber sehr selten unter einige Centimeter hinabgehenden Grenzwerthes der Annäherung eines unmittelbar vor das Auge gebrachten Gegenstandes werden wir uns zuerst durch eine Zwangs-Empfindung im Auge bewusst. Setzen wir die Annäherung weiter fort, so wird die Abbildung so undeutlich, dass wir bald auf weitere Annäherung verzichten.

Nun giebt es aber ein Hülfsmittel, um auch ohne Anwendung einer Brille oder einer Loupe die Annäherung über jenen natürlichen Grenzwerth hinaus noch weiter fortsetzen und dadurch bei leidlicher Deutlichkeit des Bildes die Grösse desselben auf der Netzhaut und somit die Möglichkeit der Sonderung der Eindrücke noch ansehnlich steigern, mit einem Worte Vergrösserungs-Wirkungen ausüben zu können.

Dieses Hülfsmittel besteht einfach darin, dass wir die freie Oeffnung des Auges und den von ihr bedingten Querschnitt der die Bilder erzeugenden Lichtbündel, etwa durch Vorhalten eines Kartenblattes mit einer feinen Oeffnung, erheblich einschränken. Hierdurch wird die hinreichend deutliche Abbildung auch sehr nahe gebrachter Lichtpunkte ermöglicht, die sonst in dieser Nähe bei Darbietung der ganzen Augen-Oeffnung ihr Licht auf der Netzhaut nicht mehr zu correspondirenden Bildpunkten vereinigen, sondern dasselbe zu kleinen Flächen ausbreiten, welche ungefähr die Gestalt der freien Augen-Oeffnung haben. Je kleiner diese freie Oeffnung gehalten wird, desto weniger greifen die kleinen Bildflächen in einander über, und desto weniger verliert also bei der Annäherung eines Gegenstandes seine Abbildung an Deutlichkeit.

Durch Anwendung dieses einfachen Kunstgriffes kann man ganz ähnliche Vergrösserungs-Wirkungen bei Betrachtung eines sehr nahe gebrachten Gegenstandes hervorrufen, wie mit Anwendung einer Loupe; denn die letztere vollzieht in Bezug auf die Abbildung nur eine ähnliche Leistung wie die obige Einschränkung der Augen-Oeffnung, indem sie nämlich mit ihren lichtbrechenden Wirkungen sich zu denjenigen des Auges hinzufügt und dadurch auch für einen sehr nahe gebrachten Gegenstand noch die Deutlichkeit der Abbildung auf der Netzhaut ermöglicht.

Die Loupe hat allerdings vor der blossen Anwendung der feinen Oeffnung den Vorzug, dass sie die ganze Augenöffnung zu verwerthen erlaubt und daher eine viel hellere Abbildung giebt, als das vorerwähnte elementare Hülfsmittel.

In der Wirkung beider Hülfsmittel haben wir dasjenige vor uns, was ich oben das „Ocular-Element" der Vergrösserung nannte.

Es ist sehr wohl möglich, dass die Alten, bei denen das Sehen durch sehr kleine Oeffnungen zum Zwecke genauen Visirens nach den Himmelskörpern sehr entwickelt war, diese Art der Vergrösserung, mit blosser Anwendung einer feinen Oeffnung statt der Loupe, schon gekannt und bei der Ablesung von Kreiseintheilungen u. dergl. angewandt haben.

Was nun die zweite Art der optischen Vergrösserung, das „Objectiv-Element" derselben, betrifft, so besteht dieses darin, dass man in denjenigen Configurationen lichtentsendender Punkte, deren Bilder auf der Netzhaut zur Wahrnehmung gelangen sollen, die wirklichen Abstände der einzelnen Punkte von einander vergrössert. An dem Gegenstande selber, welcher vergrössert zur Wahrnehmung gelangen soll, kann man diese Vergrösserung der Dimensionen im Allgemeinen nicht ausführen, aber man kann es so einrichten, dass von den einzelnen lichtentsendenden Punkten des Gegenstandes durch einen ähnlichen Apparat, wie das Auge selber darstellt, innerhalb einer geeigneten Fläche in möglichst grossen Abständen von einander Bildpunkte erzeugt werden, welche ihrerseits erst die Ausgangspunkte der unmittelbaren Lichtwirkungen für die Abbildungen im Auge werden.

Die einfachste Vorrichtung dieser Art kann mit Hülfe der mindestens einige Jahrhunderte vor der Erfindung des Fernrohrs bereits ihrem Wesen nach bekannten camera obscura verwirklicht werden, und zwar zunächst wieder ohne Anwendung von Linsen, Hohlspiegeln u. dergl., nämlich ebenfalls mittelst einer feinen Oeffnung. Lässt man z. B. die von den einzelnen Punkten der Sonnenscheibe ausgehenden Lichtwirkungen durch eine sehr kleine Oeffnung auf eine geeignete Fläche, geöltes Papier, mattes, durchscheinendes Glas u. dergl. fallen, so entsteht auf letzterer Fläche von jedem leuchtenden Punkte der Sonne eine um so enger begrenzte Lichtwirkung, je kleiner die Oeffnung ist, durch welche die Strahlen von jedem derselben auf die auffangende Fläche fallen.

Kurzum es entsteht auf der letzteren ein Abbild der Sonne, in welchem man bei hinreichender Kleinheit der Oeffnung und gehöriger Feinheit der Structur der auffangenden Fläche, sowie bei sorgfältiger Ausschliessung fremden Nebenlichts (daher „camera obscura") schon viele Einzelheiten der Sonnen-Oberfläche, z. B. die Umrisse der Sonnenflecken und -Fackeln erkennen kann. Offenbar wird aber das in solcher Art auf der auffangenden Fläche erzeugte Sonnenbild um so grösser, je weiter die Fläche von dem Kreuzungspunkte der Strahlen in der feinen Lichtöffnung entfernt, d. h. je länger dieses rudimentäre Fernrohr ist.

Wie stark die Vergrösserungen sind, welche man mit einem solchen Fernrohr ohne Gläser hervorbringen kann, wenn man sich darauf beschränkt, das auf der auffangenden „matten" Fläche entstehende Bild mit blossem Auge zu betrachten und dabei das Auge so nahe heranzubringen, als es noch mit der Deutlichkeit der Abbildung auf der Netzhaut verträglich ist, lässt sich beispielsweise an einer vergrösserten Abbildung der Sonne, welche sich wegen der grossen Intensität ihres Lichtes vorzugsweise zu Experimenten dieser Art eignet, folgendermassen demonstriren.

Die Grösse des Bildes der Sonnenscheibe, welches auf der Netzhaut des blossen Auges, etwa bei Dämpfung ihres Lichtes durch Wolken, entsteht, entspricht, wie man durch Vergleichungen oder Messungen leicht findet, nahezu der Grösse des Bildes einer — etwa aus weissem Papier kreisförmig geschnittenen — Scheibe von 2 mm (Millimeter) Durchmesser, wenn die letztere sich in einer Entfernung von 200 mm von einem gewissen Mittelpunkte des lichtbrechenden Systems des Auges befindet, d. h. mit anderen Worten der kürzeste Abstand zwischen zwei von den beiden Endpunkten eines Durchmessers der Sonne kommenden und sich in einem Punkte in der Nähe der Erdoberfläche kreuzenden Strahlen beträgt überall in runder Zahl $^1/_{100}$ der Entfernung von diesem Kreuzungspunkte.

Wenn wir also die von den verschiedenen Punkten der Sonne kommenden Strahlen sich in einer feinen Oeffnung kreuzen lassen und dahinter durch die Lichtwirkungen derselben auf der auffangenden Fläche der camera obscura ein Sonnenbild entstehen lassen, so gilt auch für dessen Grösse wieder dasselbe Verhältniss, welches vorstehend für die analoge Art der Abbildung im Auge gefunden wurde. Es wird nämlich der Durchmesser des Bildes stets $^1/_{100}$ seiner Entfernung von dem Kreuzungspunkte der Strahlen, nämlich von der feinen Lichtöffnung der camera, betragen.

Beläuft sich also diese Entfernung auf 2 m (Meter), so hat

das aufgefangene Sonnenbild schon einen Durchmesser von 20 mm, und wenn man dann dieses Bild mit dem blossen Auge aus einer Entfernung von 200 mm ansieht, so hat das Abbild im Auge schon einen 10mal grösseren Durchmesser als das direct am Himmel gesehene Sonnenbild, welchem in einem Abstande von 200 mm ein Scheibchen von nur 2 mm Durchmesser gleichkommt.

Hieraus aber leitet man leicht die allgemeine Regel ab, dass bei einer solchen Vorrichtung die Vergrösserung des Bildes im Auge dem Verhältnisse der Entfernung des Camera-Bildes von der Lichtöffnung zu derjenigen Entfernung, in welcher man dieses Bild mit dem blossen Auge betrachtet, gleichkommt. Vergrössert man den Abstand der auffangenden Bildfläche von der Lichtöffnung und somit die Dimension des Bildes auf das Doppelte, so wird natürlich, wenn man das Auge wieder bis auf 200 mm an das Bild heranbringt, auch die Vergrösserung auf auf den doppelten Betrag gebracht. Vermag man sodann auch das Auge noch näher an das Sonnenbild heranzubringen, ohne die Deutlichkeit der Abbildung auf der Netzhaut zu gefährden, so steigt natürlich ebenfalls die Vergrösserungs-Wirkung, und wenn man gar im Sinne einer Ocular-Vergrösserung mittels des oben näher erläuterten Sehens durch eine feine Oeffnung das Auge bis auf etwa 10 mm an das Sonnenbild heranbringen könnte, ohne durch diese Annäherung an sich die Deutlichkeit der Abbildungen auf der Netzhaut merklich zu vermindern, so könnte man — wenigstens theoretisch — eine Gesammt-Vergrösserung erreichen, welche bei einer Camera-Länge von 2 m 200fach, bei einer Camera-Länge von 4 m 400fach sein würde.

In Wirklichkeit verhält sich, zumal in Betreff der Erforschung von Details auf der Sonnenoberfläche, die Sache nicht so günstig, weil die Beschaffenheit der auffangenden Fläche Schwierigkeiten bereitet, und weil entweder die Lichtöffnung der Camera nicht klein genug gemacht werden kann, oder bei zu grosser Kleinheit andere Uebelstände hervortreten; indessen zu feinen Messungen in Betreff der allgemeinen Gestaltverhältnisse und der Bewegung der Sonne, z. B. zu Beobachtungen der Durchgangszeiten der Sonne durch die Mittagslinie (etwa dargestellt durch die Mittellinie eines auf mattem Glase eingerissenen Liniensystems) würde ein solcher Vergrösserungs-Apparat ohne Linsen und Hohlspiegel unter Umständen sehr gute Dienste leisten können. Das Sonnenbildchen auf der 2 m von der Lichtöffnung abstehenden Fläche würde sich in einer Sekunde gegen die Mittagslinie um etwas mehr als $^1/_8$ mm bewegen, was man mit dem durch eine Blende mit feiner Oeffnung bewaffneten Auge in grosser Nähe ziemlich sicher wahrnehmen könnte. Verglichen mit den Leistungen der Fernröhre würden solche Messungen allerdings nur Curiositätswerth haben.

Es schien mir indessen nicht ohne Interesse zu sein, dass man auch diejenigen optischen Vergrösserungen von entfernten Gegenständen, welche mit so einfachen Mitteln ohne Linsen und Hohlspiegel erreichbar sind, soweit als möglich in der Idee verfolgt, weil dadurch nicht nur die Wirkungsweise der Fernröhre selber leichter verständlich, sondern auch dasjenige, was ohne Fernröhre bei den Messungen am Himmel erreichbar war, erklärlicher wird.

Demjenigen optischen Vergrösserungs-Principe, welches, in Verbindung mit dem Durchgange der Lichtstrahlen durch eine feine Oeffnung, lediglich mittels einer Steigerung der Länge des Lichtweges in der Camera oder des Abstandes der auffangenden Bildfläche von der objectiven Lichtöffnung Verfeinerungen der Messungen erzielt, entsprachen lange vor der Erfindung des Fernrohrs die Einrichtungen der grossen Schattensäulen oder Gnomonen.

Bringt man nämlich an der Spitze einer lothrechten Säule eine feine Oeffnung an, durch welche die Sonnenstrahlen hindurchgehen, so kann in einer waagerechten Ebene, welche sich an den Fuss der Säule anschliesst, innerhalb des Schattens der letzteren, ähnlich wie in der camera obscura, ein Sonnenbildchen entstehen, und je höher die Säule, je grösser also der Abstand der Lichtöffnung an ihrer Spitze von dem in jener waagerechten Fussebene im Säulenschatten entworfenen Sonnenbildchen ist, eine um so feinere d. h. um so stärker optisch vergrösserte Winkelmessung erreicht man dann, wenn man sowohl den lothrechten Abstand der Lichtöffnung von der waagerechten Ebene als auch den Abstand der Mitte des Sonnenbildchens von einem Lothfaden, den man von der Oeffnung an der

Spitze der Säule herabhängen lässt, mit Maassstäben sorgfältig ermittelt.

Der Winkel, welchen man auf diese Weise durch Rechnung oder auf graphischem Wege bestimmen kann, ist eben nichts Anderes, als der Winkel, den die Sonnenstrahlen mit der Lothrichtung machen, und aus dessen Ergänzung zu einem Viertelkreisbogen man die Höhe der Sonne über dem Horizonte findet. Durch Messungen solcher und ähnlicher Art konnte u. A. aus Mittagshöhen der Sonne die geographische Breite des Beobachtungsorts und die Neigung der Erdbahn gegen den Erdäquator bestimmt werden, und zwar, ohne jegliche Anwendung des Fernrohrs, mit einer Genauigkeit, welche von der jetzt mit dem Fernrohr erreichbaren nicht allzuweit absteht.

Betrug nämlich die Höhe der Säule einige Zehner von Metern, so brauchte die Grösse des lothrechten Abstandes der Lichtöffnung an der Spitze der Säule von der waagerechten Ebene am Fusse derselben und der Abstand des Sonnenbildchens von dem Lothfaden nur bis auf eine Fehlergrenze von der Grösse eines Millimeters gemessen zu werden, um die Mittagshöhe der Sonne bis auf kleine Bruchtheile einer Bogenminute zu ermitteln.

Mit Hülfe von Vergrösserungen ähnlicher Art, welche man auch als Vergrösserungen durch Projection bezeichnen kann, haben etwa 1100 Jahre vor unserer Zeitrechnung chinesische Astronomen den Winkel der Erdbahn oder der scheinbaren Sonnenbahn am Himmel mit dem Erdäquator mit einer Genauigkeit bestimmt, welche im Allgemeinen in den sonstigen Winkelmessungen mit unbewaffnetem Auge erst kurz vor der Erfindung des Fernrohrs durch Tycho Brahe und kurz nach der Erfindung desselben durch Hevel vermittelst einer nach ähnlichen Principien ausgeführten Vergrösserung der Dimensionen der winkelmessenden Instrumente und mittels einer entsprechenden Verfeinerung der Visir-Einrichtungen erreicht worden ist.

In einem wichtigen Punkte Oberägyptens, der Stadt Syene, deren Lage mit derjenigen des Wendekreises des Krebses um das Jahr 2000 v. Chr. sehr nahe zusammenfiel, könnte sogar ein sehr tiefer Brunnenschacht, welcher in Verbindung mit der Gradmessung des Eratosthenes erwähnt wird, eine ähnliche Bedeutung für die Beobachtung des höchsten Sonnenstandes, welcher dort nahe mit dem Scheitelpunkte zusammenfiel, gehabt haben. Liess man bei diesem höchsten Stande durch eine feine Oeffnung am oberen Rande des Brunnens ein Sonnenbildchen auf dem Boden des Schachtes entwerfen, wofür eine solche natürliche camera obscura besonders günstige Bedingungen darbot, und maass man den Abstand der Mitte dieses Sonnenbildchens von einem von der Mitte der Lichtöffnung herabhängenden Loth, so ergab sich daraus eine ungemein genaue Messung des Abstandes, um welchen die Sonne bei höchstem jährlichen und täglichen Stande von dem Scheitelpunkte von Syene noch entfernt blieb.

Bei den arabischen Astronomen und noch in der Mitte des 15. Jahrhunderts von Ulug-Beigh in Samarkand wurden Schattensäulen, wie ich sie vorher geschildert habe, bis zu 60 Meter Höhe zur Sonnenbeobachtung benutzt.

Eine der riesenhaftesten Einrichtungen dieser Art war aber die von Paolo Toscanelli im 15. Jahrhundert hergestellte, bei welcher die Kuppel des Domes zu Florenz benutzt wurde. In der Nähe des Gipfels ihrer Wölbung befand sich nämlich die bilderzeugende Oeffnung, von welcher ein Lothfaden in der Länge von 90 Metern herabhing, dessen Abstand von dem durch die Lichtöffnung erzeugten Sonnenbild auf der Fussbodenebene des Domes gemessen wurde.

Der schon erwähnte Ostfriese Fabricius (um den Beginn des 17. Jahrhunderts) war aber, wie es scheint, der erste, welcher das Grundprincip dieses Verfahrens dazu benutzte, um in der oben näher erläuterten Weise auch innerhalb des Sonnenbildchens genauere Details zu sehen und der Messung zu unterwerfen.

Man war somit ohne Anwendung von Linsen und Hohlspiegeln auf dem Wege stetiger experimentaler Durchbildung der Einrichtungen bereits soweit gelangt, dass der nächste Fortschritt fast mit Nothwendigkeit dahin führen musste, die feine Lichtöffnung der camera obscura zu vergrössern und eine Glaslinse in dieselbe einzusetzen, welche die viel breiteren, durch sie hindurchgehenden Lichtbündel convergirend machte und hierdurch deren Lichtwirkungen nach Art eines Brennglases auf mindestens ebenso kleine Flächen concentrirte, als bei der einfacheren Einrichtung ohne Linse die von den einzelnen leuchtenden Punkten entworfenen bloss projectivischen Bilder der freien Oeffnung, natürlich mit viel geringerer Lichtstärke, einnahmen.

Wenn man dann das auf solche Weise mit Hülfe der Linse in der camera obscura entstandene Bild nicht auf einer weissen Fläche auffing, sondern die auffangende Fläche beseitigte und das in freier Luft in der sogenannten Brenn-Ebene der Linse entstehende Bildchen selber entweder mit dem unbewaffneten oder mit dem mittels einer starken Brille oder Loupe bewaffneten Auge betrachtete, endlich aber diese Loupe in fester Lage zu der Brenn-Ebene der vorderen oder Objectiv-Linse als sogenanntes Ocular anbrachte, so war das Fernrohr fertig.

Nicht diesen Weg ging die erste Entwickelung. Die Effecte der camera obscura waren von den Optikern des Mittelalters zwar experimentell studirt worden, aber man hatte den wichtigen Schritt vom aufgefangenen Projectionsbilde zu dem freien, in der Brenn-Ebene einer Linse entstehenden Bilde und zu der Betrachtung desselben mit unbewaffnetem oder bewaffnetem Auge noch nicht gemacht; dagegen hatte man die vergrössernde Wirkung von Glaslinsen für nahe Gegenstände und überhaupt die Brillenwirkungen genauer studirt, die Abhülfe der Unvollkommenheiten des Auges durch Vorsetzung von Linsen von verschiedener Art und Grösse der Krümmung gefunden und, wie es scheint, begonnen, combinatorische Experimente mit verschiedenen Arten von Glaslinsen zu machen, um die vergrössernden Wirkungen in der Nähe zu steigern.

Da scheint es in der That, als ob der Zufall eine dieser Combinationen zu einer teleskopischen gestaltet hätte, welche dem schon erwähnten Optiker Lippershey in Middlenburg entfernte Gegenstände deutlicher und grösser ins Auge brachte.

Die Gestalt, in welcher diese teleskopische Linsen-Combination zuerst ins Leben trat — eine Combination, welche jetzt noch überwiegend bei den Opernguckern zur Anwendung gebracht wird — konnte keinesfalls der Ausgangspunkt irgend einer erheblicheren Steigerung der Vergrösserungs-Wirkungen werden, sondern sie musste in sehr engen Grenzen der Leistung eingeschlossen bleiben.*)

*) Anmerkung: Die Vergrösserungswirkungen dieser und ähnlicher Linsen-Combinationen lassen sich zwar auch aus den beiden oben erläu-

Es liegt uns eine Nachricht darüber vor, wie diese im Jahre 1608 von Lippershey gemachte Erfindung von den Spitzen des niederländischen Gemeinwesens aufgenommen wurde. Man erkannte zwar sofort ihre Bedeutung an, aber man schob den Lohn für die Erfindung hinaus, bis der Erfinder eine weitere Vervollkommnung, nämlich die entsprechende Einrichtung für beide Augen, hergestellt haben würde.

In der nächsten Zeit indessen erfuhr Lippershey's Fernrohr in den Niederlanden selbst keine bedeutsamere Anwendung und weitere Vervollkommnung; kaum scheint man dasselbe nach dem Himmel gerichtet zu haben. Aber schon binnen Jahr und Tag entfaltete sich seine Anwendung zu glänzenden Erfolgen in Italien, wo Galilei, damals Astronom und Mathematiker in Padua, nachdem er, wie es scheint, brieflich mit der niederländischen Erfindung bekannt geworden, sich sofort ein Fernrohr von derselben Linsencombination herstellte und mit der ganzen ihm eigenen Frische und Genialität das neue Hülfsmittel menschlicher Erkenntniss ausnutzte. Nicht nur gewann er von den Edlen in Venedig für seine Forschungen und sein Padua grosse Förderung, indem er sie von der Höhe des San Marco aus am fernen Horizonte ihre ankommenden Kriegs- und Handelsfahrzeuge deutlich in ihrer Eigenart erkennen liess, sondern er richtete das Fernrohr auch nach dem Himmel. Sogleich fand er die vier Monde des Jupiter, erkannte die den Mondphasen ähnlichen Sichelgestalten, welche besonders deutlich die Planeten Mercur und Venus zeigen, wenn sie von der Sonne seitlich beleuchtet sind, löste die Milchstrasse in Sterne auf und deutete die Mondflecken, sowie die von den Gebirgen auf der Mondoberfläche geworfenen Schatten. Auch beobachtete er nunmehr genauer, als Fabricius in seiner camera obscura, die Gestalten und Bewegungen der Sonnenflecken.

Sowohl das niederländische als das Galilei'sche Fernrohr waren noch sehr unvollkommene Werkzeuge; ihre Vergrösse-

---

terten wesentlichsten Vergrösserungs-Elementen ableiten, aber noch einfacher gerade in ihrer Begrenztheit dahin charakterisiren, dass sie lediglich die von verschiedenen leuchtenden Punkten ausgehende Strahlenbündel divergirender gegen einander machen und dadurch eine Erweiterung der Abstände der Bilder auf der Netzhaut des Auges herbeiführen.

rungen gingen etwa bis auf das 20- oder 30fache; ihr Gesichtsfeld war überaus klein, und zur Verbindung mit Messapparaten waren sie wenig geeignet. Der durch sie erreichte Fortschritt des Sehens wurde dennoch mit Recht hoch gefeiert; zudem fiel er in eine Zeit, in welcher es von besonderer Bedeutung war, dass den Culturvölkern kräftige Hülfsmittel gegen die Rückschläge geistlicher und weltlicher Gewaltherrschaft in die Hände gegeben wurden, welche damals auf der Höhe des Erfolges ihrer, gegen die geistigen Bewegungen der vorangegangenen Jahrhunderte gerichteten Wirkungen standen. —

Bedeutungsvoll steht nun die Gestalt unseres Keppler in dieser wichtigen Epoche da. Er war es, der an die Stelle der mehr oder minder zufälligen und wenig zweckmässigen Linsencombination, die aus den Niederlanden hervorgegangen war, die richtigeren Principien der Construction des Fernrohres setzte, indem er, ganz im Sinne der oben dargelegten ideellen Entstehung eines Fernrohrs, an die Vergrösserungswirkungen sich enger anschloss, die bereits in den Projectionsbildern der camera obscura von Fabricius astronomisch verwerthet worden waren.

Durch Kepplers Construction wurde das Fernrohr zu dem eminent entwickelungsfähigen und mit allen feineren Messungsmitteln leichte und günstige Verbindungen eingehenden Instrumente, das in den folgenden Jahrhunderten so Grosses leisten sollte.

An Galilei's schon mit der ersten rudimentären Form des Fernrohrs gemachten Entdeckungen nahm jedoch auch Keppler den begeistertsten Antheil, schienen sie doch in den Augen der ganzen wissenschaftlichen Welt glänzende Beweise für die Wahrheit der Kopernikanischen Lehre zu liefern, von welcher auch Keppler innig überzeugt war, und in deren Verfechtung er sich in bitteren Streit mit seinem grossen Vorgänger Tycho Brahe hatte verwickeln müssen.

Tycho selbst erlebte die Erfindung des Fernrohrs nicht. Vielleicht würde er auch nicht fähig gewesen sein, sofort die Bedeutung der Sache zu würdigen, denn er war ja der grosse Meister gewesen, in dessen Händen sich alle Instrumente des Alterthums, ausgerüstet mit den meisten Vergrösserungswirkungen, welche ohne Linsen und Hohlspiegel möglich waren, zu einer hohen Vollkommenheit entwickelt hatten. Er und seine

Schüler waren auf der in den letzten Jahrzehnten des 16. Jahrhunderts errichteten Sternwarte Uranienborg auf der Sund-Insel Hven zu der höchsten mit freiem Auge erreichbaren Beobachtungsschärfe gelangt, worin sie nur noch in gewissen Einzelheiten am Ende des 17. Jahrhunderts von dem Danziger Bürgermeister und Astronomen Hevel übertroffen werden sollten. Und dieser ganze Apparat hatte, in Verbindung mit den vorangegangenen ähnlichen, ebenfalls mit unbewaffnetem Auge angestellten Messungen der griechischen und arabischen Astronomen, in der Fülle der Zeiten und durch die stetige Aufeinanderfolge und Verbindung unablässiger Messungen himmlischer Bewegungen Mächtiges geleistet; denn mit Hülfe aller dieser Messungsergebnisse vermochte Keppler, in dessen Hände diese Erbschaft aus Tycho's Nachlasse überging, schon in dem Jahre, welches auf die Erfindung des niederländischen Fernrohres folgte, die Hauptpunkte seiner Theorie der Planetenbewegungen, nämlich die Entdeckung der Ellipsengestalt der Planetenbahnen und einer zweiten wesentlichen Eigenschaft dieser Bewegungen, welche den Uebergang zu Newtons Lehre von der allgemeinen Anziehung eröffnete, zu begründen.

Auch die Begründung von Newtons Lehre gegen das Ende des 17. Jahrhunderts geschah noch im Wesentlichen ohne Mitwirkung des Fernrohres, lediglich auf der Grundlage des Schatzes mehrtausendjähriger, mit unbewaffnetem Auge angestellter Beobachtungen. Nur dem Ausbau von Newtons Lehre kamen bereits die grossen Vortheile zugute, welche die Messungen durch die Verbindung der bisherigen Einrichtungen mit dem Fernrohr zu erlangen begannen.

Leider war es Keppler selbst nicht beschieden, das vollkommenere und entwickelungsfähigere Fernrohr, welches, im Anschluss an die vergangene Beobachtungskunst, aus seinem Geiste hervorging, mit Erfolg auf den Himmel zu richten und zu seinem mächtigen Antheil an dem fruchtbringenden Abschlusse der alten Astronomie wesentliche Forschungsthaten im Gebiete der neuen Astronomie hinzuzufügen.

Der weitere Fortgang der Entwickelung des Fernrohres geschah nun aber in der demselben von Keppler gegebenen Form, und zwar waren es in erster Stelle italienische Optiker, unter ihnen als der berühmteste Campani, welche in der Herstellung von Fernröhren von grosser Länge und entsprechend starker Vergrösserung Ansehnliches leisteten. Als diejenigen Astronomen, welche alsdann mit den so beschafften, zum Theil auch aus eigener Geschicklichkeit hervorgegangenen Hülfsmitteln die Kenntniss der Himmelserscheinungen am bedeutendsten förderten, sind zu nennen: der Holländer Huyghens, der schon erwähnte Danziger Astronom Hevel und der Director der Pariser Sternwarte Cassini.

Huyghens und Hevel waren diejenigen, welche noch vor dem Ablaufe des 17. Jahrhunderts mit den längsten bis jetzt hergestellten Fernröhren arbeiteten. Sie haben mit diesen Hülfsmitteln eingehende Forschungen über die Gestaltverhältnisse und Oberflächenerscheinungen der Planeten, des Mondes etc. angestellt, denen sich Cassinis Untersuchungen anreihten. Bald erwuchs aus diesen Untersuchungen der schon im Alterthum von einzelnen bedeutenden Männern gepflegte Gedanke an die Möglichkeit bewohnter Welten in neuer Frische und ungeahntem Reichthume, und auch auf diese Weise wurden die neuen Entdeckungen dem allmählichen Eindringen der Kopernikanischen Lehre in die Gemüther der Menschen in hohem Grade förderlich.

Wenn einmal eine umfassendere Culturgesch chte des 17. Jahrhunderts geschrieben werden wird, dessen Bedeutung für die Befreiung menschlichen Denkens mit Unrecht gegen die des 18. Jahrhunderts in den Schatten getreten ist, wird es von grösstem Reize sein, zu sehen, wie diese Leistungen des Fernrohres und die wachsenden praktischen Erfolge der neueren astronomischen Theorien in der Ergründung und Voraussagung der himmlischen Bewegungen allmählich die Menschenseele bewegt haben müssen.

Ein Bild einzelner dieser Wirkungen aus der zweiten Hälfte des 17. Jahrhunderts können wir aus den Kupfertafeln gewinnen, mit welchen der grosse Danziger Astronom Hevel sein berühmtes Werk, die „machina caelestis“ d. h. seinen „Apparat für die Messungen am Himmel“, geschmückt hat. Wir sehen darauf die Riesenfernröhre der Danziger Sternwarte, unter ihnen solche bis zu 20 m Länge, abgebildet und zwar ganz anders eingerichtet, als unsere jetzigen Instrumente. Objectiv-Glas, Bild-Ebene und

Ocular-Glas waren nämlich nur in verhältnissmässig loser Verbindung miteinander, wie es durch die enormen Längen bedingt war und zwar zum Theil nur durch blosses Rahmen- und Takelwerk verbunden. Einzelne dieser Fernröhre schweben an hohen Gerüsten, grossen vorweltlichen Ungethümen ähnlich sehend, in der Luft und werden vom Balkon des Beobachters aus mit Systemen von Tauwerk regiert. Von Interesse ist es hierbei, neben dem stattlichen Bürgermeister von Danzig auch dessen in der Astronomie wohlerfahrene edle Gattin mit einem dieser Fernrohr-Ungethüme wie eine Zauberin hantirend zu erblicken. In der Ferne sieht man auf den betreffenden Darstellungen die Thürme der guten Stadt Danzig und auf dem Wiesenplane dazwischen allerlei Zuschauer, die sich natürlich jenen Weltwundern gegenüber ähnlich geberdet haben wie am Ende des 18. Jahrhunderts die Zuschauer beim Anblick der ersten Luftschiffe.

Die Richtung auf riesenhafte Dimensionen der Fernröhre war auch damals nur der Ausdruck der Unvollkommenheiten, mit welchen man bei der Herstellung und Bearbeitung der optischen Hülfsmittel, nämlich der Glaslinsen und ihrer Zusammensetzungen, zu kämpfen hatte; sowohl die Fabrikation reinen Glases von gleichmässigem Gefüge, als die genaue Herstellung der regelmässigen Krümmungen der Linsen-Oberflächen liess noch viel zu wünschen übrig. Der grösste Mangel aber bestand darin, dass man die Farbenzerstreuung, welche bei jeder Brechung des Lichtes, also auch in den Glaslinsen eintritt, nur dadurch unschädlich zu machen, oder vielmehr die ungünstigen Wirkungen, welche die Farbenzerstreuung auf die Deutlichkeit und Reinheit der Bilder ausübt, nur dadurch auf ein Minimum zu bringen vermochte, dass man ausserordentlich lange Fernröhre construirte. Nur bei sehr grossen Brennweiten der dem Object zugewandten Linsen erschienen die Bilder von genügender Reinheit, um überhaupt stärkere Vergrösserungen zu vertragen.

Besonders nachhaltig wurde hierbei ein Irrthum, welchen Newton selber bei seinen optischen Experimenten beging, und der ihn verleitete anzunehmen, dass die Uebel der Farbenzerstreuung bei allen mit Hülfe von Lichtbrechungs-Wirkungen hergestellten Fernröhren überhaupt unvermeidlich sind.

Newton selber und seine Zeitgenossen wandten sich hiernach

mit grösserem Eifer der Einführung und Bearbeitung von Hohlspiegeln für teleskopische Zwecke zu, deren Theorie und Wirkungsweise sich sehr nahe an diejenige der Linsen-Fernröhre anschliesst. Im Anfang des 18. Jahrhunderts war indessen die Entwickelung auch dieser Instrumente langsam, und diejenige der Fernröhre mit Linsen erfuhr einen fast vollkommenen Stillstand, bis um die Mitte des 18. Jahrhunderts der grosse Mathematiker Euler seinen Zweifeln an Newtons Auffassung der Sachlage Raum gab und die Bedingungen der Aufhebung der Farbenzerstreuung bei der Brechung aufs Neue untersuchte.

Gleichzeitig und angeregt durch diese Studien, welche zwar auch in mancher Beziehung einen irrigen Verlauf nahmen, ergriff sodann der englische Optiker Dollond die Initiative in der Herstellung der sogenannten achromatischen Fernröhre, bei denen nämlich durch eine Zusammensetzung des den Objecten zugewandten Glases aus Linsen von zwei verschiedenen Glassorten und mit entgegengesetzten Brechungs-Wirkungen ein wichtiger Anfang mit der Aufhebung der Farbenzerstreuung bei der Brechung des Lichtes gemacht wurde, so dass nun viel kürzere Fernröhre mehr leisteten, als die längsten des 17. Jahrhunderts.

Fortan nahm in England und alsbald auch in Deutschland die Technik der aus Glaslinsen zusammengesetzten Fernröhre einen neuen Aufschwung, allerdings einige Jahrzehnte hindurch in den Schatten gestellt durch die ausserordentlichen Erfolge, welche Wilhelm Herschel durch Verbindung von technischem Geschick mit astronomischen Leistungen ohne Gleichen mittels der Herstellung und der astronomischen Anwendung grosser Hohlspiegel-Fernröhre errang. Der mächtige Aufschwung, den hierbei die Himmelsforschung gewann, war damals in aller Munde; jetzt erst fing das Fernrohr an, nach Humboldts Ausdrucke seine „raumdurchdringende Kraft“ zu entfalten. Herschels umfassenden Geist führten diese Hohlspiegel mit ihrer wunderbaren Lichtfülle weit über die Regionen unserer Welten-Insel, des sogenannten Milchstrassensystems, hinaus; sie zeigten ihm in den fernsten Nebelgebilden von den verschiedenartigsten Gestalten die chaotischen Entwickelungsstufen anderer Welten.

Auch der deutsche Astronom Schroeter in Lilienthal betheiligte sich mit Auszeichnung an dieser Anwendung von Hohlspiegeln, indem er besonders auf dem Monde und auf den Planeten eine Menge interessanter Details erforschte.

Von dem Anfang des 19. Jahrhunderts an übernahm sodann Deutschland die Führung in der Vervollkommnung der Fernröhre, und zwar, von dem Spiegelfernrohr wieder abgehend, die weitere Verbesserung des Linsenfernrohrs. Das Genie Fraunhofers, auf den Wegen Newtons, Eulers, Dollonds fortschreitend, begründete jetzt die Lehre von den Bilderzeugungen durch Linsensysteme und die Lehre von der Aufhebung der Farbenzerstreuung durch bedeutende experimentelle und theoretische Arbeiten auf strengwissenschaftlicher Grundlage und schuf eigentlich sozusagen das vollendete Fernrohr zum ersten Male im Geiste.

Auch die Fabrikation optischen Glases nahm durch Fraunhofer einen ungeahnten Aufschwung. München wurde durch ihn und durch eine Anzahl von bedeutenden Mechanikern, die sich schon am Anfang des Jahrhunderts dort aufgethan hatten, der Mittelpunkt der astronomischen Technik. Diese Stellung hat, wenigstens in optischen Leistungen, München bis jetzt festgehalten; noch bis vor Kurzem war es der unerreicht dastehende Ausgangspunkt von trefflichen Linsen-Fernröhren, mit denen allmählich fast alle grossen Sternwarten der Erde ausgerüstet wurden.

Inzwischen war aber auch England, seinen Traditionen folgend, in der Anfertigung der Spiegel-Fernröhre noch über Herschel hinausgegangen, und der anregende und befruchtende Streit zwischen den Vorzügen dieser beiden Haupttypen des Fernrohrs ist auch noch gegenwärtig im Gange.

Erst innerhalb der letzten Jahrzehnte sind auch ausserhalb Münchens bedeutendere Linsen-Fernröhre entstanden. Von der Fraunhoferschen Glasfabrikation ausgehend, hat sich die Kenntniss einzelner wichtiger Geheimnisse dieses Zweiges der Präcisions-Technik auf mehreren Wegen von wenig bekanntem Verlauf nach Paris und nach Birmingham übertragen, und diese Fabrikationen haben in letzter Zeit einen grossen Aufschwung genommen, durch welchen im Verein mit bedeutenden englischen und nordamerikanischen Mechanikern und Optikern Münchens Leistungen mindestens erreicht, ja übertroffen worden sind.

Nachdem man es in den Spiegel-Fernröhren in England bis zu Hohlspiegeln von etwa 2 Meter Durchmesser gebracht hatte, welche in ihren Brennpunkten wahre Ströme von Licht sammeln — leider oft zuviel Licht bei zu wenig Anordnung und Klarheit in seiner Vertheilung und Concentrirung — ist man jetzt auch in den Linsen-Fernröhren zu enormen Dimensionen der Gläser fortgeschritten. Schon sind aus Pariser Glasquellen bei Clark (Boston) Fernröhre in Arbeit, deren dem Himmel zuzuwendende Augenfläche 70—80 Centimeter im Durchmesser hat, und deren Länge dementsprechend 10 Meter und mehr beträgt; ja man denkt bereits an Linsen mit einer Oeffnungsweite von 1 Meter Durchmesser. Nordamerika, Frankreich, Russland, England, Oesterreich, Italien wetteifern in der Anschaffung und Aufstellung solcher Riesenfernröhre. Hat doch unser deutscher Landsmann Lick in Californien mit den grossen Geldmitteln, die er für wissenschaftliche Zwecke ausgesetzt hat, auch eine Sternwarte dotirt und für diese ausdrücklich ein Riesenfernrohr stipulirt, welches seines Gleichen nicht haben sollte, und für das nun Glasfabrikanten und Optiker ihre höchsten Kräfte anspannen.

Auch Deutschland hat in seiner neuesten und mit den vollkommensten Mitteln der astronomischen Technik in glänzender Weise ausgerüsteten Sternwarte zu Strassburg ein Fernrohr ersten Ranges von einem halben Meter Oeffnung aufgestellt, welches aus den Händen von Fraunhofers Nachfolger Merz in München hervorgegangen ist. Und auch andere deutsche Sternwarten werden in dem unumgänglichen Wettkampfe nicht umhin können, sich demnächst in entsprechender Weise auszurüsten, wenn es nicht bald gelingt, in der Behandlung dieses grossen Problems ähnliche Fortschritte zu verwirklichen, wie sie um die Mitte des 18. Jahrhunderts und im Anfange des gegenwärtigen Jahrhunderts dazu führten, mit viel geringeren Dimensionen der Apparate viel tiefer in das Wesen der Himmelserscheinungen einzudringen, als die bis zu zwanzig Meter langen Fernröhre des 17. Jahrhunderts vermocht hatten.

Welche Schwierigkeiten in dieser Beziehung vorliegen, und welche Bedenken und Grenzen sich andererseits einer weitergehenden Steigerung der blossen Dimensionen der Fernröhre entgegenstellen, welche Leistungen endlich die mächtigsten Instrumente dieser Art zur Zeit aufweisen, lässt sich nur in einer eingehenden fachmässigen Darstellung hinreichend erläutern.

Es leuchtet ein, dass es vollkommen berechtigt, ja nothwendig ist, die Vervollkommnung der Leistungen solcher Apparate auch in der grösstmöglichen Steigerung ihrer Dimensionen zu suchen, so lange Verbesserungen anderer Art nicht gelingen.

Die Entwickelungsgeschichte, sowohl die oben skizzirte der Fernröhre, als auch diejenige anderer Apparate, lässt aber erkennen, dass die Annäherung an gewisse Grenzen, welche den Dimensionssteigerungen gesetzt sind, nur eine vorübergehende Phase der Entwickelung ist, und dass, wenn es sich darum handelt, im „kleinsten Punkt die grösste Kraft" zu sammeln, womit der Dichter so treffend die Tendenz der menschlichen Erkenntniss bezeichnet, die Verfeinerung des Gefüges und der Wirkungsweise der kleinsten Theile der optischen Werkzeuge von viel entscheidenderer Bedeutung ist, als die Richtung auf das Kolossale.

VIII.

Zur Geschichte der Astronomie.

(1884.)

Die Geschichte der Naturwissenschaften und der Mathematik hat in den letzten Jahren viele bedeutsame Förderungen und Klärungen erfahren, welche zugleich der Kulturgeschichte überhaupt und allen tieferen Ueberzeugungen, die in einer gehörigen Würdigung der letzteren wurzeln, zu gute gekommen sind. Indessen bleibt für die Forschung, besonders aber für die Darstellung auf diesen Gebieten noch sehr viel zu thun, um die überreiche Ernte, die hier allmälig herangereift ist, zur köstlichsten Nährung und Stärkung geistigen Glückes und Friedens zu verwerthen.

Die zu ihrer Zeit sehr erklärlichen Uebertreibungen der kulturgeschichtlichen-Auffassungen von Buckle und seinen Nachfolgern, eingeleitet durch die schematische und einseitige Behandlung der Aufgabe in Whewell's berühmter und gelehrter Geschichte der inductiven Wissenschaften, welche selber wieder aus der in England entstandenen Ueberschätzung der sogenannten Philosophie des Baco von Verulam hervorging, die Gefahren aller dieser und ähnlicher früherer Rückschläge und Vorstufen sind im Wesentlichen überwunden, und man hat endlich begonnen, die Entwickelungsgeschichte der Menschheit mit einer der Grösse der Aufgabe entsprechenden Grösse und Reinheit des Urtheils zu behandeln, inbesondere sich von erregtem Tadel vergangener Irrungen und von Unterschätzung oder Verwerfung ganzer grosser Zweige der menschlichen Entwickelung und Bethätigung freier zu halten.

Es war schon vor zehn Jahren ein Anachronismus, als

C. von Littrow seine Rede „über das Zurückbleiben der Alten in den Naturwissenschaften“ veröffentlichte, in welcher er die ausserordentlichen Leistungen der Griechen in der Astronomie ganz verkannte und aus einer Blüthenlese dilettantischer und naturwissenschaftlich-unklarer Aeusserungen von nichtastronomischen Schriftstellern der griechischen Zeit gegen die Leistungen der griechischen Forschung verurteilende Folgerungen zog, welche sofort hinfällig werden, sobald man nur ein einziges der bedeutenderen Kapitel in dem grossen astronomischen Werke des Ptolemaeus näher ansieht. Es war ein ähnliches Verfahren, als wenn man aus den Werken unserer Dichter, Geschichtsschreiber und Philosophen auf den gegenwärtigen Zustand mancher unserer exacten Naturwissenschaften schliessen wollte. —

Dass es verhältnissmässig langsam mit der Bearbeitung der Entwickelungsgeschichte der Naturwissenschaften und der Mathematik vorwärts geht, ist wesentlich daraus zu erklären, dass die exacten Fachmänner selber, welche mitten in der Forschungsarbeit stehen, im Allgemeinen nur für die nächstvorhergegangenen Stadien der Entwickelung, welche noch in ihre eigenen Aufgaben hineinspielen, ein lebhafteres Interesse haben, und dass zugleich für die Bearbeitung der früheren, besonders der ältesten Entwickelungsstadien, deren allgemein menschliches, so zu sagen psychologisches Interesse immer mehr wächst, je weiter man sich von der Gegenwart entfernt, ein Zusammenwirken naturwissenschaftlicher Fachkenntniss mit archäologischen und philologischen Leistungen erforderlich wird, wie es nur sehr schwer zu erreichen ist.

Auf dem Gebiete der Geschichte der Astronomie hat uns vor einigen Jahren Schiaparelli in Mailand, dem unter Anderem die Erforschung der Kometen- und Meteor-Erscheinungen so ausserordentliches verdankt, mit einer vortrefflichen Abhandlung über die Sphärentheorie des Eudoxus und mit einer anderen über die Vorgänger des Kopernicus beschenkt, wobei es so recht ersichtlich wird, welche Feinheiten von Gedankenverbindungen noch in manchen Gestaltungen des griechischen Geistes verborgen sind, an denen man bisher ziemlich achtlos vorübergegangen war.

Das frühe Auftauchen des Kopernicanischen Gedankens, dieses ungeheuren Schrittes der Loslösung von den Illusionen der unmittelbaren Wahrnehmung, ist ja überhaupt vom höchsten Interesse, nicht im Sinne der auch neuerdings wieder von Seiten kirchlich-gesinnter Forscher verfochtenen Idee, dass auch alles naturwissenschaftliche Erkennen von einer uralten, ursprünglichen Offenbarung herrühre, auch nicht im Sinne der einfältigen pessimistischen Verallgemeinerung „es sei alles schon einmal dagewesen“, sondern im Sinne der Embryologie der menschlichen Erkenntniss, wie man es in gut Darwin'schem Geiste kurz ausdrücken kann. —

Je weiter zurück derartige Ideenverbindungen liegen, desto einfacher und durchsichtiger wird nämlich ihr inneres Gefüge, desto instructiver ihre Erforschung für die Erkenntniss der späteren immer künstlicheren Gedankenbauten, bei denen schon hochbearbeitete Materialien als Bauelemente benutzt werden. Es ist damit gerade so, wie in der Raumeswelt mit der Erforschung des Fernsten und des Kleinsten durch Teleskop und Mikroskop, wobei die Probleme sich vereinfachen und Gestaltungsgesetze sich offenbaren, die sonst in der gewöhnlichen Sinneswelt lange verhüllt geblieben wären.

Eine höchst eigenartige Aufgabe würde eine erneute Behandlung der Stellung darbieten, welche Plato zu dem ersten Auftauchen der Elemente des Kopernicanischen Gedanken eingenommen hat. Soviel auch darüber schon von bedeutenden Männern geschrieben worden ist, bleibt doch noch manches unter Zuziehung der Aeusserungen früherer und späterer Philosophen und Astronomen, insbesondere auch der auf die Erdbewegung bezüglichen Kapitel des Ptolemaeus, der Erörterung bedürftig.

Nicht bloss wegen des unzweifelhaften mächtigen Einflusses, den gerade Platonisches Denken auf die geistige Entwickelung des grossen Vollbringers Kopernicus selber ausgeübt hat, würde eine solche Untersuchung besonders bedeutsam sein, sondern noch mehr deswegen, weil sie einen Beitrag zu einer richtigeren Schätzung der von der exacten Naturforschung oft übermässig geschmähten Naturphilosophie liefern würde.

Es ist ja ganz richtig, dass die Speculationen der Naturphilosophie allein die Erkenntniss gar nicht fördern.

Es hat sogar den Anschein, als ob diese Speculationen durch voreilige altkluge Zuversicht des Besserwissens mitunter die entscheidende exacte Arbeit der Forschung geradezu hemmten. Wenn man aber näher zusieht und längere Zeiträume der Entwickelung dabei zusammenfasst, erkennt man doch, dass die Gesammtbilanz ganz anders ausfällt, und dass die naturphilosophische Speculation innerhalb des sogenannnten inductiven Forschungsprozesses gar nicht entbehrt werden kann.

Unbeschreiblich seltsam, ja widerwärtig erscheinen dem Naturforscher die aus ganz unklaren Vorstellungen und ergreifend herrlichen Analogien gemischten kosmologischen Träumereien, welche z. B. in Platos Phädon von Sokrates, kurz vor dem von so rührender Hoheit verklärten Tode, den aufhorchenden Jüngern vorgetragen werden; fast unerträglich sind in Platos Timaeus die arithmetischen und geometrischen Phantasmen, welche an die Stelle der Lösung astronomischer und physikalischer Probleme gesetzt werden; aber gerade aus derartigen Gedankenelementen, welche bis dahin himmelweit von einander entfernt lagen, und zwischen denen der Genius nun über weite dunkle Abgründe luftige, verwegene Brücken baute, sind doch die Keime mächtiger Theorien hervorgegangen, denen alsdann, nachdem sie sich zur Erklärung und Verbindung grosser Gruppen von wohlbeobachteten Thatsachen als ausreichend und nothwendig erwiesen hatten, die exacteste und nüchternste Naturforschung volles Bürgerrecht gewährt hat. —

Ungemein charakteristisch ist es für die Entwickelung der Naturerkenntniss in den Händen der Griechen während des Zeitraums, in welchem der Fortgang dieser Erkenntniss fast ausschliesslich ihnen zu verdanken ist, also etwa vom siebenten Jahrhundert v o r bis zum dritten Jahrhundert n a c h Christo, dass der hierarchische Charakter wissenschaftlicher Arbeit, insbesondere astronomischer Forschung und astronomischer Vorhersagung, welcher der indischen, der assyrisch - babylonischen und der ägyptischen Cultur eigenthümlich ist, bei den Griechen schon ziemlich früh in den Hintergrund tritt und einem ganz individualistischen, höchstens in der Bildung von Schülern und Schulen zu einiger Organisation gelangenden Betriebe wissenschaftlicher Forschung weicht. Gerade durch diese Freiheit der Bewegung erklärt sich die ausserordentliche Lebhaftigkeit naturphilosophischer Speculationen, durch welche die Griechen schon wenige Jahrhunderte nach der Aufnahme chaldäischer, ägyptischer und vielleicht auch ostasiatischer Ueberlieferungen weit über alle diese hinaus bis an die Schwelle der Kopernicanischen Lehre gelangten.

Anfangs hatte es zwar den Anschein gehabt, als ob die delphische Priesterschaft unter den griechischen Stämmen auch für die astronomische Forschung und für die Praxis der astronomischen Vorausbestimmungen, insbesondere für die Kalender- und Festrechnung, eine ähnliche Bedeutung gewinnen sollte, wie ähnliche priesterliche Institutionen in den älteren Culturländern. Indessen lassen schon die ersten Schritte der delphischen Priesterschaft in dieser Beziehung, z. B. die Herstellung der Einheitlichkeit des Kalenderwesens auf der Grundlage der sehr unvollkommenen achtjährigen Schaltperiode zur Harmonisirung des Mond- und des Sonnenlaufes, erkennen, dass diese Priesterschaft, vielleicht deshalb, weil sie wohlfeilere Machtmittel früh in die Hände bekam, zu einer wissenschaftlichen Thätigkeit grösseren Styles nach Art der grossartigen chaldäischen Leistungen nicht bestimmt war.

Schon lange vor der Zeit der ersten Begründung der delphischen Theokratie war die schlechte achtjährige Schaltperiode, welche nachher auch noch die römische Chronologie durch Vermittelung der griechischen in anhaltende Noth brachte, ein von den kundigen Astronomen ganz überwundener Standpunkt; denn die bedeutend genauere neunzehnjährige Schaltperiode, der sogenannte goldene Cyclus, deren Einführung in Griechenland erst viel später durch Meton in Athen erfolgte, ist offenbar ein uraltes, schon damals Jahrtausende lang in der kalendarischen Praxis bewährtes Ergebniss ostasiatischer und chaldäischer Himmelsbeobachtung gewesen, welches in Delphi entweder nicht rechtzeitig bekannt oder nicht gehörig verstanden und gewürdigt worden war. —

Es wird stets ein höchst anziehender Gegenstand geschichtlicher Darstellung sein, die wunderbare, in den kühnen und völlig richtigen Divinationen des Aristarch von Samos über die Erdbewegung (um das Jahr 260 vor Christo) gipfelnde Steigerung zu schildern, welche die griechische Naturphilosophie in jenem freien, wetteifernden Zusammenwirken erfahren hat, nur selten durch ein delphisches Wort der Missbilligung gestreift, oder durch factiöse, politisch-hierarchische Anfeindungen bedroht und gehemmt.

Aristarch, der ausserordentliche Mann, von dem wir leider so wenig Näheres wissen, von dessen wichtigsten und entscheidendsten Aussprüchen uns aber einer der grössten mathematisch-physikalischen Forscher des Alterthums, Archimedes, kaum mehr als ein halbes Jahrhundert nach des ersteren Tode völlig zweifellose und klare Mittheilungen macht, scheint die kosmologischen Phantasmen über die Drehung und Bewegung der Erde, welche in den drei vorhergegangenen Jahrhunderten innerhalb der Pythagoräischen und Platonischen Lehrmeinungen, bald in Unteritalien, bald in Kleinasien oder auf den Inseln, bald in Athen in den seltsamsten Begründungen, in den unklarsten und verhülltesten Darstellungen aufgetaucht waren, mit einem kühnen Griffe zusammengefasst und in seinem Buche „über Grössen und Abstände“ so zu sagen ein Senkblei in die Tiefen des Himmelsraumes geworfen zu haben; denn er weist schon gewisse Einwürfe gegen die Bewegung der Erde um die Sonne mit der Bemerkung zurück, wahrscheinlich seien die Fixsterne so weit von uns entfernt, dass von ihnen aus sogar diese Bahn der Erde in ihrer ganzen Ausdehnung nur verschwindend klein erscheine.

Die Astronomie selber war noch lange nicht so weit, um diesem Fluge der Speculation folgen zu können, und sie lehnte deshalb mit Recht diese Hypothesen als Grundlage ihrer weiteren Erforschung der himmlischen Bewegungserscheinungen ab, ganz im Sinne der von Aristoteles ausgesprochenen Mahnungen und seiner eindrucksvollen Formulirung der nächsten Aufgaben und des normalen Verlaufes des naturwissenschaftlichen Forschungsprozesses, einer Formulirung, welche wir später gegen den Schluss der griechischen Forschungsthätigkeit an mehreren Stellen des astronomischen Werkes des Ptolemaeus ganz im Sinne der sogenannten inductiven Methode noch schärfer und zutreffender ausgeführt und durch zweifellos auf Messungen begründete, höchst solide Entdeckungen bewährt finden, die noch folgenreicher waren, als die naturphilosophischen Ahnungen.

Absicht und Umfang dieser meiner Mittheilungen gestatten

es nicht jene Entwickelung hier weiter zu verfolgen und den, insbesondere in einzelnen Abschnitten meiner ersten Sammlung wissenschaftlicher Vorträge angedeuteten oder theilweise ausgeführten Nachweis im Zusammenhange zu wiederholen, dass späterhin im Verlaufe der astronomischen Entwickelung die in der Griechenzeit scheinbar ungehört verhallende philosophische Prophetie im Kopernicanischen Sinne gerade zur rechten Zeit wieder in die exacte Forschung eintrat und nun, auf dem festen Grunde zahlreicher sorgfältig bearbeiteter Messungen von zweitausendjährigen Bewegungserscheinungen am Himmelsgewölbe, durch Kopernicus, Keppler, Galilei und Newton zu einer grossen, siegreichen Theorie erwuchs.

Ptolemaeus selber hatte bereits in kluger Resignation die Mängel anerkannt, welche die schlichteren, der unmittelbaren Wahrnehmung der Menschen sich enger anschliessenden Hypothesen der damaligen Astronomie über die himmlischen Bewegungen schliesslich nach mehrhundertjähriger Erprobung mit Hülfe der seit Aristoteles' Zeit gesammelten astronomischen Messungsergebnisse wahrnehmen liessen; aber die Andeutungen, welche die Beobachtungen zu Gunsten einer fundamentalen Erneuerung der orthodoxen astronomischen Theorie enthielten, waren damals noch nicht entfernt so stark wie zu den Zeiten des Kopernicus. Und dem Epigonen-Zeitalter des Ptolemaeus fehlte auch die Kühnheit zu jenem gewaltigen Schritte, welchen die jugendliche Naturphilosophie bereits leichten Herzens gewagt hatte, und welchen dann das ebenso begeisterte und doch reifere Zeitalter der Renaissance in männlicher Geistesstärke vollbrachte.

Characteristisch ist es übrigens, dass in der Zeit von Thales bis Aristarch, in welcher jene Naturphilosophie blühte, an ordentlichen und stetigen Messungen und Aufzeichnungen von den Griechen in der Astronomie gar nichts geleistet wurde. Diese Lücke würde für die grossen griechischen Astronomen, wie Hipparch und Ptolemaeus, deren Thätigkeit in die vier Jahrhunderte nach Aristarch fällt, höchst nachtheilig und hemmend gewesen sein, wenn sie nicht durch die Erbschaft ausgefüllt worden wäre, welche die Griechen durch Alexander den Grossen in Babylon angetreten hatten. Dort fielen nämlich im rechten Moment diejenigen reichen Sammlungen sehr einfacher, aber regelmässiger und stetiger Messungen und Aufzeichnungen der himmlischen Bewegungs erscheinungen, welche den sogenannten Chaldäern in Babylon verdankt werden, in ihre Hände. Hipparch, wie Ptolemaeus konnten von diesen Messungen so guten Gebrauch machen, dass u. a. in denjenigen Capiteln des Lehrbuchs des Ptolemaeus, welche seine höchst sinnreiche Theorie der Mondbewegungen enthalten, die Beispiele mit Vorliebe aus dem chaldäischen Beobachtungsschatze entnommen werden, der uns aber leider nur in solchen Beispielen überliefert wird. Auch konnten Hipparch und Ptolemaeus leider die babylonischen Himmelsbeobachtungen nur bis zur Mitte des achten Jahrhunderts vor Christo verwerthen, weil ihnen für noch ältere Zeiten die Anknüpfung der Beobachtungen an eine durch feste chronologische Normen gesicherte Zeitfolge nicht mehr möglich war.

Die Chaldäer hatten sich, wie es scheint, während der ganzen Dauer ihrer mehrtausendjährigen stetigen Aufzeichnung der Himmelserscheinungen zu theoretischen Speculationen noch nicht erhoben; dennoch waren sie unzweifelhaft auf dem einfachsten Wege der Zählung und der Verallgemeinerung der durch Zählung gefundenen Rhythmen in der Wiederkehr der Erscheinungen nicht bloss sehr früh zur Kenntniss des oben erwähnten, für das Kalenderwesen so wichtigen goldenen Cyclus von 19 Jahren und der für die Vorhersagung der Finsternisse so bedeutungsvollen Periode von 18 Jahren und 10 Tagen (6585 Tagen), sondern auch zum Bewusstsein einer Reihe von andern tiefer liegenden Zusammenhängen zwischen den verschiedenen Bewegungserscheinungen am Himmel gelangt, wie wir u. a. auch aus einigen, auf die Ergebnisse der „uralten“ Astronomen hinweisenden Mittheilungen des Ptolemaeus zuverlässig entnehmen können. Von den Ursachen der Finsternisse und von der Kugelgestalt der Erde, welche in den Umrissen des Erdschattens bei den Mondfinsternissen so deutlich hervortritt, hat man sich offenbar in Babylon schon sehr früh volle Rechenschaft zu geben vermocht.

Man darf auf die weiteren Aufschlüsse sehr begierig sein, welche uns die Keilschrift - Aufzeichnungen über das Wesen der astronomischen Institutionen, die so Grosses geleistet haben, sicherlich noch bringen werden, selbst wenn es nicht gelingen sollte, ältere und vollständigere Beobachtungsaufzeichnungen, als die Griechen uns von jenen überliefert haben, zugleich mit sicheren Anhaltspunkten für die Chronologie derselben aufzufinden, was sogar für unsere astronomischen Theorieen noch eine grosse Bedeutung haben würde. Auch wird es für diese archäologisch-philologischen Forschungen, die schon einige werthvolle Sonnenfinsterniss - Beobachtungen aus jenen alten Zeiten zu Tage gefördert haben, ein interessantes Problem bilden, näher zu untersuchen, in welchem Zusammenhange die chaldäische Astronomie mit der ostasiatischen (chinesischen) Astronomie gestanden hat; denn für ein hohes Alter der letzteren und eine nahe Uebereinstimmung ihrer frühesten Ergebnisse mit denen der chaldäischen Astronomie liegen jedenfalls sehr erhebliche Anzeichen vor.

Allen diesen Forschungen, insbesondere der Verfolgung der räumlichen und zeitlichen Verkettungen zwischen den verschiedenen geistigen und wissenschaftlichen Entwickelungsstufen, sowie dem Nachweise der eigenthümlichen Continuität des Wachsthums trotz scheinbarer Unterbrechungen und Rückschläge wohnt ein ausserordentlich hoher Reiz inne.

Hierzu haben auch die Forschungen in der älteren Geschichte der Mathematik und der Rechenkunst neuerdings mehrere höchst anziehende Beiträge geliefert. Besonders ist es auch in helleres Licht gestellt worden, in welcher Weise und in welchen für den Fortschritt der Astronomie bedeutungsvollen Zeitpunkten die charakteristische Leistung, die das indische Alterthum zu der Entwickelung der exacten Wissenschaften beigetragen hat, nämlich das Rechnen nach dem System des dekadischen Stellenwerthes der Zahlen, in den grossen Entwickelungsstrom eingetreten ist.

Mag in anderer Hinsicht die Entwickelung des Menschengeschlechtes ausserordentlich viele Dunkelheiten und Räthsel darbieten, ja sogar ausgedehnte Rückbildungen und Verkümmerungen erkennen lassen, die Geschichte der exacten Naturerkenntniss und der Mathematik, und zwar in umfassendster und einleuchtendster Weise die Geschichte der Astronomie lässt ein viel lichteres Bild bereits in grossen Zügen erblicken.

Verbindet man die Gipfelpunkte dieses geistigen Lebens

und Arbeitens, wie sie sich uns in einer nach der Zeitfolge geordneten Reihe darbieten, welchen Völkergruppen und sonstigen Culturbedingungen räumlicher und zeitlicher Art sie auch angehören mögen, so tritt uns eine solche wohl organisirte und harmonisirte Erscheinung des Zusammenwirkens entgegen, als ob jene einzelnen grossen Leistungen nur die einzelnen Glieder von Schlussfolgerungen innerhalb eines und desselben umfassenden geistigen Organismus wären, und die Jahrtausende verdichten sich gewissermassen zu der Ablaufszeit eines einzigen grossen Gedankenprozesses.

Man möchte dieses gesetzmässige Zusammenwirken providentiell nennen, wenn nicht mit diesem Worte sich so viel kleinliche und der Reinheit des Denkens gefährliche Vorstellungen verbänden, welche weit hinter der Grösse jener culturgeschichtlichen Eindrücke zurückbleiben. Haben doch diejenigen, welche das Wort „providentiell" im Munde führen, sich noch nicht einmal zu dem Verständniss aufzuschwingen vermocht, dass die Lehre von der Gesetzmässigkeit und dem stetigen Zusammenhange der Entwickelung der Gesammtheit der Organismen auf der Erde — wie sie endlich, nachdem die Lehre von der Gesetzmässigkeit der himmlischen Bewegungen so grosse Erfolge errungen hat, auch in der biologischen Forschung als die fundamentale Voraussetzung aller tieferen wissenschaftlichen Behandlung der bezüglichen Probleme anerkannt ist — die Weiten der Zeit und des Raumes mit viel erhabeneren Vorstellungen erfüllt und viel tiefere Frömmigkeit erweckt als die kindlicheren Auffassungen, an deren Stelle sie tritt. Mögen auch die Hypothesen, mit denen die Biologie auf jener Grundlage nunmehr zuversichtlicher an die Erklärung der Erscheinungen herantritt, zum Theil noch primitiver sein als die Mechanismen, welche die Astronomie in den ersten Stadien ihres grossen Forschungsprozesses den Erscheinungen unterlegte, so ist doch nunmehr die Bahn für eine ähnliche, aber an Glückesverheissung für die Menschheit noch reichere Entwickelung des Erkennens und der Beherrschung der Erscheinungen des irdischen Lebens geöffnet.

Ja auch für die Behandlung der Geschichte der Astronomie und der Culturgeschichte überhaupt versprechen einzelne, in gewissem Grade schon bewährte Hypothesen der biologischen

Evolutionslehre erhebliche Förderung und Klärung beizutragen. Die Art und Weise, wie sich innerhalb gewisser Völkergruppen gewisse geistige Bethätigungen steigern, und wie dieselben mitunter wieder verkümmern, überhaupt eine Fülle eigenartiger ethnisch-psychologischer Erscheinungen, welche die Geschichte der Astronomie erkennen lässt, wird beim Lichte der biologischen Entwickelungslehre verständlicher werden und uns alsdann auch wichtige praktische Fingerzeige liefern.

Culturgeschichte in solchem Sinne, gestützt auf die mit jedem Tage mächtiger werdenden praktischen Erfolge gesetzmässiger Erkenntnissarbeit, ist auch besonders geeignet, den Gefahren, welche gerade diese äusseren Erfolge in gesteigertem Maasse für das innere Leben der Menschen mit sich bringen, entgegenzuwirken und den Pessimismus und Nihilismus zu bekämpfen.

Der Pessimismus — grossgezogen in längst vergangenen Zeiten, als es noch völlig aussichtslos erschien, die Aussenwelt, einschliesslich der Wohnung der Menschenseele, durch gesetzmässige Forschung mehr und mehr zu bemeistern und Schmerz und Noth immer erfolgreicher direct und gemeinsam zu bekämpfen — sinkt er nicht immer mehr zu einem leeren Phantasma, zu einer blossen Entwickelungserscheinung zusammen, und zwar um so sicherer, als die mit der Steigerung der Erkenntnissarbeit verbundene Steigerung und Stählung der normalen psychischen Prozesse im Individuum auch die Widerstandskraft des letzteren gegen die stets verbleibenden Reste von äusseren und inneren Uebeln erhöht und auch dadurch die Ursachen der letzteren vermindert.

Das mit der tieferen und allgemeineren Erkenntniss der geschichtlichen und organischen Entwickelung ebenfallls wachsende sympathische Gemeingefühl, dessen hohe dynamische Bedeutung eine Betrachtung der Culturgeschichte im Lichte biologischer Anschauungen bereits nachzuweisen vermöchte, wird endlich im Stande sein, auch das noch immer so wirre äussere Geschehen in der Menschenwelt den Normen reineren Denkens und reicheren Mitempfindens erfolgreicher anzupassen. —

IX.

Zur Würdigung der neueren Aufgaben und Fortschritte der Astronomie.*)

April 1882.

Venus-Durchgänge. Kleine Planeten. Grosse Fernröhre. Sonne. Cometen.

Viele Astronomen und Sternwarten sind zur Zeit in Anspruch genommen von den Vorbereitungen für die Beobachtung des am 6. December d. J. stattfindenden Vorüberganges der Venus vor der Sonnenscheibe, obgleich derselbe erklärlicher Weise mit geringerer Spannung erwartet wird als das entsprechende Phänomen von 1874, welches 105 Jahre auf das nächstvorangegangene folgte.

Der eigenthümliche Rhythmus der Wiederkehr, veranschaulicht durch die folgenden Daten:

1631, 1639
1761, 1769
1874, 1882
2004, 2012 u. s. w.

giebt aber dem zweiten der beiden nur durch acht Jahre getrennten, sozusagen paarweise auftretenden Venusdurchgänge eine besondere Bedeutung, weil derselbe den Abschluss der betreffenden Ermittelungen für mehr als 100 Jahre bildet und dabei den Beobachtern die Gelegenheit bietet, alle diejenigen Erfahrungen, welche bei dem nächstvorangegangenen, ihnen selbst ganz neuen

---

*) Diese Darlegungen sind früher in den von R. Fleischer in Dresden herausgegebenen Vierteljahrsberichten über die gesammten Wissenschaften u. s. w. erschienen.

Anblick des Phänomens gesammelt werden konnten, bei der Wiederkehr unter nahezu denselben Umständen sofort zu verwerthen.

Als der Venusdurchgang von 1874 herannahte, war seit dem vorigen Jahrhundert eine sehr grosse Anzahl von Fragen aufgelaufen, auf welche dieses Phänomen die Antwort geben sollte. Man hoffte zunächst infolge der grossen Fortschritte, welche die Technik der Fernröhre und der Messungen seit 1761 und 1769 gemacht hatte, über einige der damals hervorgetretenen Schwierigkeiten gänzlich hinwegzukommen; sodann aber hatte die aus der Beobachtung der Venusdurchgänge erhoffte besonders genaue Bestimmung des Verhältnisses zwischen der Maasseinheit der planetarischen Räume, als welche die halbe grosse Achse der Bahn der Erde um die Sonne angenommen wird, und der Maasseinheit der irdischen Räume, als welche der Halbmesser des Erdäquators gilt, für zahlreiche, inzwischen genauer beobachtete Bewegungserscheinungen und Kraftäusserungen im Himmelsraume und auf der Erde immer grössere Wichtigkeit erlangt. —

Die Berechnung der bei dem Venusdurchgang von 1874 erlangten zahlreichen und zum Theil gelungenen Messungen hat in dieser Beziehung einen gewissen Rückschlag der vielleicht zu hoch gespannten Erwartungen hervorgerufen.

Man hat den Eindruck, als ob die Gunst der Bedingungen, welche diese säcularen Phänomene für die Messung jenes fundamentalen Maassverhältnisses darbieten, überschätzt worden sei.

Insbesondere, nachdem die erneute Messung der Lichtgeschwindigkeit im irdischen Raume durch Cornu in Paris und Michelson in Washington zu Ergebnissen von unerwarteter Genauigkeit geführt hat, glaubt man an manchen Stellen, durch die Verbindung dieses in irdischem Maasse ausgedrückten Geschwindigkeitswerthes mit dem aus astronomischen Beobachtungen abgeleiteten, in planetarischer Maasseinheit ausgedrückten Werthe derselben Geschwindigkeit das Verhältnis der beiden erwähnten Maasseinheiten oder die sogenannte „Constante der Sonnenparallaxe“ sicherer zu ermitteln als aus den Venusdurchgängen.

Demgemäss werden gegenwärtig von den nordamerikanischen Astronomen in grossem Style Veranstaltungen zu einer nochmaligen und von allen Einflüssen systematischer Fehler wo möglich noch strenger als bisher befreiten Bestimmung der Lichtgeschwindigkeit im irdischen Raume getroffen.

Auch durch neuere rein astronomische Bestimmungen der Sonnenparallaxe nach ganz demselben feldmesserischen Verfahren, nach welchem man auch die besondere Erdnähe der Venus bei ihrem Durchgange zwischen Erde und Sonne zu einer sehr vortheilhaften Bestimmung der Entfernung der Venus und der Sonne benutzt, nämlich durch die von dem englischen Astronomun Gill auf der Insel Ascension in der Nähe des Aequators angestellten Morgen- und Abend-Beobachtungen des Mars, sowie durch entsprechende Morgen- und Abend - Beobachtungen oder correspondirend auf nördlichen und südlichen Sternwarten angestellte Beobachtungen gewisser, der Erde ziemlich nahe kommender kleiner Planeten (nach dem Vorschlage von Professor Galle in Breslau) ist der Eindruck hervorgerufen worden, als ob auch bei Messungen dieser Art der besondere Vortheil der ungewöhnlichen, zur Zeit der Durchgänge stattfindenden Nähe der Venus durch gewisse andere Vortheile der entsprechenden Beobachtungen des Mars und der kleinen Planeten ersetzt werden könnte.

Trotz aller dieser Zweifel haben die leitenden Astronomen fast aller Nationen daran festgehalten, dass es die Pflicht des neunzehnten Jahrhunderts sei, auch das zweite der so seltenen Phänomene mit aller irgend erreichbaren Genauigkeit und Vollständigkeit zu beobachten, umsomehr, als einestheils erst nach dieser wiederholten Beobachtung über den relativen Werth der bezüglichen Messungen eine solide Entscheidung möglich sein wird, und als anderntheils sehr genaue Messungen der relativen Stellung der Venus zur Sonne, wie sie bei den Durchgängen unter ganz besonderen Verhältnissen ermöglicht sind, auch über die unmittelbare Aufgabe einer Bestimmung der Sonnenparallaxe hinaus stets eine hohe Bedeutung für die theoretische Erkenntniss der Bewegungen und Kräfte innerhalb unseres Planeten-Systems haben werden. Die Bewegungen der Venus haben nämlich wegen der vorzugsweise aus ihnen in planetarischer Maasseinheit bestimmbaren Wirkungen der Anziehungskraft der Erde eine fundamentale Wichtigkeit für uns.

Diesmal wird vorzugsweise der amerikanische Continent der

Schauplatz der Beobachtungen des Phänomens sein. In Deutschland sieht man nur den Beginn desselben kurz vor Sonnenuntergang.

Von Seiten des Deutschen Reiches werden daher zwei Expeditionen nach Süd-Amerika und zwei nach Nord-Amerika entsandt, welche mit möglichst gleichartigen, sorgfältig geprüften und verglichenen Mess-Apparaten versehen sind.

Von diesen grossen astronomischen Unternehmungen führt uns die obige Erwähnung einer besonderen Bedeutung, welche die sogenannten kleinen Planeten für eine, den Zwecken jener Unternehmungen nahestehende Aufgabe gewinnen können, hinüber zu den unablässig fortgehenden Entdeckungen dieser kleinen Weltkörper.

Man kann sich nicht wundern, dass die Laienwelt über diese Entdeckungen etwas befremdet oder verstimmt ist; man sieht vielfach in ihnen, sogar innerhalb der Wissenschaft, mit einem Anschein von Berechtigung mehr eine Belastung als eine Bereicherung der astronomischen Erkenntniss.

Diese Verstimmung wird verstärkt durch die spielerische Art, wie an einigen Stellen und zumal von der Tagespresse diese Entdeckungen und die sich daran knüpfenden Namengebungen behandelt werden. Im Kreise der Fachmänner hat man schon längst danach gestrebt, diese Namengebungen in Betracht der der in manchen Fällen damit verbundenen Kleinlichkeiten zu beseitigen; aber es hat sich bei ruhigster Betrachtung ergeben, dass die Namen — und mögen sie die geschmacklosesten sein — zur Zeit immer noch besser sind, als blosse Zahlenbezeichnungen dieser 225*) Planeten, weil bei letzteren kurzen Bezeichnungen Schreib- und Druckfehler leicht sehr störende Wirkungen haben können. Sollte aber, was nicht unwahrscheinlich ist, die Zahl dieser Planeten noch erheblich wachsen und damit die Auswahl der Namen so knapp werden, dass die Buntheit und Geschmacklosigkeit derselben unerträglich würde, so wird man doch eines Tages einen Strich durch das ganze Namengewimmel machen und irgend ein rationelles Bezeichnungssystem, etwa nach blossen Buchstaben-Combinationen in Verbindung mit Zahlen, ausdenken müssen.

*) Gegenwärtig (1886 September) 259.

Irgend ein liebes Frauchen oder Fräulein soll sich also nicht zu sichere Hoffnung machen, durch die Gefälligkeit eines freundlichen Entdeckers dauernd an den Himmel versetzt zu werden wie Andromeda und Kassiopeja.

Zur Zeit hat es bei den ermüdenden Berechnungen, welche diese Planeten erfordern, immerhin einen gewissen Reiz, wenn der Berechner seine Zahlenreihen wenigstens mit einer Ueberschrift schmücken kann wie „Störungen der Terpsichore durch Jupiter und Mars".

Diese mühsamen Berechnungen und die für dieselben erforderlichen anhaltenden und genauen Messungen der Ortsveränderungen, welche die zahlreichen zwischen der Mars- und der Jupiter-Bahn sich bewegenden kleinen Planeten am Himmel erfahren, sind wirklich eine sehr ernst zu nehmende Angelegenheit der Wissenschaft.

Selbst abgesehen davon, dass es für die Kenntniss der Licht- und Orts-Veränderungen der sogenannten Fixsterne unumgänglich ist, die schnell beweglichen Schaaren der kleinen, ganz sternartig leuchtenden Planeten, welche bloss perspectivisch zu jenen zu gehören scheinen, durch Messung und Rechnung jeder Zeit identificiren und von den Sternen gesondert halten zu können, verspricht die Kenntniss der Bahnen und der Ortsveränderungen der kleinen Planeten manche wichtige Aufschlüsse von noch allgemeinerer Bedeutung zu geben (siehe auch ihre obenerwähnte Benutzung zu den feineren Entfernungsbestimmungen im Weltraume, wozu sie sich auch durch ihre sternartige Erscheinung, d. h. durch die scheinbare Gestaltlosigkeit, die eine Folge ihrer Kleinheit ist, besonders eignen). Die Bemühungen um die Kenntniss ihrer Bewegungen haben auch schon Bedeutendes zu der Entwickelung der rechnerischen Kunst und zu der Durcharbeitung der Theorien beigetragen.

Es wird sich in der nächsten Zukunft nur darum handeln, die Bereicherung der Erkenntniss, welche die fortschreitende Entdeckung und Berechnung dieser Planeten in sichere Aussicht stellt mit der geringstmöglichen Belastung der wissenschaftlichen Arbeit zu erreichen. Auch hierzu ist durch kräftige Anfänge einer rationellen Organisation und Einschränkung der betreffenden Messungen und Berechnungen bereits alle Hoffnung eröffnet, und zwar nicht am Wenigsten durch die rastlose Thätigkeit deutscher Astronomen.

Eine wesentliche Hilfe wird aber für diese immerhin durch ihre Massenhaftigkeit Epoche machende Aufgabe bei der mathematischen Forschung zu suchen sein, und diese Nothlage der Astronomie wird daher hoffentlich dazu beitragen, ein engeres Zusammenwirken zwischen Mathematik und Astronomie wieder herbeizuführen, welches eine Zeit lang verloren gegangen zu sein schien.

Die mathematischen Forscher, mit unablässiger Evolution, theils tieferer und allgemeinerer Begründung, theils weiterem Ausbau ihrer Ergebnisse beschäftigt, sind leicht geneigt, die Forscher der exacten Naturwissenschaften der mathematischen Unwissenheit zu beschuldigen, weil diese in vielen Fällen die mathematischen Methoden erst dann, nach einer längeren Zeit der praktischen Adaptirung, in Gebrauch nehmen, wenn die mathematische Forschung schon über dieselben hinaus ist und bereits feinere und vollendetere Hülfsmittel darbieten zu können meint.

Am stärksten ist diese Phasen-Differenz in der letzten Zeit zwischen Astronomie und Mathematik gewesen.

Bei den der Mehrzahl nach, im Vergleich mit den Problemen der Physik, als einfach zu bezeichnenden Aufgaben der Astronomie besteht ein grosser Theil der Kunst und der Grösse des Forschers in der Aufsuchung und Anwendung der praktischen Kunstgriffe, durch welche bei den grossen Dimensionen der astronomischen Arbeiten grösstmögliche Zuverlässigkeit und Feinheit der Ergebnisse mit geringstem Aufwande an Zeit und Kräften erreicht wird.

Wenn aber ein solches System von mathematischen Methoden zu hoher calculatorischer Ausbildung gelangt ist, wie z. B. die himmlische Mechanik nach Laplace in den Händen von Gauss, Encke und Hansen oder andererseits in denen von Leverrier, und wenn damit so mächtige Erfolge der Vorausberechnung erzielt worden sind, so hat eine solche Entwickelung ein starkes und wohlberechtigtes Beharrungsvermögen und wird nicht durch herabsetzende Beurtheilung formaler Mängel, sondern nur durch tiefere Kenntnissnahme von demjenigen, was sie wirklich leistet und was sie nicht zu leisten vermag, in neue Wege hinübergeleitet.

Eine solche tiefere Kenntnissnahme von den grossen Leistungen und von den Bedürfnissen der astronomischen Praxis ist aber um so mehr nöthig, je weniger die neuen mathematischen Hilfsmittel und Methoden, welche man vorwurfs- und verheissungsvoll der Astronomie vor Augen hält, calculatorisch entwickelt sind, und je mehr ihre grössere Allgemeinheit und Eleganz gerühmt wird, ohne dass man Ergebnisse oder Maassbestimmungen ihrer Arbeitsleistungen beizubringen vermag.

Bei den Forschern ersten Ranges, gleichviel ob sie mehr Mathematiker oder mehr Astronomen waren, hat sich stets aus einer vollständigen Durchdringung des Zustandes und der Bedürfnisse der astronomischen Praxis heraus die für die letztere gedeihlichste mathematische Methode entwickelt.

Je mehr der Umfang und die Tiefe beider Forschungsgebiete solche individuelle Leistungen höchster Art erschwert, desto nothwendiger wird es, Institutionen zu schaffen, in denen sich berufsmässig der grössere Theil der kritischen und experimentellen Prozesse vollzieht, welche für die Einführung neuer Werkzeuge und Methoden der Gedankenarbeit in eine hochentwickelte Praxis die Vorbedingung bilden.

Glücklicherweise sind auch in Deutschland Institutionen dieser Art in verheissungsvoller Entwickelung begriffen, und sie versprechen einigermaassen den Vorsprung auszugleichen, welchen andere Nationen durch Hergabe grosser Geldmittel für kolossale optische Werkzeuge in der Astronomie gewonnen haben.

In der That ist neuerdings Deutschland in letzterer Beziehung, besonders hinter Nord-Amerika, zurückgeblieben, während bis vor kurzem noch München das anerkannte Centrum der optischen Kunst für alle Länder bildete. Dieses Zurückbleiben ist nicht sowohl einer geringeren Leistungsfähigkeit unserer Optiker als vielmehr dem Umstande zuzuschreiben, dass ihnen nicht, wie den Optikern in Nord-Amerika, für die Lösung gewaltiger Aufgaben grosse Bestellungen und Geldmittel dargeboten wurden.

Dass die deutschen Astronomen aber nicht schon längst ihrerseits Sorge getragen haben, wenigstens einen Theil dieser Ungunst ausgleichen zu helfen, ist hauptsächlich dadurch zu erklären, dass in der Wissenschaft selbst erhebliche Zweifel an der Zweckmässigkeit jener Entwickelungen der optischen Werkzeuge ins Kolossale obwalten.

Es werden mit Hilfe sehr grosser Glaslinsen oder Hohlspiegel allerdings unter momentan sehr günstigen Umständen bedeutende Fortschritte der astronomischen Wahrnehmung erreicht; aber grosse Dimensionen dieser lichtsammelnden Werkzeuge, welche auch entsprechende Grösse und Schwerfälligkeit der sie tragenden Tuben und Stative bedingen, sind unter den bestehenden Verhältnissen nur eine Folge der Unfähigkeit, das Licht, welches die Linsen- und Spiegel-Flächen empfangen und sammeln, vollständig genug auszunutzen.

Nur deshalb, weil von dem auf solchen Flächen empfangenen Lichte infolge der Konstruktions-Mängel der Spiegel und Linsen und infolge der ungenügenden Eigenschaften des zu den letzteren benutzten Glases ein sehr grosser Theil für die Verschärfung der Abbildung im Auge ungenutzt bleibt, hat man die Grösse der unmittelbar empfangenden und sammelnden Flächen so sehr gesteigert, damit wenigstens die absolute Menge des dem Auge zugeführten Lichtes — trotz der grossen Verzettelung desselben in den Apparaten — möglicht beträchtlich sei.

Der Gewinn an Licht und an Verfeinerung der Wahrnehmung für das Auge entspricht aber hierbei unter den sämmtlichen obwaltenden Verhältnissen nicht entfernt der Steigerung der von den Objektiv-Flächen der Teleskope aufgefangenen Lichtmengen; denn mit der Vergrösserung der Querschnitte der Strahlenbündel, welche nach dem Durchgange des Lichtes der Himmelskörper durch die Erdatmosphäre auf die Sammelfläche eines Instrumentes fallen, vergrössert sich stets und mitunter sogar in stärkerem Maasse, als der blosse Lichtgewinn wächst, die in der Atmosphäre durch ungleiche Brechungswirkungen eintretende Ungleichmässigkeit der Zusammensetzung jener Lichtmengen und damit die Beeinträchtigung der Feinheit und relativen Intensität der einzelnen Abbildungswirkungen im Auge.

Es erschien daher rathsam, der Richtung auf blosse Dimensionserhöhungen der optischen Werkzeuge, obwohl dieselbe zur Zeit ihre volle Berechtigung hat, sich nicht ohne Weiteres anzuschliessen, vielmehr in Ergänzung derselben die Grundbedingungen der Lichtsammlung und Abbildung, insbesondere durch Glaslinsen-Systeme, und der bezüglichen Leistungen verschiedener Glassorten noch vollständiger und erschöpfender, als bisher geschehen, zu untersuchen; denn wenn es gelänge, mit dem auf kleinere Linsenflächen fallenden Lichte durch sorgsamste Führung und Verwerthung desselben wirksamere Trennungen von zartesten Lichtwirkungen zu erreichen und die gesonderte Erkennbarkeit derselben durch feinere und der Wirklichkeit entsprechendere Intensitätsabstufungen zu steigern, so würde man zugleich freier von den atmosphärischen Störungen, welche die relative Anordnung von Lichtstrahlen um so weniger beeinflussen, je näher diese zusammenliegen, und man könnte alsdann den Gewinn wirklich als Reingewinn ansehen, während man zugleich handlichere und allgemeiner anwendbare, preiswürdigere Instrumente behielte.

Untersuchungen obiger Art sind jetzt endlich in Deutschland in vollem Gange, und es hat den Anschein, als ob es der Physik und der Chemie gelingen würde, in der angegebenen Richtung einen hochbedeutenden und wahrhaft produktiven, nämlich vereinfachenden Fortschritt auch für die Astronomie zu ermöglichen.

Noch in anderem Betracht als wegen des Venusdurchgangs ist das Jahr 1882 astronomisch wichtig. Es ist der Gipfelpunkt einer der nahezu elfjährigen Perioden, innerhalb deren die Zustände des Sonnenkörpers einer nachweisbaren grossen Veränderung unterliegen.

Bekanntlich mehren sich mit jedem Jahre die Anzeichen der erheblichen Bedeutung, welche diese Periodicität der solaren Zustände für zahlreiche irdische Zustände und Phänomene hat.

Man wird es in späteren Zeiten kaum verstehen, wie langsam die Ergebnisse der bezüglichen Forschungen Annahme und Anerkennung in der wissenschaftlichen Welt fanden.

Sobald ausser der Periodicität der Häufigkeit der Sonnen-Flecken und -Fackeln auch die entsprechende Veränderlichkeit der grossartigen, seit dem Jahre 1868 der unablässigen Beobachtung erschlossenen Entwickelung glühender Gasmassen und der noch mächtigeren und ausgedehnteren Erscheinungen der sogenannten Corona erwiesen war, hätte man eigentlich den allgemeinen Schluss ziehen müssen, dass so enorme Veränderungen der Oberfläche und der nächsten Umgebung eines Himmelskörpers, dessen Wärmestrahlung der maassgebende Faktor alles Lebens und aller Circulations-Prozesse auf der Erdoberfläche ist, nicht vorgehen könnten, ohne entsprechende Schwankungen in fast allen irdischen Erscheinungen hervorzurufen.

Die Berechtigung dieser Folgerung war so stark, dass man bei allen wesentlicheren, von der Sonne regierten thermischen Erscheinungen durch das Fehlen der entsprechenden Schwankungen, z. B. in den mittleren Jahrestemperaturen unserer Zone, erst recht hätte darauf geführt werden sollen, dass hier eine weitere Untersuchung nothwendig sei; denn dieses Fehlen konnte jede tiefere Erwägung nur darauf hinweisen, dass die solaren Prozesse mittels der von ihnen regierten Circulations-Wirkungen, gewisse Compensationen ihrer eigenen unmittelbaren Einwirkungen auf das Klima unserer Breiten selber hervorbringen. Und die Untersuchung dieser Compensationen wäre sofort eine höchst wichtige und interessante Aufgabe geworden.

Statt dessen hat man von vielen Seiten jene nächstliegenden und eigentlich gar nicht abzuweisenden Schlussfolgerungen als Phantasmen behandelt, und zwar hauptsächlich deshalb, weil die zahlenmässigen Nachweise für den Anschluss irdischer Erscheinungen an die solaren Perioden anfangs auf sehr schwachen Füssen standen, wenn man sie vom Standpunkte strengster formaler Kritik behandelte. Man übersah dabei, dass in solchen Fällen, in welchen der ursächliche Zusammenhang zweier Erscheinungsgruppen — wie Sonnenwirkungen und Zustände der Erdoberfläche — zweifellos ist, blosse Spuren von zahlenmässigen Beziehungen zwischen deutlichen Veränderungen der einen und verhüllteren Veränderungen der anderen schon ausreichen, um die ernsteste Forschungsarbeit zu rechtfertigen.

Gegenwärtig ist nun durch solche Arbeiten auch der zahlenmässige Nachweis in täglich wachsender Vollständigkeit und Strenge erbracht worden, dass nicht blos die täglichen und jährlichen, durch Drehung und Umlaufsbewegung der Erde bedingten Perioden der Sonnenwirkungen, sondern auch die grossen Sonnenperioden selber thermische, magnetische und elektrische Erscheinungen auf der Erde in entsprechender Periodicität regieren.

Der nächsten Zukunft wird es vorbehalten sein, die wichtigen theoretischen und praktischen Folgerungen, die sich hieraus ergeben werden, in aller Vollständigkeit und Schärfe, auch für Vergangenheit und Zukunft, zu ziehen.

Ueber die Richtigkeit der aus einer Reihe von Vorkommnissen gezogenen Vermuthung, dass die Anzahl der für die Erde sichtbar werdenden Cometen oder vielmehr der Helligkeits- und Sichtbarkeitsgrad, welchen die Cometen bei der Annäherung an die Sonne erreichen, in den Jahren der Steigerung der Lichtprozesse in der Umgebung der Sonne auch eine ansehnliche Steigerung erfahren, werden weitere Beobachtungen entscheiden müssen. Das vorige Jahr mit der ungewöhnlich grossen Zahl von 7 neuen Cometen-Erscheinungen und der grossen Helligkeit und Schweifentwickelung einiger derselben schien, da es einem Maximaljahre der solaren Phänomene nahe liegt, einen Beitrag zur Bejahung jener Frage zu liefern.

Im Jahre 1882 selbst ist bis jetzt erst ein Komet entdeckt worden. Derselbe wird aber vielleicht eine recht helle und interessante Erscheinung, wenigstens für die südliche Halbkugel, darbieten. Für uns wird er seine grösste Helligkeit gegen Anfang Juni erreichen, dann aber leider ziemlich tief am nördlichen Horizont stehen und von der Dämmerungshelle in seiner Lichtwirkung stark beeinträchtigt sein; doch ist eine ansehnliche Schweifentwickelung wahrscheinlich.

Die Cometenerscheinungen des vorigen Jahres haben die Astronomen in der Deutung dieser Phänomene merklich gefördert. Insbesondere ist durch Huggins' gelungene Photographirung des Cometen-Spectrums die Schärfe der Charakterisirung der bezüglichen Lichtquellen wesentlich erhöht worden. Die chemische und physikalische Forschung werden dadurch in den Stand gesetzt, auf noch gesicherterer Grundlage als bisher die Natur und den Zustand der Stoffe zu bestimmen, welche in den Cometen leuchten. Auch ist diesmal ganz ausser Zweifel gestellt worden, dass ein namhafter Theil dieses Lichtes wirklich reflectirtes Sonnenlicht ist, ein anderer Theil aber sowohl in der Nähe des Cometenkopfes als in dem Schweife von glühenden Gasen herrühren muss.

Sodann hat wiederum das Vorkommen von mehreren ganz verschiedenen Schweifen bei einem und demselben Cometen, und zwar diesmal von einem helleren und einem lichtschwächeren, welche mit einander Winkel von 20 bis 30 Grad bildeten, bedeutsame Beiträge zu der Theorie der Schweiferscheinungen geliefert. Bei dem dritten Cometen des Jahres 1881 war der hellere Schweif stärker gekrümmt, der lichtschwächere fast geradlinig und der Verlängerung der Richtung von der Sonne zum Cometen mehr entsprechend; bei dem vierten Cometen desselben Jahres war der hellere Schweif von letzterer Art, ein kleinerer und matterer dagegen stärker geneigt gegen die Richtung der von der Sonne ausgehenden Abstossungskraft, welche offenbar die Schweifentwickelung bedingt.

Es ist auf der Grundlage der von Olbers und Bessel entwickelten Hypothesen nahezu gelungen, die verschiedenen Schweifgestaltungen annäherungsweise dadurch zu erklären, dass man in denselben ein Zusammenwirken derjenigen Kräfte und Bewegungsgesetze, durch welche die Bahnen der Cometenkerne vollständig erklärt werden, mit eigenthümlichen Abstossungskräften annimmt, die von der Sonne ausgehen und sich nur auf die kleinsten Theile der Körperwelt mit grösster Intensität äussern, sobald dieselben der Fesseln gegenseitiger Einwirkung durch äusserste Verdünnung und Vertheilung und durch Lösung aus einem Zusammenhang mit grösseren Massen ledig sind. Diese letzteren Bedingungen sind offenbar in dem Verlaufe der Cometen-Erscheinungen in besonderer Weise erfüllt, und es ist ferner wahrscheinlich, dass, wenn in dem Gemenge einer Cometenmasse verschiedene Arten von Gasmolekülen enthalten sind, bei welchen merklich verschiedene Verhältnisse des Volumens und der Oberfläche zu ihrer Masse oder Schwere bestehen, jene Abstossungskräfte, combinirt mit den sonstigen Gesetzen der Bewegung, welche jene Theilchen mit der ganzen Cometenmasse gemeinsam erfahren, aus ihnen ganz verschiedene Gruppen von Schweifbildungen hervorrufen werden.

Die geradlinigen Schweife, welche sich am nächsten der Richtung der Abstossungskraft der Sonne anschliessen, werden aus derjenigen Art von Theilchen bestehen, welche die stärkste Abstossung erfahren, also etwa die geringste Dichtigkeit haben, die anderen Schweife etwa aus Gruppen von Molekülen, welche um Beträchtliches dichter sind, u. s. w.

In der Zukunft wird es also von besonderer Bedeutung sein, das Licht der verschiedenen Theile und Verzweigungen dieser eigenthümlichen Bildungen möglichst gesondert zu analysiren, was allerdings neue Vervollkommnungen der spektralanalytischen Einrichtungen erfordern wird.

Das Vorhandensein grosser Mengen absorbirter Gase in den Meteorkörpern, welche in ganz denselben Bahnen wandern wie die Cometen, ist nicht nur bei der chemischen Analyse der bis zur Erdoberfläche herabgekommenen Bruchstücke solcher Körper konstatirt worden, sondern auch die eigenthümlichen Licht- und Explosions-Erscheinungen, welche bei vielen dieser Meteore in unserer Atmosphäre vor dem Herabkommen beobachtet worden sind, deuten mit Sicherheit auf das durch hohe Temperaturen bewirkte Freiwerden von Gasmengen hin, die sich in solchen kleinen Himmelskörpern absorbirt oder eingeschlossen finden.

Aus einem mehr oder minder losen Gemenge von solchen Körpern scheinen aber die Cometenkerne zu bestehen, was auch schon daraus hervorgeht, dass sie niemals, wie die festen, undurchsichtigen Planeten und Monde, eine Lichtphase (Sichelgestalt) auf der der Sonne zugekehrten Seite erkennen lassen, sondern eher eine nach der Mitte verdichtete Lichtmasse darstellen. Jeder kleinere lose Theil hat vielleicht eine der Sonne zugekehrte Lichtphase; — denn sie leuchten sicherlich, wie oben erwähnt, zu einem erheblichen Theil mit reflectirtem Sonnenlicht; — aber das ganze Conglomerat ist von der Sonne vollständig durchleuchtet. Es ist nun klar, dass eine solche Gesammtheit von kleinen Körpern, welche aus dem fernsten kalten Weltraum sehr schnell in die Gluthnähe der Sonne kommen, nicht geschützt wie die Planeten durch atmosphärische Hüllen, durch die jähe Erwärmung sehr grosse Veränderungen erfahren müssen, wobei nothwendig ein Theil der in ihnen enthaltenen Gase frei werden und das Material für die eigenthümlichen Licht- und Schweifentwickelungen hergeben muss.

So unentwickelt noch alle diese Ideen über die Cometenerscheinungen sind, so wird man doch zugeben, dass jetzt schon etwas Methode darin ist und jedenfalls genug, um den künftigen Messungen wichtige Fingerzeige zu geben.

Juli 1882.

Cometen, Mond und Erde.

Seit dem Abschluss des ersten dieser astronomischen Vierteljahresberichte hat unsere Kenntniss der Cometen-Erscheinungen eine sehr wesentliche Bereicherung erfahren durch die merkwürdigen Wahrnehmungen, welche das Spektroskop in dem Lichte des neuesten, im Februar dieses Jahres von Wells in Nordamerika entdeckten Cometen ermöglicht hat.

Die Bahn dieses Cometen war bald nach seiner Entdeckung als eine sehr verheissungsvolle erkannt worden, da sie ihn in eine ungewöhnliche Sonnennähe führen musste und somit eine sehr bedeutende Entwickelung aller Ausströmungs- und Glüh-Erscheinungen hoffen liess, welche die Sonnennähe an den Cometen hervorruft.

Allerdings haben sich in dieser Beziehung einzelne Astronomen, welche den sensationellen Theil der astronomischen Berichterstattung besonders cultiviren, einer zu lebhaften Erwartung hingegeben und durch eine etwas unvorsichtige Verkündigung derselben die sonst so wohlbegründete Autorität astronomischer Voraussagungen vorübergehend getrübt. Indessen konnten selbst die ruhigeren Fachgenossen, darüber befragt, die Möglichkeit, ja die Wahrscheinlichkeit einer ungewöhnlich hellen Lichtentwickelung des Cometen Wells um so weniger in Abrede stellen, als in früheren Fällen die Steigerung des Glanzes der Cometen bei wachsender Annäherung an die Sonne alle sonst plausiblen Vorausberechnungen noch zu übertreffen pflegte.

Bekanntlich hat aber der Comet Wells weder vor dem Durchgange durch die Sonnennähe, da sein Anblick für uns durch die Helligkeit der Dämmerung am Nordhimmel stark beeinträchtigt wurde, noch in der Sonnennähe selbst einen solchen Glanz erreicht, dass er eine irgendwie auffallende Erscheinung für die nördlichen Zonen gebildet hätte.

Dagegen hat er nach der Sonnennähe auf der südlichen Erdhalbkugel, wie ein Telegramm des kaiserlichen Astronomen, Don Pedro von Brasilien, an die Pariser Akademie gegen

Mitte Juni bezeugt hat, mit einem Schweife von 45 Grad Länge für Jedermann eine mächtige Erscheinung dargeboten.

Die Astronomen haben ihn auch in unseren Breiten am hellen Tage unfern der Sonne wahrgenommen, und schon vorher mit zunehmender Annäherung an die Sonne hat er, abweichend von allen bisher spectralanalytisch untersuchten Cometen, eine ganz eigenartige Lichtentwickelung erkennen lassen, deren Besonderheit vielleicht der erwarteten Hervorbildung einer ungewöhnlichen Gesammtlichtstärke hinderlich gewesen ist.

Bisher war bei denjenigen Cometen, welche hinreichend hell waren, um die genauere Zerlegung und Untersuchung ihres Lichtes zu ermöglichen, ausnahmelos gefunden worden, dass dieses Licht sich einestheils aus reflectirtem Sonnenlichte, anderntheils aus dem Licht solcher glühenden Gase zusammensetzte, welche der Gruppe der Verbindungen von Kohlenstoff und Wasserstoff, vielleicht unter Hinzukommen von Stickstoff, angehören.

Der Comet Wells dagegen hatte zwar bei den ersten Lichtanalysen, welche mehrere Wochen vor seiner grössten Sonnennähe angestellt wurden, eine gewisse Aehnlichkeit mit diesen bisher an anderen Cometen beobachteten Spectral-Erscheinungen erkennen lassen, — denn innerhalb eines ungewöhnlich hellen, dem reflectirten Sonnenlicht angehörenden Spectrums hatten auch bei ihm gewisse Besonderheiten der Intensitätsvertheilung deutlich auf die Anwesenheit des Lichtes von glühenden Kohlenstoff-Wasserstoff-Verbindungen hingewiesen; aber mit steigender Annäherung an die Sonne sind dann die Spuren dieses letzteren Lichts immer mehr zurückgetreten, während der Comet an derjenigen Stelle der Lichtwellen-Reihe, welcher das charakteristische Licht glühender Natriumdämpfe (z. B. der mit Kochsalz getränkten Flammen) angehört, ein äusserst intensives Leuchten entwickelt hat.

Diese Erscheinung ist um so wichtiger geworden, als bekanntlich das Licht der glühenden Natriumdämpfe besonders scharf und sicher daran erkannt wird, dass sich bei mässiger Stärke der Zerlegungsmittel der demselben eigenthümliche gelbe Lichtstreifen in zwei einander sehr nahe liegende feinere Lichtlinien auflöst. Wenn es also gelang, an dem hellen gelben Lichtstreifen, welcher sich in dem Spectrum des Cometen an der für das Natriumlicht charakteristischen Stelle erkennen liess, durch Verschärfung der bisher zur Zerlegung des Cometenlichtes angewandten Mittel dieselbe Trennung in zwei Lichtlinien nachzuweisen, welche das Natriumlicht so unverkennbar macht, so war damit der Beweis, dass das letztere in dem Gesammtlichte des Cometen wirklich enthalten sei, in einer Strenge erbracht, welche bisher im Sinne der Identifizirung wesentlicher Theile des Eigenlichtes der Cometen mit dem Lichte gewisser glühender Gase noch nicht erreicht worden war.

Mit steigender Intensität des Lichtes des Cometen Wells gelang es wirklich Vogel in Potsdam, den hervorstechenden gelben Lichtstreifen in dem Spectrum desselben in die beiden feinen Lichtlinien zu zerlegen und hierdurch so wie durch die weiteren von ihm beobachteten Details den Nachweis zu führen, dass nicht blos an dem Leuchten des Kopfes sondern auch des Schweifes dieses Cometen das Licht glühender Natriumdämpfe einen sehr wesentlichen Antheil hatte. Dieses Gaslicht war nämlich in allen Theilen des Cometen in solcher Intensität enthalten, dass, nachdem Vogel die Vorkehrung getroffen hatte, alles andere von dem Cometen kommende Licht als das Natriumlicht fast ganz auszuschliessen, dennoch alle Umrisse und Details der Erscheinung fast ebenso vollständig und deutlich erkannt wurden wie bei der unbeschränkten Zulassung aller anderen von dem Cometen zurückgestrahlten oder ausgestrahlten Lichtarten.

Dieser Nachweis, an welchem sich auch Dunèr in Lund, Copeland bei Aberdeen, Hasselberg in Pulkowa u. A. betheiligten, in Verbindung mit dem vorher beobachteten Erscheinen von Spuren des Lichtes von Kohlenstoff-Wasserstoff-Verbindungen und dem späteren Zurücktreten dieses Lichtes beim Beginn der Hervorbildung des Natriumlichtes, enthält nun, wie Hasselberg in Pulkowa auf Grund bereits bekannter elektrischer Wahrnehmungen und eigener entsprechender Untersuchungen hervorgehoben hat, eine sehr wichtige Bestätigung der schon längst geahnten elektrischen Natur eines grossen Theiles der Cometen-Erscheinungen, und zwar tritt der ganze Vorgang in dem besondern vorliegenden Falle in eine einleuchtende Beziehung zu der besonderen Natur der Bahn des Cometen, nämlich zu der ungewöhnlichen Annäherung desselben an die Sonne und zu der dadurch bedingten Stärke gewisser Temperaturwirkungen.

Wenn man nämlich in einer mit verdünnten Gasen solcher Art, wie Kohlenstoff, Wasserstoff und Stickstoff, angefüllten Geisler'schen Röhre, in welcher durch elektrische Entladungen das Glühen dieser Gase hervorgerufen und das eigenthümliche Licht derselben mit dem Spectroskop deutlich beobachtet worden ist, die Temperatur so weit steigert, dass sich auch aus gewissen in der Röhre oder in ihren Wänden enthaltenen metallischen Substanzen, wie Natrium, Dämpfe entwickeln, so verändert sich mit dem Erscheinen letzterer Dämpfe der Charakter des Lichtes der elektrischen Entladung in solchem Sinne, dass das Licht der erstgenannten, zu Anfange in den elektrischen Entladungen glühenden Gase fast vollständig verschwindet, und die letzterwähnten Dämpfe, z. B. Natriumdämpfe, fast ausschliesslich die Träger der Lichterscheinungen der elektrischen Entladungen werden.

Es ist nicht nöthig, irgend etwas hinzuzufügen, um die Uebereinstimmung dieser experimentellen Thatsachen mit den bei dem Cometen Wells beobachteten Vorgängen nachzuweisen.

Schon die in dem vorigen Vierteljahresbericht erwähnte photographische Aufnahme des Spectrums des hellsten Cometen von 1881 durch Huggins hatte übrigens einen sehr erheblichen, wenn auch nicht so zwingenden Hinweis wie den vorstehend erörterten auf die elektrische Natur vieler Vorgänge bei den Cometen-Erscheinungen gegeben.

Die durch Huggins' photographische Aufnahme bedeutend verschärfte und vervollständigte Charakterisirung der bezüglichen Lichterscheinungen hatte es nämlich sehr wahrscheinlich gemacht, dass das bis dahin in den Cometen beobachtete Eigenlicht von glühenden Gasen einer ganz besonderen Verbindung von Kohlenstoff, Wasserstoff und Stickstoff entstamme, und Berthelot in Paris hatte sodann hervorgehoben, dass gerade diese besondere Verbindung kaum anders als in Gegenwart elektrischer Entladungen überhaupt beobachtet werde.

Wir sind somit der Erkenntniss sowohl der stofflichen als der dynamischen Natur der cometarischen Lichtphänomene ansehnlich näher gerückt. Es wird sich nun weiter darum handeln, zu untersuchen, in welcher besonderen Weise die elektrischen Entladungen vom Cometen nach der Sonne hin und die sich daran knüpfenden Vorgänge der Schweifbildung u. s. w. wirklich zustande kommen.

In der Gesammtheit der von den bisherigen Messungen der Astronomen an den Cometen festgestellten Thatsachen, mit deren mathematischer Zusammenfassung vor nahezu fünfzig Jahren Bessel einen gefeierten Anfang gemacht hatte, sind keinerlei Schwierigkeiten gegen die vorstehend erörterten Folgerungen enthalten; vielmehr waren aus jenen bereits zahlreiche Andeutungen derselben Zusammenhänge gewonnen worden, welche nunmehr durch spektralanalytische und elektrische Forschung tiefere Bestätigung zu finden beginnen.

Wie schon am Schlusse des vorigen Vierteljahresberichtes angedeutet wurde, beginnen auch die hinsichtlich der Cometenbahnen erlangten Ergebnisse der astronomischen Forschung ein allgemeineres Interesse in Anspruch zu nehmen.

Zunächst wiederholen sich mit der Vermehrung der Anzahl der bekannten Cometenbahnen die Fälle häufiger, in welchen ein neu entdeckter Comet in einer bereits bekannten Bahn wandelnd befunden wird, ohne dass er mit einem der früher in dieser Bahn beobachteten Cometen identisch ist.

Früher war das Verfahren und die Schlussweise der Astronomen in dieser Beziehung ziemlich einfach folgendermassen gewesen. Sobald es gelungen war, die Bahn eines neu entdeckten Cometen zu berechnen, verglich man dieselbe mit den sämmtlichen, in ein übersichtliches Verzeichnis gebrachten Bahnen der bereits erschienenen Cometen. Fand man darin einen anderen Cometen von ähnlicher Lage und Gestalt der Bahn, so nahm man in erster Linie an, dass beide, der neue und der alte, identisch seien, und dass zwischen ihrem Erscheinen ein oder mehrere Umläufe stattgefunden hätten. Auf diese Weise gelang es in der That in den meisten Fällen, die beobachteten Erscheinungen in Uebereinstimmung zu bringen und die Umlaufszeiten, für deren unmittelbare Berechnung aus den Bewegungen eines Cometen während einer und derselben Erscheinung das Beobachtungsmaterial nur selten hinreichenden Anhalt bot, mit Sicherheit festzusetzen.

Durch solche Erfolge hatte sich dieser Schlussprocess so eingebürgert, dass er zuweilen sein deductives Recht auch in solchen Fällen zu behaupten suchte, in welchen die Sache ganz anders lag. Als z. B. im Frühjahr 1881 ein Comet entdeckt wurde, dessen Bahn sich sehr bald als ungemein übereinstimmend mit der Bahn des grossen Cometen von 1807 erwies, wollte man durchaus, obgleich für letzteren schon Bessel aus den sehr vollständigen Beobachtungen von 1807 eine Umlaufszeit von etwas mehr als 1500 Jahren mit grosser Sicherheit berechnet hatte, beide Cometen als identisch betrachten und diese 1500 Jahre auf 74 Jahre verkürzen. Erst die genauere Untersuchung der Bahn des 1881 erschienenen Cometen, für welchen sich ebenfalls eine Umlaufszeit von mehr als tausend Jahren ergab, setzte dieser missverständlichen Verallgemeinerung ein Ziel und vermehrte definitiv um ein sehr eklatantes Beispiel die Anzahl der Fälle, in welchen bereits erkannt worden war, dass sich in einer und derselben Bahn in beliebigen Abständen hinter einander mehrere verschiedene Cometen bewegen, deren Umlaufszeiten, verglichen mit den zwischen ihrem Erscheinen in der Sonnennähe beobachteten Zeiträumen, jede fernere Vermuthung ihrer Identität ausschliessen.

Schon vor dem öfteren Vorkommen dieser Fälle, welches, wie oben bereits angedeutet, eine Folge der wachsenden Anzahl der bekannten Bahnen, aber auch der wachsenden Vollständigkeit der Neuentdeckungen von Cometen zu sein scheint, hatte Hoek in Utrecht darauf aufmerksam gemacht, dass, wenn man die Kennzeichen der Aehnlichkeit der Bahnen auf die übereinstimmende Richtung der Bahnachsen einschränkt, durch welche in grosser Ferne von uns der Ursprungsort der sich in nahe parabolischen Bahnen bewegenden Cometen im Himmelsraume ungefähr angegeben wird, gewisse Gruppen von Bahnen existiren, welche auf eine gemeinsame Herkunft der in ihnen wandernden Cometen aus gewissen Gegenden des Himmelsraumes hindeuten.

Alle diese Wahrnehmungen und Verallgemeinerungen vereinigen sich immer mehr zur Bestätigung der geistvollen Hypothesen von Schiaparelli über das Vorhandensein von Schaaren kleinster Weltkörper, welche das Sonnensystem auf seinem Fluge durch den Weltenraum begleiten, und aus denen in gewissen Cometen- und Meteorstrassen die Anziehung des Sonnensystems unablässig grössere oder kleinere Haufen oder Gruppen von Wanderern herabzieht, welche sich entweder nach kurzem Glühprocess in der Atmosphäre der Planeten oder der Sonne mit diesen Weltkörpern vereinigen oder nach kurzem Umschwung um die Sonne, wobei sie uns durch ungewöhnlich intensive Lichtprozesse sichtbar werden, wieder in die Nähe ihres Ursprunges zurückkehren oder endlich durch die Anziehungen der Planeten, an denen sie nahe vorbeiziehen, Bahnen von kürzerer Umlaufzeit erhalten und so zu sagen Glieder unseres Planetensystems werden, ohne an dessen Entwickelung theilgenommen zu haben.

Eine eigenthümliche Schwierigkeit bieten in obiger Beziehung zur Zeit die beiden grossen Cometen von 1843 und von 1880. Beide haben eine in Gestalt und Lage sehr nahe übereinstimmende Bahn, welche dadurch sehr merkwürdig ist, dass beide Cometen in der grössten Sonnennähe beinahe die Oberfläche des Sonnenkörpers berühren und infolge dessen nach dem Durchgange durch die Sonnennähe enorme Schweifentwickelungen zeigen, nachdem sie dicht bei der Sonne jähe Glüherscheinungen erfahren haben.

Der Zeitraum zwischen beiden Erscheinungen würde auf eine 37jährige Umlaufszeit deuten, wenn man beide Cometen nach dem sonstigen Verlauf ihrer Bewegungen als identisch betrachten könnte. Bisher schienen aber einer solchen Annahme die Bewegungen des Cometen von 1843 insofern zu widersprechen, als sie sich mit einer so kurzen Umlaufszeit nicht wohl vereinigen liessen. Man musste daher zunächst die andere Alternative für wahrscheinlicher halten, dass nämlich die beiden Cometen, wie die von 1807 und 1881, verschiedene Körper seien, die nur in einer und derselben Bahn einhergehen. Hierfür schien auch der Umstand zu sprechen, dass man bei einer 37jährigen regelmässigen Wiederkehr auch vor 1843 den Cometen schon mehrmals hätte bemerken müssen, während sich doch keine früher beobachtete Erscheinung ohne einen gewissen Zwang in diese Umlaufszeit schickt; andererseits wurde hervorgehoben, dass bei der besonderen Lage dieser Bahn sehr wohl viele frühere Erscheinungen unbeobachtet vorübergehen konnten.

Da nun aber diese Bahn wegen der grossen Annäherung an die Sonne, welche den Cometen durch die Region der Protuberanzen und der Corona hindurchführt, für viele Fragen von besonderer Wichtigkeit ist, insbesondere bei einer gegenwärtig 37jährigen Umlaufszeit ausserordentliche Bedeutung gewinnen würde, ist man jetzt mit einer sehr eingehenden rechnerischen Prüfung der Frage, ob die beiden Cometen identisch oder nur von derselben Herkunft seien, beschäftigt, worüber bald näher zu berichten sein wird.

Die fernen Regionen, aus welchen die Cometen herkommen und in welche sie zum grössten Theil vorübergehend oder dauernd zurückkehren, gehören den Zwischenräumen zwischen unserem Sonnensystem und den übrigen Sonnen- oder Stern-Systemen an. Aus der Vertheilung der Cometen-Bahnen im Raum werden wir daher künftig auch gewisse Aufschlüsse über die Bewegungsverhältnisse in jenen gewaltigen dunkeln Zwischenräumen erhalten können, für welche uns sonst jedes Erkenntnissmittel fehlt. Man kann nämlich aus der Gestalt der meisten Cometenbahnen, die uns zu Gesichte kommen, mit hoher Wahrscheinlichkeit entnehmen, dass diese Weltkörper sich in der weiten Ferne, aus der sie herkommen, sehr nahe in derselben Richtung und mit derselben Geschwindigkeit bewegen wie unser Sonnensystem selbst, mit andern Worten, dass sie beim Beginn ihrer unter den Anziehungswirkungen des letzteren beschriebenen Bewegungen sich in relativer Ruhe gegen dasselbe befunden haben. Es wird nun künftig von unvergleichlichem Reiz sein, aus den Vertheilungsgesetzen im Raume, welche uns die wachsende Zahl von bekannten Cometenbahnen allmählich kundgiebt, zu entnehmen, ob und wo sich im Himmelsraume um uns herum gewisse Lücken dieses Zuflusses von kleinen Weltkörpern oder gewisse Differenzen der Richtung und Geschwindigkeit der Bewegung derselben gegen die Bewegung unsers Sonnensystems zeigen oder hervorbilden werden. Die bisherigen Untersuchungen dieser Art entbehren theils noch genügend reichen Materials, theils einer vollständigen Berücksichtigung aller Einflüsse, welche bei einer solchen Statistik der Bahnen in Frage kommen, wenn für das vorstehend erörterte Problem möglichst reine Thatsachen zu Grunde gelegt werden sollen. —

Nun genug von den Cometen! wird man uns zurufen. Wir können aber diesen Gegenstand nicht verlassen, ohne wenigstens eine kurze Erwähnung dem „Cometen Khedive“ zu gönnen, mit welchem uns unsere englischen und französischen Fachgenossen beschenkt haben, die am oberen Nil die Sonnenfinsterniss vom 17. Mai d. J. beobachteten, kurz bevor es dort sehr ungemüthlich zu werden begann. — Auf den bisher veröffentlichten Darstellungen des Anblickes, welchen jener Comet während der totalen Sonnenfinsterniss gewährte, befindet sich derselbe in einer etwas bedenklichen Nähe zu den mancherlei Streifen und Strahlen der sogenannten Corona der Sonne, so dass eine sichere Identificirung des bezüglichen Gebildes mit einem Cometenschweife schwierig zu sein scheint. Indessen muss man die ausführlichen Publikationen abwarten, bevor man einen solchen Zweifel ernstlich ausspricht. Weder auf der nördlichen noch auf der südlichen Hemisphäre hat man seitdem etwas von dem weiteren Laufe eines solchen Cometen gesehen.

In Betreff der weiteren Ergebnisse, welche dieselbe astronomische Expedition für die Erforschung der solaren Zustände und für die Lösung grosser Spectralfragen gehabt hat, muss zur Zeit auch noch eine gewisse Einschränkung des Urtheils geübt werden, bis ausführlichere Publikationen darüber vorliegen.

Keinesfalls darf man es den ausgezeichneten Fachmännern, welche sich um die Beobachtung jener totalen Sonnenfinsterniss so viel Mühe gegeben haben, nachtragen, dass die Telegramme, in welchen bei solchen Gelegenheiten die thatsächlichen Mittheilungen schon durch ihre Zusammendrängung den Charakter von Posaunenstössen annehmen, dem grossen Publikum den Eindruck gemacht haben, als ob die Astronomie durch diese Expedition um ein ganzes Jahrhundert vorwärts gekommen sei.

Wer seine Kenntnisse von den Fortschritten der Wissenschaften lediglich aus der Tagespresse oder aus gewissen wissenschaftlichen Organen, wie den Sitzungsberichten der Pariser Akademie, entnimmt, welche an ephemerem und unkritischem Charakter mit beliebigen Feuilletons wetteifern, der thut es auf seine eigene Gefahr.

Was soll man aber dazu sagen, wenn die in dem erwähnten Telegramm jener ägyptischen Expedition enthaltene Bemerkung hinsichtlich der Auffindung einer Mondatmosphäre der Redaktion eines namhaften populär-naturwissenschaftlichen Blattes in Deutschland solchen gewaltigen Eindruck macht, dass sie einem jungen Mitarbeiter einen Aufsatz über den Mond zurückgibt mit der Bemerkung, das sei nun alles seit dem Tage der oberägyptischen Sonnenfinsterniss veraltet!

Es ist eine ziemlich schwierige Aufgabe, bei Gelegenheit einer Sonnenfinsterniss in der Nähe des Mondrandes solche Lichtabsorptionen nachzuweisen, welche lediglich durch eine Mondatmosphäre hervorgebracht sein können; denn man hat es dabei zugleich mit den stark veränderlichen und selbst an einander benachbarten Stellen sehr verschiedenen Absorptionen zu thun, welche das am Mondrande vorbeigehende Licht schon in der Sonnen-Atmosphäre selbst erleidet, und die Trennung dieser verschiedenen Erscheinungen dürfte nur durch zahlreiche Wiederholungen der bezüglichen Beobachtungen möglich sein.

Glücklicherweise ist die Erforschung der Zustände des Mondes nicht wesentlich von Beobachtungen solcher Art abhängig, und der Gründe für das Vorhandensein einer Mondatmosphäre, wenn auch einer an Dichtigkeit und Ausdehnung im Vergleich mit der Erdatmosphäre bedeutend zurückstehenden, sind so viele und triftige vorhanden, dass daneben von einer epochemachenden Bedeutung der vereinzelten Beobachtungen vom 17. Mai nicht die Rede sein kann. Es ist stets nur eine populäre Uebertreibung gewesen, wenn gesagt worden ist, der Mond habe gar keine Atmosphäre; die wissenschaftliche Form der betreffenden Annahmen hat nur besagt, der Mond habe aller Wahrscheinlichkeit nach eine Atmosphäre, deren Dichtigkeit einen gewissen kleinen Bruchtheil der Dichtigkeit unserer Atmosphäre nicht übersteige.

Ein ganz anderes Interesse als das der astronomischen Expeditionen können zur Zeit die von Hopkins und Sir William Thomson eingeleiteten und von G. H. Darwin in Cambridge umfassender durchgeführten Untersuchungen beanspruchen, welche nicht nur die Bewegungen des Mondes und die Einflüsse seiner Anziehungskraft auf die irdischen Zustände und Bewegungen, sondern auch die Rückwirkungen der letzteren auf die Mondbewegungen zum Gegenstande haben und dabei weite kosmogonische Ausblicke eröffnen. Unter dem für uns etwas geschmacklos klingenden Titel: „A glimpse through the corridors of time“ hat vor einiger Zeit Ball in Dublin diese Untersuchungen in populärer Form zur Sprache gebracht, und es dürfte daher nicht abzuweisen sein, auch an dieser Stelle darüber zu reden, obwohl dieselben nach Methode und Ergebnissen noch so viel Hypothetisches haben, dass es rathsam ist, dies mit aller Vorsicht und Zurückhaltung zu thun. Gewiss kann man mathematisch-physikalische Spekulationen dieser Art, in welchen die geophysische Forschung mit den astronomischen Resultaten in innigeren Kontakt tritt, um auch die fernste Vergangenheit und Zukunft irdischer Zustände heller zu beleuchten, nicht freudig genug begrüssen; aber grade wegen des grossen Verdienstes und der grossen Wichtigkeit solcher Arbeiten muss man sich hüten, sie dadurch zu discreditiren, dass man ihnen, was bei der Darstellung in zweiter und dritter Hand so leicht geschieht, einen höheren Grad von Sicherheit und Evidenz zuschreibt, als sie selbst beanspruchen. —

Das Problem ist im Wesentlichen das folgende:

Jedes Massentheilchen der Erde wird auch von den Anziehungskräften der Himmelskörper mit einer besonderen Intensität und in einer besonderen Richtung, entsprechend seiner jeweiligen Entfernung und Lage zu den betreffenden Himmelskörpern, beeinflusst. Diese Verschiedenheiten der Intensität und Richtung der Anziehungswirkungen für verschiedene Massentheilchen der Erde sind aber nur von Erheblichkeit bei den Wirkungen des Mondes wegen seiner im Vergleich zu den Dimensionen der Erde nicht sehr grossen Entfernung und in merklich geringerem Maasse bei den Wirkungen der Sonne wegen der ausserordentlichen Stärke ihrer Anziehungskraft, trotz ihrer gegen die Dimensionen der Erde schon sehr grossen Entfernung.

Von den Gestaltänderungen, welche die Erde infolge jener, innerhalb ihrer Dimensionen merklichen Verschiedenheiten der Anziehungswirkungen erfährt, hatte man bisher etwas näher nur die Gestaltänderungen ihrer tropfbar flüssigen Oberflächenschichten (die Gezeiten) untersucht; die entsprechenden Wirkungen auf die gasförmige Umhüllung, auf die feste Erdrinde und auf den eigentlichen Erdkern waren nur ganz summarisch und beiläufig in Rechnung gezogen worden.

Bei der festen Erdrinde und dem Erdkern hatte man jene von der Stellung des Mondes und der Sonne abhängigen, also periodischen Gestaltänderungen oder Gezeiten auch um so eher vernachlässigen zu dürfen geglaubt, als diejenigen Störungen der Drehungsbewegungen des ganzen Erdkörpers, in denen bei Voraussetzung einer im Wesentlichen unveränderlichen Gestalt und Massenanordnung desselben das Ergebniss der erwähnten Verschiedenheiten der Anziehungswirkungen nach verhältnissmässig einfachen Gesetzen zu Tage treten muss, welche schon längst von den Astronomen am Himmel beobachtet und bei immer genauerer Untersuchung immer vollständiger in Uebereinstimmung mit der Theorie und mit den Ergebnissen anderweitiger Messungen, betreffend Massenvertheilunng und Gestalt der Erde, befunden worden waren.

Sir William Thomson war der Erste, welcher die Richtigkeit der bisherigen Annahme der Unmerklichkeit periodischer Gestaltänderungen der Erdrinde und des Erdkernes eingehender in Erwägung zog und es wahrscheinlich machte, dass auch die sogenannte „feste Erde“ periodische Gestaltänderungen, analog den Gezeiten des Meeres, erfahre. Er wies ferner darauf hin, dass durch solche Gestaltänderungen die letzteren Gezeiten merklich beeinflusst werden müssten, und dass die Berücksichtigung dieser Einflüsse gewisse Abweichungen zwischen der Beobachtung und der Theorie der Ebbe und Fluth zu vermindern dienen könne.

Es liegt auf der Hand, dass solche periodische und von der jedesmaligen Stärke der Anziehungskräfte, besonders des Mondes, also von der Mondnähe abhängige Gestaltänderungen der festen Erdrinde Wasser auf die Mühle der Erdbeben - Propheten sein mussten, und es lässt sich auch nicht leugnen, dass damit ein Zusammenhang zwischen der Häufigkeit der Erdbeben und dem Eintritt der für die Gezeiten-Erscheinungen günstigen Stellungen von Mond und Sonne eine gewisse innere Wahrscheinlichkeit gewinnen würde. Ob aber wirklich zwischen kleinen periodischen Gastaltänderungen der festen Erdrinde und dem Eintritt von Erdbeben ein ursächlicher Zusammenhang von relativer Erheblichkeit oder auch nur von auslösender Bedeutung obwaltet, wird nur eine, lange Zeit hindurch fortgesetzte, sehr vollständige und sachverständige Statistik der betreffenden Erscheinungen entscheiden können, wobei gleichzeitig auch für die Bestätigung oder Widerlegung von Thomson's Schlussfolgerungen Erfahrungsmaterial zu gewinnen sein wird. Die bisherige Statistik der Erdbeben, welche in der That einen gewissen Einfluss der Anziehungswirkungen der Sonne und des Mondes auf die Häufigkeit der Erdbeben zu erweisen schien, kann wegen ihrer Unvollständigkeiten und Ungleichartigkeiten offenbar noch nicht als spruchfähig betrachtet werden.

In Verfolg der Arbeiten Thomson's hatte dann G. H. Darwin das ganze Problem noch tiefer untersucht, indem er den Einfluss der in Form von Gezeiten zu Tage tretenden periodischen Gestaltänderungen, einschliesslich der Gezeiten der Gewässer, auf die Drehungsgeschwindigkeit der Erde, andrerseits ihren reciproken Einfluss auf die Umlaufszeit des Mondes näher in Rechnung zog. Seine Resultate bestehen hier im Wesentlichen darin, dass nicht nur ursprünglich die Umdrehungszeit der Erde und die Umlaufszeit des Mondes bei unmittelbarer Nachbarschaft der beiden Weltkörper identisch gewesen sind, sondern dass beide Perioden einer solchen Gleichheit gegenwärtig auch wieder zustreben. Die Zahlenangaben, welche näherungsweise für die bezüglichen Zeiträume so wie für die schliessliche Umdrehungszeit der Erde von ihm errechnet wurden, sind natürlich noch sehr hypothetischen Charakters; aber auch sie müssen im Verein mit der ganzen Methode der Untersuchung als eine erste Spur von festeren Anhaltspunkten der Forschung auf einem Gebiete begrüsst werden, auf welchem es bisher an Versuchen zu consequenten Maassbestimmungen fast gänzlich gebrach. Einiges Nähere in unserem folgenden Bericht.

Die neu entdeckten Mars-Monde werden in dieser Reihe von Untersuchungen auch von besonderer Bedeutung werden, wie denn überhaupt der hohe Reiz und Gewinn solcher Arbeiten auch darin besteht, dass sie entzückende Perspektiven folgerichtigen Zusammenhanges für die Ergebnisse von Messungen eröffnen, welche bisher vereinzelt und verhältnissmässig aussichtslos dastanden, und deren erfolgreiche Fortsetzung ein Zusammenwirken Vieler in den verschiedensten Gegenden der Erde verlangen wird.

Möge das Menschengeschlecht nicht in tantalischem Leid an der Schwelle solcher und ähnlicher herrlicher Erkenntnissentwickelungen durch erneutes Versinken in bestialische Feindseligkeiten sich der reifsten Früchte bisheriger Gesittung beraubt sehen! —

November 1882.

Weitere Ergebnisse der spectralanalytischen Untersuchungen des Cometen-Lichtes an dem September-Cometen von 1882. Bedeutung dieser letzteren Cometen-Erscheinung für zahlreiche andere Fragen, zunächst für die Frage des Vorkommens mehrerer Cometen in einer und derselben Bahn. — Verschwinden des Cometen vor der Sonnenscheibe. — Umlaufszeit des grossen Cometen von 1874. — Begründung einer europäischen Centralstelle für das astronomische Nachrichtenwesen zu Kiel. — Vollständigere Darlegung der neueren Untersuchungen über den Einfluss der Anziehung des Mondes und der Sonne auf die Erde und die Rückwirkungen der dadurch bedingten Gestaltänderungen der Erde auf die Bewegungen des Mondes; Folgerungen, welche sich hieraus für die übrigen Planeten und ihre Monde ergeben. — Neueste Bestimmung der Lichtgeschwindigkeit.

Ehe ich auf die Untersuchungen von G. H. Darwin zurückkomme, über welche ich am Schlusse des vorangehenden Berichtes einiges Nähere mitzutheilen versprach, habe ich auf Grund der neuesten Cometen-Beobachtungen einige Zusätze zu demjenigen zu machen, was ich in demselben Berichte hinsichtlich der Lichterscheinungen und der Bahnen der Cometen darzulegen versuchte.

Zunächst hat die neueste sehr glänzende und merkwürdige Cometen-Erscheinung, welche in der ersten Hälfte des Oktober vor Beginn der Morgendämmerung am südöstlichen Himmel bewundert werden konnte und auch jetzt noch mit einem sehr ansehnlichen Schweife sichtbar ist (Anfang November), in einer fast ergreifenden Weise dasjenige bestätigt, was nach Vogel, Hasselberg u. A. aus der Lichtanalyse bei dem vorangehenden Cometen Wells sich ergeben hatte.

Während bei dem letzteren der mit Spectral-Apparaten wohlausgerüsteten nördlichen Erdhalbkugel nur die Beobachtungen vor der Sonnennähe zufielen und daher nur diejenige Entwickelung der Lichterscheinungen feiner analysirt werden konnte, welche beim Ansteigen der Wärmewirkungen in Fällen ungewöhnlicher Annäherung der Cometen an die Sonne eintritt, war bei dem neuesten Cometen, der eine noch grössere Annäherung an die Sonne erreichte, das Umgekehrte der Fall. Er wurde zuerst von den Sternwarten der südlichen Halbkugel wahrgenommen, und zwar bereits am 8. September am Kap der guten Hoffnung; die nördlichen Sternwarten konnten jedoch, zum Theil infolge mangelhafter Benachrichtigung, zum Theil infolge anhaltender und weitverbreiteter Trübungen der Luft, Spectral-Beobachtungen nicht vor dem 18. September ausführen, nachdem der Comet bereits die Sonnennähe passirt hatte.

Am 18. September beobachtete Thollon auf der Sternwarte des Herrn Bischofsheim bei Nizza, während der Comet am hellen Tage unfern der Sonne mit blossem Auge gesehen werden konnte, dass das Licht desselben ausser reflectirtem Sonnenlicht fast nur das Licht glühender Natriumdämpfe enthielt. Wenigstens traten alle andern Lichtspuren gegen jene beiden Lichtquellen bei dieser Tagbeobachtung gänzlich in den Hintergrund, wogegen das Natriumlicht eine enorme Helligkeit zeigte, so dass die Auflösung in die beiden für dasselbe charakteristischen Lichttöne diesmal mit aller Leichtigkeit gelang.

Ausserdem war eine sehr gute Vergleichung der Lage dieser Lichttöne im Spectrum mit der Lage der entsprechenden Absorptionslinien im Sonnenspectrum möglich, wobei sich ergab, dass die ersteren gegen die letzteren um einen Betrag verschoben waren, welcher durch die Geschwindigkeit der Bewegung des Cometen erklärlich schien.

Seit jenem Tage haben nun eine grosse Anzahl von weiteren Spectralbeobachtungen an dem Cometen stattgefunden. Da hat sich denn, besonders aus den schon veröffentlichten Beobachtungen von Vogel in Potsdam und von Ricco in Palermo ergeben, dass mit zunehmender Entfernung des Cometen von der Sonne genau dasjenige eingetreten ist, was man aus den in umgekehrtem Verlauf erfolgten Beobachtungen des vorangegangenen Cometen bereits schliessen konnte. Das Natriumlicht ist allmälig erloschen, und das Licht derjenigen Gase von dem Hydrocarbon-Typus, welches sonst in grösseren Entfernungen von der Sonne alle bisher analysirten Cometen-Erscheinungen charakterisirt hat, ist alsdann mit besonderem Glanz wieder in seine Rechte getreten.

Nach Allem, was ich über die Bedeutung dieser Folge der Lichtphänomene in meinem letzten Berichte gesagt habe, dürfte nichts hinzuzusetzen sein, um den hohen Werth ersichtlich zu machen, welchen diese ganze Reihe von Beobachtungen für die Erkenntniss der elektrischen Natur eines Theils des Leuchtens der Cometen hat.

Der September-Comet von 1882 ist aber auch in anderer Beziehung sehr merkwürdig geworden. Er gehört offenbar zu derselben Schaar von Cometen, aus welcher auch die Erscheinungen von 1843 und 1880 herstammen, von denen ich in meinem letzten Berichte gesprochen habe, und zwar wirft er sofort auf die Unbestimmtheiten, bei welchen sich jener Bericht damals resigniren musste, ein sehr helles Licht, so dass man in den bezüglichen Entscheidungen einen ansehnlichen Schritt weiter kommt, und zwar ganz im Sinne derjenigen Verallgemeinerungen, auf deren Berechtigung ich bereits hingewiesen hatte.

Stellt man die drei Cometen-Erscheinungen vom Frühjahr 1843, vom Frühjahr 1880 und vom Herbst 1882 zusammen, welche sämmtlich sehr nahe in einer und derselben Bahn (oder wenigstens in einer und derselben Bahn-Ebene und allgemeinen Bahnrichtung) gewandelt und dabei so dicht an der Sonnenoberfläche vorbeigegangen sind, dass sie noch relativ dichte Schichten der von der Sonne ausströmenden Gase passirt haben müssen, so ergiebt sich sofort, dass diese drei Erscheinungen nur dann von einem und demselben Cometen herrühren könnten, wenn die Bewegung desselben durch jene ungewöhnlichen Sonnennähen jedesmal starke Abänderungen erfahren hätte, so dass sie von einer siebenunddreissigjährigen Umlaufszeit zwischen 1843 und 1880 auf eine zweiundeinhalbjährige zwischen 1880 März und 1882 September eingeschränkt worden wäre. Ob ein solcher innerer Verlauf der Sache mit den sämmtlichen beobachteten Details dieser drei Erscheinungen irgend verträglich ist, werden schon die Untersuchungen der nächsten Wochen zeigen. Nach Allem, was bisher vorliegt, besteht die äusserste Unwahrscheinlichkeit, dass die Sache sich so verhält. Gelingt es aber, die Erscheinungen von 1843, 1880 und 1882 auf die Wiederkehr eines und desselben Cometen zurückzuführen, so fallen damit andrerseits die entsprechenden Deutungen für alle früher in derselben Bahn beobachteten Cometen-Erscheinungen, die man zum Theil geglaubt hatte, durch eine siebenunddreissigjährige Umlaufszeit mit dem Cometen von 1880 und 1843 vereinigen zu können, gänzlich weg; denn man könnte doch auch nicht mehr rückwärts mit einer siebenunddreissigjährigen Umlaufszeit operiren, wenn diese sich von 1880 ab, etwa durch die Widerstandswirkungen der Sonnengase, auf zweiundeinhalb Jahr verkürzt hätte.

Jedenfalls ist also durch die September-Erscheinung von 1882 die Allgemeingiltigkeit des alten Schemas der Cometen-Identificirungen auch bei den „solidesten" Köpfen stark erschüttert worden, und es scheint, als ob überhaupt die gemeinsame Bahnstrasse der Cometen von 1882, 1880, 1843 und auch vieler älterer grossen Cometen besonders dazu bestimmt wäre, unsere Erkenntniss der cometarischen Erscheinungen zu fördern. Der September-Comet von 1882 wird übrigens auch dadurch sehr wichtig werden, dass er der erste aus dieser Schaar ist, bei welchem auch längere Zeit vor dem Durchgange durch die grösste Sonnennähe gute Ortsbestimmungen ermöglicht worden sind, und dessen Lage zur Sonne man auch in der unmittelbaren Nähe derselben noch durch genaue Messungen bestimmt hat. Man wird durch Verbindung aller dieser Messungen mit der im Oktober und November d. J. und noch späterhin angestellten mit einer bisher nicht erreichten Schärfe den Grad der Einwirkung ermitteln können, welchen die ganz ungewöhnliche Annäherung an die Sonne auch auf die Bewegungen dieser Cometen ausübt.

Am 17. September hat man auf der Sternwarte am Kap der guten Hoffnung den Cometen bis zu dem Moment, wo er notorisch vor (nicht hinter) die Sonnenscheibe getreten ist, mit genauen Messungen verfolgen können. Hierbei ist der Comet auch der Wahrnehmung im Fernrohr vollständig entschwunden, eine entscheidende Bestätigung aller neueren über die Structur der Cometen gehegten Ansichten, insbesondere auch aller hierauf bezüglichen Darlegungen in den beiden vorangehenden Berichten.

Endlich ist die ganze Erscheinung auch noch dadurch epochemachend geworden, dass sich eine ähnliche Zertheilung des Cometenkernes zu vollziehen scheint, wie sie bisher nur einmal bei dem Biela'schen Cometen beobachtet worden ist. Ja, es scheint nach den wichtigen Beobachtungen von Julius Schmidt in Athen, als ob bereits in einer früheren Phase der Bewegung eine derartige Lostrennung erheblicher Theile des gesammten Conglomerates der Cometenmasse stattgefunden hat, oder als ob dem grösseren Cometen kleinere oder lichtschwächere Massen in derselben Bahn ziemlich nahe folgten, — Alles Vorgänge, welche von dem System der Hypothesen Schiaparelli's zwanglos umfasst werden. —

Von neueren Untersuchungen über andere Cometen ist eine Arbeit des Dr. J. von Hepperger in Wien hervorzuheben, welche erkennen lässt, wie Erfreuliches sich schon bei dem gegenwärtigen Stande der Astronomie durch das Zusammenwirken der Astronomen und Sternwarten der ganzen Erde erreichen lässt, obwohl dieses Zusammenwirken im Allgemeinen von einer zweckmässigen Organisation noch weit entfernt ist. Dr. von Hepperger weist nämlich durch eine erschöpfende Bearbeitung der sehr zahlreichen, in allen Theilen der Erde angestellten Beobachtungen des grossen Cometen von 1874 nach, dass die Umlaufszeit dieses Cometen, obwohl sie den Zeitraum der beobachteten Bewegungen desselben um das Siebenundzwanzigtausendfache übersteigt, mit ansehnlicher Sicherheit bestimmt werden kann. Ohne so zahlreiche und umfassende Beobachtungen hätte man die Bahn dieses Cometen für eine Parabel erklärt, d. h. auf jegliche Voraussagung seiner Wiederkehr verzichtet; jetzt kann man mit Bestimmtheit sagen, dass er nicht früher als in achttausend Jahren, aber auch nicht später als in dreissigtausend Jahren wiederkehren wird. Die Entfernung, aus welcher hiernach die Rückkehr des Cometen noch mit Sicherheit anzunehmen ist, beträgt etwa $^1/_{200}$ des Abstandes der nächsten Fixsterne.

Wie viel übrigens sonst das Zusammenwirken der Astronomen aller Länder noch zu wünschen übrig lässt, obwohl der Fortschritt der Astronomie bei der Besonderheit gerade ihrer Probleme in Zeit und Raum und bei den gewaltigen Dimensionen ihrer Arbeiten wesentlich auf eine solche Organisation angewiesen ist, war bei den Beobachtungen des September-Cometen von 1882 noch recht deutlich empfunden worden. Die ausserordentliche Gunst der Bedingungen für Messungen von dem allergrössten

Werth, wie sie z. B. am 17. September, dem Tage der grössten Sonnennähe jenes Cometen, gewährt war, ist offenbar nicht vollständig genug ausgenutzt worden, weil der Benachrichtigungsdienst zwischen den Sternwarten der verschiedenen Erdtheile und selbst innerhalb eines und desselben Erdtheiles bisher noch zu unentwickelt geblieben war, — und zwar waren daran in gewissem Grade, wenngleich kaum bewusst, lokale Velleitäten schuld gewesen.

Der Comet hat, diesmal als ein wahrer Friedensbringer, dazu geholfen, dass endlich die Hemmungen, welche nur noch als wesenlose Schatten einer ordentlichen Organisation des astronomischen Nachrichtenwesens entgegenstanden, überwunden worden sind, indem sich in diesen Tagen fast alle thätigeren Sternwarten und Astronomen Europas mit Beiseitelassung aller Nationalitätsfragen darüber verständigt haben, in Kiel, wo eines der verbreitetsten astronomischen Blätter erscheint, mit einem aus Jahresbeiträgen aller Theilnehmer gebildeten Budget eine Centralstelle für das astronomische Nachrichtenwesen, besonders für die gemeinsame Einziehung, Absendung und Bestreitung transoceanischer Telegramme zu errichten.

Die von Sir William Thomson eingeleiteten und von G. H. Darwin in Cambridge in grossem Style weitergeführten Untersuchungen, über deren wesentliche Aufgaben und Resultate der vorangehende Bericht einige zur ersten Orientirung bestimmte Erläuterungen brachte, berühren sich in manchen Punkten mit den höchst interessanten und förderlichen Untersuchungen von A. Ritter in Aachen.

In einem wesentlichen Punkte stimmen die Untersuchungen Ritter's, Thomson's und Darwin's überein, nämlich in dem Nachweise, dass die bisherige Ansicht über einen „feuerflüssigen" Zustand des Erd-Innern einer wesentlichen Berichtigung bedarf. Festzuhalten ist von der bisherigen Vorstellung nur die Annahme, dass die Temperatur des Erd-Innern eine viel höhere ist als die der Erd-Oberfläche. Für diese Annahme bringt jede neue Reihe von einschlägigen Erfahrungs-Thatsachen und Messungen und jede neue theoretische Untersuchung tiefere Bestätigungen. Aber diese Temperatur-Erhöhung nach innen muss so gewaltig und zugleich müssen die Druckbeträge im Innern so enorm sein, dass der Aggregat-Zustand des Erdkerns für uns zunächst räthselhaft bleibt.

Keinesfalls ist es richtig, sich denselben fernerhin als flüssig nach Art des Magmas, welches in den Lava-Strömen zu Tage tritt, zu denken; vielmehr muss man jetzt als das Wahrscheinlichste annehmen, dass der Erdkern, d. h. der überwiegende Theil der Erdmasse nach Abzug einer Rindenschicht von höchstens hundert Kilometer Dicke, von einer grossen Rigidät und Unbeweglichkeit ist, gleichviel ob er sonst dem Zustand eines gasförmigen Mediums von theoretisch vorhandener, aber in Wirklichkeit höchst eingeschränkter Zusammendrückbarkeit, oder eines festen Körpers von mehr oder weniger vollkommener Elastizität, oder eines flüssigen Körpers vom höchsten Zähigkeitsgrade näher kommt. Wir haben eben für die Zustände der Körperwelt, wie sie unter so excessiven Bedingungen in diesen Tiefen eintreten, nur mathematische Grenzbestimmungen und Analogien, aber keine Anhaltspunkte für sinnliche Vorstellungen.

Die feuerflüssigen Massen, welche bei den vulkanischen Erhebungen und Ausbrüchen zu Tage treten, stammen offenbar aus den Uebergangsschichten, mittels deren sich die in gewöhnlichem Sinne festen Schichten der äussersten Rinde, deren Dicke kaum Zehner von Kilometern erreichen wird, an die räthselhaften Tiefen anschliessen.

G. H. Darwin hat in seiner neuesten Arbeit „On the Stresses due to the weights of continents“ (Philosoph. Transactions of the Royal Society, London 1882, Vol. 173, Part I) eine grosse Festigkeit des Erdinnern, mindestens der des besten Granits, vielleicht der des besten Stahls entsprechend, auch dadurch wahrscheinlich gemacht, dass offenbar Stabilität des Erdbaues vorhanden sei, trotz der sehr erheblichen Verschiedenheiten der Druckwirkungen, mit welchen die ausgedehnten Unregelmässigkeiten der Gestaltungs- und Dichtigkeits-Verhältnisse der Rindenschichten, nämlich die Erhebungen der Continente und der Gebirge, neben den Depressionen der Meeresbecken, ja selbst die Abweichung der wirklich vorhandenen Abplattung von dem theoretischen Werthe, den sie bei homogener Massenvertheilung haben müsste, den ganzen Bau belasten. Die festen Rindenschichten selber könnten nach den Materialien, aus welchen sie bestehen, die für jene Capricen des Baues erforderlichen Tragkräfte gar nicht hergeben.

Auf der Grundlage solcher und ähnlicher vorangehender Untersuchungen hat nun G. H. Darwin (Philosoph. Transactions and Proceedings of the Royal Society, 1879—1881) das in dem vorangehenden Vierteljahresberichte in Kürze erörterte Problem der nach Art der Gezeiten des Meeres erfolgenden periodischen Gestaltänderungen des ganzen Erdkörpers unter der Anziehungswirkung von Mond und Sonne so vollständig durchdrungen, dass sich ihm dabei eine Reihe von sehr merkwürdigen Folgerungen kosmogonischen Charakters dargeboten haben. Einige derselben wurden am Schlusse des letzten Berichtes kurz angedeutet. Sie sollen heut vervollständigt und sämmtlich etwas näher erörtert werden.

Die unablässigen Gestaltänderungen, welche unter dem Einfluss der Anziehung des Mondes und der Sonne der ganze Erdkörper einschliesslich der Oceane und der Atmosphäre erfährt, haben die allgemeine Eigenschaft, dass sie nicht plötzlich vor sich gehen können, sondern infolge der für die Uebertragung, Fortpflanzung und Ansammlung der Wirkungen in der Körperwelt unumgänglich erforderlichen Zeit eine gewisse Verspätung der Verwirklichung, verbunden mit einer gewissen Abschwächung der letzteren, erfahren, und zwar bei verschiedenen Structurverhältnissen in verschiedenem Grade.

Bei unserer Unbekanntschaft mit den eigentlichen Aggregatzuständen des grössten Theiles der Erdmasse kann natürlich Darwin die gesammten periodischen Gestaltänderungen der Erde nur nach hypothetischen Annahmen berechnen. Er weist indessen nach, dass dem grossen Spielraum, welcher für diese Annahmen offen bleibt, bei vielen seiner Folgerungen nur ein relativ sehr kleiner Spielraum der Ergebnisse entspricht, so dass im Ganzen und Grossen eine unzweifelhafte Convergenz des ganzen Schlussverfahrens zum Richtigen stattfindet.

Während ohne jegliche Verspätung der ideale Effect der Anziehung eines Weltkörpers, wie Mond und Sonne, auf den Erdkörper darin bestehen müsste, dass eine Gestaltverlängerung des letzteren, genau nach dem Mittelpunkte des anziehenden Körpers gerichtet, einträte, beweist Darwin, dass in Wirklichkeit, zufolge der im Ganzen und Grossen eintretenden Verzögerungen der Maximal-Effecte, die Axe einer derartigen Verlängerung des Erdkörpers einen merklichen Winkel mit einer durch die Drehungsaxe und den Mittelpunkt des anziehenden Körpers gelegten Ebene macht, und zwar so, dass die Maximal-Anschwellung an jeder Stelle der Erdoberfläche erst einige Stunden nach dem Meridian-Durchgange des verursachenden Himmelskörpers eintritt. (Bei der blossen Ebbe und Fluth der Oceane sind derartige Verschiebungen auch bekannt; doch ist bei diesen Wasser-Gezeiten die Erscheinung eine komplicirtere, vielfach durch ganz besondere und lokale Ursachen abgeänderte.)

Jene kleinen Massenanschwellungen, welche nach Darwin's Untersuchungen mit einer summarischen Regelmässigkeit stets auf einer und derselben Seite derjenigen Ebene liegen, welche durch die Erdaxe und den Mittelpunkt des anziehenden Himmelskörpers bestimmt wird, erlangen nun in beliebig langem Zeitverlaufe durch die Addition der Wirkungen einen sehr bedeutenden Einfluss sowohl auf die Bewegung der Erde als auf diejenige des anziehenden Himmelskörpers, da der letztere natürlich reciproke Anziehungswirkungen auch von allen Massentheilen der Erde erfährt.

Jene Massenanschwellungen der Erde spielen zunächst bei ihrer oben beschriebenen Lage die Rolle von Handhaben, an welchen eine kleine Gegenwirkung des anziehenden Himmelskörpers gegen die Rotationsbewegung der Erde ansetzt, d. h. sie vermitteln eine allmähliche Verlangsamung dieser Rotation.

Sodann entsteht im Zusammenhange mit dieser Hemmung eine sehr langsame und wohl auch eingeschränkte Vergrösserung der Neigung der Ebene des Erdäquators gegen die mittlere Bahnebene des Mondes und der Sonne (die Ekliptik).

Endlich aber wird die Bewegung der anziehenden Körper selber reciprok in solcher Weise beeinflusst, dass die beständige einseitige Lage jener Massenanschwellungen der Erde unablässig eine Vergrösserung der Geschwindigkeit des Mondes und der Sonne in der Richtung der Tangente an diejenigen Bahnen hervorbringt, welche der Mond wie die Sonne um ihren bezüglichen gemeinsamen Schwerpunkt mit der Erde beschreiben. Eine solche Vergrösserung der Tangential-Geschwindigkeiten bedingt aber eine allmähliche Erweiterung der Bahnen oder eine fortschreitende Vergrösserung der Entfernungen jener Himmelskörper von der Erde, verbunden mit einer Vergrösserung der Umlaufszeit.

In dem Falle der Sonne ist letztere Wirkung der immerhin sehr kleinen seitlichen Massenanschwellungen der Erde durch die sehr grosse Entfernung so abgeschwächt, dass der Gesammtbetrag der durch dieselbe bedingten Verlängerung der Jahresdauer selbst in Aeonen nicht von Bedeutung werden kann.

Anders bei dem sehr nahen Monde. Bei diesem ist die aus derselben Ursache hervorgehende fortschreitende Vergrösserung der Entfernung von der Erde und der Umlaufszeit, wie es scheint, besonders in der Vergangenheit von sehr grosser Bedeutung gewesen. Wie G. H. Darwin mittels obiger Folgerungen sehr wahrscheinlich macht, ist vor vielen Millionen von Jahren nicht nur die Umdrehungszeit der Erde, sondern auch die Umlaufszeit des Mondes viel kürzer gewesen, und zwar wird es als ein freilich in vieler Beziehung noch hypothetisches, aber einer gewissen Folgerichtigkeit nicht entbehrendes Rechnungsresultat angegeben, dass um die Zeit, wo die Umdrehungszeit der Erde etwa 7 Stunden betrug, die Umlaufszeit des Mondes (der siderische Monat) auf etwa 38 Stunden eingeschränkt war und der Mond sich in sehr grosser Nähe bei der Erde befand. Die weitere Verfolgung dieses Verhältnisses lässt sogar vermuthen, dass zu der noch früheren Zeit, wo die Drehung der Erde in etwas weniger als 6 Stunden sich vollzog, der Mond in unmittelbarer Nähe der Erde sich auch in nahezu 6 Stunden um die letztere bewegte. Um diese Zeit würde man nach dieser ganzen Kette von Folgerungen die Katastrophe zu setzen haben, bei welcher die Trennung der beiden Himmelskörper erfolgte. Gegenwärtig steuern wir nach Darwin langsam der Zeit zu, in welcher durch eine weitere Hemmung der Rotationsgeschwindigkeit der Erde und durch eine weitere, aber viel langsamer als früher vor sich gehende Verlangsamung der Umlaufsbewegung des Mondes allmählich die Uebereinstimmung der beiden Perioden, nämlich der Umdrehungszeit der Erde und der ihr und dem Monde zukommenden Umlaufszeit um den gemeinsamen Schwerpunkt wieder erreicht sein wird, ein Zustand, den bekanntlich der Mond selbst unter der viel stärkeren analogen Anziehungswirkung der Erde schon längst erreicht hat, so dass er uns immer dasselbe Gesicht zuwendet. Der Fortgang der Hemmung der Rotation der Erde durch den Mond hat sich allerdings mit der zunehmenden Entfernung des Mondes ebenso verlangsamt wie die Zunahme der Monatsdauer und wird sich noch weiter vermindern, aber die entsprechende Wirkung der Sonne auf die Rotation der Erde dauert unvermindert fort.

Geht dann endlich diese letztere Wirkung über das Ziel hinaus, bei welchem Tag und Monat einander gleich sind, so bringt der Mond wieder eine Gegenwirkung hervor, so dass schliesslich bei jener Gleichheit von Tag und Monat eine gewisse Stabilität erreicht wird.

Man sieht, wie bedeutsam die Ausblicke sind, welche diese Gedankenreihen und diese Rechnungen eröffnen. Die Arbeiten, welche ihnen zu Grunde liegen, sind aber so gewaltige, dass bisher noch Niemand sich gefunden hat, welcher eine vollständig erschöpfende unabhängige Prüfung und erneute Durcharbeitung der ganzen grossartigen Leistung', verbunden mit einiger Maassbestimmung der Wahrscheinlichkeit ihrer zahlenmässigen Ergebnisse auf sich genommen hätte. Bis dahin muss sich die Wissenschaft aller Zurückhaltung des Urtheils darüber befleissigen; doch wäre es ungerecht, nicht zu erwähnen, dass G. H. Darwin selber in einigen weiteren Folgerungen höchst zutreffender Art, die er aus seinen Ergebnissen für die übrigen Systeme von Planeten und Trabanten bereits gezogen, dem Ganzen seiner Theorien einige äussere und innere Kontrolen mitgegeben hat, welche der Schätzung ihres wissenschaftlichen Werthes sehr zu Gute kommen. — Er zeigt nämlich, dass beim Mars wegen der überaus kleinen Massen seiner Monde Erscheinungen ähnlicher Art wie in dem System der Erde und ihres Mondes nicht merklich hervorgetreten sein können. Deshalb befinden sich die beiden Monde des Mars noch in so grosser relativer Nähe bei dem Hauptkörper, und der innere derselben hat sogar jetzt noch eine Umlaufszeit, welche kürzer ist als die Umdrehungszeit des Mars selber. Dass aber das letztere ganz ungewöhnliche Verhältniss überhaupt möglich geworden ist, erklärt Darwin sehr plausibel durch die Wirkungen der Sonne auf die Umdrehung des Mars. Während nämlich die von den Monden herrührenden Gezeiten oder Gestaltänderungen beim Mars verschwindend klein sind, erfährt er nach der ganzen Besonderheit seiner Lage und Beschaffenheit ganz erhebliche Wirkungen dieser Art durch die Sonne, während dieselben bei der Erde neben den stärkeren Mondwirkungen etwas zurücktreten. Durch die Sonnenanziehung also ist die Umdrehungszeit des Mars von dem Betrage, den sie einstmals gehabt haben muss, um jene schnellen Trabanten-Bewegungen zu erzeugen, auf ihren jetzigen grösseren Betrag gebracht worden.

In noch stärkerem Maasse muss dieselbe Sonnenwirkung die Rotationen der noch sonnennäheren Planeten hemmen und daher bei diesen solche Geschwindigkeiten der Drehung verhindern, wie sie sonst durch fortschreitende äussere Erkaltung und Zusammenziehung entstehen und schliesslich zu Trabanten-Ablösungen führen müssen. Daher haben die unteren Planeten keine Monde. Bei den entfernteren Planeten ist diese Zügelung der Drehungsbewegungen vermindert. Dort entstanden im Verlaufe der Entwicklung Drehungsgeschwindigkeiten, welche zu Ablösungen zahlreicher Trabanten, ja vielleicht ganzer Massenringe führten, während andrerseits die Massen der einzelnen Monde von keiner solchen relativen Grösse waren, dass sie Hemmungen der Drehungsbewegungen des Planeten selbst und ein ähnliches Spiel der Perioden, wie in dem System Erde-Mond vorzuliegen scheint, erzeugen können.

In Betreff der von G. H. Darwin errechneten allmählichen Vergrösserung der Umlaufszeit des Erdmondes und der damit in Verbindung stehenden Verlangsamung der Erd-Drehung wäre noch Folgendes zu bemerken. Schon vor etwa zwei Jahrzehnten war durch Delaunay in Paris, Adams in Cambridge und Hansen in Gotha in wechselweisem Zusammenwirken konstatirt worden, die Umlaufszeit des Mondes zeige in den letzten beiden Jahrtausenden eine Verkleinerung von einem Betrage, welcher zur Zeit durch keine andere Annahme vollständig zu erklären sei, als dass zu andern wirklich verkleinernden Einwirkungen eine scheinbare Verkleinerung durch eine wirkliche Vergrösserung der Zeiteinheit, mittels welcher jene wie alle Umlaufszeiten gemessen wird, d. h. der Umdrehungszeit der Erde, hinzukomme. Eine solche fortschreitende Verlangsamung der

Erddrehung aber sei, wie zugleich hervorgehoben wurde, schon nach den Ansichten physikalischer Forscher ersten Ranges durch die Ebbe und Fluth bedingt.

Nun würde nach den Darwin'schen Folgerungen in der That anzunehmen sein, dass zur Zeit, wenn sich die Dauer des Mondumlaufes und der Erddrehung wieder der Gleichheit nähern sollen, eine Verkleinerung des Betrages der Mond-Umlaufszeit in Umdrehungszeiten der Erde ausgedrückt stattfinden muss, dass nämlich die wirkliche Vergrösserung der Mond-Umlaufszeit jetzt in kleinerem Verhältnissbetrage vor sich geht als die wirkliche Vergrösserung der Umdrehungszeit der Erde. Und auch die nach Darwin's Theorie ungefähr auszurechnenden Zahlenwerthe dieser Beträge sind keineswegs in Widerspruch mit der unbestimmten Relation, welche zwischen denselben aus den Mondbeobachtungen allein nach Hansen und Delaunay gefunden worden ist.

Darwin hat es natürlich nicht unterlassen, auch die mächtigen Wärmewirkungen zu untersuchen, welche durch die von ihm deducirte Hemmung der Erde-Drehung (von etwa 6 Stunden bis zu 24 Stunden) aufgelaufen sein müssen. Es konnte besonders die Frage entstehen, ob nicht die aus dieser Quelle hervorgehende Wärme der Abkühlung der Oberfläche durch Strahlung stark entgegengewirkt haben müsse; doch zeigt die Untersuchung, dass der einer Drehungshemmung entsprechende Wärmezuschuss fast ganz der Temperatur-Erhöhung des innersten Erdkerns zu Gute kommt.

Alle jene Untersuchungen über die Störungen der Erd-Drehung sind übrigens auch formell von der grössten Wichtigkeit für alle messenden Wissenschaften; denn es wird sich dabei auch um die höchsten Fragen der Kritik des Zeitmaasses handeln.

Heut sei noch in Kürze erwähnt, dass in den Londoner Philosophical Transactions von 1882 auch noch eine Arbeit veröffentlicht ist, in welcher eine neue Bestimmung der Lichtgeschwindigkeit von James Young und G. Forbes dargelegt wird. Das besonders Bemerkenswerthe dieser Mittheilung besteht darin, dass sie auf eine in den neueren Messungen dieser Geschwindigkeit überhaupt angedeutete, von diesen beiden Beobachtern aber eingehender untersuchte erhebliche Abhängigkeit der Fortpflanzungsgeschwindigkeit des Lichtes von der Farbe oder Wellenlänge hinweist.

So wichtige Dinge bedürfen natürlich noch der eingehendsten und wiederholtesten Bestätigung durch weitere Messungen mit grösstmöglicher Variation aller beeinflussenden Umstände.

Es wäre für die Astronomie von epochemachender Bedeutung, wenn sich diese Andeutungen bestätigen sollten; denn gerade für die ungeheuren Wege des Lichtes in den Himmelsräumen würden damit sehr feine und productive Messungsmittel gewonnen werden. Ja, man könnte die ernstesten Zweifel gegen die vorliegende zahlenmässige Bestimmung einer Beziehung zwischen Wellenlänge und Fortpflanzungsgeschwindigkeit des Lichtes gerade daraus entnehmen, dass in den Wahrnehmungen und Messungen der Astronomen bisher noch keinerlei deutlichen Spuren davon zu Tage getreten sind.

Februar 1883.

Die Maasseinheiten für die Fixsternräume. — Die periodischen Bewegungen der Sterne durch Anziehungswirkungen von nicht selbstleuchtenden oder in Folge ihrer Lichtschwäche für uns nicht wahrnehmbaren Begleitern. — Eigentliche Doppelsterne. — Die Dualität in den Sternräumen. — Umlaufszeiten der Doppelsterne. — Untersuchungen von Seeliger über das dreifache System ζ Cancri. — Die fortschreitenden Bewegungen der Fixsterne. — Bewegung unseres Sonnensystems. — Messungen der Geschwindigkeiten der Sternbewegungen und der Bewegung unseres Sonnensystems auf spectrometrischem Wege. — Sehr grosse Geschwindigkeiten einzelner Sternbewegungen in Bahnen von noch nicht merklich gewordener Krümmung. — Bedeutung derselben für die Probleme der Lichtbewegung. — Uebereinstimmung der Richtung der Sternbewegungen in sehr verschiedenen Gegenden des Himmels (Sternzüge oder Sternströme). — Bedeutung dieser Erscheinung für die Revision bisheriger Hypothesen.

Die nächstfolgenden Darlegungen sollen sich den Bewegungen und den Lichtveränderungen der Fixsterne widmen, nicht als ob von den astronomischen Forschungen in grösserer Nähe nicht noch sehr viel Merkwürdiges und Neues zu sagen wäre, sondern wesentlich im Anschluss an die vorangehenden Mittheilungen über neue Bestimmungen der Lichtgeschwindigkeit, deren Ergebnisse eine nähere Beziehung zu den Erscheinungen der Fixsternwelt haben.

Es ist mir vollkommen bewusst, dass meine bisherigen Darlegungen auch an Vollständigkeit noch sehr viel zu wünschen übrig lassen. Man wird dies jedoch nachsichtiger beurtheilen, wenn man bedenkt, dass in den ersten Stadien solcher periodischen Berichte der Referent zur unumgänglichen Orientirung weiter zurückgreifen muss, als dies später nach gewonnener Grundlage bei den blossen Mittheilungen über die Fortschritte der Forschung erforderlich sein wird.

Es war z. B. noch nicht möglich, von den Fortschritten der Erforschung der Sonne und des Mondes mehr als blosse Andeutungen vorzubringen, von den neuen Untersuchungen über Mars und Jupiter konnte noch gar nichts erwähnt werden u. s. w.

Dass diesmal eine Orientirung über die wichtigsten Erscheinungen, zunächst die Bewegungs-Erscheinungen innerhalb der Fixsternwelt an die Reihe kommt, ist auch nicht bloss einer zufälligen Strömung der vorangegangenen Gedankenentwickelungen zuzuschreiben, sondern es erschien rathsam, gerade der etwas sensationellen Vielartigkeit und Wunderlichkeit mancher der bis dahin vorgetragenen Ergebnisse einen Blick nachfolgen zu lassen in dasjenige Forschungsgebiet der Astronomie, in welchem so zu sagen der Hauch der Ewigkeit weht.

Das Erste, womit wir in diesem Gebiete beginnen müssen, wenn uns nicht die Grösse der Zahlenangaben verdriessen soll — nur sehr Wenige werden wohl der Ansicht sein, wie der König in Tieck's gestiefeltem Kater, dass „die grossen Zahlen verdauen helfen" — dies Erste ist die Wahl einer neuen Maasseinheit, welche an sich gross genug und doch noch anschaulich genug ist, um die gewaltigen Strecken, um die es sich in der Fixsternwelt handelt, in einigermaassen übersehbare numerische Ausdrücke zu fassen.

Als eine hierfür zunächst geeignete Maasseinheit erscheint die sogenannte Sonnenweite, nämlich die halbe grosse Axe der Bahn, welche die Erde um die Sonne beschreibt, oder, wie man auch sagt, die mittlere Entfernung der Sonne von der Erde (bekanntlich auch die Maasseinheit für die planetarischen Räume). —

Die „Sonnenweite" als Maaseinheit der uns benachbarten

Fixsternräume hat ja auch eine reale Bedeutung für die Ausmessung dieser letzteren; denn die aus gewissen jährlichen Ortsveränderungen der uns nächsten Fixsterne abzuleitenden sogenannten jährlichen Parallaxen derselben sind nichts anderes, als die Winkel, unter welchen von diesen Fixsternen aus eine Sonnenweite, als die mittlere Amplitüde der jährlichen Bewegung der Erde um die Sonne, erscheint.

Beträgt die jährliche Parallaxe eines Fixsterns eine Bogensecunde, so ist derselbe 206 025 Sonnenweiten von uns entfernt; ist also diese Parallaxe kleiner als ein halbes Zehntel der Bogensecunde, d. h. an der Grenze der Messbarkeit, so beträgt die Entfernung mehr als vier Millionen Sonnenweiten u. s. f.

Für die Abstände derjenigen Fixsterne aber, die so weit von uns entfernt sind, dass auch die ganze Erdbahn für sie in einen nach unseren Begriffen unmessbar kleinen Punkt zusammenfliesst, würde auch die Sonnenweite eine zu kleine Maasseinheit bilden. Eine geeignete Einheit für den Ausdruck dieser grösseren Strecken ist aber die Wegelänge, welche das Licht während der Dauer von einem Hundert unserer Sonnenjahre zurücklegt. Diese Einheit, welche man etwa als eine säculare Lichtweite oder „Lichtweite“ schlechtweg bezeichnen kann, beträgt nahezu $6^1/_4$ Millionen Sonnenweiten, denn die Geschwindigkeit des Lichtes ist nahezu 10000mal grösser, als die mittlere Geschwindigkeit der Erde in ihrer Bahn um die Sonne, und die während eines Jahres von der Erde in dieser Bahn durchflogene Wegelänge beträgt nahezu $6^1/_4$ Sonnenweiten.

Was wir nun bis jetzt über die Abstände der Fixsterne von demjenigen Orte wissen, welchen zur Zeit unser Sonnensystem im Himmelsraume einnimmt, lässt sich in Kürze dahin zusammenfassen, dass wir etwa 10 bis 15 Sterne kennen, welche unsere eigene jährliche Bewegung um die Sonne bei den feinsten Messungen eben noch wahrnehmen lassen, und deren Entfernungen von uns zwischen 200 000 und etwa 4 Millionen Sonnenweiten liegen, dass dagegen die weit überwiegende Zahl der anderen Fixsterne zur Zeit um mehr als eine säculare Lichtweite und die meisten derselben wahrscheinlich um viele, viele solcher Lichtweiten von uns entfernt sind.

Die Geschwindigkeit der gegenwärtig nach dem Sternbilde

des Herkules gerichteten Bewegung unsers ganzen Sonnensystems scheint nun nach einigen neueren Ermittelungen, von denen weiter unten die Rede sein wird, nicht erheblich grösser zu sein, als die mittlere Geschwindigkeit der Erde in ihrer Bahn um die Sonne. Hieraus würde in Verbindung mit dem oben angegebenen Verhältniss zwischen der Geschwindigkeit dieser letzteren Erdbewegung und der Geschwindigkeit der Lichtbewegung folgen, dass die Bewegung unseres ganzen Sonnensystems nicht erheblich weniger als 10 000 Jahrhunderte brauchen würde, um eine säculare Lichtweite zurückzulegen. Man kann somit für die nächsten Jahrtausende der Vergangenheit und Zukunft unsere Lage im Sternenraume zu den meisten der Fixsterne im Wesentlichen als dieselbe annehmen, wie jetzt, wenngleich nicht ausgeschlossen ist, dass wir vor einigen Tausenden von Jahrhunderten einem oder dem andern von den benachbarteren Fixsternen oder Sonnen sehr viel näher gewesen sind als jetzt, und dass solche Annäherungen auch in ferner Zukunft wieder eintreten können.

Was nun die Bewegungen der Fixsterne selber betrifft, so zerlegt man dieselben sachgemäss in zwei Gruppen, nämlich in periodische und in fortschreitende Bewegungen.

Periodische Bewegungen wird auch unsere Sonne von den benachbartesten Fixsternen aus mit Messungsmitteln wie die unsern eben noch erkennen lassen. Unsere Sonne bewegt sich periodisch um den gemeinsamen Schwerpunkt ihres ganzen Systems. Da die Lage dieses Punktes weit überwiegend durch die Sonne und den grössten der Planeten, Jupiter, bestimmt wird, welcher eine ungefähr 12jährige Umlaufszeit hat, so wird die Sonne, von den anderen Fixsternen aus gesehen, eine nahezu 12jährige Umlaufsbewegung zeigen, deren ganze Amplitüde, da die Masse des Jupiter etwa $^1/_{1047}$ der Sonnenmasse beträgt, etwas grösser sein wird, als der Durchmesser, unter welchem sie dem Beobachter erscheint.

Von den benachbartesten Fixsternen aus wird man aber die Planeten und unter ihnen die Hauptursache dieser periodischen Sonnenbewegung, nämlich den Jupiter, gar nicht mehr zu erkennen vermögen, weil die Lichtstärke, mit welcher derselbe wesentlich durch reflectirtes Sonnenlicht leuchtet, hierfür zu gering ist.

Ganz ähnliche Fälle sind uns auch am Himmel bereits bekannt geworden, nämlich periodische Bewegungen von Fixsternen, deren Ursachen uns in der grossen Ferne nicht mehr sichtbar sind, weil ebenfalls die betreffenden Begleiter oder Planeten wahrscheinlich in ihrer Lichtausstrahlung viel stärker hinter dem selbstleuchtenden Centralkörper zurückstehen, als in ihrer Anziehungskraft oder Masse, so dass ihr Dasein nur aus der letztern Kraftäusserung, aber nicht unmittelbar in der Welt des Lichtes für uns erkennbar ist.

Der bekannte helle Fixstern, Prokyon, zeigt eine der bestbestimmten Bewegungen dieser Art, indem er zweifellos nach den Untersuchungen von Auwers in 40jähriger Umlaufszeit eine periodische Ortsveränderung von einigen Secunden erfährt, ohne dass in seiner Nähe ein anderer Stern bisher mit Sicherheit gesehen wäre, dessen Anziehung als die Ursache dieser Bewegung gelten könnte.

Bekanntlich hatte man (zuerst Bessel, zuletzt mit besonderer Schärfe ebenfalls Auwers) auch beim Sirius eine ähnliche (50jährige) Umlaufsbewegung nachgewiesen, ohne dass bis zum Jahre 1862 eine dieselbe verursachende Masse durch Lichtwirkungen erkennbar gewesen war. Erst seit 1862 kennt man in der Nähe des Sirius einen lichtschwachen Stern, dessen Verhalten zu den sämmtlichen bereits bekannten Bewegungen des Sirius mit Sicherheit annehmen lässt, dass seine Anziehung die Hauptursache jener 50jährigen Umlaufsbewegung des viel helleren Sternes um einen gemeinsamen Schwerpunkt des ganzen Systems ist, zu welchem aber vielleicht auch noch andere kleinere, für uns gar nicht mehr sichtbare Massen (Planeten des Sirius) gehören.

Mit dem 1862 entdeckten lichtschwachen Begleiter bildet Sirius also ein System von zwei selbstleuchtenden Körpern oder einen Doppelstern.

Merkwürdig ist nun die grosse, auch durch die neuesten Untersuchungen dieser Art bestätigte, relative Häufigkeit des Vorkommens einer solchen Dualität von Sternverbindungen.

Auch wenn gar keine Zusammengehörigkeit oder engere physische Verbindung der Sterne in diesen paarweisen Anordnungen erwiesen und somit die Nachbarschaft derselben wesentlich eine perspectivische Folge der Anordnung zahlloser Schichten hinter einander stehender, in Wirklichkeit sehr weit von einander entfernter Sterne wäre, würde die relative Häufigkeit des Vorkommens sehr enger scheinbarer Nachbarschaften von je zwei Sternen auffallend sein; denn gerade bei einer gewissen idealen Zufälligkeit und durchschnittlichen Gleichmässigkeit der Vertheilung der Sterne im Raume würde die überaus grosse Seltenheit derjenigen Fälle, in welchen je drei oder vier und mehr Sterne eben so nahe zusammen zu stehen scheinen, wie es mit je zweien vorkommt, den Gesetzen der Wahrscheinlichkeit nicht entsprechen.

Nun sind aber unter den mehreren Hunderttausenden von Fixsternen, welche bereits irgendwie Objecte näherer Forschung gewesen sind, zur Zeit nahezu 6000 Sternpaare bekannt, in welchen der Abstand der beiden Componenten von einander eine halbe Bogenminute nicht übersteigt (mit blossem Auge kann man zwei Sterne erst dann getrennt sehen, wenn ihr Abstand von einander mehr als zwei Bogenminuten beträgt), dagegen höchstens einige Hunderte von Sterngruppen, in denen drei oder mehr einzelne Sterne in gegenseitigen Abständen von weniger als einer halben Bogenminute zusammenstehen. Und unter jenen 6000 engeren Sternpaaren — den Doppelsternen im besonderen Sinne — kennt man bereits 500 bis 600, bei welchen auch deutliche Anzeichen dafür vorhanden sind, dass ihre engere Nachbarschaft nichts Zufälliges und blos Perspectivisches ist, sondern auf irgend einer näheren Gemeinschaft des Ursprunges oder auf einer gegenwärtigen physischen Verbindung beruht.

Aehnliche Verbindungen aber sind nur für eine ganz kleine Zahl der dreifachen oder vierfachen Sterne u. s. w. einigermassen erwiesen.

Die Dualität der Verbindungen von selbstleuchtenden Himmelskörpern von nicht zu stark verschiedener Masse und Helligkeit darf man hiernach wohl als einen kosmogonischen Grundzug unsers Sternsystems — wenn man so sagen darf — betrachten, eine Analogie zu der grossen Bedeutung der Dualität in der ganzen uns bekannten Schöpfung.

Unter denjenigen Doppelsternen, bei denen eine physische Zusammengehörigkeit der beiden Componenten bereits höchst wahrscheinlich gemacht ist, sind jetzt etwa 53, für welche man die Umlaufszeit um den gemeinsamen Schwerpunkt nach den Keppler'schen und Newton'schen Gesetzen aus anhaltenden Messungen mit hinreichender Sicherheit abzuleiten vermocht hat, und zwar sind darunter Umlaufszeiten von 9 Jahren neben Umlaufszeiten von nahezu 1000 Jahren. Von etwa fünf Doppelsternen, bei denen die Umlaufszeit weniger als 40 Jahre beträgt, haben sich unter den Augen der Astronomen schon zwei oder mehr Umläufe der beiden Sterne um den gemeinsamen Schwerpunkt vollzogen.

Die meisten der Sternpaare von sicher bekannter Umlaufszeit um ihren Schwerpunkt sind mehr als eine säculare Lichtweite von uns entfernt; nur bei zwei oder drei Paaren von bekannter Umlaufszeit hat man durch Auffindung eines merklichen Effects der jährlichen Erdbewegung die Entfernung von uns in Sonnenweiten so zu bestimmen vermocht, dass wir die wahren Dimensionen ihrer Bahnen mit einiger Annäherung kennen. In diesen Fällen hat sich ergeben, dass die beiden Sonnen nicht weiter von einander entfernt sind, als etwa Uranus und Neptun von unserer Sonne. Aus den beobachteten Umlaufszeiten bei solchen Entfernungen kann man aber ableiten, dass die in diesen Doppelstern-Systemen wirkenden Anziehungskräfte, genauer die Summe der Massen der beiden Sonnen, die Masse unserer Sonne nicht erheblich übersteigen, nämlich höchstens das Zwei- bis Dreifache der letzteren betragen.

Eine sehr interessante Untersuchung im Gebiete der periodischen Bewegungen in Fixstern-Systemen liegt neuerdings von Seeliger (München) vor. Derselbe hat das aus drei Sternen bestehende System ζ Cancri nach etwa 60- bis 80jährigen Beobachtungen, welche von demselben bereits vorliegen, näher erforscht und dasselbe wieder aus zwei engeren sich gegenseitig beeinflussenden Partialsystemen zusammengesetzt gefunden, von denen das eine bei einer 18jährigen Umlaufszeit aus einem helleren Stern und einem nicht oder wenigstens noch nicht sichtbaren, sehr lichtschwachen Begleiter besteht, also in gewissem Sinne auch wieder eine dyadische Anordnung bei scheinbarer Trias.

Bei denjenigen Doppelsternen, bei welchen man eine eigentliche Umlaufsbewegung um den gemeinsamen Schwerpunkt noch nicht constatirt hat und auch sonst in der relativen Bewegung des einen Sterns gegen den anderen sichere Spuren der Periodicität, wie sie in einer bemerklichen Krümmung der scheinbaren Bahnlinie oder in einer angenäherten Erfüllung des Keppler'schen Flächengesetzes zu Tage treten, noch nicht aufgefunden hat, ist der Wahrscheinlichkeitsbeweis, dass die beiden Sterne nicht blos perspectivisch oder, wie man gewähnlich sagt, optisch benachbart sind, sondern in einem engeren System physisch zusammengehören, nur durch die genauere Untersuchung der zweiten Art der Sternbewegungen, nämlich der fortschreitenden Bewegungen zu erlangen, wenn man von dem nur in ganz vereinzelten Fällen ermöglichten Nachweis der Identität der jährlichen Parallaxen der beiden Sterne absieht. Hier treten uns aber grössere Schwierigkeiten, allerdings verbunden mit noch wichtigeren Fragen, entgegen, als bei den periodischen Sternbewegungen.

Gerade so wie man bei den letzteren zunächst diejenigen scheinbaren periodischen Bewegungen in Betracht zu ziehen hat, welche Abbilder der jährlichen Periode unserer eigenen Bewegung sind (die jährlichen Parallaxen), so muss man auch bei den fortschreitenden Bewegungen der Fixsterne zunächst fragen, in wie weit dieselben nur die Folgen und Abbilder von fortschreitenden Bewegungen sind, welche wir selbst im Sternenraume erfahren.

Während uns aber bei dem Auftauchen des Problems der periodischen Bewegungen der Sterne unsere eigenen periodischen Bewegungen längst vollkommen bekannt waren, wussten wir von unseren fortschreitenden Bewegungen im Sternenraume noch gar nichts, bevor wir gewisse Anzeichen derselben in den Sternbewegungen fanden. Es handelte sich hier also um die unbestimmtere, nur allmälig durch Näherungen zu lösende Aufgabe, die beobachteten, aber ihren Gesetzen nach ganz unbekannten und mit den Abbildern unserer eigenen Bewegungen derselben Art vermischten fortschreitenden Bewegungen der Sterne zunächst zur Bestimmung unserer Bewegungen zu benutzen und alsdann von dem Effecte der letzteren thunlichst zu reinigen.

Der scheinbare Cirkelschluss, der in diesem Verfahren liegt, wird, wie in vielen ähnlichen Problemen der exacten Wissenschaften, zu einem productiven dadurch, dass uns die Gesammtheit der Hunderttausende von Systemen, deren scheinbare Bewegungen uns mit jedem Jahrzehnt genauer bekannt werden, wenigstens die Richtung der eigenen Bewegung unseres ganzen Sonnensystems fast unabhängig von den unbekannten eigenen Bewegungen der einzelnen Sterne ergeben wird, weil diese letzteren Bewegungen bei der notorischen, auch an sich vorauszusetzenden Verschiedenheit ihrer Richtungen und Geschwindigkeiten in den verschiedensten Gegenden des Himmelsraumes, aus dem Gesammtergebniss fast ganz herausfallen, so dass dieses letztere fast ausschliesslich das reine Abbild unserer eigenen Bewegung, wenigstens unserer relativen Bewegung gegen eine etwaige uns mit dem ganzen Sternensysteme wieder gemeinsame Bewegung liefert.

Zur Veranschaulichung der perspectivischen oder sogenannten parallaktischen Wirkungen, durch welche die fortschreitende Bewegung unseres Sonnensystems in scheinbaren fortschreitenden Sternbewegungen zur Erscheinung kommt, hat man kaum ein besseres Bild finden können, als die Erscheinungen, welche ein im dichten Walde Fortschreitender in dem Auseinanderrücken der Bäume, denen er sich nähert, und dem Zusammenrücken der Bäume, von denen er sich entfernt u. s. w. wahrnimmt.

Durch Untersuchungen, deren Verfahren sich diesem Bilde nahe anschliesst, hat man nun schon seit nahe 100 Jahren, zuerst Wilhelm Herschel, dann Argelander, erwiesen, dass wir uns, wie schon oben erwähnt, nach dem Sternbilde des Herkules und der Leyer hinbewegen und uns von der Gegend der Sternbilder des Orion, des grossen Hundes (Sirius), des Hasen und des Eridanus entfernen.

Diese Bestimmungen haben nun durch neuere Messungen von ganz besonderer Art im Ganzen und Grossen ihre Bestätigung erhalten, und sie sind dabei zugleich vervollständigt worden durch Bestimmungen der wahrscheinlichen Geschwindigkeit der Bewegung unseres ganzen Sonnensystems, wofür wir bisher aus den blossen Messungen der Sternbewegungen am Himmelsgewölbe nur sehr unsichere Anhaltspunkte hatten.

Die letzteren bisherigen Messungen — im Wesentlichen darin bestehend, dass wir mit eingetheilten Kreisen oder, unter Benutzung der Drehung der Erde, mit Pendelschwingungen diejenigen Winkel und die allmäligen Veränderungen derjenigen Winkel bestimmen, welche die Richtungen der zu uns gelangenden Lichtstrahlungen der Sterne mit der Richtung der Drehungsaxe der Erde, sowie mit einer rechtwinklig zur Ebene der Erdbahn gelegten Richtung machen — diese Messungen liefern uns besten Falles nur die Kenntnis der Winkelgrössen, unter welchen ein Theil der Bewegungen der Sterne und unseres Sonnensystems an den betreffenden Sternen zur Erscheinung kommt, nämlich die Zusammenfügung derjenigen beiden Winkelgrössen, unter denen die rechtwinklig zur Verbindungslinie von Stern und Erde erfolgenden Theile der Bewegungen, und zwar die Sternbewegung von der Erde aus, die Erdbewegung von dem Stern aus, gesehen wird.

Für diejenigen Componenten der beiden Bewegungen, welche in die Richtung der Verbindungs- oder Gesichtslinie selber fallen, hatten wir bisher kein Messungsmittel. Dieser Theil der Bewegungen, mit anderen Worten, die Annäherung sowie das Auseinanderrücken von Stern und Erde, Access oder Recess, hätte sich nach dem bisherigen Stande der Sache, abgesehen von den vollständig bekannten periodischen Bewegungen der Sterne in den engeren Systemen, nur durch eine Zunahme oder Abnahme der Grösse und Helligkeit oder der jährlichen Parallaxe der Sterne bemerkbar machen können, und dazu wären Jahrtausende erforderlich gewesen.

Hier ist nun die Spectrometrie hilfreich eingetreten. Nach Analogie einer im Reiche der Töne vollkommen erwiesenen, zuletzt mit besonderer Genauigkeit mit Hilfe der Locomotiven-Geschwindigkeit von Vogel (Potsdam) beobachteten Erscheinung hat man den Schluss gezogen, dass die von einem bewegten Sterne ausgestrahlten Lichttöne uns entweder als etwas tiefere oder als etwas höhere Töne, also im Spectrum entweder nach der rothen, oder nach der violetten Seite verschoben erscheinen müssen, wenn der lichtausstrahlende Stern sich von uns mit einer solchen Geschwindigkeit entfernt, beziehungsweise sich uns mit einer Geschwindigkeit nähert, welche im Verhältniss zu der Lichtgeschwindigkeit gross genug ist, um jene Verschiebung der Lichttöne im Spectrum hinreichend sicher messbar zu machen. Natürlich kann eine solche Verschiebung überhaupt nur dann konstatirt werden, wenn man die Stelle im Spectrum kennt, an welcher sich gerade die von dem Sterne ausgesandten Lichttöne zeigen müssten, wenn entweder Stern und Beobachter beide in Ruhe oder wenigstens die in ihre Verbindungslinie fallenden Theile ihrer Bewegungen einander gleich wären, so dass ihre Entfernung von einander zur Zeit von den beiderseitigen Bewegungen nicht afficirt würde. Zur Auffindung jener relativen Ruhelage der betreffenden Lichttöne verhilft uns aber die durch zahlreiche Erfahrungen immer tiefer begründete Verallgemeinerung, dass gewisse fundamentale Lichterscheinungen, z. B. die intensivsten Lichtschwingungen glühenden Wasserstoffs, in dem Lichte fast aller Sterne und ihrer weniger intensiv leuchtenden und daher relativ lichtabsorbirenden nächsten Umhüllungen enthalten sind. Hiernach kann der Beobachter annehmen, dass das Maass der Geschwindigkeit des Heran- oder des Hinwegeilens eines Sternes aus dem Abstande zu entnehmen ist, um welchen bezw. nach der violetten oder nach der rothen Seite hin seine lichten oder relativ dunkeln Wasserstoff-Lichttöne gegen die entsprechenden Lichttöne von solchem Wasserstoff, der mit Hülfe besonderer Veranstaltungen in oder neben dem Fernrohr des Beobachters glüht, verschoben sind.

Die Richtigkeit dieser Schlussfolgerungen, welche jetzt experimentell als vollkommen bestätigt gelten können, ist eine Zeit lang nach theoretischen Gesichtspunkten z. B. von van der Willigen (Haarlem) angezweifelt worden. An der Ausnutzung der für astronomische Probleme unschätzbaren Messungsmittel, welche hiernach die Lichtbewegung selber für einen wichtigen, sonst kaum zugänglichen Theil der Sternbewegungen darbietet, haben sich vorzugsweise ausser Huggins (London) und Seabroke (Rugby) die Astronomen Christie und Maunder auf der Sternwarte zu Greenwich betheiligt.

Die sehr umfassenden Greenwicher Beobachtungsreihen insbesondere gewähren auch durch Anwendung dieser Spectralmessungen auf bekannte Bewegungen innerhalb unseres Sonnensystems und durch die Deutlichkeit, mit welcher sie dabei auch unsere eigene jährliche Bewegung erkennbar machen, die erforderlichen Kontrolen für die Zuverlässigkeit dieser sehr delicaten Messungsprocesse. Für die Sternbewegungen geht nun aus denselben unzweifelhaft hervor, dass in der Gegend des Sternbildes des Herkules die Annäherungsbewegungen, in der Gegend des Orion u. s. w. die Entfernungsbewegungen der Sterne gegen das Sonnensystem überwiegen, ganz so, wie aus den bisherigen ihrer Natur nach völlig abweichenden Messungen gefolgert werden konnte. Und zwar lässt sich aus den spectrometrisch beobachteten Geschwindigkeiten aller dieser Sternbewegungen gleichzeitig mit ziemlicher Sicherheit entnehmen, dass die fortschreitende Bewegung des Sonnensystems nach dem Herkules hin die Hauptursache der beobachteten Annäherungen der Sterne in jener Himmelsregion und der beobachteten Zunahme unserer Entfernungen von den Sternen in der entgegengesetzten Himmelsregion bildet, und dass endlich unsere eigene Geschwindigkeit bei jener fortschreitenden Bewegung im Sternenraume nicht erheblich grösser ist, als die mittlere Geschwindigkeit, mit welcher sich die Erde in ihrer Bahn um die Sonne bewegt (nahezu 30 km in der Sekunde oder $^1/_{10000}$ der Lichtgeschwindigkeit).

Letztere Folgerung scheint übrigens auch durch neuere Untersuchungen über einige feine Besonderheiten der sogenannten Abirrungen des Lichtes im bewegten Fernrohr bestätigt zu werden, welche durch Villarceau (Paris) zur Sprache gebracht und von Battermann (Hamburg) vollständiger dargelegt worden sind.

Es wird von grösstem Interesse sein, alle diese Untersuchungen, insbesondere auch die spectrometrischen Bestimmungen der Geschwindigkeit der Sternbewegungen in der Richtung der Gesichtslinien, recht bald weiter zu verfolgen, nämlich ihre Genauigkeit noch zu erhöhen und sie auf immer zahlreichere und auch auf lichtschwächere Sterne auszudehnen. Es ist deshalb besonders zu begrüssen, dass auch das Observatorium zu Potsdam jene Messungen in sein Arbeitsprogramm aufgenommen hat.

Die nunmehr im Ganzen und Grossen gesicherte ungefähre Kenntniss der derzeitigen Richtung und Geschwindigkeit der relativen Bewegung unseres Sonnensystems innerhalb eines grösseren Systems von Sternen wird nun allmälig dazu dienen können, aus den bereits beobachteten Winkelgrössen der rechtwinklig zu den Gesichtslinien stattfindenden Theile der fortschreitenden Sternbewegungen und mit Hinzuziehung der spectrometrisch weiter zu ermittelnden Sternbewegungen in der Richtung der Gesichtslinien die wahren oder eigenthümlichen Bewegungen der einzelnen Sterne zu bestimmen, befreit von allen denjenigen Theilen ihrer gesammten anscheinenden Bewegungen, welche lediglich Abbilder unserer eigenen Bewegungen sind.

Der letztere Reinigungsprocess wird sich allerdings vollständig nur für solche Sterne ausführen lassen, für deren Entfernungen von uns entweder directe Maassbetimmungen oder wenigstens wahrscheinliche Annahmen von Näherungs- oder von Grenzwerthen vorliegen. Obgleich aber in dieser Beziehung kaum der Anfang eines Verfahrens von befriedigender formeller Strenge zu verzeichnen ist, sind wir doch schon in der Lage, einige Ergebnisse in Betreff der wirklichen Bewegungen anderer Sterne und Sternsysteme als annäherungsweise gesichert mittheilen zu können.

Für alle Sterne nämlich, welche durch unsere periodische jährliche Bewegung um die Sonne keine jährliche Parallaxe von mehr als einem halben Zehntel der Bogensecunde erfahren, d. h. für die grosse Mehrzahl der Sterne, würde eine fortschreitende Bewegung unseres Sonnensystems im Betrage von 6 bis 10 Sonnenweiten, wie sie nach Obigem ungefähr während eines Jahres anzunehmen ist, höchstens unter einem Winkel, welcher dem Sechs- bis Zehnfachen des obigen Grenzwerthes der jährlichen Parallaxe entspricht, also nur in der Winkelgrösse von 0,3 bis 0,5 Bogensecunden gesehen werden, und höchstens um ebensoviel würden uns alle diese Sterne selber in Folge unserer eigenen fortschreitenden Ortsveränderung bewegt erscheinen können.

Nun lassen aber eine ansehnliche Zahl solcher Sterne mit Sicherheit fortschreitende Bewegungen von mehreren Bogensecunden während eines Jahres erkennen, so dass viele der bereits beobachteten Bewegungen dieser Art von der fortschreitenden Bewegung unseres Sonnensystems nur in sehr geringem Verhältniss afficirt sein können, uns vielmehr im Ganzen und Grossen auch ohne jenen Reinigungsprocess bereits nahezu richtige Vorstellungen von den Richtungen am Himmelsgewölbe und den sogenannten Winkelgeschwindigkeiten geben, in welchen die fortschreitenden Bewegungen vieler Sterne wirklich vor sich gehen.

Aus den Winkelgeschwindigkeiten kann man aber in diesen Fällen auch gewisse Grenzwerthe der linearen Geschwindigkeiten derjenigen Theile der Bewegungen dieser Sterne ableiten, welche rechtwinklig zu den Gesichtslinien erfolgen. Ein Stern, von welchem eine Sonnenweite in dem Phänomen der jährlichen Parallaxe unter einem Winkel erscheint, der $1/_{20}$ der Bogensecunde nicht übersteigt, wird rechtswinklig zur Gesichtslinie dann eine Geschwindigkeit haben, welche das Zehnfache derjenigen der Erde in ihrer Bahn also $1/_{1000}$ der Lichtgeschwindigkeit übertrifft, wenn seine jährliche, nöthigenfalls von der 0",3 bis 0",5 betragenden Wirkung der Bewegung des Sonnensystems noch gereinigte Winkelbewegung am Himmel nahezu 3 Bogensecunden oder mehr erreicht. Nun giebt es am Himmel mehrere Sterne, bei welchen Bewegungen von dieser Grösse beobachtet sind, während die jährlichen Parallaxen bei ihnen so klein sind, dass sie noch nicht sicher gemessen werden konnten, also jedenfalls kleiner als $1/_{20}$ der Bogensecunde. Ja, einer dieser Schnellläufer, der nach dem Entdecker seiner Bewegung Argelander's Stern genannt wird, scheint sogar eine noch zwei- bis dreimal grössere lineare Geschwindigkeit, als vorstehend angenommen, rechtwinklig zur Gesichtslinie zu haben, so dass die Gesammtgeschwindigkeit auch noch grösser sein kann.

Geschwindigkeiten solcher Art werden aber schon geeignet sein, uns auf astronomischem Wege einen Aufschluss darüber zu geben, ob die Fortpflanzungsgeschwindigkeiten des Lichtes für verschiedene Wellenlängen oder Farben merklich verschieden sind. Nehmen wir nach obigen Darlegungen als nicht unwahrscheinlich an, dass Argelander's Stern sich rechtwinklig zur Gesichtslinie mit einer Geschwindigkeit bewege, welche $1/_{300}$ der mittleren Lichtgeschwindigkeit erreicht, und nehmen wir an, dass zwischen dem äussersten Roth und dem äussersten Violett, welche das Licht dieses Sternes enthält, ein Unterschied der Fortpflanzungsgeschwindigkeit gleich einem Hundertstel des mittleren Werthes dieser Geschwindigkeit stattfindet, so würde das Licht dieses Sternes uns in eine Farbenstrecke ausgedehnt erscheinen müssen, deren Länge im Verhältniss zu dem Abstande des Sternes von uns (der Grösse seines Lichtweges) $1/_{300}$ mal $1/_{100}$, also $1/_{30000}$ beträgt, d. h. diese Farbenreihe, ein Spectrum, in welches sich der Stern in der Richtung seiner Bewegung verlängern müsste, würde von uns unter einem Winkel von nahezu 7 Secunden gesehen werden (da der Bogenwerth von 7″ nahezu $^1/_{30000}$ des Radius beträgt). Nun sind aber keine solchen Spectren bei Sternen dieser Art wahrgenommen, welche eine Länge von $^1/_{10}$ der Secunde übersteigen könnten. Unter allen obigen Voraussetzungen würde man also folgern können, dass jene Unterschiede der Lichtgeschwindigkeiten bei verschiedenen Farben im Extrem $^1/_{7000}$ des mittleren Werthes nicht erreichen, d. h. zur Zeit noch kaum messbar sind.

Nun entsteht aber die andere Frage, wie hätte man sich so enorme Geschwindigkeiten, wie die oben beispielsweise erwähnten, zu erklären. Die Schwierigkeit der Beantwortung dieser Frage wird um so grösser, wenn wir ferner in Betracht ziehen, dass jene Sternbewegungen Jahrzehnte lang, ja in manchen Fällen schon mehr als ein Jahrhundert hindurch, in unveränderter Richtung und Geschwindigkeit erfolgt zu sein scheinen, so dass es sehr schwer wird, als ihre Ursache etwa Anziehungswirkungen von gewaltigen Massen anzunehmen. Vielmehr scheint Alles dafür zu sprechen, dass wir in solchen mächtigen Bewegungen die Wirkungen von weit überwiegenden ursprünglichen Stoss- oder Schleuderkräften vor uns haben, deren Effecte durch Anziehungswirkungen anderer Massen zur Zeit nur ganz unerheblich modificirt werden.

Eine eigenthümliche Eigenschaft dieser stark fortschreitenden Bewegungen vieler Sterne tritt ausserdem mit jedem Jahrzehnt schärfer hervor. Die scheinbaren Richtungen derselben am Himmelsgewölbe sind nicht bloss für ganze Gruppen von solchen Sternen gemeinsam, welche bis zu ganzen Graden von einander abstehen, also bei der im Allgemeinen zu constatirenden Unmerklichkeit jährlicher Parallaxen in Wirklichkeit um Hunderttausend von Sonnenweiten von einander entfernt sind — so dass es schon von diesem Gesichtspunkte aus sehr grosse Schwierigkeiten bietet, für die Gemeinsamkeit dieser Bewegungen solche Ursachen wie Anziehungskräfte anzunehmen, die doch nach Richtung und Stärke ihrer Wirkungen von den Ortsverschiedenheiten im Raume sehr erheblich beeinflusst werden, — sondern die Gemeinsamkeit der Richtungen gewisser Bewegungen jener

Art erstreckt sich sogar auf Sterne, die um erhebliche Bruchtheile des ganzen Umkreises am Himmelsgewölbe von einander abstehen, und zwar hat man bereits Spuren von mehreren verschiedenen solcher Sternzüge, wie man sie nennen kann, entdeckt, welche zu den interessantesten Problemen der Forschung gehören werden.

Die weitere Verfolgung derselben im Laufe der nächsten Jahrhunderte, insbesondere unter Hinzunahme der spectrometrischen Geschwindigkeitsbestimmungen der Bewegungen in der Richtung der Gesichtslinie, wird uns vielleicht zunächst die Lage der Ausgangspunkte dieser verschiedenen Züge, welche die übrige relativ ruhende Fixsternwelt zu durchfliegen scheinen, kennen lehren und dadurch die Lösung des Räthsels vorbereiten.

Eine gewisse Analogie würden diese Schnellläufer unter den Sternen bieten zu den in unser Sonnensystem und in die Atmosphäre der Erde eindringenden Meteoren, bei welchen man auch schon Geschwindigkeiten beobachtet hat, welche unserm Sonnensystem, sowohl seinen Anziehungswirkungen als den in ihm vorhandenen Drehungs- oder Schleuderwirkungen, fremd sind und nur in Explosivwirkungen in der Nähe der Sonne ein Analogon zu finden scheinen, ohne dass jedoch die Sonne der Ursprung solcher Meteore sein kann, da deren Bahnen nach ganz anderen Ausgangspunkten hinweisen.

Nach einer anderen Richtung der Forschung lassen sodann jene merkwürdigen Sternbewegungen manches bisherige Raisonnement weniger triftig erscheinen, als man bisher angenommen hat.

Zwar trifft der Schluss, dass aus starker Winkelbewegung eines Sternes ein Anzeichen grösserer Nähe desselben zu entnehmen sei, insofern noch vielfach zu, als man auch neuerdings wieder an mehreren lichtschwachen stärker bewegten Sternen messbare jährliche Parallaxen gefunden hat; aber es sind auch Ausnahmen hiervon vorhanden. Man wird es im Allgemeinen wohl als richtig zugeben dürfen, dass, wenn in grösseren Abständen von uns nicht besondere Ursachen zu stärkeren Geschwindigkeiten der Sternbewegungen vorhanden sind, grosse scheinbare Bewegungen überwiegend ein Anzeichen für grössere Nähe bilden dürfen, aber allerdings nur relativ im Vergleiche mit kleineren scheinbaren Bewegungen derselben Art.

Wenn wir es dagegen als vollkommen erwiesen annehmen müssten, was zunächst nur angedeutet ist, dass eine relativ ruhende Sternenwelt von gewissen Zügen stärker bewegter Himmelskörper durchflogen wird, so würden sehr schnell bewegte Sterne sich zeitweise in der Nähe von relativ ruhenden befinden können, und der bisher sehr häufig angewandte Schluss, dass ein unbewegt erscheinender Stern, welcher am Himmel neben einem schnell bewegten zu stehen scheint, in Wirklichkeit weit, weit hinter diesem in viel grösserem Abstand von uns sich befinde, dieser Schluss, welcher bei den Bestimmungen der jährlichen Parallaxe bis jetzt eine grosse Rolle gespielt hat, könnte total hinfällig werden.

Man sieht sofort, dass dadurch zwar gewisse Grundlagen unserer ganzen obigen Erörterung, betreffend die sehr grossen Geschwindigkeiten bei kleinen jährlichen Parallaxen etwas geschwächt werden könnten, aber doch nicht in solchem Grade, dass dadurch die Convergenz des ganzen Schlussverfahrens in Frage gestellt würde. Indessen wird dieser Punkt demnächst einer ernstlichen Berücksichtigung bedürfen.

Auch die Art und Weise, wie man bisher die physische Zusammengehörigkeit in den Doppelsternsystemen dann als gesichert annahm, wenn, auch ohne dass Spuren einer periodischen oder sich rundenden Bewegung der beiden Sterne um den gemeinsamen Schwerpunkt vorhanden waren, eine Gemeinsamkeit der Richtung und Geschwindigkeit der fortschreitenden Bewegungen beider hinreichend erwiesen war, auch dieser Schluss wird nun etwas modificirt werden müssen. Eine Gemeinsamkeit des Ursprunges der beiden Sterne wird man allerdings in diesem Falle annehmen müssen, ausserdem eine derzeitige ungefähre, d. h. nach Tausenden von Sonnenweiten zu schätzende Nachbarschaft im Raume, aber kaum noch eine irgendwie dauernde, mit merklicher gegenseitiger Beeinflussung verbundene Gemeinschaft.

Man sieht, dass aus den Tiefen des Sternenhimmels dem Fleiss und der Stetigkeit astronomischen Zusammenwirkens bereits eine Fülle von Resultaten, aber auch von Aufgaben und Problemen sich dargeboten hat, welche nicht nur an sich bedeutungsvoll sind, sondern auch für die eingreifendsten physikalischen Probleme, z. B. die Lehre von der Lichtbewegung, ganz eigenartige Anhaltspunkte gegeben haben und noch weiterhin versprechen.

April 1883.

Erneute Bestätigung der Richtigkeit des Princips der spectralanalytischen Messungen von Bewegungsgeschwindigkeiten durch den grossen Cometen vom September 1882. — Bestimmung der Entfernungen von Fixsternen durch Verbindung solcher spectralanalytischer Messungen mit der aus gewöhnlichen Winkelmessungen abgeleiteten Kenntniss von Doppelstern-Bewegungen. — Vervollständigung solcher Ermittelungen durch die Hinzuziehung der periodischen Lichtveränderungen der Sterne. — Ueberblick über die gegenwärtige Kenntniss solcher Lichtveränderungen. — Verschiedene Typen derselben und entsprechende Erklärungsversuche. — Neueste Arbeiten über diese Fragen. — Weitere Entwickelung der betreffenden Helligkeitsmessungen. — Fundamentale Wichtigkeit derselben für die Untersuchung der Abhängigkeit der Fortpflanzungsgeschwindigkeit des Lichtes von der Wellenlänge. — Eine irgend merkliche Abhängigkeit dieser Art hiernach wahrscheinlich nicht vorhanden.

Im Anschlusse an die in meinem vorangehenden Berichte enthaltenen Mittheilungen über die in der Fixsternwelt beobachteten Bewegungen und über die Hilfe, welche uns neuerdings auf diesem Gebiete durch spectralanalytische Messungen zu Theil geworden ist, habe ich zunächst auf eine Bestätigung hinzuweisen, welche die den letzten Messungen zu Grunde liegenden Annahmen durch die inzwischen erfolgte genauere Berechnung einer an dem grossen Septembercometen des vorigen Jahres angestellten spectralanalytischen Messung erfahren haben.

Ich schrieb in meinem Berichte vom November 1882 hierüber Folgendes:

„Am 18. September beobachtete T h o l l o n auf der Sternwarte des Herrn B i s c h o f f s h e i m bei Nizza . . . . . ., dass das Licht jenes Cometen . . . . . das Licht glühender Natriumdämpfe enthielt . . . . . Ausserdem war eine sehr gute Vergleichung der Lage dieser Lichttöne im Spectrum mit der Lage der entsprechenden Absorptionslinien im Sonnenspectrum möglich, wobei sich ergab, dass die ersteren gegen die letzteren um einen Betrag verschoben waren, welcher durch die Geschwindigkeit der Bewegung des Cometen erklärlich schien."

Auf diese unbestimmte Fassung musste ich mich damals beschränken, weil die Bahn jenes Cometen noch nicht so genau bestimmt war, um die definitive Bearbeitung dieses Messungsergebnisses zu rechtfertigen. Vor einigen Wochen ist nunmehr diese Berechnung ausgeführt worden, und das von Herrn Thollon veröffentlichte Ergebniss derselben gewährt eine Bestätigung der in Rede stehenden Grundannahmen, wie sie bei der Natur der Messung kaum vollständiger erwartet werden konnte.

Durch die sehr bedeutende Geschwindigkeit (rund 70 km in der Secunde), mit welcher sich jener Comet damals von der Erde entfernt hat, ist nämlich das von ihm ausgestrahlte Natriumlicht um einen der Theorie ganz entsprechenden Betrag nach dem rothen Ende des Spectrums hin verschoben erschienen.

Fernere Controlen für diese spectralanalytischen Messungen der Bewegungsgeschwindigkeiten von Himmelskörpern werden die im vorigen Berichte etwas näher erörterten Umlaufsbewegungen von Doppelsternen in solchen Bahnen, welche sehr wenig gegen die Gesichtslinie geneigt sind, ergeben. Die aus Winkelmessungen bereits bekannte Periodicität dieser Bewegungen muss sich offenbar auch in den Veränderungen der Geschwindigkeiten, mit denen solche Sterne zu uns hin oder von uns hinweg bewegt erscheinen, erkennen lassen, und es ist zu erwarten, dass die sehr bedeutenden Geschwindigkeiten, mit denen einige dieser Doppelsternbewegungen zu geschehen scheinen, sich mit Hilfe ihrer sicher bekannten Periodicität besonders deutlich und ganz unabhängig von manchen bisherigen Voraussetzungen über die absolute Identität gewisser Lichtarten in den verschiedensten Lichtquellen, in den spectralanalytischen Messungen erkennbar machen werden. Da man aber zugleich aus den Winkelmessungen, aus welchen man bisher jene Umlaufsbewegungen ermittelt hat, die Winkelgrössen kennt, unter denen jene Geschwindigkeiten uns zur Erscheinung kommen, so verspricht hier die Verbindung der Winkelmessungen und der spectralanalytischen Messungen uns vollkommen reale Aufschlüsse sogar über die Entfernungen solcher Sterne zu geben, an denen das Bild unserer eigenen jährlichen Bewegung gar nicht mehr mit Sicherheit erkannt wird.

Leider sind viele dieser Messungen an den Spectren der Sterne noch mit erheblichen Unsicherheiten behaftet, indessen ist zu hoffen, dass die ganze Messungsmethode bei der hohen Bedeutung, welche dieselbe immer mehr gewinnt, in der nächsten Zeit weitere Vervollkommnungen erfahren wird, sowohl im Sinne ihrer Ausdehnung auf lichtschwächere Sterne, als im Sinne der Anwendung auf diejenigen Ausstrahlungen, bei deren Wellenlängen sich die Zusammensetzung der Lichtgeschwindigkeit mit der Bewegungsgeschwindigkeit des leuchtenden und des lichtempfangenden Körpers am günstigsten für die Messung herausstellt.

Für die Ermittelung von Entfernungen und absoluten Geschwindigkeiten, selbst in so fernen Regionen des Sternenraumes, in welchen Dimensionen wie diejenigen unseres ganzen Planetensystems verschwindend klein erscheinen, verspricht uns auch eine andere Art von optischer Messung, nämlich die Messung der periodischen Intensitätsschwankungen des Lichtes der Sterne, eine Hilfe zu gewähren.

Durch eine Verbindung solcher Messungen mit den spectralanalytischen Messungen der Geschwindigkeiten eröffnet sich wenigstens die ideelle Möglichkeit, vollständige periodische Bewegungen sogar innerhalb solcher Systeme bestimmen zu können, deren einzelne Glieder durch ihre grosse Ferne für uns zu einem einzigen vollkommen bewegungslos und gestaltlos erscheinenden Lichtpunkte zusammenfliessen.

Man kennt bereits etwa 120 bis 150 Sterne, deren Lichtintensität in mehr oder minder regelmässigen und meistens ihrem ganzen Verlaufe nach schon bekannten Perioden zwischen gewissen Helligkeitsgrenzen auf und ab schwankt.

Diese Helligkeitsschwankungen haben natürlich auch an sich und nicht bloss als Hilfsmittel der vorerwähnten Messungen eine grosse Bedeutung. Um dies ersichtlicher und zugleich dasjenige, was ich von den neueren Forschungsergebnissen auf diesem Gebiete zu berichten haben werde, verständlicher zu machen, will ich in Kürze erörtern, welche verschiedenen Erklärungsversuche bisher für diese Erscheinungen vorliegen.

Zunächst könnte die Helligkeit des Lichtes, welches uns ein Himmelskörper zusendet, durch die Drehung desselben veränderlich gemacht sein. So würde z. B. für genauere Messungen die Helligkeit der Planeten Mars oder Jupiter, deren Oberflächen das Sonnenlicht nicht überall in gleicher Stärke reflectiren, sondern dunklere und hellere Stellen zeigen, innerhalb der Rotationsperioden dieser Planeten veränderlich erscheinen müssen. Beim Jupiter würde sich z. B. eine in 9 Stunden 55 Minuten wiederkehrende Helligkeitsschwankung ergeben müssen. In ähnlicher Weise würde für die Mondbewohner das zurückgestrahlte Sonnenlicht, welches ihnen die Erde spendet, in einer Periode von 24 Stunden und etwa 50 Minuten veränderlich sein, da von dem Monde aus die mit Wasser bedeckten Theile der Erdoberfläche im Vergleich mit dem festen Lande oder gar mit solchen Theilen des letzteren, die mit Eis und Schnee bedeckt sind, ansehnlich lichtschwächer erscheinen müssen.

Ausserdem wird die Lichtintensität des Erdscheins auf dem Monde auch in unregelmässigen Perioden, je nach den Bewölkungserscheinungen, welche in veränderlicher Weise grosse Theile der Erdoberfläche überziehen, schwanken müssen, weil auch die Wolkendecke das Sonnenlicht wesentlich anders reflectiren wird, als die feste Erdoberfläche.

In ähnlicher Weise würden in solchen Zeiten, in denen die Sonne stark mit Flecken bedeckt ist, sehr feine Messungen ihrer Strahlungswirkungen auch für uns eine mit ihrer Rotationsdauer zusammenhängende periodische Schwankung der Intensität der Strahlung zeigen müssen.

Ausserdem aber werden gewisse, in ihrer Periodicität nicht von der Rotation abhängige Schwankungen der Lichtintensität der Sonne (ähnlich wie die vorerwähnten für die Mondbewohner durch die veränderlichen Bewölkungserscheinungen der Erde bedingten) dadurch verursacht werden, dass überhaupt die Zustände der Oberfläche oder der nächsten Umgebung der Sonne in einer die Intensität ihrer Strahlungen nothwendig beeinflussenden Weise veränderlich sind.

Derartige Veränderungen (Flecken- und Fackel- sowie Protuberanzerscheinungen) finden nun in etwa elfjährigen Perioden statt. Die Messbarkeit der daraus hervorgehenden periodischen Intensitätsschwankungen der Sonnenstrahlung wird jedoch auf der Erde dadurch beeinträchtigt, dass die enorme Intensität aller Strahlungswirkungen der Sonne auf der Erdoberfläche und in der Erdatmosphäre selbst anderweitige periodische Veränderungen hervorruft, z. B. verstärkte Bewölkungen u. dergl., durch welche die Erkennbarkeit der wirklichen Schwankungen jener Strahlungsintensitäten am Boden des Luftmeers getrübt wird.

Von entfernten Fixsternen aus würde vielleicht jene elfjährige Periode der Intensitätsschwankung des Sonnenlichtes bei sehr feinen Messungen unzweideutig erkennbar werden.

Offenbar werden nun ähnliche Erscheinungen, wie jene Reactionen zwischen dem Innern und der Oberfläche oder der nächsten Umgebung der Sonne, welche wohl allgemein als Stufen der Bildungsprozesse gelten können, auch bei den anderen selbstleuchtenden Himmelskörpern in grösserer oder geringerer Stärke und Periodendauer stattfinden, und von einer elfjährigen Lichtperiode, wie sie zur Zeit bei unserer Sonne stattfindet, ist der Schritt zu Perioden von einigen hundert Tagen, wie sie bei den sogenannten veränderlichen Sternen nicht selten vorkommen, kein zu gewagter.

Periodische Veränderungen der Lichtwirkungen eines selbstleuchtenden oder fremdes Licht reflectirenden Himmelskörpers können endlich dadurch verursacht werden, dass in gewissen Perioden ein anderer und zwar dunkler oder wenigstens mit geringerer Intensität, als der erstere, leuchtender Himmelskörper zwischen den ersteren und den Beobachter tritt.

Auf diese Weise wird das Sonnenlicht für uns in längeren Perioden, wenn auch ganz vorübergehend und in minimalem Grade, geschwächt während der Durchgänge des Merkur und der Venus, dagegen in weniger regelmässigen und einfachen Perioden, aber in viel stärkerem Maasse bei den Sonnenfinsternissen durch den Mond. Bei nicht selbstleuchtenden Körpern können ähnliche Lichtschwächungen auch dadurch bewirkt werden, dass ein Theil der Oberfläche derselben vorübergehend durch einen vor die eigentliche Quelle des Lichtes derselben tretenden Trabanten und dergleichen beschattet wird.

Offenbar werden die oben erörterten verschiedenen Ursachen von wahren oder scheinbaren Intensitätsschwankungen des Lichtes der Himmelskörper auch verschiedene Charaktere der beobachteten Lichtschwankungen bedingen.

Rotationen von solchen Himmelskörpern, deren Oberflächen nicht gleichmässig leuchten, werden im Allgemeinen Lichtschwankungen bedingen, deren Perioden von kürzester Dauer, sowie von stetigstem und regelmässigstem Verlaufe sind.

Periodische Entwicklungsprozesse der gesammten Zustände der Oberflächen und der nächsten Umgebung der Himmelskörper werden im Allgemeinen Lichtschwankungen bedingen, deren Perioden von längerer Dauer, grösserer Veränderlichkeit und weniger einfach gesetzlichem Verlaufe sind.

Endlich werden Bedeckungen oder Verfinsterungen durch dazwischentretende Himmelskörper im Allgemeinen solche Lichtschwankungen bedingen, deren Perioden dadurch charakterisirt sind, dass nur während eines verhältnissmässig kleinen Theiles ihrer Dauer überhaupt Veränderungen der Lichtintensität eintreten, während des grösseren Theiles der Periode dagegen, sobald nicht gleichzeitig andere Ursachen von Lichtschwankungen vorliegen, die Helligkeit unverändert bleibt.

In der That finden sich am Sternenhimmel diese Hauptcharaktere der periodischen Lichtveränderlichkeit wieder.

Zu dem ersten Typus, bei welchem der Lichtwechsel mit grosser Regelmässigkeit in Perioden von nur wenigen Tagen vor sich geht und somit die Diagnose auf Rotationserscheinungen gestellt ist, gehören etwa 15 veränderliche Sterne, unter ihnen β Lyrae, ζ Geminorum u. A.

Zu dem zweiten Typus, bei welchem Helligkeitsschwankungen in Perioden von etwas weniger regelmässigem Verlaufe und von etwas längerer, nämlich meistens einige hundert Tage betragender, Dauer beobachtet und somit wirkliche Schwankungen der Leuchtprozesse wahrscheinlich gemacht sind, gehören zur Zeit etwa 100 Sterne. Als ein Hauptrepräsentant derselben ist χ Cygni zu nennen, welcher periodisch von der vierten bis zur dreizehnten Grösse, also von einer mit blossem Auge sehr gut erkennbaren bis zu einer selbst in starken Fernröhren verschwindenden Helligkeit variirt. Diesem Typus scheinen die Helligkeitsschwankungen verwandt zu sein, welche bei einer Reihe von anderen Sternen zwar mit Deutlichkeit, aber ohne bisher eine bestimmte Gesetzmässigkeit erkennen zu lassen, beobachtet worden sind. Zu diesen gehören α Orionis, α Herculis etc. Und an diese Nebengruppen schliessen sich alsdann auch die sogenannten neuen Sterne an, nämlich solche Sterne, welche plötzlich zu sehr bedeutendem Glanze aufgeflammt und nach dem höchstens einige hundert Tage andauernden Verlaufe dieser Lichtsteigerung wieder andauernd zu viel geringerer Helligkeit herabgesunken sind, ohne dass bisher eine Periodicität dieses Aufleuchtens erkennbar gewesen wäre.

Der dritte Typus endlich, bei welchem in regelmässigen Perioden die Helligkeit nur während des Verlaufes von wenigen Stunden sich ändert, in dem übrigen Theile der Periode aber unveränderlich ist, umfasst von den gegenwärtig bekannten Veränderlichen etwa sieben Sterne, deren am längsten bekannter Hauptrepräsentant β Persei (Algol) ist.

Ueber vier derjenigen Sterne, bei denen der periodische Lichtwechsel auf Rotationen bei sehr ungleichmässiger Leuchtkraft der Oberflächen zu beruhen scheint, hat vor einiger Zeit Pickering in Cambridge (Amerika) eine eingehende Untersuchung veröffentlicht, aus welcher hervorzugehen scheint, dass in der That unter Nebenannahmen, die nichts Widersinniges haben, alle Einzelheiten jener Lichtwechsel auf Rotationsbewegungen dieser Sterne zurückgeführt werden können. Die spectrale Zerlegung des Lichtes der Veränderlichen von diesem Typus lässt sonst keine bestimmten ihnen gemeinsamen Charaktere erkennen.

Bei dem am längsten und besten bekannten Veränderlichen dieser Gattung (β Lyrae) hat Vogel (Potsdam) im Spectrum helle Linien, also wie es scheint, einen erheblichen Antheil glühender Gase an der gesammten Lichtwirkung erkannt.

Eine wichtige Untersuchung über die Rotationen von solchen noch in chaotischen Zuständen befindlichen Massen mit Hinblick auf die Deutung der Besonderheiten der periodischen Lichtwechsel von Sternen hat Gyldén (Stockholm) vor einiger Zeit veröffentlicht. Untersuchungen dieser Art werden in Zukunft an der Hand der beobachteten Lichtwechsel, unter welchen derjenige von β Lyrae bereits eine sehr regelmässige Abnahme der Periodendauer erkennen lässt, auch grosse Bedeutung für die weitere Verfolgung der kosmogonisch wichtigen Veränderungen der Rotationsbewegungen grosser selbstleuchtender Massen gewinnen.

Bei dem zweiten Typus von veränderlichen Sternen hat auch die Spectralanalyse bereits Wesentliches zur Charakterisirung der bezüglichen Erscheinungen beigetragen, besonders haben neuere Untersuchungen in Potsdam in grösserem Umfange als bisher erwiesen, dass die veränderlichen Sterne dieses Typus fast ohne Ausnahme Spectra mit breiten Absorptionsstreifen zeigen, also höchst wahrscheinlich unter Temperaturbedingungen stehen, bei welchen die Bildung von chemischen Verbindungen bereits ermöglicht ist. Dem entspricht die fast durchgehends röthliche Färbung dieser Veränderlichen, welche schon vor der Zerlegung ihres Lichtes darauf gedeutet wurde, dass sie sich durch fortschreitende Abkühlung ihrer Oberflächen bereits in einem vorgerückteren Stadium ihrer Entwickelung befänden.

Der Uebergang von den starken und in deutlicher, wenngleich nicht sehr regelmässiger Periodicität vor sich gehenden Helligkeitsschwankungen dieser Sterne einerseits auf die plötzlichen Helligkeitskatastrophen der sogenannten neuen Sterne, andererseits auf die viel geringeren, kaum deutliche Periodicität zeigenden Helligkeitsschwankungen einiger anderen Sterne erscheint bei dieser Sachlage nicht schwierig. Man hat in diesen Verschiedenheiten offenbar nur verschiedene Phasen eines Entwickelungsprozesses vor sich, für welchen die an unserer Sonne erkennbaren theils periodischen, theils vereinzelten und acuten Reactionen uns gewisse Anhaltspunkte geben. Neuerdings hat auch Ritter (Aachen) in seinen wichtigen kosmogonischen Untersuchungen einige Hinweisungen auf bisher noch nicht beachtete erklärende Momente für die periodischen Erscheinungen innerhalb der Entwickelungsprozesse der Weltkörper gegeben.

Der dritte Typus von veränderlichen Sternen, bei welchen die Lichtveränderung nur während eines kleinen Theiles der Periode stattfindet, hat bisher wohl in Folge der besonderen Regelmässigkeit der betreffenden Erscheinungen die ausgedehnteste Beachtung gefunden. Auch sind gerade in den letzten Jahren, nämlich im Jahre 1880 von Ceraski (Moskau) und im Jahre 1881 von Sawyer (Boston), zwei Veränderliche dieser Art gefunden worden, deren Entdeckung eine besondere Belebung dieser Forschungen bewirkt zu haben scheint. Der von Ceraski entdeckte veränderliche Stern dieser Art hat eine Periode von nahe 60 Stunden; innerhalb derselben ist er aber während 48 Stunden unverändert, und nur während der übrigen 11 bis 12 Stunden erfährt er eine Helligkeitsverminderung um mehrere Grössenklassen und ein Wiederansteigen bis zur anfänglichen Helligkeit, in welcher er die übrige Zeit hindurch verharrt. Der von Sawyer entdeckte Veränderliche hat gar nur eine Periodendauer von etwa 20 Stunden, innerhalb deren der eigentliche Lichtwechsel nur 4 bis 5 Stunden einnimmt. Die übrigen bis jetzt bekannten Sterne dieses Typus zeigen regelmässige Perioden zwischen 56 und 228 Stunden, innerhalb welcher die Dauer des eigentlichen Lichtwechsels Beträge zeigt, die zwischen einem Zehntel und einem Fünftel der Periodendauer liegen. Die Periodendauer ist bei den meisten dieser Sterne ebenso wie bei den Sternen des ersten Veränderlichkeitstypus in Folge der durch die Kürze der Perioden ermöglichten zahlreichen Wiederholungen der Beobachtung bis auf die Secunde bekannt, und es haben sich auch bereits einige ziemlich gesetzmässig verlaufende Veränderungen der Periodendauer, besonders bei dem am längsten bekannten Sterne dieser Art, (β Persei) gezeigt, deren Deutung ein wichtiges Problem ist.

Auch über die Veränderlichen dieses Typus hat Pickering eingehende Untersuchungen veröffentlicht, welche die Erklärbarkeit der Erscheinungen bis in gewisse Einzelheiten durch das periodische Eintreten von theilweisen Bedeckungen durch dunklere Himmelskörper (sogenannten Verfinsterungen und Durchgängen) nachweisen. Zu den merkwürdigen, noch nicht erklärten Einzelheiten der beobachteten Vorgänge dieser Art scheint es nach neueren Beobachtungen zu gehören, dass die Minimalhelligkeiten, welche bei einigen dieser Sterne nahezu unveränderlich sind, bei anderen in einer gewissen gesetzmässigen Folge variiren.

Einen Haupteinwurf gegen die Erklärung der Lichtperioden des dritten Typus aus den Umlaufszeiten von solchen Begleitern dieser Sterne, welche in bestimmten Strecken ihrer Bahnen zwischen uns und den Hauptstern treten, bildet die Kürze der Perioden. Bei den sehr grossen Dimensionen dieser Himmelskörper, welche wir im Hinblick auf ihre enormen Entfernungen von uns aus der Stärke ihres Leuchtens folgern müssen, fällt es doch sehr schwer, solche Umlaufszeiten von Begleitern anzunehmen, welche nicht mehr als einige Tage betragen. Systeme mit derartigen Begleitern, deren Dimensionen überdies zur Erklärung der beobachteten Lichtschwankungen ziemlich starke Bruchtheile der Dimensionen des Hauptsternes erreichen müssten, könnten, insbesondere wenn man die neueren, von mir in den obigen Berichten vom Jahre 1882 mitgetheilten Untersuchungen von G. H. Darwin berücksichtigt, nicht als hinreichend stabil angesehen werden, während andererseits die zu den bezüglichen Erklärungen verlangte starke Verschiedenheit der Leuchtkraft des Begleiters und des Hauptsternes es wieder sehr unwahrscheinlich machen würde, dass man etwa in den gegenwärtigen Zuständen solcher Systeme nur die Anfänge ihrer Entwickelung vor sich hätte. Von besonderer Bedeutung ist deshalb eine Untersuchung von H. Bruns (Leipzig), aus welcher hervorgeht, dass es keineswegs ganz aussichtslos ist, auch die Lichtperioden des dritten Typus auf Rotationserscheinungen zurückzuführen, bei denen die oben erwähnte Schwierigkeit der Erklärung sehr kurzer Perioden wegfällt.

Die bereits erwähnten gesetzmässigen Veränderungen der Dauer einiger der am genauesten bestimmten Lichtperioden könnten nun, insoweit sie sich nach den Besonderheiten ihres Verlaufes nicht mit Wahrscheinlichkeit auf Veränderungen einer Rotationsdauer zurückführen lassen, von besonderer Bedeutung für die Erkenntniss von periodischen Bewegungserscheinungen der betreffenden Sterne in engeren oder weiteren Systemen werden. Die Zusammensetzung der Geschwindigkeit solcher Bewegungen mit der Geschwindigkeit des Lichtes könnte nämlich in ganz derselben Weise, wie sie die scheinbare Periodendauer der mikrokosmischen Schwingungen des Lichtes verändert und dadurch eine Maassbestimmung für die Geschwindigkeit der Sternbewegungen auf spectralanalytischem Wege liefert, auch in der makrokosmischen Periodendauer der Intensitätsschwankungen des Sternenlichtes und zwar noch deutlicher hervortreten. Während der Stern sich uns nähert, müsste nämlich die Periode seines Lichtwechsels scheinbar kürzer, dagegen, während er sich entfernt, scheinbar länger werden. Und es kann sich hier bei den notorisch vorkommenden grossen Geschwindigkeiten der Sternbewegungen um Summationen zu ganz ansehnlichen Zeitunterschieden handeln.

Hiernach ersieht man nun, wie durch rein optische Messungen Anhaltspunkte für Bewegungen sogar in solchen Systemen beschafft werden könnten, deren einzelne Glieder, wie es oben ausgedrückt wurde, durch grosse Ferne in einen bewegungslos und gestaltlos erscheinenden Lichtpunkt zusammenfliessen.

Bei der hohen Bedeutung, welche nunmehr die Messungen der Intensitätsschwankungen des Sternenlichtes erlangt haben, wird es sich in Zukunft auch besonders um weitere Vervollständigung und Verschärfung dieser Art von Messungen handeln.

Es ist höchst anziehend zu sehen, mit wie einfachen Mitteln die oben dargelegten doch schon höchst bedeutsamen Ergebnisse erlangt worden sind. Die um dieses Forschungsgebiet besonders verdienten Astronomen, an deren Spitze lange Zeit hindurch Argelander gestanden hat, haben es vermocht, mit Hilfe der Empfindlichkeit des Auges für feine Helligkeitsunterschiede ohne allen photometrischen Apparat ein Beobachtungssystem zu organisiren, welches durch zahlreiche Wiederholungen von Lichtschätzungen allmälig in längeren Zeiträumen zu Ergebnissen von bemerkenswerther Genauigkeit geführt hat, in ähnlicher Weise, wie die Astronomen des Alterthums lediglich durch Messungen mit unbewaffnetem Auge in gehörigen Zeiträumen zu einer recht genauen Kenntniss des Verlaufes gewisser einfacher Perioden der himmlischen Bewegungserscheinungen gelangt waren.

Allmälig hatte sich indessen bei dem Studium der Lichtveränderlichkeit der Sterne das Bedürfniss ergeben, für die vorerwähnten blossen Lichtschätzungen gesichertere Verbindungen und festere Grundlagen durch Heranziehung der allmälig etwas vervollkommneten photometrischen Apparate zu erlangen und durch Anwendung derselben den Spielraum der letzten, der Empfindlichkeit des Auges anzuvertrauenden Abschätzung, welche den Abschluss auch der feinsten photometrischen Messungen bildet, auf möglichst kleine Helligkeitsunterschiede einzuschränken.

Von besonderer Wichtigkeit aber für die weitere Verfeinerung der Lichtvergleichungen verspricht die Verbindung photometrischer Messungen mit der Zerlegung des Sternenlichtes in seine verschiedenfarbigen Elemente zu werden; denn die grösste jenen bisherigen Lichtvergleichungen entgegen getretene Schwierigkeit bestand eben in den Farbendifferenzen des Lichtes verschiedener Sterne, da solche Differenzen die Vergleichungen der Lichtintensitäten in hohem Grade erschweren und, zumal beim Zusammenwirken verschiedener Beobachter, die Messung von Intensitätsveränderungen erheblich trüben können.

Jetzt ist man dahin gelangt, die Maassbestimmungen der Intensität einer Lichtquelle so ausführen zu können, dass man die einzelnen Farbenelemente oder Wellenlängen ihres Lichtes mit geeigneten Elementen desselben Charakters vergleicht, und es ist zu erwarten, dass sich hierdurch gewisse feinere Details der Lichtschwankungen erkennen lassen werden, die zur Deutung des Verlaufes der Erscheinungen um so mehr beitragen werden, als relative Veränderungen der Intensität der einzelnen verschiedenfarbigen Elemente des Lichtes einer und derselben Quelle für die Erklärung der wirklichen Ursachen der Lichtveränderungen in derselben Weise von grosser Bedeutung sein werden, wie es schon die Spectralanalyse des Lichtes der sogenannten neuen Sterne geworden ist.

Einzelne Untersuchungen ähnlicher Art, an denen sich insbesondere das Observatorium zu Potsdam betheiligt hat, und von denen bei anderen Gelegenheiten zu berichten sein wird, liegen auch bereits vor.

Die genauere Untersuchung des Verlaufes der Intensitätsschwankungen für die einzelnen Wellenlängen innerhalb der Gesammtstrahlung einer periodisch veränderlichen Lichtquelle, welche so weit von uns entfernt ist, wie die meisten der sogenannten veränderlichen Sterne, wird ausserdem für die in meinem vorigen Berichte nach anderer Seite hin erörterte Frage, ob die Fortpflanzungsgeschwindigkeit des Lichtes für die verschiedenen unserem Auge wahrnehmbaren Wellenlängen merklich verschieden sei, überaus genaue Grenzbestimmungen liefern können; denn bei einem Sterne, welcher regelmässige Lichtschwankungen in Perioden von einigen Tagen oder Stunden erfährt, von welchem aber das Licht hunderte von Jahren braucht, um zu uns zu gelangen, würden höchst eigenthümliche, bis jetzt noch nirgends sicher wahrgenommene Vorgänge innerhalb des Spectrums entstehen müssen, wenn für die verschiedenen Wellenlängen auch nur die allergeringsten Verschiedenheiten der Fortpflanzungsgeschwindigkeiten beständen.

Die nähere Erforschung so schnell verlaufender Prozesse, wie der bei den Sternen entdeckten Lichtschwankungen, die in so ungeheuren Entfernungen von uns vor sich gehen, kann auch sonst nach mehreren Richtungen als ein Arbeitsfeld bezeichnet werden, welches überaus reiche und eigenartige Erkenntnissfrüchte verspricht.

Bei den obigen Darlegungen in Betreff der veränderlichen Sterne habe ich Herrn Dr. G. Müller vom Observatorium zu Potsdam, welcher sich in diesem Forschungsgebiete bereits ausgezeichnet hat, einige wesentliche thatsächliche Mittheilungen zu danken gehabt.

Juli 1883.

Fortsetzung der Mittheilungen über die Lichtveränderungen der Sterne. — Vermuthliche Allgemeinheit säcularer Lichtveränderungen. — Fragen der absoluten Festlegung des gegenwärtigen Lichtzustandes der Sternenwelt. — Einfluss der Erdatmosphäre. — Neuere Untersuchungen über die lichtabsorbirenden Eigenschaften der Atmosphäre und die Gesammt-Energie der Sonnenstrahlung, sowie über die Vertheilung dieser Energie auf die Strahlungen von verschiedenen Wellenlängen oder Schwingungsgeschwindigkeiten. — Erweiterung der Kenntniss der wirksamen Sonnenstrahlungen nach der Seite der für das Auge nicht mehr sichtbaren grösseren Wellenlängen durch Langley. — Strahlungsmessungen auf hohen Bergen und wichtige Ergebnisse derselben. — Einfluss der Atmosphäre auf die Sonnenstrahlungen mit kleinen Wellenlängen nach G. Müller. — Einfluss des Wassergehaltes der Luft auf die Sonnenstrahlungen mit grösseren Wellenlängen nach Abney. — Vergleichung der Absorptionswirkungen für die Einstrahlungen und Ausstrahlungen, welche die Erde erfährt. — Der thermische Haushalt der Erde und die derzeitigen Schwierigkeiten seiner vollständigen Bestimmung. — Organisation der Beobachtung der Sonnenstrahlungen in Britisch-Ostindien. — Organisation der Behandlung astronomischer und geographischer Aufgaben. — Die „Astronomische Gesellschaft“.

Bei den in meinem vorigen Berichte gegebenen Darlegungen der neueren Forschungsergebnisse in Betreff der Schwankungen der Helligkeit der Himmelslichter wird vermuthlich manchem Leser die Frage gekommen sein, wie es denn unter den erörterten Umständen zu erklären sei, dass solche Helligkeitsschwankungen in der Fixsternwelt nicht noch viel allgemeiner vorkämen, dass sie nicht sogar die Regel bildeten, während doch bis jetzt eigentlich nur von einer verschwindend kleinen Anzahl sogenannter veränderlicher Sterne die Rede sei. Besonders diejenigen Helligkeitsveränderungen, welche durch fortschreitende oder periodische Entwickelungsprozesse der Weltkörper verursacht würden, müssten ja eigentlich die allgemeine Erscheinung bilden, da eben auch dort oben Alles in Entwickelung, in Veränderung begriffen sei.

Gewiss ist dies richtig, es handelt sich nur um das Zeitmaass und um die relative Grösse der Veränderungen der Leuchtkräfte. Sorgfältigere und stetigere Licht- und Farbenschätzungen an den Sternen rühren erst aus dem 17. Jahrhundert her, feinere Messungen optischer Art sind erst wenige Jahrzehnte alt. In diesen verhältnissmässig kurzen Zeiträumen sind aber ausser denjenigen Lichtveränderungen, in denen schon eine gewisse gesetzliche Folge entdeckt worden ist, eine sehr grosse Zahl von Indicien für eine viel allgemeinere Verbreitung von solchen Intensitäts- und Farbenschwankungen des Lichtes der Sterne bereits gefunden worden, bei denen es bisher nur wegen der Kürze der Zeiten noch nicht gelungen ist, volle Sicherheit über den Verlauf der Erscheinungen zu erlangen. In einer noch grösseren Zahl von Fällen sind die Schwankungen so klein, dass die Stimmen über ihre Realität noch auseinander gehen. Aber unzweifelhaft wird das Problem in seinem vollsten Umfange zu stellen und demnächst auf eine möglichst sichere und umfassende Feststellung des gegenwärtigen Lichtzustandes Bedacht zu nehmen sein, wofür auch mannigfache Vorarbeiten, ja einzelne fundamentale Aufzeichnungen und Messungen bereits ausgeführt oder im Gange sind.

Es ist ja klar, dass, obgleich im Allgemeinen die Veränderungen der Lichtzustände auch in der Sternenwelt die Regel bilden werden und das Vorkommen einer vollkommenen Lichtbeständigkeit nur als eine Ausnahme und zwar, schon in Folge unserer Ortsveränderungen und der Bewegungen aller Sterne, als eine vorübergehende, nur zeitweise Ausnahme zu betrachten sein wird, doch bei der Gewaltigkeit der Massen, der Dimensionen und der Entfernungen von uns, um die es sich in der Sternenwelt handelt, das Allgemeine, Ueberwiegende bei den fraglichen Lichterscheinungen die grosse Langsamkeit der Veränderungen, also die, Jahrhunderte und vielleicht Jahrtausende andauernde, Unmerklichkeit der Schwankungen des gesammten Lichteffectes sein wird.

Durch diesen sücularen Charakter der bezüglichen Forschungen haben auch die relativen Lichtschätzungen der altgriechischen, der arabischen und der mittelalterlichen europäischen Astronomen, nämlich gewisse Festsetzungen der Reihenfolge der Helligkeiten der Fixsterne innerhalb der einzelnen Sternbilder und Aufzeichnungen ähnlicher Art, z. B. über Farbenvergleichungen, eine erheblichere Bedeutung erlangt. In den letzten Jahren ist durch Zugänglichmachung arabisch-persischer Aufzeichnungen solcher Art das Material vermehrt worden. Die Astronomie wird von der philologisch-historischen Specialforschung auch in dieser Hinsicht noch manche Hilfe zu erbitten haben.

Bedeutende Wichtigkeit für die ganze Reihe von Fragen, welche sich an die umfassende Erforschung der Veränderungen der absoluten und der relativen Helligkeiten der Sterne knüpfen, wird eine bereits begonnene vollständige Untersuchung der Spectralcharaktere aller Sterne bis zu einer gewissen Helligkeitsgrenze abwärts erlangen, über die ich nächstens zu berichten in den Stand gesetzt sein werde.

Schwierigkeiten wird es noch bieten, die photometrische Festlegung des gegenwärtigen Helligkeitszustandes auf Grund einer umfassenden Vergleichung des Lichtes einer Reihe von wohlvertheilten Sternen (an welche das Licht zahlreicher anderer Sterne alsdann durch einfachere Prozesse anzuschliessen sein wird) an irgend ein absolutes und möglichst unveränderliches Maass von Strahlungsenergie anzuknüpfen.

Bei allen Messungen von Lichtwirkungen, die aus dem Himmelsraume kommend am Boden des irdischen Luftmeeres empfangen werden, sind auch die veränderlichen Zustände unserer Atmosphäre, durch welche ja starke und veränderliche Absorptionen jener Lichtwirkungen verursacht werden, von störendstem Einflusse.

Wenn z. B. absolute Bestimmungen der Intensität des Lichtes einer Reihe von geeigneten maassgebenden Sternen, sogenannten Normalsternen, nur an einer bestimmten Stelle der Erdoberfläche angestellt würden, könnten sich bei späterer

Wiederholung derselben Messungen säculare Veränderungen ergeben, die lediglich scheinbar und blos durch Veränderungen der mittleren Absorptionswirkungen der Atmosphäre des betreffenden Beobachtungsortes verursacht wären, Veränderungen, welche z. B. in der Nähe einer Meeresküste durch säculare Verschiebungen der Richtung einer das betreffende Klima dominirenden Meeresströmung oder dergleichen bewirkt sein könnten, da insbesondere der Wassergehalt der Atmosphäre einen sehr bedeutenden Einfluss auf die absorbirenden Eigenschaften derselben zu haben scheint.

Eine gewisse Sicherung gegen systematische Trübungen, welche auf solche Weise der Erforschung der Veränderungen der himmlischen Lichtzustände bereitet werden könnten, würde schon die Verbindung fundamentaler photometrischer Bestimmungen, die an sehr verschieden gelegenen Punkten der Erdoberfläche ausgeführt wären, ermöglichen; noch entscheidendere Abhilfe wird aber die gleichzeitige Ausführung derartiger Messungen an Punkten, die in sehr verschiedener Höhe über der Erdoberfläche gelegen sind, gewähren; denn der grösste und der veränderlichste Theil der Absorptionen von ausserirdischen Strahlenwirkungen finden in den untersten Luftschichten bis zu wenigen tausend Meter Höhe statt.

Zur Bemessung dieser Absorptionen, welche auch für die klimatischen, überhaupt die meteorologischen Fragen von sehr grosser Bedeutung sind, haben in neuerer Zeit Cornu, Tyndall, Langley, Abney und G. Müller interessante Beiträge geliefert.

Cornu (Paris) hat besonders der Absorption der Strahlungen von kürzeren Wellenlängen (der violetten und ultra-violetten Strahlen) nähere Aufmerksamkeit zugewandt, Tyndall die absorbirenden Wirkungen des Wasserdampfes, die ihn schon früher lebhaft beschäftigt hatten, wiederum etwas näher erörtert.

Abney (London) hat mit Hilfe von besonderen photographischen Prozessen, welche ihm gerade für die grösseren Wellenlängen (die infra-rothen Strahlen) sehr deutliche Wirkungen gaben, die Absorption der letzteren Arten von Strahlungen in der Atmosphäre näher untersucht.

Langley, Director der Alleghany-Sternwarte in Pennsylvanien, hat umfassende Beobachtungsreihen über die Strahlungsenergie des Sonnenlichtes bei fast sämmtlichen in Frage kommenden Wellenlängen, sowie über die Absorptionswirkungen der Atmosphäre, mittelst der Verbindung von Messungen in sehr verschiedenen Höhen über der Meeresfläche, ausgeführt. Hierbei hat er ein sehr empfindliches neues Instrument, das sogenannte Spectro-Bolometer angewandt, mit welchem er die Strahlungswirkungen, einem schon früher von Wilhelm Siemens (London) angewandten Verfahren folgend, durch die von ihnen hervorgebrachten Veränderungen des elektrischen Leitungswiderstandes in sehr feinen Metallfäden gemessen hat. Indem Langley einen berussten Platinfaden von $^1/_5$ mm Durchmesser durch geeignete Messungseinrichtungen über ein gehörig ausgebreitetes Spectrum hinwegführte, vermochte er innerhalb jedes $^1/_5$mm breiten Flächenelementes des Spectrums für jede Wellenlänge, für welche noch hinreichende Strahlungsenergie des Sonnenlichtes an der Erdoberfläche empfangen wurde, an einem Galvanometer die Wirkung der betreffenden Sonnenstrahlung zu messen, von welcher der berusste Platinfaden getroffen wurde, während derselbe den Schluss eines elektrischen Stromkreises mit constant erhaltenem Batteriestrom bildete.

Durch solche Messungen, die er aber nicht nur in Alleghany, sondern auch auf dem Whitneyberge in Südcalifornien in einer Höhe von nahe 4000 m anstellte, ist es Langley gelungen, unsere Kenntniss der Sonnenstrahlungen und der Absorptionswirkungen unserer Atmosphäre in ganz bedeutendem Maasse zu erweitern und zugleich zu berichtigen. Drücken wir die Lichtwellenlänge in Zehntausendsteln des Millimeter aus, und bezeichnen wir dieses sehr kleine Maass schlechtweg als die „Einheit“ dieser Messungen, so können wir die Erweiterung, welche Langley's Arbeiten zu unserer Kenntniss der Sonnenstrahlungen hinzugebracht haben, etwa folgendermaassen numerisch charakterisiren.

Das für unsere Augen sichtbare Sonnenspectrum umfasst ungefähr die Wellenlängen von 4 bis zu etwas mehr als 7 Einheiten. Nach der sogenannten ultra-violetten Seite hin können unter den günstigsten Verhältnissen durch photographische Prozesse noch Strahlungen der Sonne erkennbar gemacht werden, welche bis zu Wellenlängen von etwa 2 Einheiten hinabgehen. Jenseits des andern Endes des sichtbaren Spectrums, auf der sogenannten infra-rothen Seite, waren in den letzten Jahrzehnten allmälig die Wellenlängen von solchen Sonnenstrahlungen noch sicher bekannt geworden, welche sich etwa bis zu 18 Einheiten erstreckten. Abney hatte dieselben durch photographische Prozesse bis zu 11 Einheiten vollständig erkennbar gemacht. Ganz vor Kurzem war es Henry Becquerel (Paris) gelungen, die infra-rothen Sonnenstrahlungen durch Einwirkung auf phosphorescirende Substanzen bis zu Wellenlängen von etwa 15 Einheiten sichtbar zu machen.

Langley hat jedoch mit seinem Bolometer die Erkennung und Messung der Sonnenstrahlungen bis zu Wellenlängen von 28 Einheiten getrieben. Somit beträgt jetzt, in Unterschieden von Wellenlängen ausgedrückt, die gesammte Ausdehnung der sicher constatirten Sonnenstrahlungen nahe 26 Einheiten, während die ebenso ausgedrückte Ausdehnung der für unser Auge unmittelbar erkennbaren Strahlungen nur etwas mehr als 3 Einheiten beträgt. Die jetzt bekannte Ausdehnung der unsichtbaren Sonnenwirkungen erreicht also in diesem Sinne nahezu das Siebenfache der sichtbaren.

Diese Erweiterung unserer Kenntniss ist aber um so bedeutsamer als zugleich Langley's und Abney's neueste Messungen ein sehr verschiedenes Verhalten der Sonnenstrahlungen von sehr verschiedenen Wellenlängen zu den Absorptionswirkungen unserer Atmosphäre ersichtlich machen und damit neue Ausblicke für die wissenschaftliche Deutung der Wirkungen eröffnen, welche die Sonnenstrahlungen an der Erdoberfläche ausüben.

Bisher hatte man von der Energie derjenigen nicht direct sichtbaren Sonnenstrahlungen, welche mit grösseren Wellenlängen oder langsameren Schwingungen, vergleichbar den tieferen Tönen im Gebiete des Schalles, stattfinden, eine zu eingeschränkte Vorstellung gehabt, wozu die sehr enge räumliche Zusammendrängung dieses Theiles der Gesammtwirkung, wie sie z. B. bei der prismatischen Zerlegung der Sonnenstrahlungen eintritt, beigetragen hatte. Diese Zusammendrängung hatte auch zu der irrthümlichen Auffassung geführt — die, wie es scheint, zuerst von J. W.

Draper (New-York) berichtigt worden ist —, als ob auf der Seite der grösseren Wellenlängen vorzugsweise die Wärmewirkungen der Sonnenstrahlung zu suchen wären, in ähnlicher Weise, wie man auf der Seite der kleineren Wellenlängen vorzugsweise die chemischen, z. B. die photographischen Wirkungen des Sonnenlichtes zu finden glaubte. Man bezeichnete in diesem Sinne die Strahlen von grösserer, mittlerer und kleinerer Wellenlänge wohl gar schlechtweg als die thermischen, optischen und chemischen Strahlen. Durch die neueren photographischen Forschungen, welche mittelst geeigneter sensitiver Stoffe auch sehr kräftige chemische Wirkungen bei den grösseren (infra-rothen) Wellenlängen ergeben, sowie durch die Abstrahirung von der, lediglich als eine Folge der Art der Zerlegung erkannten Verdichtung der Wärmewirkung auf dieser Seite des Spectrums, endlich durch die homogenen Messungen, mit welchen nunmehr Langley die Energie der Strahlungswirkungen von Wellenlänge zu Wellenlänge bis zu den weitesten jetzt erreichbaren Grenzen verfolgt hat, ist man nunmehr der experimentellen Begründung der schon längst hypothetisch geäusserten Auffassung viel näher gerückt, nach welcher die verschiedenen Arten der Strahlungswirkungen (thermische, optische, chemische u. s. w.) wesentlich in dem verschiedenen Verhalten der besonderen, die Strahlung empfangenden Körper zu den verschiedenen Wellenlängen oder Schwingungsgeschwindigkeiten der Strahlung ihren Grund haben.

Langley weist nach, dass am Boden des Luftmeeres in der Nähe der mittleren Erdoberfläche der grössere Theil der Gesammt-Energie der Sonnenstrahlung, nämlich $^3/_5$ ihres ganzen Betrages, auf die für das Auge nicht direct erkennbaren grösseren Wellenlängen kommt, dass dies aber in den höheren Luftschichten, wie seine Messungen auf dem Whitneyberge bewiesen haben, sich erheblich ändert, indem durch die atmosphärische Luft, wenigstens durch trockene Luft, die Strahlungen mit kleineren Wellenlängen bedeutend stärker absorbirt werden, als diejenigen mit grösseren Wellenlängen, so dass erst nach dem Durchgange durch die unteren dichteren Luftschichten jenes Vorwiegen der Energie der für unser Auge dunklen Sonnenstrahlungen eintritt. Hieraus wird sodann berechnet, dass ohne die absorbirenden Wirkungen der

Erdatmosphäre, also jenseits derselben, die Energie des sichtbaren Theiles der Sonnenstrahlungen diejenige des unsichtbaren Theiles, wenigstens soweit wir den letzteren jetzt durch das Bolometer kennen, überwiegt, und dass auch innerhalb des sichtbaren Theiles der Strahlungen ohne die selectiven Absorptionswirkungen der Atmosphäre die grösste Intensität der Wirkungen mehr nach der violetten Seite liegen würde, mit anderen Worten, dass, je höher wir uns in der Atmosphäre erheben, das Sonnenlicht bläulicher, dagegen je stärker die Wirkung der Atmosphäre, je näher z. B. die Sonne dem Horizonte ist, das Sonnenlicht röthlicher erscheinen muss. Letzteres ist ja dem gewöhnlichen Anblick auch längst bekannt.

Die letzteren Messungsergebnisse von Langley stimmen auch überein mit demjenigen, was von Müller (Potsdam) im vorigen Jahre durch Vergleichung der Sonnenstrahlung bei den einzelnen Wellenlängen und bei verschiedenen Höhen der Sonne über dem Horizonte mit der Intensität einer constanten Lichtquelle (Petroleum) genauer ermittelt worden ist und zwar mit Hilfe des Glan-Vogel'schen Spectro-Photometers, welches zwei Lichtquellen von Wellenlänge zu Wellenlänge, also mit Beseitigung aller störenden Einflüsse von Farbenunterschieden, zu vergleichen gestattet.

Müller hat durch diese Messungsreihen sehr genaue Verhältnissbestimmungen zwischen den verschiedenen Absorptionswirkungen geliefert, welche die Atmosphäre auf die sichtbaren Sonnenstrahlungen von verschiedenen Wellenlängen ausübt. Während z. B. diejenige (rothe) Strahlung, deren Wellenlänge nahezu 7 Einheiten beträgt, bei einer Sonnenhöhe von 3 Grad auf 21 Proc. derjenigen Intensität, die sie bei einer Sonnenhöhe von 45 Grad hat, vermindert ist, erfährt diejenige (violette) Strahlung, deren Wellenlänge nahezu 4 Einheiten beträgt, unter denselben Umständen eine Verminderung auf 1 Proc., so dass das Intensitätsverhältniss der ersteren Strahlung zu der letzteren bei 3 Grad Sonnennähe nahezu auf das Zwanzigfache desjenigen Verhältnisses gestiegen ist, welches die Intensitäten dieser beiden Strahlungen bei 45 Grad Sonnennähe hatten.

Analoge Verhältnisse finden auch in der Sonnenatmosphäre selbst statt, denn nach den im Jahre 1876 von Vogel (Potsdam) angestellten Messungen der Intensitäten der in verschiedenen

Wellenlängen von verschiedenen Theilen der Sonnenoberfläche, von der Mitte bis zum Rande der Scheibe, zu uns gelangenden Lichtwirkungen werden durch die gasförmigen Umhüllungen der Sonne ebenfalls die Strahlungen von kleineren Wellenlängen bebedeutend stärker geschwächt, als diejenigen von grösseren Wellenlängen.

Eine Complication erfahren jedoch die in unserer Atmosphäre eintretenden Absorptionen durch den erheblichen und sehr veränderlichen Wassergehalt der unteren Luftschichten.

Auf die Messungsresultate von Müller haben diese Complicationen wohl keinen erheblichen Einfluss gehabt, da innerhalb des sichtbaren Theiles der Wellenlängenreihe zwar auch Verstärkungen gewisser selectiver Absorptionen einzelner Wellenlängen bei Verstärkungen des Wassergehaltes der Luft eintreten, aber doch keine Verstärkungen der Absorption des Lichtes grösserer Flächenstücke des Spectrums, wie sie neuerdings mit grosser Deutlichkeit von Abney in dem infra-rothen Theil der Sonnenstrahlungen beobachtet worden sind.

Letztere Wahrnehmungen sind aber von Bedeutung für die Absorptionsmessungen von Langley, welche den ganzen bis jetzt wahrnehmbaren Theil der infra-rothen Strahlungen mit umfassen. Man muss deshalb sehr begierig sein auf die von Langley versprochene Fortsetzung seiner Discussion, wobei auch der Einfluss des Wasserdampfes näher erörtert werden soll.

Abney und Festing, zwei englische Ingenieurofficiere, haben in letzter Zeit als das Ergebniss längerer Messungsreihen, welche zum Theil in London, zum Theil in der Nähe des bekannten Riffelhauses über Zermatt in etwa 3000 m Meereshöhe mittelst photographischer Wirkungen infra-rother Sonnenstrahlen ausgeführt wurden, festgestellt, dass im Gebiete dieser dunklen Strahlungen enorme und ausgedehnte Absorptionen durch den Wassergehalt der unteren Luftschichten eintreten können.

Während man aber bisher vielfach der Ansicht gewesen war, dass nicht sowohl der Sättigungsgrad der Luft mit Feuchtigkeit, als der absolute Wassergehalt, welcher bei demselben Sättigungsgrad mit steigender Temperatur wächst, die Stärke der absorbirenden Wirkungen feuchter Luft wesentlich bedinge, scheint nach Abney gerade der Sättigungsgrad wenigstens auf die ausgedehnteren Flächenabsorptionen innerhalb des infra-rothen Theiles des Spectrums den bestimmenden Einfluss zu üben. Er sagt ausdrücklich, dass diese Absorptionen bei demselben Sättigungsgrade in wärmerer Luft sogar etwas geringer seien, als in kälterer Luft.

In Verbindung mit dieser Wahrnehmung macht Abney aber auch darauf aufmerksam, dass die von ihm bei starker Feuchtigkeit beobachteten Auslöschungen ganzer Reihen von dunkeln Strahlungen (mit Wellenlängen von mehr als sieben Einheiten) sich eigentlich ganz anders verhalten, als die sonst beobachteten Steigerungen der selectiven Absorptionen durch den Wasserdampf. Während solche Steigerungen sonst in dem Auftreten immer zahlreicherer und dichterer Gruppen von dunklen Absorptionslinien im Spectrum bestehen, welche erst allmälig zu sogenannten Banden- oder Flächenabsorptionen zusammenfliessen, sind die im Gebiete der dunklen, infra-rothen Strahlungen nunmehr bei hohem Sättigungsgrade der Luft mit Feuchtigkeit beobachteten Absorptionen sofort in anderer Weise, nämlich als gleichmässige scharf begrenzte Verdunkelungen grösserer Flächenstücke des Spectrums erschienen, und zwar fast vollkommen entsprechend denjenigen Absorptionen, welche durch eine etwa fussdicke Schicht flüssigen Wassers hervorgerufen werden. Abney vermuthet hiernach, dass die Absorptionen der infra-rothen Sonnenstrahlungen, welche er bei sehr feuchter Luft constatirt hat, weniger vom Wasserdampf, als von kleinsten flüssigen Wassertheilchen verursacht seien, welche sich ja in um so grösserer Menge in den unteren Luftschichten vorfinden müssen, je näher der Dampfgehalt der letzteren dem jeweiligen Sättigungszustande ist, und je mehr feinvertheilte feste Körperchen (terrestrischer und meteorischer Staub) ausserdem in diesen Luftschichten enthalten sind.

Bei Erwägung des grossen Antheils, den am Boden der untersten Luftschichten die von Abney in obiger Beziehung untersuchten dunkeln Sonnenstrahlungen an der Gesammtheit der Wärmewirkungen haben, welche die Erdoberfläche von der Sonne empfängt, erkennt man sofort die bedeutende Wichtigkeit dieser Absorptionen für die Bemessung der Gesammtheit der Sonnenwirkungen und ihrer scheinbaren oder wirklichen Schwankungen.

Es ist schon längst bekannt, wie stark verschieden auch die Intensität der Rückstrahlung von der Erdoberfläche in den Weltraum bei verschiedenen Feuchtigkeitsgehalten der Luft ist. In gleich wolkenlosen Nächten kühlt sich die Erdoberfläche viel stärker ab bei trockener als bei feuchter Luft. Durch die letztere wird ebenso wie die Sonnenstrahlung, so auch die Rückstrahlung stärker absorbirt, und die Luft wird dadurch entweder selbst stärker erwärmt, oder sie wirkt auch, zumal wenn kleinste flüssige Wassertheilchen einen wesentlichen Antheil an den stärksten Verminderungen der Intensität der durchgelassenen Strahlungen haben, schirmartig durch Reflexion der Rückstrahlungen nach der Erdoberfläche hin auf diese warmhaltend ein. Dass solche Reflexionen, wenigstens neben der Erwärmung der Luft durch stärkere Absorption, eine erhebliche Bedeutung haben müssen, weiss jeder astronomische Beobachter, welcher in hellen Nächten stundenlang in Intervallen von einigen Minuten zum Zwecke der Bemessung der Grösse der Lichtbrechungswirkungen der Luft die Temperatur derselben auf Zehntelgrade abliest. Bisweilen tritt dann eine plötzliche und nur kurze Zeit andauernde Unterbrechung mitten in dem gewöhnlichen, durch die fortschreitende Erkaltung der Erdoberfläche zufolge der Rückstrahlung in den Weltraum bedingten Fallen des Thermometers ein. Als die Ursache solcher schnell vorübergehenden Wendungen ässt sich aber fast stets irgend eine vorübergehende und partiellel Wolkenbildung erkennen, ohne dass irgend eine Veränderung der Windrichtung oder dergleichen in den unteren Luftschichten vorginge, welche sonst die plötzliche Erwärmung erklären könnte.

Das Spiel der Einstrahlungen und der Rückstrahlungen bei der offenbaren Abhängigkeit beider von dem Sättigungsgrade der Luft mit Feuchtigkeit wird nach den vorstehend erörterten Wahrnehmungen bei allen Beurtheilungen der Wärmezustände an der Erdoberfläche sehr eingehend zu berücksichtigen sein.

Auf den ersten Blick könnte es scheinen, als ob eine gleichzeitige Verstärkung der Absorption der Sonnenstrahlungen und der Rückstrahlungen oder Ausstrahlungen der Erde die Gesammtwirkung unberührt liesse, indem Gewinn und Verlust um gleiche Beträge vermindert würden. Sie werden aber nur um gleiche procentbeträge (und auch dies nur bei gleichen Wellenlängen) durch die Absorption vermindert, so dass, da die absolute Intensität der Rückstrahlung hinter derjenigen der Einstrahlung bei denselben Wellenlängen zurückbleibt, sowie andererseits in Betracht der langen und regelmässig veränderlichen Zeiträume, in welchen nur verschwindend kleine Einstrahlungen erfolgen, die Bilanz eine sehr complicirte und in längeren Perioden schwankende werden kann. Ausserdem wird die ganze Sachlage auch dadurch verwickelter und noch tieferer und umfassenderer Untersuchungen bedürftiger, dass, wie man aus den spectral-photometrischen Messungsreihen von Vogel (Potsdam) entnehmen kann, die Sonnenstrahlungen mit kleinen Wellenlängen, auf deren atmosphärische Absorption der Wassergehalt der Luft nur einen relativ sehr kleinen Einfluss hat, verhältnissmässig am stärksten von den festen Theilen der Erdoberfläche absorbirt werden, so dass sie in dem von der letzteren unmittelbar reflectirten Sonnenlicht, verglichen mit dem eingestrahlten Sonnenlicht, mit viel geringerem Antheil vertreten sind, als die Strahlungen mit grösseren Wellenlängen.

Die umfassenden Aufgaben, die hier für die Messung und die Rechnung noch zu lösen sind, bevor man den thermischen Haushalt der Erde etwas vollständiger und gründlicher beurtheilen kann, werden auch von Bedeutung sein für die Behandlung der vitalen Frage, in wie weit und mit Hilfe welcher besonderen Wirkungen man aus Temperaturzuständen an der Erdoberfläche auf Schwankungen in der Energie der Sonnenstrahlung selber und umgekehrt aus bekannten Schwankungen letzterer Art auf den Verlauf von Temperaturzuständen an der Erdoberfläche überhaupt schliessen kann.

Alle derartigen Arbeiten sind auf ein systematisches Zusammenwirken Vieler in den verschiedenen Zonen der Erde, sowie auf verschiedenen Bergeshöhen angewiesen, wobei es unumgänglich sein wird, auch alle diejenigen Arten von exacten Messungen in anderen Forschungszweigen, welche nur unter localen Bedingungen ähnlicher Art gehörig gefördert werden können, gleichzeitig soweit als irgend thunlich mit zu berücksichtigen.

Neuerdings hat die englische Regierung, auf Anregung eines wissenschaftlichen Ausschusses für solar physics, in Ostindien von der Meeresküste an bis zu den für solche Untersuchungen besonders geeigneten Höhen des Himalayagebirges eine grössere Anzahl von Stationen für Messungen der Strahlungswirkungen der Sonne eingerichtet, von denen nur zu wünschen ist, dass sie recht bald von blossen thermometrischen Bestimmungen auf die nach dem Vorgange von Langley verfeinerten bolometrischen Untersuchungen der einzelnen Strahlungen oder auf photochemische Registrirungen ausgedehnterer Art übergehen möchten. Die bedeutsamsten Erfolge werden sicher nicht fehlen.

Die Kosten solcher wissenschaftlicher Veranstaltungen sind zwar höchst productive Geldanlagen für grössere Gemeinschaften, aber ihre Gesammtbeträge müssen doch auf alle Fälle aufs Sorgsamste in gehörigen Grenzen erhalten werden, wenn nicht Rückschläge gegen unzweckmässige Aufwände eintreten sollen.

Zu den unzweckmässigsten Formen der Aufwände für wissenschaftliche Zwecke gehören aber bei der gegenwärtigen Sachlage die sogenannten Preisaufgaben.

Auf den Universitäten mögen sie eine gewisse pädagogische Bedeutung haben, aber die grossen Summen, welche die Akademien noch immer für Preisaufgaben verwenden, könnten besser für directe und organisirte Förderung wissenschaftlicher Untersuchungen der betreffenden Art als für diese kindlichen Certamina nutzbar gemacht werden.

Was soll man z. B. dazu sagen, wenn die Pariser Akademie, bei welcher die Preisertheilungen mit ihrem rhetorischen Gepränge noch immer eine so bedeutende Rolle spielen, Jahre lang einen Preis von 10000 Frcs. für eine neue Bearbeitung der Bewegungen der Jupiters-Trabanten aussetzt! Erfahrungsmässig verhindert sie dadurch geradezu solche Bearbeitungen, denn es ist klar, dass ein Einzelner nicht wagen wird, auf die Gefahr hin, dass ein Anderer ihm um ein Weniges in der Genauigkeit der Bearbeitung vorankommt, und dass er dann unter Umständen gar kein Entgelt zu erwarten hat, eine gewaltige Arbeit zu unternehmen, deren Zeit- und Kraftaufwand etwa auf 10000 Frcs. taxirt wird. In Folge dieser allgemeinen Unsicherheit bleibt diese Arbeit also erst recht liegen, und die Akademie sieht sich veranlasst, von Jahr zu Jahr kleinere Summen für einzelne recht verdienstliche, aber unter einander zusammenhanglose Arbeiten auszuzahlen, welche wenigstens eine gewisse Beziehung zu der genannten Aufgabe haben, ohne die Sache entschieden zu fördern.

Man soll Angesichts solcher Thatsachen auch nicht behaupten wollen, dass die Preisaufgaben gerade deshalb etwas Nobles seien, weil sie es voraussetzten und beförderten, dass man auch ohne sichere Aussicht auf Entgelt sich aus blosser Liebe zur Sache solcher grossen Arbeit widme. Es wird einem ordentlichen Manne als eine viel höhere Stufe uneigennütziger, hingebungsvoller Thätigkeit erscheinen, wenn er in einer zielbewussten, wohl organisirten Gemeinschaft für minimalen Entgelt zu seinem Theile mitarbeitet, als wenn ihm zugemuthet wird, aufs Gerathewohl an einem blinden Wettrennen sich zu betheiligen, wo überdies bisweilen in Folge von unvermeidlichen Einseitigkeiten oder Irrungen die Entscheidung mit mikrokosmischen Bitterkeiten verbunden ist.

Die in diesem Sommer das zwanzigste Jahr ihres Bestehens begehende „Astronomische Gesellschaft", eine in Deutschland, speciell in Leipzig, domicilirte internationale Arbeitsgemeinschaft für solche astronomische Forschungen, die ein Zusammenwirken Vieler verlangen, hat sich von Anfang an von Preisvertheilungen u. dergl. fern gehalten und eine wesentliche Förderung der Wissenschaft in der gemeinsamen, organisirten Hingebung an bestimmte grössere Arbeiten und in der allmäligen Zusammenbringung grösserer Geldmittel für die immer vollständigere Durchführung derselben erstrebt. Immer mehr erweitern und vervielfältigen sich die Aufgaben; immer mehr verlangt die Fachgenossenschaft eine gemeinsame Festsetzung ihrer wissenschaftlichen Grundlagen und eine gewisse Gemeinsamkeit in der Beschaffung und Verwaltung der Mittel, welche sich für eine umfassendere und erschöpfendere Behandlung gewisser Aufgaben als erforderlich herausstellen.

Ich will zunächst in dem folgenden Berichte Einiges über die Entwickelung der Thätigkeit der „Astronomischen Gesellschaft" und den gegenwärtigen Stand der besonderen, in erster Stelle von ihr unternommenen Arbeiten mittheilen.

September 1883.

Die Begründung der „Astronomischen Gesellschaft“. — Ihre nächsten Ziele und Unternehmungen. — Die Bedeutung der von ihr organisirten massenhaften Ortsbestimmungen von Fixsternen. — Weitere Aufgaben einer solchen Organisation auf astronomischem Gebiete. — Untersuchungen über die Einflüsse, welche gewisse generelle Anziehungswirkungen im Gebiete unseres Planetensystems, sowie der Trabanten- und Ringsysteme auf gewisse Structurverhältnisse ganzer Bahngruppen ausüben.

Am Schlusse des vorangehenden Berichtes wurden einige weitere Mittheilungen über die „Astronomische Gesellschaft“ und ihre bisherige Bethätigung in Aussicht genommen.

Die erste Vereinigung ähnlicher Art auf dem speciellen Gebiete der Astronomie war im Jahre 1820 in England begründet worden. Dieser zu London domicilirten „Royal Astronomical Society“, welche auch noch gegenwärtig in fast unverminderter Blüthe ist, hat die Wissenschaft sehr Bedeutendes zu verdanken gehabt.

Aber neben dem Bedürfniss nach einer solchen engeren nationalen Gemeinschaft hatte sich seit einigen Jahrzehnten das Bedürfniss nach einer umfassenderen Vereinigung der verhältnissmässig wenig zahlreichen und sehr vereinzelten astronomischen Institutionen und Arbeitskräfte der ganzen Erde geltend zu machen begonnen.

Nachdem schon im Anfange des Jahrhunderts — durch die an die ersten Entdeckungen der sogenannten kleinen Planeten und an die immer häufiger gewordenen Cometenentdeckungen sich anknüpfende Steigerung des Bedürfnisses nach der genaueren Ortsbestimmung und Verzeichnung einer grossen Anzahl von Fixsternen — Keime von gewissen Organisationen entstanden waren, innerhalb deren nach dem Principe der Arbeitstheilung bestimmte grössere Aufgaben gemeinsam behandelt werden sollten, begann um die Mitte des Jahrhunderts das erneute Anwachsen der Zahl der Entdeckungen, welche nun durch die vorangegangenen vollständigeren Bearbeitungen von Sternkarten hervorgerufen wurden, verbunden mit der von diesen Entdeckungen bedingten Steigerung der theoretischen und rechnerischen Aufgaben, ein noch schärferes und dauernderes Bedürfniss nach ähnlichen Arbeitsorganisationen zu wecken.

Im Jahre 1857 wurde bei Gelegenheit der Naturforscher-Versammlung zu Bonn zunächst unter den jüngeren Astronomen Deutschlands eine Organisirung der Berechnung und der Veröffentlichung gewisser allen Planetenberechnungen gemeinsamen Grundlagen verabredet. Die Wirksamkeit dieser Verabredung wurde sodann auf einer im Jahre 1861 zu Dresden abgehaltenen Zusammenkunft ausgedehnt und für die nächste Zukunft gesichert. Endlich gelang es einer im Jahre 1863 zu Heidelberg abgehaltenen Versammlung, an welcher sich auch einige der bedeutendsten älteren Astronomen Deutschlands und Russlands betheiligten, eine ständige Arbeitsgemeinschaft dieser Art zu begründen, welche den Namen „Astronomische Gesellschaft" annahm, und welcher sich alsbald neben den deutschen Astronomen in unerwartet grosser Anzahl russische, italienische, französische, belgische, holländische, amerikanische, skandinavische und auch englische Astronomen anschlossen.

Seit diesem Beginne hat sich der internationale Charakter dieser Astronomischen Gesellschaft und ihre wissenschaftliche Bethätigung immer bedeutsamer entwickelt.

Die Versammlungen, welche die Gesellschaft alle zwei Jahre abhält, haben meistens in Deutschland oder Oesterreich, jedoch einmal auch in Stockholm und einmal in Leyden stattgefunden und sich immer mehr zu Vereinigungspunkten von Astronomen aller Länder gestaltet, so dass auch die Fachgenossen aus überseeischen Ländern vielfach ihre Besuche in Europa im Anschluss an die Termine dieser Versammlungen einrichten.

Das ständige literarische Organ der Gesellschaft ist eine im Jahre 1866 begründete Vierteljahrsschrift, in welcher zunächst Mittheilungen über die Angelegenheiten der Gesellschaft und den Fortgang ihrer gemeinsamen Arbeiten gemacht, Hilfsmittel für die letzteren gegeben und sodann Anzeigen und Recensionen über die neuen Erscheinungen der astronomischen Literatur aller Nationen veröffentlicht werden.

Ausser diesen regelmässigen Publikationen hat die Gesellschaft bisher 16 Stücke einer freieren Sammlung von Publikationen herausgegeben, in welcher meistens solche Arbeiten von Mitgliedern der Gesellschaft zum Druck gelangt sind, die in besonderer Weise die gemeinsame Thätigkeit zu unterstützen geeignet sind, oder für deren Druck und Verbreitung nach ihrer sonstigen Besonderheit auf den literarischen Markt weniger gerechnet werden konnte.

Neuerdings ist auch das verbreitetste publicistische Organ der astronomischen Forschung, die im Jahre 1823 von Schumacher begründeten „Astronomischen Nachrichten“, zur Zeit von Prof. Krüger in Kiel redigirt, in eine engere, vertragsmässige Verbindung mit der „Astronomischen Gesellschaft“ getreten.

Das derzeitige Hauptunternehmen der Gesellschaft auf dem Gebiete der Forschungen am Himmel ist eine, unter Wahrung möglichst vollständiger Gleichartigkeit des Verfahrens, auf das Princip einer numerischen Arbeitstheilung begründete Organisation der Ortsbestimmung aller Fixsterne der nördlichen Himmelshalbkugel bis zur sogenannten neunten Grösse.

Jede der an diesem Unternehmen betheiligten Sternwarten hat eine durch bestimmte Parallelkreise begrenzte Zone der nördlichen Himmelshalbkugel übernommen, wobei durch ein geringes Uebergreifen dieser Zonen der Anschluss und die Vergleichbarkeit der Ergebnisse in diesen verschiedenen Beobachtungsgebieten gesichert wird.

Die Anregung zur gemeinsamen Bearbeitung dieser Aufgabe war von Argelander in Bonn ausgegangen, nachdem er in Gemeinschaft mit seinen Mitarbeitern Schönfeld und Krüger die unentbehrliche Grundlage des Ganzen, nämlich eine vorläufige, ohne genauere Messungen ausgeführte Verzeichnung der sämmtlichen in Rede stehenden Fixsterne vollendet hatte.

In dem Zeitraume von 1852 bis etwa 1860 war nämlich auf der Bonner Sternwarte von den eben genannten Astronomen eine sogenannte Durchmusterung der nördlichen Himmelshalbkugel unternommen worden, deren Ergebnisse in einem beiläufigen Ortsverzeichniss und in einer entsprechenden kartographischen Darstellung des ganzen, auf jener Himmelsfläche sichtbaren Inventars von Fixsternen von grösserer Helligkeit als der sogenannten neunten bis zehnten Grösse niedergelegt worden waren.

Die genauere Ortsbestimmung aller in diesen Verzeichnissen und Karten enthaltenen Fixsterne, deren Anzahl 300 000 übersteigt, war nun die weitere Aufgabe der Wissenschaft geworden, deren baldige Erledigung aber über die Kräfte vereinzelter Sternwarten weit hinausging und in der That nur von einer umfassenderen Arbeitsgemeinschaft unternommen werden konnte; denn es handelte sich bei diesen genaueren Ortsbestimmungen am Himmel nahezu um eine Million einzelner vollständiger Messungen.

Mit diesen massenhaften Ortsbestimmungen der Fixterne hat es nun aber folgende Bewandtniss.

Zunächst hat ja die Bestimmung des Ortes eines Fixsternes an der scheinbaren Himmelsfläche, d. h. die Messung seines im Winkelmaass ausgedrückten Abstandes von dem Himmelspol (Pol der Erdaxe) und von dem Pol der Ekliptik (Pol der Erdbahn) — hierauf reduciren sich nämlich in Verbindung mit der Messung des Abstandes dieser beiden Pole von einander die sogenannten absoluten Ortsbestimmungen — die Bedeutung, dass sie das Material für die Theorie der Bewegung des betreffenden Sternes selber liefert. Die in meinen vorangehenden Berichten gemachten Mittheilungen über die Bewegungen der Sterne lassen erkennen, welche wichtigen Ergebnisse auf diese Weise bereits gewonnen worden sind und zwar zunächst für einige Tausende der helleren Sterne, für welche wir um die Mitte des vorigen Jahrhunderts vorzügliche Ausgangspunkte in den von Bradley in Greenwich ausgeführten Ortsbestimmungen besitzen, den ersten solcher Ortsbestimmungen, welche bereits nahezu dieselbe Genauigkeit besitzen, wie sie gegenwärtig im Ganzen und Grossen erreicht wird.

Ausserdem liegen gegen Ende vorigen Jahrhunderts von Lalande in Paris und von Piazzi in Palermo etwas beiläufigere Ortsbestimmungen einer grösseren Anzahl auch von lichtschwächeren Sternen vor, welche alsdann hauptsächlich von Bessel und von Argelander bis gegen Mitte unseres Jahrhunderts sowohl wiederholt als weiter vervollständigt worden sind, während zugleich von ihnen und von W. Struve für die wiederholte und thunlichst verschärfte Ortsbestimmung einer kleineren ausgewählten Zahl von helleren Sternen — sogenannten Fundamental- oder Hauptsternen — gesorgt wurde, an welcher Aufgabe seitdem unablässig von den meisten grösseren Sternwarten gearbeitet wird.

Bei der weiteren Bearbeitung dieses grossen, im Allgemeinen recht ungleichartigen Materials, an deren Spitze sich seit einiger Zeit Auwers, zur Zeit auch Vorsitzender der „Astronomischen Gesellschaft“, gestellt hat, sind neben den bisherigen Ungleichförmigkeiten, deren Einschränkung so wünschenswerth und so naheliegend erscheint, und neben den sozusagen logischen Schwierigkeiten der Behandlung der Sternbewegungen, worüber in meinen vorangegangenen Mittheilungen berichtet ist, auch immer mehr diejenigen Schwierigkeiten und Probleme in den Vordergrund getreten, welche in der Bewegung der beiden oben erwähnten Pole bestehen, die als relative Ruhepunkte „in der Erscheinungen Flucht“ auch den Ortsbestimmungen der Fixsterne zu Gründe gelegt werden.

Jeder Veränderung der Lage der Erdaxe im Himmelsraume entspricht eine Veränderung der Lage des Drehungspoles am Sternenhimmel, und diese Veränderungen sind in längeren Zeiträumen so stark, dass z. B. nach etwa 14000 Jahren der Pol sich nicht mehr in der Nähe des jetzigen Polarsternes, sondern des Sternes Vega (in der Leyer) befinden wird. Ebenso entspricht jeder andauernden Abweichung, welche die Bewegung der Erde um die Sonne von einer festen Bahnebene, in Folge der äAnziehungen der anderen Himmelskörper, erfährt, eine Vernderung der Lage des Poles der Ekliptik am Sternenhimmel.

Diese Bewegungen der beiden Ausgangspunkte der astronomischen Ortsbestimmungen konnten in älterer Zeit unter der Annahme, dass die Sterne wirkliche Fixsterne waren, hinreichend genau ermittelt und bei der Messung und Berechnung der Bewegungen der Planeten gehörig berücksichtigt werden, so dass jene beiden Pole eigentlich nur die Beziehung der letzteren Bewegungen auf die Fixsterne als die eigentlichen Ruhepunkte vermittelten. (Die Beweglichkeit der sogenannten achten Sphäre oder Fixsternsphäre war auch nur ein Bild für die Bewegungen der Pole.)

Nachdem man sodann vom Ende des 17. Jahrhunderts ab erkannt hatte, dass auch die Fixsterne ihre Stellungen gegen einander langsam veränderten, somit nicht länger als eigentliche Fixpunkte für die Bemessung der viel schnelleren Bewegungen der uns näheren Himmelskörper zu benutzen wären, dass vielmehr die letzteren Messungen und auch die Messungen der Fixsternbewegungen selber fortan mit grösserer Strenge an die erwähnten beiden Pole angeknüpft, und hierzu die absoluten Bewegungen dieser letzteren durch Theorie und Messung mit grösster Schärfe ermittelt werden müssten, weil es keine anderen relativen Ruhepunkte am Sternenhimmel gab, welche so geeignete und zuverlässige Ausgangspunkte für unsere Messungen im Himmelsraume bildeten, da musste man sich eine Zeitlang damit helfen, dass man annahm, die Anknüpfung der Lage der beiden Pole an mehrere Tausende von Fixsternen gestatte es, die Ortsveränderungen jener fast vollkommen unabhängig von den verschiedenen Ortsveränderungen der einzelnen Fixsterne zu bestimmen, indem die Bewegungen der letzteren gewissermaassen im Durchschnitte einer sehr grossen Anzahl über den ganzen Himmel vertheilter Sterne aus dem Gesammtergebnisse wieder verschwänden.

Nachdem dieses Näherungsverfahren über hundert Jahre geübt worden ist, haben sich indessen die Bewegungen vieler helleren Sterne gegen die beiden, durch Anknüpfung an eine grössere Gesammtheit von solchen Sternen in ihrer eigenen Bewegung kontrolirten und dadurch wenigstens näherungsweise rechnungsmässig zu Fixpunkten gemachten Pole als so erheblich und auch zum Theil in grösseren Gruppen als so systematisch herausgestellt, dass man das bisherige Verfahren nicht lange mehr wird anwenden dürfen, ohne sehr irreführende Cirkelschlüsse zu begehen.

Man wird nun fragen, ob sich denn für die Aenderungen der Lage der Erdaxe im Raume und für die Aenderungen der Lage der Erdbahnebene keine anderweitigen hinreichend genauen Bestimmungsmittel ergeben, welche es ermöglichen, die Bewegungen der betreffenden Pole am Himmel ganz unabhängig von allen Voraussetzungen über die Fixsternbewegungen zu ermitteln und dadurch auch für die letzteren wirklich unabhängige Ruhe- und Anhaltspunkte zu gewinnen.

Die Aenderungen der Lage der Erdaxe im Raume werden fast ausschliesslich durch die Anziehung des Mondes und der Sonne einerseits und durch die Verhältnisse der Massenvertheilung und der Gestalt des Erdkörpers andererseits bestimmt. Die Stärke der Anziehungskraft der Sonne ist aus der Umlaufszeit der Erde mit grosser Schärfe bekannt. Die Stärke der Anziehungskraft des Mondes aber hat bisher höchstens bis auf ein Procent ihres Werthes gemessen werden können, weil sie relativ so klein ist, dass bei den bezüglichen Messungen gewisse unvermeidliche Fehler und Schwierigkeiten einen verhältnissmässig sehr grossen Einfluss gewinnen. Um aber die säcularen Bewegungen des Poles der Erdaxe am Himmel mit einer zur Sicherung der Kenntniss der Fixsternbewegungen in Betracht der sonstigen Genauigkeit der Messung dieser Bewegungen ausreichenden Schärfe für einige Jahrhunderte berechnen zu können, müsste man die Anziehungskraft oder Masse des Mondes etwa bis auf $^1/_{100\,000}$ ihres Werthes kennen.

Andererseits kennt man auch die Massenvertheilung im Innern des Erdkörpers selbst im Ganzen und Grossen noch viel zu wenig, ja selbst in Betreff der äusseren Gestaltverhältnisse desselben sind noch so erhebliche (auch etwa auf ein bis zwei Procente der maassgebenden Werthe zu schätzende) Unsicherheiten vorhanden, dass das Problem vielmehr umgekehrt werden muss: Aus den Bewegungen des Poles der Erdaxe am Sternenhimmel hat man die genauesten Maassbestimmungen für die Gesetze der Massenvertheilung innerhalb des Erdkörpers und für die Stärke der Anziehungskraft des Mondes abzuleiten.

Nicht ganz so, aber doch ähnlich ist es mit der Bestimmung der Bewegung des Poles der Ekliptik bestellt. Die hierfür maassgebenden Aenderungen der Lage der Erdbahn werden hauptsächlich durch die Anziehungen der Planeten Venus, Jupiter, Saturn und Mars bestimmt. Die Kräfte oder Massen der letzteren drei Planeten ermittelt man aus Beobachtungen der Umlaufszeiten ihrer Trabanten, und auch hierfür ist in neuester Zeit die Entdeckung der beiden Marstrabanten wichtig geworden; die Masse der Venus jedoch, welche auf die säcularen Bewegungen der Erdbahn den grössten Einfluss übt, ist bisher Mangels an Trabanten kaum bis auf ein Procent ihres Werthes bestimmbar gewesen, während man zu einer ausreichend genauen Maassbestimmung der Bewegung des Poles der Ekliptik am Himmel für einige Jahrhunderte jenen Werth erheblich genauer kennen muss.

Die Hilfe, welche in dieser Beziehung bisher durch die

Möglichkeit geboten wurde, durch Sonnenbeobachtungen — ganz unabhängig von irgend welchen Annahmen über die Sternbewegungen — die vollständige Bewegung des Poles der Ekliptik aus der blossen Messung des jeweiligen Abstandes desselben von dem Pole der Erdaxe abzuleiten, wird neuerdings durch die Untersuchungen von G. H. Darwin in Frage gestellt, welcher aus einer vollständigeren Theorie der Gestaltänderungen der Erde durch die Anziehungswirkungen von Sonne und Mond auch die Möglichkeit ableitet, dass die säcularen Veränderungen der Neigung der Erdaxe gegen die Erdbahn einen ganz anderen (zunächst nur empirisch aus den Beobachtungen bestimmbaren) Charakter haben, als man bisher bei jener Benutzung der Sonnenbeobachtungen angenommen hatte. (Siehe meine obigen Berichte über G. H. Darwin's Forschungen.)

Wir bleiben also darauf angewiesen, jene für unsere Forschungen in der nächsten Nähe, nämlich für die ganze Theorie der Entwickelung und des Zustandes der Erde und ihrer Bewegungen bedeutsamsten Maassbestimmungen, welche schon bisher in ihrer approximativen Behandlung einige der erhebendsten Bestätigungen aller Grundlehren der himmlischen Mechanik geliefert haben, aus den säcularen Bewegungserscheinungen am fernen Sternenhimmel immer schärfer abzuleiten.

Bei der vorher erörterten Sachlage kann dies aber in Zukunft mit ausreichender logischer und empirischer Schärfe nur dadurch geschehen, dass wir die Bewegungen jener beiden sonst zuverlässigsten Anhaltspunkte aller unserer Messungen im Raume nicht länger mehr an einige Tausende der hellsten Sterne anknüpfen, bei denen selber schon zu starke, eigenartige und systematische Bewegungserscheinungen hervorgetreten sind, sondern dass wir nunmehr einen weiteren Schritt in derselben Richtung thun, in welcher die allmälige Entwickelung unserer Kenntniss der Bewegungen im Raume überhaupt sich bewegt hat, nämlich die Gesetze der Bewegung des Näherliegenden auf Grund der vorausgesetzten Ruhe oder einfachsten Bewegung des Fernstliegenden abzuleiten, gerade so, wie uns auch die himmlischen Erscheinungen und Bewegungen überhaupt erst die Hilfsmittel zur Erschliessung der Mechanik der irdischen Bewegungserscheinungen geliefert haben.

Je entfernter ein Stern von uns ist, um so kleiner sind die Winkelgrössen, unter welchen für uns sowohl seine eigenen Bewegungen als unsere Bewegungen an ihm zur Erscheinung kommen. Um also die andauernden Ruhepunkte für unsere Messungen im Raume zu gewinnen, welche wir unter den helleren Fixsternen schon nicht mehr besitzen, müssen wir sobald als möglich die unmittelbaren Ausgangspunkte unserer Messungen, Drehungspol und Pol der Ekliptik, an eine möglichst grosse Anzahl von solchen Sternen anknüpfen, von denen wir annehmen können, dass sie eine recht grosse Entfernung von uns haben.

Im Allgemeinen nimmt man nun gegenwärtig an, dass die allerlichtschwächsten Sterne am Weitesten von uns entfernt sind, also die geeignetsten Stützpunkte für unsere Messungen bilden werden.

Gewiss kann dieser Schluss im einzelnen Falle unzutreffend sein, denn wir wissen bereits aus unzweideutigen Messungen, dass manche sehr helle Sterne bedeutend weiter von uns entfernt sind, als manche lichtschwache Sterne bis zur sogenannten achten oder neunten Grösse. Offenbar sind Verschiedenheiten der individuellen Lichtstärke der Sterne, welche sich aus ihrer wirklichen Grösse und der besondern Beschaffenheit ihres Leuchtens, z. B. der Höhe ihrer jeweiligen Temperatur, bestimmt, in solchem Grade vorhanden, dass die Abstufungen der Lichtstärke, in welcher uns verschiedene Sterne erscheinen, kein sicheres Maass für die Verhältnisse ihrer Entfernungen von uns bildet. Aber im Ganzen und Grossen werden wir doch folgenden Schluss wagen dürfen: Da es höchst unwahrscheinlich ist, dass die derzeitige Lage des Sonnensystems im Raume (welches doch offenbar keinen andern Vorzug hat, als denjenigen, dass es eben unser Sonnensystem ist) für die Vertheilung der Massen und Lichtstärken im Raume irgend etwas Bestimmendes hat, so kann man nicht annehmen, dass die wirkliche Grösse der Massen und der Lichtstärken der Sterne in irgend einer systematischen Beziehung zu ihrem blossen Abstande von unserer derweiligen Lage im Raume steht, dass z. B. rings herum in grösserem Abstande von uns die wirkliche Lichtstärke der Sterne eine grössere ist, als in kleineren Abständen. Folglich wird die sich uns darbietende scheinbare Grösse der Lichtstärken der Sterne im Allgemeinen durch die Entfernung von uns nach dem einfachen und erprobten Gesetze bestimmt sein, dass das Fernste ceteris paribus als das Lichtschwächste erscheint.

Die absolute und directe Ortsbestimmung der lichtschwächsten der für uns noch wahrnehmbaren Sterne ist nun zwar durch die Besonderheiten der instrumentalen Einrichtungen untersagt, denn die kolossalsten Fernröhre, welche uns die lichtschwächsten Sterne zeigen, können in dem Systeme unseres Messungsverfahrens für absolute Ortsbestimmungen gerade wegen ihrer Massenhaftigkeit, welche sie den Wirkungen der Durchbiegungen und der Temperaturungleichheiten stärker unterwirft, als kleinere Fernröhre, keine Verwendung finden. Indessen wäre es immerhin als eine an sich rationelle Behandlung des vorliegenden Problems zu erachten, wenn man jetzt in der näheren und weiteren Umgebung jedes der helleren Sterne, deren gegenwärtige Lage zu dem Drehungspole und dem Pole der Ekliptik durch absolute Ortsbestimmung genau genug bekannt ist, mit Hilfe der stärksten Fernröhre eine gehörige Anzahl lichtschwächster Sterne durch sehr feine mikrometrische Messungen, für welche jene Fernröhre alle Qualität besitzen, an den helleren Stern anschlösse. Durch spätere Wiederholungen dieser Anschlüsse der helleren Sterne an die lichtschwächsten und durch gleichzeitige Wiederholungen der Anknüpfungen der helleren Sterne an die fundamentalen Pole würde man dann nach obigen Gesichtspunkten die sichersten Anhaltspunkte für die absoluten Bewegungen sowohl der helleren Sterne als jener Pole erhalten.

Jedenfalls wird dieser Weg auch im Auge zu halten sein. Es entspricht aber dem stetigen und umfassenden Charakter der astronomischen Forschung besser, dass sie zunächst einen derartigen Sprung, ein derartiges Kunststück so zu sagen, vermeidet, dass sie vielmehr — da es sich zugleich darum handelt, den grossen Reichthum von Forschungsergebnissen einzuheimsen, welche eine umfassende Verzeichnung und Ortsbestimmung aller sichtbaren Sterne, nicht blos der helleren und gewisser Gruppen der allerlichtschwächsten, verspricht — schrittweise vorgeht, und zunächst ihren kostbaren Schatz von Sternen, deren Oerter zur Zeit genau bekannt sind, auf einige Hunderttausende solcher

Sterne bringt, die in das Gebiet der lichtschwächeren Sterne viel weiter als die bisher der Ortsbestimmung unterworfenen hineinragen. Dies Verfahren ist auch durch die sonstigen Bedürfnisse der Forschung viel mehr angezeigt, als das sprungweise, nur einer beschränkten Lösung des Problems dienende, denn die Aufgabe der Ortsbestimmung zahlreicher Planeten und Cometen drängt zur Zeit auch ganz besonders nach einer stetigen Vergrösserung der Anzahl über den ganzen Himmel möglichst gleichmässig vertheilter, gut bestimmter Anhaltssterne, an welche man in zahlreichen Fällen durch mikrometrische Messungen das Studium der Bewegungen der Cometen und Planeten bequemer und sicherer anschliesst, als man es auf directe absolute Ortsbestimmungen der letzteren begründet.

Man wird es nach obigen Darlegungen wohl verstehen, dass die Ortsbestimmung der Hunderttausende von Sternen bis zur neunten Grösse, zunächst an der nördlichen Himmelshalbkugel, eine so wichtige Angelegenheit werden konnte, dass sie zur Zeit im Mittelpunkte der Bestrebungen der „Astronomischen Gesellschaft“ steht. Es ist nicht zu viel gesagt, wenn man dieses Unternehmen als das Fundament der astronomischen Messungen der nächsten Jahrhunderte bezeichnet und ihm dadurch einen ähnlichen hohen Charakter beilegt, wie allen menschlichen Vollbringungen, die in grossen Linien über viele Generationen hinausragen, wenn auch die einzelnen Bausteine, aus denen solche Werke errichtet werden, noch so schlichte Arbeitsergebnisse sind.

Während um Plan, Leitung und Ausführung des Unternehmens, wie oben schon angedeutet, Argelander und Auwers als besonders verdient zu nennen sind, gebührt es sich auch, den wichtigen Antheil zu erwähnen, welchen an der sichersten Fundirung des ganzen Systems dieser Messungen seit etwa 40 Jahren die Sternwarte zu Pulkowa bei St. Petersburg unter der hochverdienten Leitung von Wilhelm und Otto Struve genommen hat.

Eine Ausdehnung des bezüglichen Beobachtungssystems auf diejenigen Sterne bis zur neunten Grösse, welche sich an der südlichen Himmelshalbkugel befinden, ist schon eingeleitet, und zahlreiche Ortsbestimmungen dieser Art werden bereits mit hoher Energie und Ausdauer von Gould in Cordoba (Argentinische Republik) ausgeführt.

Ausser dem vorstehend erläuterten Unternehmen hat die „Astronomische Gesellschaft" auch anderen Seiten der astronomischen Forschung, z. B. der Erforschung der Planeten- und Cometenbewegungen, lebhafte Fürsorge und Förderung zugewandt, und sie wird mit jedem Jahrzehnt mehr Anlass und Aufforderung finden, dies zu thun.

Schon bahnen sich umfassendere Vereinbarungen betreffend die systematische Bestimmung des Lichtzustandes der Himmelskörper an, über welche Aufgabe ich oben berichtet habe. Weitere Vereinbarungen werden demnächst hinsichtlich der Vertheilung und Verbindung der fundamentalen Ortsbestimmungen am Himmel zu treffen sein, um durch ein rationelleres Zusammenwirken der Sternwarten in den verschiedensten Zonen der Erde insbesondere auch von den Unsicherheiten freier zu werden, mit welchen die Strahlenbrechungswirkungen unserer Atmosphäre diese Messungsergebnisse trüben und belasten. — Gemeinsame Festsetzungen in Betreff gewisser numerischer Fundamentalwerthe und Hilfsmittel, sowie in Betreff zahlreicher Formalien werden immer mehr zu einem Bedürfnisse, je ernster und eifriger die Organisation der mühsamen Arbeiten wird, welche gerade durch kleine, mehr oder minder willkürliche Verschiedenheiten derartiger Festsetzungen in so sehr unnöthiger und verdriesslicher Weise behindert werden.

Im Hintergrunde steht auch hier die Nothwendigkeit, zu einer gemeinsamen wissenschaftlichen Sprache zurückzukehren, eine Angelegenheit, die auch sonst zu den wichtigsten der nächsten Zukunft gehört, da sie natürlich in ganz anderer Weise zu behandeln sein wird, als in der Zeit der esoterischen Latinität der respublica christiana. Nicht Diejenigen sind Phantasten, welche an die Möglichkeit und Nothwendigkeit solcher Entwickelungen glauben und daran zu ihrem Theil arbeiten, sondern Diejenigen, welche die Augen vor der greifbaren Realität und der Heilsamkeit derselben verschliessen.

Von der „Astronomischen Gesellschaft" und ihrem stillen vorsorglichen Wirken ist noch kurz zu berichten, dass es derselben mit ihren wenig mehr als 300 Mitgliedern in den 20 Jahren ihrer bisherigen Wirksamkeit auch gelungen ist, ein Capital von nahezu 50 000 Mark anzusammeln, von welchem sie demnächst etwa 20000 Mark für die abschliessende Bearbeitung und die Veröffentlichung der Ergebnisse ihres ersten, oben erläuterten, grösseren Unternehmens zu verwenden beabsichtigt.

Nachdem in den vorangehenden Berichten sowie in Vorstehendem hauptsächlich die Forschungs-Probleme und -Ergebnisse im Bereiche der Cometen und im Bereiche der Fixsterne behandelt worden sind, wollen wir nunmehr auch von den neueren unser Planetensystem betreffenden Arbeiten einige Mittheilungen machen und zunächst den vorliegenden Bericht mit der kurzen Darlegung eines von Meyer (Genf) vor ganz kurzer Zeit veröffentlichten Resultates hinsichtlich der sogenannten Trennungslinien in den Saturnsringen beschliessen.

Es ist eine feststehende und einleuchtende Thatsache, dass die Anziehungen, welche die Planeten oder die Trabanten innerhalb eines und desselben engeren Systems auch auf einander ausüben, allmälig zu um so stärkeren Gesammtwirkungen anwachsen, in je einfacheren, so zu sagen rhythmischen Verhältnissen die Umlaufszeiten der betreffenden Himmelskörper um das gemeinsame Centrum unter einander stehen.

Eine öftere und regelmässigere Wiederkehr einer und derselben Stellung solcher Himmelskörper zu einander bedingt offenbar durch die Anhäufung von Wirkungen einer und derselben Art ein augenfälligeres Erscheinen von bedeutenden Gesammteffecten.

Im Gebiete der Anziehungswirkungen oder sogenannten Störungen, welche die Planeten unter einander ausüben, ist zuerst von Kirkwood (Bloomington, Indiana) darauf hingewiesen worden, dass auch die Vertheilung der Bahnen der zahlreichen kleinen Planeten zwischen Mars und Jupiter die besonders grossen störenden Wirkungen des letzteren Planeten deutlich darin erkennen lässt, dass in denjenigen Entfernungen von der Sonne in dem Raume zwischen der Bahn des Mars und des Jupiter, in welchen Umlaufszeiten stattfinden müssten, die ein sehr einfaches Zahlenverhältniss zu der Umlaufszeit des Jupiter haben, eine geringere Dichtigkeit der Vertheilung der Bahnen obwaltet. An diesen Stellen haben eben die Störungswirkungen des Jupiter die stärksten Gestaltänderungen der Bahnen wenigstens zeitweise hervorgebracht und dadurch diese Räume relativ leer gemacht.

In ähnlicher Weise hat nun W. Meyer, einem Hinweise von Kirkwood folgend, die Störungswirkungen in Betracht gezogen, welche die Saturns-Trabanten auf die Massenvertheilung innerhalb des Ringsystems des Saturns haben müssten, wenn man von letzterem System annähme, dass es lediglich aus einer grossen Zahl sich frei um den Saturn bewegender Körper bestehe, deren Gesammtheit nur in der grossen Ferne in ein Gebilde von nahezu stetiger Begrenzung und Helligkeit zusammenzufliessen scheine.

Meyer's Untersuchung bestätigt Kirkwood's Hinweis und zeigt darüber hinausgehend sehr deutlich, dass alle diejenigen Stellen des Ringsystems, an welchen sich grössere Lücken der Massenvertheilung in Gestalt von dunkeln Trennungslinien erkennen lassen, zu solchen Abständen vom Saturnmittelpunkte gehören, in denen ein sehr einfaches Verhältniss der Umlaufszeiten frei bewegter Theilchen zu den Umlaufszeiten der dem Ringe nächsten Trabanten stattfinden müsste.

Es bleibt näher zu untersuchen, wie die Folgerungen, welche sich aus diesem Nachweise ergeben würden, sowohl zu anderen Eigenthümlichkeiten der Störungswirkungen innerhalb der Trabanten-Systeme, als zu den Besonderheiten der Gestaltungs- und Bewegungszustände des ganzen Ringsystems, sowie zu den Veränderungen innerhalb desselben sich verhalten.

December 1883.

Neuere Untersuchungen über die Topographie unseres Planetensystems, insbesondere über Jupiter und Mars, sowie über die Mondsysteme dieser und der übrigen oberen Planeten. — Beobachtung der ersten Wiederkehr des Cometen von 1812. — Untersuchung von Backlund über die Hemmung der Bewegungen des Encke'schen Cometen. — Neuere Forschungen von Niessl über die Ausgangspunkte und die kosmischen Geschwindigkeiten der Feuerkugeln.

Am Schlusse meines letzten Berichtes war ich zu einer näheren Erörterung derjenigen neueren Forschungsergebnisse übergegangen, welche die Planeten unseres Sonnensystems und die zu denselben gehörigen Nebenplaneten oder Monde zum Gegenstande haben. Die neueren Forschungen auf diesem Gebiete beschäftigen sich hauptsächlich mit denjenigen Planeten, deren Bahnen ausserhalb der Erdbahn liegen, während über Mercur und Venus nur weniger Erhebliches neuerdings ermittelt worden ist.

Besonders eingehende Untersuchungen haben in den letzten Jahren über Mars und Jupiter stattgefunden; aber auch Saturn, Uranus und Neptun und insbesondere die Bewegungen ihrer Monde hat man eingehender mit Messung und Rechnung bedacht, als Jahrzehnte lang vorher geschehen war.

Eine nähere Untersuchung der Bewegungen des einzigen sicher bekannten Mondes des Neptun und der Bewegungen der vier Monde des Uranus haben eine wichtige, vorher noch nicht mit aller Sicherheit festgestellte Thatsache nunmehr zweifellos begründet, welche in einem gewissen Widerstreit mit der sonst ziemlich allgemein angenommenen kosmogonischen Hypothese von Kant und Laplace zu stehen scheint.

Es ist nämlich — zuletzt hauptsächlich durch die Untersuchungen von Newcomb (Washington) — definitiv festgestellt worden, dass der Mond des Neptun in einer der allgemeinen Drehungsrichtung der Hauptplaneten, sowie der Richtung der Umlaufsbewegungen der meisten Nebenplaneten und der ganz allgemeinen Richtung der Umlaufsbewegungen der Hauptplaneten um die Sonne entgegengesetzten Richtung sich um seinen Hauptplaneten und zwar in einer Bahnebene bewegt, welche um weniger als einen halben rechten Winkel gegen die Ebene der von dem Hauptplaneten um die Sonne beschriebenen Bahn geneigt ist.

Bekanntlich war es bisher als ein überaus charakteristischer Zug unserer planetarischen Welt betrachtet worden, dass eine ausnahmelose Uebereinstimmung aller Umlaufsbewegungs- und Drehungsrichtungen in derselben stattzufinden schien, und dass zugleich die Ebenen der Bahnen sowohl der Hauptplaneten wie ihrer Nebenplaneten im Ganzen und Grossen gegen eine gewisse durch den gemeinsamen Schwerpunkt des Systems gelegte mittlere Ebene, die man etwa als Hauptdrehungsebene des Systems bezeichnen kann, nicht stark geneigt waren. In letzterer Beziehung zeigten nur die Ebenen einiger der kleinen zwischen der Mars- und Jupiterbahn sich bewegenden Planeten etwas stärkere Abweichungen. Ausserdem waren nur die Drehungs- oder Aequatorialebenen einiger Hauptplaneten bis zu ungefähr 30° gegen jene Hauptdrehungsebene geneigt befunden worden.

Der eclatanten Ausnahme, welche gegen jene allgemeinen Bewegungsverhältnisse sich in der rückläufigen Umlaufsbewegung des Neptunsmondes um seinen Hauptplaneten herausstellte, schloss sich sodann der endlich ganz sicher von Newcomb erbrachte Nachweis an, dass die Bahnen der vier Uranusmonde sehr nahe rechtwinkelig gegen die Hauptdrehungsebene des Planetensystems liegen, dass aber in aller Strenge ihre Bewegungsrichtungen ebenfalls wie die des Neptunsmondes als sogenannte rückläufige zu bezeichnen sind.

Leute, bei welchen die wissenschaftlichen Ueberzeugungen in labilem Gleichgewichte sind, weil sie dieselben dogmatisch zu fassen lieben, haben aus obigen, jetzt zu definitiver Geltung gelangten Ergebnissen sofort die Folgerung gezogen, dass es mit der ganzen bisherigen Kosmogonie zu Ende sei. Sie übersehen dabei, dass in der von jenen Ausnahmen gar nicht berührten Uebereinstimmung der Ebenen und Richtungen derjenigen Bewegungen, welche die Hauptplaneten um die ebenfalls in demselben Sinne sich drehende Sonne beschreiben, in Verbindung mit dem sehr nahe kreisförmigen Charakter ihrer Bahnen, noch immer ein inductiver Beweis von ausserordentlicher Stärke für den Ausgang aller dieser Bewegungen von einer ursprünglichen gemeinsamen Drehungsbewegung des Systems als eines zusammenhängenden Ganzen enthalten ist, dass dagegen sowohl die Drehungsrichtungen und Drehungsebenen der Hauptplaneten als die Ebenen und Richtungen der mit diesen Drehungen in näherer Verbindung stehenden Umlaufsbewegungen der Monde in sehr vielartiger und unberechenbarer Weise gerade durch die centrifugalen Katastrophen, aus denen die gesonderte Existenz der Hauptplaneten, und aus denen auch wiederum die gesonderte Existenz der Monde der letzteren hervorgegangen zu sein scheint, beeinflusst werden konnten, und dass man sich sehr wohl Vorgänge bei diesen Katastrophen denken kann, welche, ohne dass dadurch der Kern der in Rede stehenden kosmogonischen Hypothese irgendwie in Frage gestellt würde, ganz verschiedene Drehungsrichtungen der Hauptplaneten um ihre Axen und entsprechende Bewegungsrichtungen ihrer Monde, sowie beliebige Lagen der Ebenen dieser Bewegungen gegen die Hauptdrehungsebene des ganzen Planetensystems hervorgebracht haben können.

Man kann sogar behaupten, dass jedes einzelne, von einem Hauptplaneten und seinen Monden gebildete Partialsystem, auch wenn die Lage der Ebenen und die Richtung der in demselben erkannten Drehungs- und Umlaufsbewegungen noch so sehr von der Ebene und der Richtung der Umlaufsbewegungen der Hauptplaneten um die Sonne abweicht, dennoch einen positiven Beitrag zu der Erweisung der Richtigkeit des Grundgedankens unserer kosmogonischen Hypothese liefert, so lange als in keinem dieser Partialsysteme entgegengesetzte Richtungen der Umlaufsbewegungen einzelner zu einem und demselben Hauptplaneten gehörender Monde gegen einander und gegen die Drehungsrichtung des dieselben regierenden Hauptplaneten constatirt sind, oder wenigstens so lange, als es noch gelingt, Abweichungen dieser Art, die vielleicht in Zukunft auch noch aufgefunden werden, in ähnlicher Weise zu erklären, wie das innerhalb des Systems der Bewegungen der Hauptplaneten um die Sonne beobachtete Vorkommen rückläufiger Richtungen der Umlaufsbewegungen von periodischen Cometen. Letztere sind nämlich offenbar unserm Planetensystem kosmogonisch fremd und sind auf ihren aus weiter Ferne zur Sonne hin erfolgenden Wanderungen notorisch nur durch die Anziehung irgend eines der Hauptplaneten in engere Bahnen hineingezogen und andauernd oder vorübergehend zu Mitgliedern unseres Planetensystems gemacht worden.

Bisher sind, wie übrigens leicht erklärlich, innerhalb der Mondsysteme der einzelnen Hauptplaneten und zwischen den Bewegungsrichtungen der Monde und den Drehungsrichtungen der sie regierenden Hauptplaneten Abweichungen ähnlicher Art nicht gefunden worden; auch scheint die innere Uebereinstimmung der Lage der Bahnebenen der vier Uranusmonde, der acht Saturnusmonde, der vier Jupitermonde und der beiden Marsmonde unter einander, sowie die zwar noch nicht beim Neptun und Uranus (deren Drehungsbewegungen bisher nicht sicher erkannt sind) aber beim Saturn, Jupiter und Mars constatirte Uebereinstimmung dieser Mondbahnebenen mit der Drehungs- oder Aequatorialebene des Hauptplaneten eine fast ebenso vollkommene zu sein, als die Uebereinstimmung der Lage der Bahnebenen der Hauptplaneten unter einander und mit der Drehungsebene der Sonne, so dass nun ausser in dem Systeme der Hauptplaneten noch in drei ziemlich analog gebildeten Partialsystemen ein und dasselbe typische Bild einer aus gemeinsamer Drehung hervorgegangenen in sich homogenen Gruppe von Umlaufsbewegungen vor unseren Augen liegt.

Eine gewisse Ausnahmestellung nimmt in dieser Beziehung nur das Partialsystem Erde und Mond ein, da in diesem, neben dem Ausnahmeverhältnisse, dass die Masse unseres Mondes einen viel grössern Bruchtheil der Masse des Hauptplaneten als in irgend einem andern Mondsysteme ausmacht, auch eine ziemlich grosse, nämlich periodisch bis zu $28^1/_2$ Grad anwachsende Neigung der Bahnebene des Mondes gegen die Drehungs- oder Aequatorialebene des Hauptplaneten stattfindet.

In dem von Erde und Mond gebildeten Systeme hat gerade das stärkere Verhältniss der Masse des einzigen vorhandenen Mondes zu der Masse des Hauptplaneten, wie es scheint, sowohl bei der Entstehung als im Verlaufe der weiteren Entwickelung des ganzen Systems stärkere Reactionen auf den Hauptplaneten in Form von Gestaltänderungen und Bewegungsstörungen ausgeübt, worüber bereits einer meiner früheren Berichte einige nähere Erörterungen gebracht hat.

Die Umdrehungszeit des Saturn um seine Axe ist in den letzten Jahren auch mit einer grössern Sicherheit, als früher erreichbar war, auf 10 Stunden und einige Minuten bestimmt worden, wobei jedoch ebenso wie beim Jupiter keine hinreichende Sicherheit vorhanden ist, ob hiermit die Drehungsgeschwindigkeit des ganzen Körpers oder bloss bestimmter Oberflächenschichten desselben ermittelt ist; denn auch beim Saturn scheint eine ähnliche Veränderlichkeit der Oberflächenschichten wie beim Jupiter vorhanden zu sein, welche bei letzterem in grösserer Deutlichkeit darin zu Tage tritt, dass Bestimmungen seiner Umdrehungszeit durch Messungen der Bewegungen seiner Oberflächenschichten in verschiedenen Zonen und zu verschiedenen Zeiten ganz erhebliche und sicher zu verbürgende Unterschiede ergeben. Die Umdrehungszeit des Jupiter beträgt bekanntlich, abgesehen von den eben erwähnten, bis zu mehreren Minuten betragenden, Schwankungen und Unterschieden einige Minuten weniger als 10 Stunden. Beide Umdrehungszeiten, des Jupiter und des Saturn, sind für die Grösse der beiden Weltkörper als ausserordentlich kurze zu betrachten; bekanntlich entsprechen ihnen auch sehr starke Abplattungen der beiden Körper, welche im Fernrohre auf den ersten Blick in Gestalt einer deutlichen Verlängerung des Durchmessers in der Richtung der eigenthümlichen Parallelstreifungen erkennbar werden.

In den Drehungsbewegungen der Monde des Saturn und des Jupiter scheinen die neueren Forschungen ein analoges Verhalten zu den Drehungsbewegungen unseres Mondes immer mehr zu bestätigen. Mehrere jener Monde, an welchen bisher Messungen periodischer Helligkeitsänderungen mit einiger Sicherheit angestellt werden konnten, zeigen nämlich Erscheinungen, nach denen eine nahe Uebereinstimmung ihrer Umdrehungszeit mit ihrer Umlaufszeit um den Hauptplaneten vermuthet werden kann, so dass sie, ebenso wie unser Mond, ihrem Hauptplaneten stets dasselbe Gesicht zukehren, eine Uebereinstimmung der Bewegungen, welche bei einer gewissen Stärke der Anziehungswirkung des Hauptplaneten sich durch Vermittelung der von dieser hervorgebrachten kleinen Gestaltänderungen der Monde allmälig herstellt und alsdann dauernd aufrecht erhält.

Die Erscheinungen auf der Oberfläche des Jupiter, welche innerhalb des letzten Jahrzehnts höchst eifrig und an vielen Stellen, insbesondere auch auf dem Potsdamer Observatorium von Lohse, welcher ihnen von Beginn seiner astronomischen Thätigkeit an besondere Aufmerksamkeit gewidmet hatte, mit Messung, Zeichnung und Photographie verfolgt worden sind, lassen immer deutlicher, auch abgesehen von den schon oben erwähnten Bewegungszuständen, eine ungemein starke und schnelle Veränderlichkeit erkennen, ohne dass es bis jetzt gelungen wäre, irgend welche Gesetze oder auch nur zahlenmässige Beziehungen zu anderen mehr oder minder bekannten Erscheinungen mit Sicherheit darin zu finden.

Herr Dr. Lohse, welchem ich überhaupt in diesem Abschnitte meiner Mittheilungen werthvolle Unterstützung verdanke, bemerkt zu diesen Veränderungen der Oberfläche, dass sie aller Wahrscheinlichkeit nach überwiegend atmosphärischer Natur seien. Ein besonders auffallendes und durch die relative Beständigkeit seiner Umrisse und seiner Lage sich von den übrigen stärker veränderlichen Gebilden unterscheidendes Phänomen ist der sogenannte rothe Fleck gewesen, der am frühesten in der ersten Hälfte des Jahres 1878 von Lohse beobachtet worden ist, der aber auch noch gegenwärtig, wenngleich in sehr verblasstem Zustande, erkannt werden kann. In der Atmosphäre des Jupiter finden offenbar so stark verschiedene und veränderliche Winkelgeschwindigkeiten der bewegten Massen statt, dass man wohl auch innerhalb der eigentlichen Kernmasse das Vorkommen grosser Katastrophen annehmen muss. Der Planet verändert sein Aussehen, wie Dr. Lohse schreibt, von Jahr zu Jahr fast kaleidoskopartig, wenigstens habe er seit 14 Jahren nie wieder dasselbe Gesicht gehabt.

Die besonders von Zöllner angeregte Frage, ob bei einem solchen chaotischen Zustande der Jupitersmasse und bei der ausserordentlich und ziemlich schnell veränderlichen Helligkeit einzelner Theile der Oberfläche nicht anzunehmen sei, dass in dem Leuchten des Jupiter ausser reflectirtem Sonnenlicht auch noch Eigenlichtprozesse enthalten seien, wird gegenwärtig überwiegend verneint; wenigstens glaubt man solchen Lichtprozessen nur einen verschwindend kleinen Theil der gesammten Lichtwirkungen des Jupiter zuschreiben zu dürfen. Es scheint vielmehr die Annahme auszureichen, dass die ungewöhnlichen Helligkeiten einzelner Theile der Oberfläche durch besondere Zustände der in denselben das Sonnenlicht reflectirenden Theilchen verursacht sein könnten. Auch erscheinen einerseits die des directen Sonnenlichtes beraubten Flächen auf dem Jupiter, nämlich die kleinen dunklen Kreisflächen, in welchen sich uns die von Zeit zu Zeit über die Jupiterscheibe hinwegziehenden, von seinen Monden verursachten Sonnenfinsternisse darstellen, andererseits diejenigen von dem Jupiter selbst des directen Sonnenlichtes beraubten Schattenräume, in welche von Zeit zu Zeit diese Monde eintreten, so lichtlos, dass auch hieraus auf eine sehr geringe Intensität des etwa noch vorhandenen Eigenlichtes des Hauptplaneten geschlossen werden kann.

Bekanntlich sind jene Eintritte der Monde in den vom Jupiter geworfenen Schattenkegel mit einem zwar nicht plötzlichen, aber selbst für starke optische Mittel vollständigen Verschwinden dieser Monde verbunden. Dass dieses Verschwinden und das entsprechende Wiederaufleuchten beim Austritte aus dem Schattenraume nicht plötzlich geschieht, wie es für die genaue Messung der für mehrere praktische Probleme höchst wichtigen Bewegungen dieser Monde sehr erwünscht sein würde, ist jedenfalls durch die deutlich messbare Grösse der Oberflächen der Monde wesentlicher bedingt, als durch irgend welche anderen optischen Ursachen. Die Verfinsterung beginnt als partielle und wird erst allmälig in merklichem Zeitverlauf total. Neuerdings hat Cornu (Paris) ein photometrisches Verfahren angegeben, welches dazu helfen soll, in gleichmässiger Weise bestimmte Momente bei diesen allmäligen Verfinsterungen zu erfassen und dadurch u. a. eine grössere Verwerthbarkeit dieser wichtigen Erscheinungen für die Kenntniss der Lichtbewegung herbeizuführen.

In Betreff der Erscheinungen auf der Oberfläche des Mars hat uns im Verlaufe der letzten fünf Jahre der grosse italienische Astronom, dem wir schon so Herrliches in anderen Gebieten der astronomischen Forschung verdanken, in drei sehr bemerkenswerthen Abhandlungen Ergebnisse sehr feiner und andauernder Messungen geliefert, die auch auf diesem Gebiete epochemachend sind. Nicht nur hat Schiaparelli die früheren Messungen über die Drehungsbewegung des Mars, seine hellen Polarflecken und die relative Beständigkeit der Umrisse seiner dunklen Flecken bestätigt und vervollständigt, sondern es ist ihm auch mit Hilfe der für astronomische Messungen überaus günstigen Eigenschaften des oberitalienischen Himmels und unter sinnreichster Ausnutzung der Qualitäten seiner optischen Werkzeuge einschliesslich des eigenen, mit besonderer Sorgfalt zur Anwendung gebrachten Auges gelungen, Einzelheiten innerhalb der Umrisse der von der Marsoberfläche aus dargebotenen Bilder zu erkennen, welche eine sehr grosse Bereicherung der Topographie unseres Planetensystems darstellen.

Hinsichtlich der weissen Polarflecken hat Schiaparelli die schon von seinen Vorgängern auf dem Gebiete der Marstopographie gehegte Vermuthung fast zur Evidenz erhoben, dass wir in diesen Flecken, deren Ausdehnung während des Sommers des betreffenden Marspoles abnimmt, während des Winters desselben zunimmt, etwas ganz Aehnliches zu erkennen haben, wie die Eis- und Schneeflächen, welche die Pole unserer Erde umgeben. Charakteristisch ist in dieser Beziehung besonders die von Schiaparelli nunmehr schärfer festgestellte Thatsache, dass, ähnlich wie es bei den entsprechenden Wärmewirkungen auf der Erde geschieht, die Extreme der Ausdehnungen jener Polarzonen den astronomischen Zeitpunkten des Sommers und des Winters um ähnliche Zeitbeträge nachfolgen, wie es auf der Erde geschieht.

Schiaparelli glaubt, in den Einzelheiten der Umrisse der dunklen Flecken auf der Marsoberfläche so grosse Aehnlichkeiten mit dem Verlaufe der Begrenzungen des Festen und Flüssigen auf der Erde zu finden, dass er kaum daran zweifelt, auf dem Mars Länder und Meere, ja Flüsse, Canäle u. dergl. vor sich zu haben; andererseits glaubt er auch mit Sicherheit Erscheinungen wahrgenommen zu haben, die den Trübungen unserer Atmosphäre durch Wolkenbildungen vergleichbar sind. In neuester Zeit ist er sogar Zeuge gewisser systematischer Erscheinungen auf der Marsoberfläche gewesen, welche ihm zwar in mancher Beziehung noch räthselhaft, aber überaus charakteristisch für die dortigen Zustände zu sein scheinen. Z. B. haben sich vor seinen Augen weite Flächen, welche früher verschwommene Umrisse gehabt hatten, in complicirte Bilder reiner Linien aufgelöst, und an gewissen Linien hat er sodann seltsame Verdoppelungserscheinungen bemerkt, welche sich in der Weise vollzogen, dass neben der primären Linie anfangs ein leichter und schlecht begrenzter Schatten erschien, alsdann die betreffende Fläche eine Zeitlang mit Wolken bedeckt war, und schliesslich neben der ersten Linie eine zweite entstanden war. Mit Ausschluss aller nicht vollkommen deutlich verlaufenden Fälle dieser Art konnte Schiaparelli im Ganzen 20 solcher Verdoppelungen constatiren, und er glaubt, dass es sich hier um ein periodisches Phänomen handele, welches wahrscheinlich von den Jahreszeiten des Mars abhängig ist.

Zur richtigen Beurtheilung der aus solchen Wahrnehmungen zu entnehmenden Schlüsse und Vergleichungen wird es nicht unwesentlich sein, sich zu vergegenwärtigen, dass bei der grössten Annäherung des Mars an die Erde eine Strecke von 50 km auf seiner Oberfläche für uns unter einem Winkel von zwei

Zehnteln der Secunde erscheint, und dass nach Schiaparelli's Angabe dieser Betrag ungefähr die untere Grenze der Winkelgrösse der mit Sicherheit zu unterscheidenden Einzelheiten auf der Marsoberfläche darstellt.

Von den beiden im Jahre 1877 durch Hall (Washington) entdeckten Monden des Mars, denen man die Namen Phobos und Deimos (Furcht und Schrecken, die den Kriegsgott begleiten) gegeben hat, ist in meinen früheren Berichten bereits an mehreren Stellen die Rede gewesen.

Schiaparelli hat jetzt mit besonderer Schärfe die Thatsache festgestellt, dass die Bahnebenen dieser beiden Monde so genau, wie es die Messung zu verbürgen erlaubt, mit der Ebene des Marsäquators zusammenfallen. Die überaus schnelle, nämlich in 7 Stunden 40 Minuten sich vollendende Umlaufsbewegung, mit welcher der innere dieser beiden Monde den Hauptplaneten über 1100mal in einem Jahre umkreist, würde in Verbindung mit der sehr kleinen Oberfläche, welche diese Monde dem Sonnenlichte darbieten — nach photometrischen Bestimmungen schätzt man ihre Durchmesser nur auf 10 km — den Beobachtungen des Anfanges und des Endes der betreffenden, bei dem Durchgange durch den Schattenkegel des Mars eintretenden Mondfinsternisse eine besondere Bedeutung für eine Reihe von wichtigen Messungsproblemen geben, wenn nicht die grosse Lichtschwäche dieser kleinen Himmelskörper jene grossen Vortheile in Frage stellte. Für Fernröhre von sehr bedeutender optischer Kraft bieten sich aber in dieser Beziehung sehr interessante Aufgaben dar. Auch hat schon Adams (Cambridge, England) darauf hingewiesen, dass für die Theorie der Drehungsbewegungen der Himmelskörper unter dem Einflusse störender Kräfte die genaueste und stetigste Untersuchung des Systems des Mars und seiner Monde von besonderer Bedeutung werden wird.

* * *

Im Bereiche der Cometenerscheinungen hat uns das Jahr 1883 die Wiederkehr eines zuerst im Jahre 1812 beobachteten Cometen von 72jähriger Umlaufszeit gebracht. Derselbe hat während des Verlaufes seiner diesmaligen Erscheinung einige recht merkwürdige Wahrnehmungen dargeboten, für welche, wie es scheint, der Umstand auch günstig gewesen ist, dass dieser Comet schon in ziemlich grosser Entfernung von der Sonne aufgefunden wurde und demzufolge etwa 5 bis 6 Monate lang vor der Erreichung der Sonnennähe mit feineren Messungen verfolgt werden konnte.

Zuerst im September vorigen Jahres, alsdann aber auch im Anfang des vorigen Monats (Januar) hat der Comet sehr starke und schnell verlaufende Schwankungen seiner Helligkeit, verbunden mit erheblichen Veränderungen seines ganzen Aussehens, erkennen lassen.

Bei der im Januar besonders von Vogel und Müller (Potsdam) beobachteten Katastrophe scheint auch nach den spectroskopischen Wahrnehmungen der Comet eine schnelle und starke Temperaturerhöhung durch intensivere Entwickelung glühender Gase erfahren zu haben, welche sich vom Kern aus weiter verbreitet hat. Dieser Vorgang hat sich bei Anwendung stärkerer Vergrösserung als eine vor den Augen der Beobachter erfolgende Ausdehnung eines sternartigen Kernes zu einem grösseren Scheibchen, bei schwächerer Vergrösserung als das Entstehen einer helleren sternartigen Verdichtung innerhalb einer nebelartigen, nur nach der Mitte helleren Masse dargestellt.

Auch die sonstigen Spectralerscheinungen an diesem Cometen haben einige merkwürdige Besonderheiten des Verlaufes dargeboten, mit denen die Eigenthümlichkeiten seiner sehr ansehnlichen Schweifbildung vielleicht in näherem Zusammenhange stehen.

Die Erforschung der Bewegungserscheinungen des Encke-schen Cometen, in denen bisher die einzige Spur von Hemmungswirkungen eines den Raum zwischen den Planetenbahnen vermuthlich in sehr geringer Dichtigkeit erfüllenden Stoffes hervorgetreten ist, hat durch die neuesten Untersuchungen von Backlund (Pulkowa) einen wesentlichen Fortschritt erfahren. Backlund hat durch eine Revision und Vervollständigung der bisherigen Berechnungen über die Bewegungen dieses Cometen erwiesen, dass für den Zeitraum vom Jahre 1871 bis 1881, innerhalb dessen drei Umläufe dieses Cometen um die Sonne erfolgt sind, die Annahme gewisser Hemmungswirkungen eine völlig befriedigende Darstellung der sämmtlichen Messungen liefert, dass hierbei insbesondere die Uebereinstimmung zwischen Theorie und Beobachtung gegen die früheren analogen Ergebnisse noch wesentlich dadurch erhöht wird, dass auch die periodischen Hemmungswirkungen innerhalb jedes einzelnen Umlaufs strenger in Rechnung gezogen werden.

Dagegen hat diese sehr erschöpfende Untersuchung ein neues Räthsel insofern dargeboten, als vom Jahre 1871 ab die Stärke dieser Hemmungswirkungen im Vergleich mit demjenigen Betrage, welcher zur Darstellung der beobachteten Bewegungen zwischen 1819 und 1868 erforderlich und ausreichend gewesen war, ganz erheblich vermindert erscheint. Um eine solche Veränderung dieser Wirkungen zu erklären, könnte man nur annehmen, dass vom Jahre 1871 ab entweder die Dichtigkeit des hemmenden Mediums erheblich geringer geworden ist, was wohl ziemlich unwahrscheinlich wäre, oder dass bei dem Cometen selber die Gestaltverhältnisse oder die Massenvertheilung sich ziemlich plötzlich und andauernd in dem entsprechenden Sinne geändert haben. Nach beiden Richtungen hin eröffnen sich damit Ausblicke in neue Probleme und Messungsaufgaben.

Die Erforschung der Bewegungen der helleren Meteore oder Feuerkugeln hat neuerdings durch v. Niessl (Brünn) eine bemerkenswerthe Förderung erfahren.

Diejenigen Meteore, welche unter den Gegenwirkungen unserer Atmosphäre bei der Annäherung an die Erdoberfläche eine mehr als sternartige Helligkeit entwickeln und deshalb Feuerkugeln genannt werden, auch im Allgemeinen ihre Flugbahnen innerhalb der Atmosphäre nicht in Bruchtheilen der Secunde, wie die Sternschnuppen, zurücklegen, sondern mehrere Secunden, mitunter sogar mehrere Zehner von Secunden sichtbar bleiben und dabei fast jedesmal die Ausgangspunkte von Meteorsteinfällen werden, scheinen sich immer deutlicher auch nach den Geschwindigkeiten, mit welchen sie in der Erdatmosphäre ankommen, und nach dem entsprechenden Charakter ihrer Bahnen und ihrer Herkunft ganz typisch von den sternartigen Meteoren (Sternschnuppen) zu unterscheiden. Die letzteren ist man im Allgemeinen berechtigt als cometarische Meteore zu bezeichnen, weil sie nach der ganz überwiegenden Besonderheit ihrer Bahnen und nach mehreren überaus charakteristischen Vorkommnissen zu Cometen so nahe Beziehungen haben, dass man auf eine gemeinsame Herkunft jener Körperchen und der Cometen oder auch auf einen Ursprung der ersteren aus gewissen sich allmälig zerstreuenden Bestandtheilen der letzteren mit grosser Wahrscheinlichkeit schliessen darf.

Dass aber die sogenannten Feuerkugeln im Allgemeinen nicht bloss gesteigerte Sternschnuppenerscheinungen von ungewöhnlicher Leuchtkraft und Grösse sind, welche dementsprechend längere Flugbahnen in unserer Atmosphäre zurücklegen können, bevor sie sich, wie die gewöhnlichen Sternschnuppen, durch die bei ihrem Eindringen in die Atmosphäre eintretenden Widerstände und hohen Temperaturen in kleinste Theile auflösen, dürfte zunächst daraus hervorgehen, dass gerade bei den allerreichsten Sternschnuppenerscheinungen in gewissen August- und Novembernächten, in denen doch bei näherer Verwandtschaft der Sternschnuppen und der Feuerkugeln auch die Wahrscheinlichkeit des Erscheinens von Feuerkugeln am grössten sein würde, sehr selten Feuerkugeln beobachtet werden, wenigstens fast niemals solche Feuerkugeln, welche in denselben Richtungen ankommen, wie die in solchen Nächten zu vielen Milliarden in die Atmosphäre eindringenden cometarischen Meteorkörperchen.

Neben dieser wichtigen Thatsache erscheinen als wesentlich unterscheidend zwischen Sternschnuppen und Feuerkugeln die viel grösseren Geschwindigkeiten, welche sich bisher in allen denjenigen Fällen, in denen Flugbahnen von Feuerkugeln mit gehöriger Sicherheit bestimmt werden konnten, für die Bewegungen dieser letzteren ergeben haben; denn die längeren und in längerer Zeitdauer zurückgelegten Flugbahnen, welche oben als ein charakteristisches Merkmal der Feuerkugelerscheinungen erwähnt wurden, ergeben sich bei näherer Untersuchung nicht als eine Folge geringerer Geschwindigkeit der Bewegung, sondern wesentlich als eine Folge der grössern Consistenz, welche die als Feuerkugeln aufleuchtenden Körper den auflösenden Gegenwirkungen der Atmosphäre und der schon bei dem Eindringen in diese entwickelten Temperaturen entgegensetzen. Die sehr grossen Geschwindigkeiten, welche sich fast bei allen wohl untersuchten Flugbahnen von Feuerkugeln gezeigt haben, sind aber jedenfalls schon geringer als die Geschwindigkeiten, mit welchen diese Körper sich bis zur Erreichung unserer Atmosphäre bewegen.

In dem für uns sichtbaren Theil ihrer Flugbahnen haben wir es eben bereits mit stark gehemmten Geschwindigkeiten zu thun. Wir dürfen daher, wenn sich innerhalb der beobachteten Flugbahnen absolute Geschwindigkeiten von mehr als 50 km in der Secunde ergeben haben, mit Sicherheit darauf schliessen, dass die Geschwindigkeiten, mit denen der Himmelsraum in der Nähe der Erdbahn von diesen Meteoren durcheilt wird, noch grösser, also jedenfalls erheblich grösser sind, als die etwa 42 km in der Secunde betragende durchschnittliche Geschwindigkeit der cometarischen Meteore in der Nähe der Erdbahn. Leider sind wir jedoch noch nicht in der Lage, aus den in den sichtbaren Flugbahnen beobachteten bereits gehemmten Geschwindigkeiten der Feuerkugeln mit einiger Sicherheit ihre Geschwindigkeiten im Himmelsraume abzuleiten, weil wir eben die Zustände in den oberen Schichten unserer Atmosphäre noch zu wenig kennen.

Bekanntlich war es nun Schiaparelli gelungen, für die cometarischen Meteore, deren überaus kurze sichtbare Flugdauer innerhalb unserer Atmosphäre Geschwindigkeitsbestimmungen innerhalb dieser Flugbahnen fast ganz unmöglich macht, diejenigen Geschwindigkeiten, mit welchen sich diese Körperchen kurz vor der Ankunft an den Grenzen unserer Atmosphäre im Weltenraume bewegen, aus den gesetzmässigen Verschiedenheiten der mittlern Häufigkeit zu bestimmen, mit welchen uns in den verschiedenen Nachtstunden Sternschnuppen zu Gesichte kommen.

Niessl hat nun im Anschluss an entsprechende Andeutungen von Schiaparelli den Versuch gemacht, etwas Aehnliches für die Feuerkugeln auszuführen, was offenbar für die ganze Verfolgung ihrer Bewegungen durch die Erdatmosphäre und für die erheblichen physikalischen Fragen, die sich daran knüpfen, aber auch für das Problem des Ursprunges dieser kosmischen Körper von bedeutender Wichtigkeit sein wird.

Aus den bisher innerhalb der sichtbaren Flugbahnen von Feuerkugeln ermittelten Geschwindigkeiten hatte man nämlich schon gefolgert, dass dieselben sich im Himmelsraume in hyperbolischen Bahnen um die Sonne bewegen, was aber nichts Anderes heisst, als dass sie beim Eintritt in das Anziehungsgebiet unseres Sonnensystems bereits mit sehr grossen Fluggeschwindigkeiten begabt sind, wogegen aus der Natur der Bahnen der Cometen und der entsprechenden Bahnen der cometarischen Meteore mit grosser Wahrscheinlichkeit folgt, dass diese Gruppen von Körperchen im Allgemeinen mit unserm Sonnensystem nahezu gleiche Wege im Himmelsraume wandern, d. h. in denjenigen Zeitpunkten, in welchen sie beginnen, der Anziehung unseres Sonnensystems zu unterliegen, fast keine relativen Anfangsgeschwindigkeiten besitzen.

Aus der Folgerung, dass die als Feuerkugeln unsere Erdatmosphäre durcheilenden Körper das Anziehungsgebiet unseres Sonnensystems bereits mit grossen Anfangsgeschwindigkeiten erreichen, hatte man ferner schon geschlossen, dass diese Körper ihren Ursprung in fernen Sternensystemen haben müssten, deren Anziehungsgebiet sie nur unter der Wirkung von überaus mächtigen Schleuderkräften hätten verlassen können.

Wenn man danach, im Gegensatz zu der Bezeichnung der Sternschnuppen als cometarische Meteore, die Feuerkugeln siderische Meteore nennt, so ergiebt eine nähere Betrachtung, dass bei den verschwindend kleinen Dimensionen, welche unsere Erdbahn im Verhältniss zu den grossen Strecken hat, um die es sich bei der Herkunft solcher Körper aus dem Sternenraume handelt, solche siderische Meteore, welche von einem und demselben Ursprunge ausgehend in nahezu parallelen Richtungen nach unserm Sonnensystem hineilen, die Erde in den verschiedensten Punkten ihrer jährlichen Bahn mit nahe gleichen Geschwindigkeiten und in Richtungen erreichen können, welche umsomehr unter einander übereinstimmen werden, je grösser schon die ursprünglichen Fluggeschwindigkeiten dieser Meteore gewesen sind.

Die sichtbaren Flugbahnen, welche diese Meteore alsdann für Beobachter auf der Erdoberfläche zu beschreiben scheinen, setzen sich allerdings aus denjenigen Richtungen und Geschwindigkeiten, mit welchen die Meteore die Erdbahn erreichen, und denjenigen Richtungen und Geschwindigkeiten, mit welchen die Erde in den betreffenden Stellen ihrer Bahn um die Sonne sich gerade bewegt, zusammen, und insbesondere wird die Lage desjenigen Punktes am Himmel, aus welchem eine Feuerkugel herzukommen scheint, ein zusammengesetztes Ergebniss ihrer eigenen

Bewegung im Himmelsraume mit der derzeitigen Bewegung der Erde um die Sonne sein.

Es ist aber einleuchtend, dass je kleiner das Verhältniss der Geschwindigkeit der Erdbewegung zu der Geschwindigkeit jener Meteorbewegungen ist, in desto geringerem Maasse in den verschiedenen Punkten der Erdbahn die Lage des scheinbaren Ausgangspunktes gewisser Feuerkugelbahnen von den Verschiedenheiten der Richtung, welche die Erdbewegung an den verschiedenen Stellen der Erdbahn hat, beeinflusst werden wird, und dass man somit aus der Beständigkeit, mit welcher in verschiedenen Monaten unseres Jahres aus einer und derselben Himmelsgegend Feuerkugeln herzukommen scheinen, einen ziemsich gesicherten Schluss auf die Grösse derjenigen Geschwindigkeiten machen kann, mit welchen diese Meteore, noch bevor sie uns sichtbar werden, den Himmelsraum durcheilen.

Niessl hat nun konstatirt, dass es in der That solche Gegenden des Himmels giebt, aus welchen in verschiedenen Jahren mehrere Monate hindurch Feuerkugelbahnen ihren Ursprung nehmen. Bei genauerer Vergleichung dieser nahezu übereinstimmenden Ausgangspunkte am Himmel, auf welche zu verschiedenen Zeiten beobachtete Feuerkugelbahnen hinweisen, hat sich indessen eine gewisse, wenn auch geringe Veränderung der Lage dieser Ausgangspunkte für verschiedene Stellungen der Erde in ihrer Bahn, also für verschiedene Zeiten des Jahres deutlich erkennen lassen. Und zwar lässt sich diese Veränderung gerade durch den Einfluss der Veränderungen der Richtung der Erdbewegung ziemlich gut erklären, wenn man annimmt, dass die Feuerkugeln in nahezu parallelen Flugbahnen herangekommen sind, und dass ihre Geschwindigkeiten ungefähr das Zwei- bis Dreifache der, nahezu 30 km in der Secunde betragenden, Geschwindigkeit der Erde in ihrer Bahn erreicht haben.

Eine weitere Verfolgung dieser Untersuchungen verspricht offenbar sowohl auf gewisse vorwaltende Ursprungsorte von Feuerkugeln im Sternenraume als auf die Ausgangsgeschwindigkeiten derselben helleres Licht zu werfen.

X.

Alexander von Humboldt.

Eine Gedächtnissrede

gehalten zur Feier der Denkmäler-Enthüllung am 28. Mai 1883 im Festsaale des Rathhauses zu Berlin.

Der geehrte Herr Vorredner hat es bereits bekundet, dass es bei der heutigen Feier nicht beabsichtigt ist, in unseren Gedächtnissreden das unvergleichliche Brüderpaar aufs neue biographisch-kritisch zu würdigen, sondern dass es sich wesentlich darum handelt, in dem ersehnten Zeitpunkte, in welchem endlich die Marmorbilder Wilhelms und Alexanders von Humboldt an unserer via triumphalis den ihnen längst gebührenden Platz einnehmen, uns durch die erneute Vergegenwärtigung auch der geistigen Züge der beiden hohen Männer über die Kämpfe und Zweifel des Augenblicks, über den Rauch und Staub der Tagesarbeit zu erheben und in dieser Höhe den Hauch des grossen Jahrhunderts zu athmen, dessen besonderen Charakter ihre Arbeiten so mächtig bestimmen geholfen haben.

Um so mehr ist dies ein Bedürfniss, als seit der vor 14 Jahren begangenen Säcularfeier des Geburtstags Alexanders von Humboldt, von welcher sein Denkmal herstammt, Entwickelungen des öffentlichen Lebens und Entwickelungen der Naturwissenschaften und der Technik eingetreten sind, infolge deren bei Vielen die Namen und die Thaten der Brüder von Humboldt unwillkürlich in der Erinnerung verblichen sind, ja sogar die klarbewusste Beurtheilung ihrer Grösse Beeinträchtigungen erfahren hat.

Dies betrifft besonders Alexander von Humboldt, dessen Eigenart als Denker und Forscher schon früher starken Verschiedenheiten der Beurtheilung ausgesetzt gewesen ist.

Es ist sehr wohlfeil darauf hinzudeuten, dass nicht wenige seiner Forschungsergebnisse in den zahlreichen Gebieten, die er umfasst hat, jetzt als mehr oder minder irrig erwiesen seien, dass sein Kosmos gegenwärtig in wesentlichen Einzelheiten veraltet und überholt sei, und dass seine ganze Darstellungsweise in Folge einer zu grossen Beigabe musischen Wohllauts häufig an Klarheit und Schärfe zu wünschen gelassen habe. Es ist noch weniger philosophisch, die überragende geistige Rangstufe, welche ihm eingeräumt worden ist, dadurch in Frage zu stellen, dass man seine Grösse an der Grösse von Newton oder von Gauss, überhaupt von solchen Männern misst, deren Gaben und Leistungen von den seinigen so verschieden sind, dass in diesem Falle der gewöhnliche Vergleichungsprocess ebenso unzutreffend ist, als wenn man z. B. die Stärke einer Wärme-Empfindung unmittelbar an einer Licht-Empfindung messen wollte.

Die Gesichtspunkte und die Maassbestimmungen, nach denen man den Werth und die Bedeutung grosser Menschen durch den Reingewinn ausdrücken könnte, welchen die Menschheit ihnen an Kraft und Glück zu danken hat, sind ja überhaupt noch in der Kindheit der Entwickelung, da man sich, obgleich wichtige Anhaltspunkte dafür bereits vorliegen, noch nicht einmal darüber geeinigt hat, was denn als das eigentliche Glück des Einzelnen und der Gesammtheit zu betrachten ist.

Natürlich werde ich heut nicht daran denken, Aufgaben und Probleme solcher Art anders zu erörtern, als indem ich einen geringen Beitrag zu geben versuche zu einer von den Schwankungen der Tagesmeinungen und der herrschenden wissenschaftlichen Richtungen möglichst unabhängigen Würdigung der Grösse des von uns Gefeierten und der Wirkungen, die von ihm ausgegangen sind.

Zu einer solchen Vergegenwärtigung seiner Lichtgestalt liegen jetzt manche Anhaltspunkte vor, welche uns bei der Säcularfeier seines Geburtstages noch fehlten, und welche inzwischen, sei es aus zahlreicheren Briefen, sei es aus den der hiesigen Sternwarte von Alexander von Humboldt testamentarisch anvertrauten Papieren und den Reisetagebüchern, und zwar hauptsächlich in Folge der rastlosen Bemühungen meines vor zwei Jahren dahin geschiedenen theuren Freundes Bruhns in

Leipzig,*) durch das Zusammenwirken einer Gemeinschaft hervorragender Fachmänner auf den sämmtlichen von Alexander von Humboldt angebauten Forschungsgebieten, in helleres Licht gestellt worden sind.

Aus dem Ueberblick, welchen mit solcher Hülfe ein Astronom auch über diejenigen Zweige von Humboldts Wirksamkeit, die ihm selbst ferner liegen, zu gewinnen vermag, geht zunächst mit voller Evidenz ein Eindruck hervor, welcher früher aus den sehr zerstreuten und massenhaften Original-Materialien nur Wenigen mit derselben Sicherheit entgegentreten konnte, der Eindruck nämlich, dass dieser glänzende Feldherr der Forschung überall, wo er mit voller Kraft selber Hand anlegt, auch der strengsten fachmässigen Arbeit vollkommen Meister ist, ja sogar die originalsten schöpferischen Offenbarungen empfängt, welche nur dem Genius, aber auch diesem nur nach anhaltendem einsamen Denken, aus den Tiefen treu gesammelter Schätze von Vorstellungen emporsteigen.

Wenn man es verfolgt, wie diesem rastlos bewegten Geiste, zumal in jüngeren Jahren, neben der hohen Gabe der Zusammenfassung und Anordnung grosser Massen von Thatsachen und Gedanken zu lichtvollen Perspectiven, auch die Concentration zu solchen Arbeiten nicht fremd ist, welche die Hülle irriger Vorstellungen von ganzen weiten Gebieten hinweg ziehen und völlig neue tiefere Zusammenhänge ergründen, so beschleicht wohl den einzelnen Fachmann der Wunsch, „wenn es doch diesem Geiste gefallen hätte, blos in der einen Richtung weiterzugehen, wie viel mehr noch würde meine besondere Wissenschaft ihm zu danken haben". Aber sofort wird dieser Wunsch dadurch eingeschränkt, dass diejenigen, welche aus dem Füllhorn von Humboldts Arbeiten auf anderen Forschungsgebieten ebenfalls reiche Gaben empfangen haben, einmüthig erklären: „Nein, auch unsere Wissenschaften hätten gerade in jener Entwickelungsstufe das Licht seiner Gedanken, den weiten Umblick seines Auges, die Wärme seines Herzens nicht missen mögen".

Wenn man dann näher zusieht, so erkennt man deutlich,

---

*) Alexander von Humboldt. Eine wissenschaftliche Biographie in drei Bänden. Leipzig, F. A. Brockhaus 1872.

dass die universellere Entwickelung der Forschung Alexanders von Humboldt, seine Abwendung von der Concentration, gerade durch den Zustand der Naturforschung in dem letzten Jahrzehnt des vorigen Jahrhunderts, in welches die eigentliche Blüthe und Befruchtungszeit seines Geistes fällt, bedingt worden ist. Darum soll Niemand sagen, „er sei nicht gross genug gewesen für die Beschränkung, denn erst diese bilde das wahre Siegel der Grösse eines Forschers". Vielmehr muss es heissen, seine Seele war so reich und gross, dass er es sich versagte, irgendwie sich selbst zu leben, irgendwo auf dem festen Boden der Specialforschung sich dauernd anzubauen, so lange rings um ihn her noch die primitivsten Nothstände der Forschung eine Verbindung Vieler zu gemeinsamem Wirken und hierzu das Eintreten einer leitenden und organisirenden Kraft erforderten.

Von frühester, entscheidendster Wirkung scheint in dieser Beziehung für Alexander von Humboldt's Entwickelung der Verkehr mit Georg Forster gewesen zu sein, dieser innige freundschaftliche und wissenschaftliche Verkehr, welcher in der bekannten gemeinsamen Reise den Rhein hinab nach Belgien, Holland, England und Frankreich gipfelte.

Es war im Frühjahr des Jahres 1790. Alexander war in dem Blüthenalter von 20 Jahren, Georg Forster, mit reichem Lorbeer als Weltumsegler, Forscher und Schriftsteller bereits geschmückt, in dem Alter von 36 Jahren. Niemand wird Forsters Beschreibung dieser Reise, welcher ein ganzes Bändchen seiner Schriften gewidmet ist, lesen können, ohne davon nicht blos durch die ergreifenden Ergüsse dieser, alle Seiten des Denkens und Empfindens der Menschen umfassenden Feuerseele, deren spätere Lebensschicksale das Ganze für uns mit einem elegischen Hauch umwehen, sondern auch durch die Aeusserungen tief bewegt zu werden, in denen Forster uns erkennen lässt, welchen unvergleichlichen Eindruck auf ihn der jüngere Reisegefährte durch seine wunderbare Empfänglichkeit und zugleich durch seine idealische Gestaltungskraft macht.

Humboldt sagt zwar in einem Briefe aus jener Zeit über Forster's Beschreibung dieser Reise: „Wir haben sehr verschiedene Gesichtspunkte, die Sachen zu betrachten". Indessen bezieht sich dies offenbar nur auf das Ueberwiegen der historischen, politischen und socialen Betrachtungen und der begeisterten Schilderungen von Kunstwerken in Forsters Reisebeschreibung, wobei Humboldt die übermässige Expansion dieses Geistes schmerzlich empfand. An vielen anderen Stellen hat sich dann Humboldt auf's dankbarste zu den mächtigen Anregungen bekannt, welche Forsters ganzes Wesen und gerade seine erdumfassenden Natur- und Lebens-Anschauungen ihm gewährt haben.

Als sodann Alexander von Humboldt im Jahre 1799 seine grosse amerikanische Reise antrat, war er allerdings weit über die Stufe desjenigen Wissens und Könnens hinausgewachsen, mit welchem Forster auf seinen Reisen ausgerüstet gewesen war.

Fachmässig hatte er sich in diesem Zeitraum der Mineralogie und Geologie als Studirender, sodann als Forscher und Staatsbeamter gewidmet.

Die wissenschaftliche Welt war auf diesem Forschungsgebiet damals fast ausschliesslich von den systematischen Ansichten eines grossen Special-Forschers, Werner zu Freiberg in Sachsen, beherrscht, welcher auf Grund der geistreichsten Detail-Erklärung eines ziemlich begrenzten Kreises von Thatsachen sofort einer die ganze Erde umfassenden Theorie, dem sogenannten Neptunismus, eine fast dogmatische Autorität verliehen hatte.

Hier in Freiberg war es, wo Humboldt, obgleich er sich in gewissem Grade auch im Banne dieses Einflusses einer bedeutenden Konsequenz befand, vielleicht einen der schärfsten Antriebe empfing, auf diesem und ähnlichen Forschungsgebieten zunächst das Gebiet der bekannten Thatsachen und der exacten Anschauungen durch Forschungsreisen zu erweitern, bevor man der deductiven Strenge schöpferischen Denkens freie Bahn lasse; denn gerade in einer zu Freiberg verfassten Abhandlung citirt er die Worte Spinozas: „Die Erklärungen, welche man für die Naturerscheinungen zu geben pflege, liessen nicht sowohl den Zusammenhang der Dinge, als vielmehr die Gesetze der menschlichen Einbildungskraft erkennen".

Auch in der Botanik und der Zoologie, deren Studium sich mit den geologischen Beschäftigungen Humboldts enger verbunden hatte, war damals die Gefahr vorhanden, dass man im Systematisiren sofort zu weit ging, bevor man auf dem grossen

Schauplatz der Thatsachen, welchen die ganze Erde bietet, sich genügend umgesehen hatte. Auch hier waren Humboldt's Reise-Entschlüsse nur die Ergebnisse der reifsten fachmässigen Gedankenprocesse und der sorgfältigsten Umschau.

An die Studien über Botanik und Zoologie hatten sich in den Jahren 1794—1797 merkwürdige Arbeiten Humboldts in der Anatomie, Physiologie und der experimentellen Physik angeschlossen. An dem damals die wissenschaftliche Welt bewegenden Streite zwischen Galvani und Volta über die Rolle, welche die thierische Electricität bei den galvanischen Strom-Erscheinungen spiele, nahm Humboldt mit seiner Arbeit über die gereizte Muskel- und Nerven-Faser thätigen Antheil. Hier und in verwandten Arbeiten, die sich an jene anschlossen, lernen wir ihn als einen experimentellen Forscher von solchen Eigenschaften kennen, dass ihm auch bei der Verfolgung dieses Weges die höchsten Ehren geblüht haben würden. Zwar gelangte er durch seine Versuchsreihen, bei denen er seinen eigenen Körper märtyrerartig preisgab, nicht zu entscheidend richtigen physikalischen Ergebnissen, aber er kam dabei bereits nahe an die Schwelle der für das Menschengeschlecht so wichtigen physiologischen Entdeckungen, durch welche ein halbes Jahrhundert später Emil Du Bois-Reymond sich unvergänglichen Ruhm erworben hat.

Die geologischen und bergmännischen Beschäftigungen und Interessen hatten Humboldt ferner einen Einblick in die Fragen verschafft, deren Beantwortung damals für das Verständniss der erdmagnetischen Erscheinungen und für ihre, zu allen Orientirungen unter der Erde und auf der hohen See so unentbehrliche praktische Verwerthung von dringlicher Wichtigkeit war. Auch hier konnte nur eine bedeutende, wo möglich die ganze Erde umfassende, Erweiterung der magnetischen Messungen Licht bringen.

Mit diesen Messungen aber traten einerseits astronomische, andererseits meteorologische Messungen in nothwendige Verbindung, so dass sich nun die Vorbereitung unsers Reisenden auch auf diese Wissenschaften auszudehnen hatte.

Dies Alles aber geschah, wie die jetzt vorliegenden Dokumente immer deutlicher erkennen lassen, mit einer Geisteskraft und mit einem Ernste, welcher ewig vorbildlich sein wird.

Noch niemals war eine Reise in ferne Erdgegenden von einem Manne unternommen worden, welcher in so vollem Maasse des ganzen Naturwissens seiner Zeit mächtig war, ja welcher die Kenntniss auch der weitest vorgeschrittenen Gedanken, Methoden und Ergebnisse besass, die eben erst begonnen hatten, die geistigen Gipfel der Kulturwelt zu erleuchten.

Der unmittelbare und der mittelbare Erfolg dieser Reise, sowie der 30 Jahre später nach Asien unternommenen, war den Gaben und den Zielen dieses mächtigen Geistes entsprechend.

Der Gesichtskreis der Geologie wurde zunächst bedeutend erweitert. Zwar trat nun, Werner's Lehren gegenüber, im Anschluss an die in Mittel- und Süd-Amerika vorwaltende Gebirgs-Structur, eine Zeitlang der Vulkanismus fast ebenso einseitig in den Vordergrund, wie vorher der Neptunismus der Freiberger Schule, obschon Humboldt selbst, eingedenk der vorerwähnten Worte Spinoza's, stets unbefangen genug blieb, um niemals seine Naturauffassung ganz an eine Hypothese zu verkaufen. Aber allmälig legten Humboldt's umfassende geologische Untersuchungen und die von ihm auf's Rastloseste angeregten und beförderten Fortsetzungen derselben in den verschiedensten Theilen der Erde einen festen Grund wohl beobachteter Thatsachen, aus welchen die geologische Wissenschaft, immer freier von enthusiastischer Systembildung, bereits Ergebnisse und Lehren abgeleitet hat, die Humboldt's Entzücken sein würden; denn schon in seinen ersten geologischen Darlegungen finden sich geistreiche Anfänge der umfassenderen physikalisch-chemischen Erörterungen, auf die sich alle neueren kosmogonischen Untersuchungen stützen.

In der Botanik und in der Zoologie haben die vergleichenden Untersuchungen, die weitblickenden und sinnreichen Gruppirungen, welche ihm durch seine Reisen ermöglicht und durch zahlreiche, in seinem Geiste wirkende, Fortsetzungen derselben vervollständigt wurden, ebenfalls grossartige Verallgemeinerungen zu Stande bringen helfen, bei denen die gestaltende Einbildungskraft immer sicherer durch genauer und erschöpfender beobachtete Thatsachen geleitet wird. Auf Humboldt's Wegen sind auch die Forschungsreisenden Darwin und Wallace gewandelt, von denen endlich die ersten Grundzüge einer durch reicheres Erfahrungsmaterial unterstützten, concreteren Gestaltung der uralten und philosophisch unabweisbaren Lehre von dem inneren stetigen Zusammenhange der Entwickelung alles Lebens auf Erden entworfen werden konnten.

Wenn auch Humboldt noch von dem geheimnissvollen Dunkel spricht, von dem Alles bedeckt sei, was mit der Fixirung organischer Typen im Thier- und Pflanzenleben zusammenhängt, was vom Sein zum Werden leitet, und wenn er sich auch von jeder zu seiner Zeit noch verfrühten Erörterung jenes Problems im Einzelnen fern hält, so räumt er doch schon unumwunden die Möglichkeit ein, dass die specifischen Verschiedenheiten der organischen Typen als Wirkungen der Ausartung und als Abweichungen von gewissen Urformen betrachtet werden können.

Sicherlich würde er mit allem seinem Ernste sich gegen jegliche Verketzerung der Darwin'schen Hypothesen erklärt und die eminent förderliche Bedeutung anerkannt haben, welche dieser erste Beginn einer rationellen Entwickelungslehre nicht blos für unser Verständniss der Natur, sondern auch für eine tiefere Erfassung der geschichtlichen und der Cultur-Probleme hat.

Vermuthlich würde er aber gerade in diesem Sinne darauf gehalten haben, dass den für die Naturforschung so bedeutungsvollen Lehren vom Kampf um das Dasein, von der Zuchtwahl u. s. w. rechtzeitig und energisch die empörende Wirkung benommen wurde, welche ihnen einwohnt, wenn sie ohne Weiteres auch als prätendirte Lösungen der menschlichen Cultur-Probleme denuncirt werden.

Der „Kampf um das Dasein“ im Gebiete der elementaren Kräfte, soll er nicht sein Ende finden, und hat er nicht sein Ende gefunden in der Krone dieser Entwickelung, in der Menschennatur, nach deren wundervollen Gesetzen immer mehr derjenige der Mächtigste, der Wirkungsvollste zu werden bestimmt ist, dessen Seele die machtvolle Stätte der strengsten Wahrheit, des tiefsten Friedens, der reinsten Liebe für Alle ist.

Ist doch dem theuren Mann selber, den wir heut feiern, an erdumfassender Macht, die er über die Seelen der Menschen ausgeübt hat und stets ausüben wird, auch nicht entfernt eine der Kraftgestalten zu vergleichen, welche noch nach ähnlichen Gesetzen, wie in der Pflanzen- und Thier-Welt, von dem Kampf ums Dasein an die Spitze gebracht werden.

Vielleicht am evidentesten traten die Wirkungen von Humboldt's Reisen und von den Entdeckungen und den Gesichtspunkten, die er dabei gewann, zu Tage auf dem Gebiete des Magnetismus und der Meteorologie.

Hier war es ihm nämlich beschieden, kraft der grossen Autorität, die seine Arbeiten ihm auch auf diesem Felde erworben hatten, durch ein von ihm selber zu Stande gebrachtes Zusammenwirken fast aller Culturvölker, das sich fast auf alle Theile der Erde erstreckte, Beobachtungs-Organisationen, die ersten internationalen, zu begründen, welche von entscheidender Bedeutung für die Physik des Erdkörpers werden sollten.

Es war ihm sogar noch vergönnt, die ersten Früchte dieses Zusammenwirkens, welches erst in unseren Tagen zur volleren Entfaltung gelangt, von Gauss verwerthet zu sehen.

Was Humboldt in der Geographie erkannt, geschaffen und hervorgerufen, sei es in der genaueren Ortsbestimmung mit Hilfe seiner zahlreichen und höchst zuverlässigen astronomischen Beabachtungen, sei es in der Aufstellung und messenden Begründung neuer Gesichtspunkte über die ganze Configuration gewaltiger Ländermassen und über die Beziehungen zwischen der Gestaltung der Erdoberfläche und allen Lebenserscheinungen auf derselben, das hat schon Carl Ritter als den Ausgangspunkt, als die Lebensquelle seiner eigenen Forschung auf's Wärmste gewürdigt. Manches davon hat aber auch erst in neuester Zeit die gebührende hohe Schätzung gefunden.

Nach allen solchen Arbeiten, nach allen solchen Erfolgen, ward endlich Alexander von Humboldt noch das hohe Glück zu Theil, dass er in den letzten Jahrzehnten seines Lebens die Summe dessen, was er selbst erforscht und gedacht, was er angeregt und vermittelt hatte, und dessen, was ein immer reicherer Flor von anderen Forschern neben ihm zu Tage gefördert, fast vollständig in seinem monumentalen Kosmos zu glänzender Wirkung vereinigen konnte.

Und dieser Wirkung vermochte er zu reifster Vollendung auch eine historische Grundlage und einen historischen Hintergrund zu geben, indem er seinem Kosmos eine Entwickelungsgeschichte aller auf das physische Weltganze gerichteten Erkenntnissbestrebungen des Menschengeschlechts einverleibte, eine geschichtliche Darstellung, welche durch Weite des Gesichtskreises, durch Treue und Sorgfalt, sowie durch eine echt philosophische Würdigung der Individuen und der Zeitalter einer unvergänglichen Wirkung sicher ist.

Veralten kann der Kosmos nur in dem Sinne, dass die Lehrmeinungen, die in demselben zur Erklärung der Erscheinungen aufgestellt sind, widerlegt werden, oder dass zu den dargestellten Erscheinungen so viel Neues und Wesentliches durch weitere Entdeckungen hinzukommt, dass die bezüglichen Darstellungen des Kosmos zu unbedeutenden Fragmenten des wahren Sachverhaltes herabsinken. Vor Wirkungen dieser Art ist keine menschliche Gestaltung auf dem Gebiete der Forschung sicher; nur im Reiche des Schönen bleibt Menschenwerk vor diesem Veralten bewahrt. Da aber der Kosmos auch in diesen Theilen seines Inhalts mit hoher Unbefangenheit und Umsicht verfasst ist und fast überall die Entwickelungsfähigkeit der vorgetragenen Lehrmeinungen und die Bedürftigkeit der dargestellten Wahrnehmungen und Thatsachen nach weiterer Vervollständigung und Bestätigung betont, so wird er in moralischem Sinne niemals veralten und stets eine unschätzbare Fundgrube für die Beurtheilung des Zustandes der Naturerkenntniss um die Mitte des 19. Jahrhunderts bleiben.

Die enge Verbindung mit dem Bruder und die nahen Beziehungen des jugendlichen Alexander zu den Koryphäen des 18. Jahrhunderts nicht nur im Bereiche der Naturforschung, sondern auch der Philosophie und der Dichtung haben es mit sich gebracht, dass er von Beginn seiner Forscherthätigkeit an auch den Erscheinungen der menschlichen Cultur eine rege Aufmerksamkeit widmete.

Die Bedingtheit der menschlichen Cultur durch die umgebende Natur war insbesondere ein Thema, welches ihn zu stets erneuter Behandlung reizte.

War doch das Zeitalter, in welches seine Jugend fiel, zugleich das Jugendalter des heissen Strebens, die exacteren Gesichtspunkte und Methoden, welche bei der Erforschung der Natur und bei der Beherrschung der Naturkräfte immer reicheren Erfolg eintrugen, auch auf die Erkenntniss und die Bemeisterung der Erscheinungen der Menschenwelt anzuwenden.

Man muss sich nur die unbeschreiblichen, mit keiner Erscheinung der Jetztzeit vergleichbaren Gemüthsbewegungen vergegenwärtigen, welche damals aufwallten, als der Mensch zuerst in die Wolken emporschwebte; man muss sich die Eindrücke von Franklin's Entdeckungen vor Augen halten, als der Mensch es zuerst unternahm, dem Blitz eine Bahn anzuweisen, — um den Enthusiasmus zu verstehen, mit welchem damals alle Welt glaubte, sofort in ein goldenes Zeitalter eintreten zu können, sobald nur in der menschlichen Gesellschaft ebenfalls einfache und rationelle Gesichtspunkte, beruhend auf Zahl und Maass, auf Gleichheit und Symmetrie, statt des alten Wustes von Vorurtheilen und Vorrechten, zur Geltung gelangt seien.

Das Jahr 1790, in welchem Alexander von Humboldt und Georg Forster auf der schon erwähnten Reise auch Paris besuchten, ist, wie auch Humboldt's briefliche Aeusserungen aus dieser Zeit darthun, so recht der Gipfelpunkt dieser enthusiastischen Hoffnungen gewesen, welche damals in der begonnenen Umgestaltung der politischen und socialen Zustände Frankreichs trotz der empörenden Vorgänge, zu denen die ersten Schritte derselben in einer — von dem alten Regime furchtbar zerrütteten und obendrein damals von einer wahren Hungersnoth gepeinigten — Volksmasse Anlass gegeben hatten, bereits den vielversprechenden Beginn jener glücklicheren Zeit zu erkennen glaubten.

„Leicht bei einander wohnten die Gedanken,
Doch hart im Raume stiessen sich die Sachen.“

Immer klarer ist es seitdem geworden, wie wenig mit der leichtmüthigen Anwendung von naturwissenschaftlichen Gesichtspunkten und Methoden, überhaupt von blossen Abstractionen, auf die unsäglich schwierigeren Probleme der menschlichen Cultur gethan ist.

Alexander von Humboldt gehörte nicht zu denjenigen, welche den Eindruck hatten, dass durch jene theilweisen Misserfolge das Recht und der Werth der alten Einrichtungen und der alten

Behandlungsweise dieser Dinge lediglich bestätigt sei, sondern zu denjenigen, welche stets hochgemuth die Ueberzeugung und das Vertrauen in sich trugen und bethätigten, dass die idealsten Forderungen harmonischen Denkens und sympathischen Fühlens auf dem Schauplatze der menschlichen Gesellschaft überall zum Siege gelangen müssen, und dass es sich nur darum handelt, die tiefste Genauigkeit, die auf dem Schauplatze dieser Aufgaben zur höchsten Gerechtigktit und Gewissenhaftigkeit wird, erst recht in allem Erforschen und Gestalten der menschlichen Dinge zum Ausdruck zu bringen.

Charakteristisch für das überaus ernste Interesse, welches Humboldt stets diesen Problemen widmete, ist es, dass dasjenige Ergebniss seiner amerikanischen Reise, welches zuerst zu einer volleren und geschlosseneren Gestaltung gelangte, die berühmte Schilderung gewesen ist, welche die gesammten Zustände Neu-Spaniens oder Mexikos, einschliesslich aller dortigen volkswirthschaftlichen Verhältnisse, zum Gegenstand hatte.

Dieses Werk hat in mancher Hinsicht auch die Bahn eröffnet für die Beschaffung der ersten Grundlagen einer die ganze Erde umfassenden Wirtschaftslehre, einer Lehre, welche leider ohne Humboldts Zuthun zunächst wieder dem fast unvermeidlichen Fehler verfallen ist, auf diesen und ähnlichen erst ganz primitiven Grundlagen thatsächlicher Art sofort grosse, als die ersten Anfänge methodischen Denkens auf diesen Gebieten auch mit Recht gefeierte, Gedankengebäude, nämlich die Theorien von den sogenannten Naturgesetzen des Verkehrs und ähnlichen Dingen zu errichten, Theorien, welche mit der darauf begründeten Praxis natürlich auch das Schicksal erfahren mussten, eines Tages von den Strömungen der in ihrem Systeme allzu nebensächlich behandelten Kräfte und Interessen einfach umgeworfen zu werden. Auch hier wieder würde Humboldt die Fahne methodischen Denkens emporgehalten und das Heil niemals von einer Rückkehr zu alten, durch die grandiosen Entwickelungen des Verkehrs an der Hand der Naturwissenschaft unwiederbringlich verurtheilten Zuständen, sondern nur von einem tieferen Studium aller Bedingungen und aller Seiten der Frage und von entsprechend vorsichtigeren und weiseren Gestaltungen erwartet haben.

Auch in dem glänzenden Emporblühen der Naturforschung

und der Bemeisterung und Anspannung der Naturkräfte zu immer höheren Leistungen für äusseres menschliches Wohlsein giebt es einen schwachen Punkt, den Humboldt erst mit leisester Mahnung gestreift hat, der aber in Zukunft fest ins Auge gefasst werden muss.

Der Träger aller dieser Fortschritte ist die menschliche Persönlichkeit, aber ist sie nicht gleichzeitig in gewissem Grade auch ihr Opfer?

Ist die geistige Perfectibilität des menschlichen Organismus eine so unbegrenzte, so unabhängige, dass man sicher sein kann, es werde in dieser höher und höher gespannten Entwickelung der Dinge, in welcher die Naturkräfte immer williger ihre Dienste von allen Seiten darbringen, wie Dämonen, die durch ein Zauberwort gebannt sind, es werde in dieser Zauberwelt auch der Mensch sich unbedingt höher und reiner entwickeln.

Unter den unheimlichen Schatten, welche mitten in die Culturwelt der düstere Bund der Leidenschaft und des Hasses der Menschen mit den dämonischsten Naturkräften wirft, befördert durch das Raffinement des Krieges und am drohendsten entwickelt da, wo die alten Mächte der menschlichen Gesellschaft noch am vollständigsten zu herrschen scheinen, unter dem Eindruck dieser Schatten erlahmt die frohe Bejahung, zu der wir uns so gern jener Frage gegenüber bekennen möchten.

In gewissem mildestem Sinne und mit leisestem Weh müssen wir auch gestehen, dass gewisse „Grenzen der Menschheit“ sich unverkennbar in der Lebens- und Persönlichkeitsentwickelung des Genius offenbaren.

Wir dürfen kaum erwarten, die Höhen vollster Selbsttreue, normalster Gesundheit der Menschennatur da erreicht zu sehen, wo uns, zu ehrerbietigstem treuestem Danke, die höchsten geistigen Schätze dargeboten werden.

Die Persönlichkeit ist dann in gewissem Grade ein Opfer der kosmischen Kräfte, die in ihr zur Erscheinung kommen, nämlich des Uebermaasses ihrer geistigen Bethätigung. Wird doch die ganze Gelehrtenwelt ein wenig in der idealen Haltung, welche den Zielen ihrer Thätigkeit entspricht, durch Wirkungen derselben Art beeinträchtigt.

Auch Alexander von Humboldt war eine Individualität, welche durch ihre unbegrenzte Hingebung an das Ganze unzweifelhaft einen leisen Verlust an der Stetigkeit, Festigkeit und Geschlossenheit erfahren hat, die wir mit dem, ach so selten verwirklichten Bilde persönlicher Vollendung verbinden.

Anders der Bruder. Auch er hatte den Tribut seiner hohen Geisteseigenschaften in unverkennbaren Trübungen seiner Persönlichkeit zu entrichten; in ihm war es aber gerade die autonome, schaffenskräftige Energie des Einzelwesens, im Geistigen, wie im Leiblichen, welche das normale Gleichgewicht störte.

Uebereinstimmend mit dieser typischen Verschiedenheit ist es, dass Alexander es liebte, die Bedingtheit des Menschen und seiner Entwickelung durch die äussere Natur zu erörtern, Wilhelm die Autonomie des Menschen gegenüber den äusseren Einflüssen pries und forderte.

In den beiden Anschauungen, in den beiden hohen Männern zusammengenommen besitzen wir eine unvergleichliche Vollendung des Ganzen der Menschennatur. Ihr Gesammtbild verschmilzt uns, durch Fülle und Reinheit beglückend, zu dem Makrokosmos der Menschheit.

Durchdringen wir uns mit ihrem Geiste, arbeiten wir treu in ihrem Sinne, hüten wir uns, wie sie, vor jeder launischen Verzagtheit und vor jeder leidenschaftlichen Willkür der Einbildungskraft, behalten wir, wie sie, die Augen stets offen für das Ganze der Erscheinungen und für ihre unbefangene und liebevolle, gerechte und gewissenhafte Deutung, dann wird sich auch die nächste Zukunft lichten und das Ende des grossen Jahrhunderts seiner ersten Hälfte würdig entsprechen.

XI.

Rede,

gehalten bei der Festfeier des Elektrotechnischen Vereins zu Berlin zu Ehren der internationalen Telegraphen-Conferenz.

(September 1885.)

Die Beziehungen, welche dem Elektrotechnischen Verein ein Recht verleihen und eine Pflicht auferlegen, die internationale Telegraphen-Conferenz auch seinerseits in festlicher Begrüssung zu feiern, bedürfen keiner näheren Darlegung.

Die grossgedachte und bereits wohlbewährte Organisation, welche, in ihren Grundzügen vor 20 Jahren geschaffen und sodann in dem Petersburger Vertrage vom 22. Juli 1875 fest begründet, ihre vertragsmässige Verwaltungs-Conferenz diesmal in unserer Mitte abhält, ist in besonderer Weise eine Freude und ein Stolz der Menschheit.

Das werden unsere hochgeehrten Gäste in den letzten Wochen auch in dem Jubel, der sie überall empfing und geleitete, deutlichst empfunden haben. Alle Welt sieht in dieser Organisation nicht blos eine eminent kluge Bethätigung weitblickender Verwaltungspraxis und nicht blos eine der Stufen zu einer allmählichen höheren Einigung der Menschenwelt, sondern es ist überhaupt die ganze Erscheinung der elektrischen Telegraphie und Telephonie, dieser wundervollsten Frucht wissenschaftlicher Forschung und technischer Kunst, welche Ihre Vereinigung, meine Herren, mit einer besonderen Glorie in den Augen der Menschen umgiebt.

Von jeher hat ja für den Menschen eine Glückesempfindung feinster und ergreifendster Art darin gelegen, von den Schranken und Bedingungen von Zeit und Raum sich erlöst zu fühlen, sei es blos in der Welt des Ideals, dessen Gestaltungen hiervon ihre machtvollsten Wirkungen entnehmen, sei es in der stufenweise emporwachsenden Verwirklichung geistiger oder materieller Beherrschung der Natur und in der Erhebung ihrer Kräfte zu Dienern des menschlichen Willens.

Der Zauber, der noch immer, obwohl wir nun schon Jahrzehnte lang an diese Dinge gewöhnt sind, den Menschen umweht, wenn ihm der elektrische Telegraph von den fernsten Regionen der Erde in Bruchtheilen einer Stunde persönlichste Botschaft zuträgt, oder wenn er vernimmt, dass die Uebertragung astronomischer Zeitsignale durch die Tiefen des atlantischen Oceans hindurch zwischen Europas und Amerikas Küsten innerhalb weniger Zehntel der Secunde vor sich geht, oder wenn er sich gar vorstellt, dass es dereinst möglich werden könnte, auf elektrischem Wege die trauten Stimmen entfernter Lieben ganz nahe zu vernehmen, während sie durch weite Länder und Meere von ihm getrennt sind, dieser unsägliche Zauber ist es, welcher den bewussten oder unbewussten Grundton aller der warmen Begrüssungen bildet, die der internationalen Telegraphen-Conferenz dargebracht werden.

Lassen Sie, meine Herren, diese Empfindungen, auch wenn der Ausdruck derselben Ihnen monoton erscheint, freudig fortwalten, denn die Steigerung derselben ist mit der Ausbreitung und Verstärkung eines Gesammtbewusstseins der Menschheit innig verbunden und geht Hand in Hand mit dem wachsenden Einfluss der grossen Weltmacht „Sympathie“, aus deren einstiger Universalherrschaft allein eine edle Zukunft der Menschenwelt hervorgehen kann.

Das Land, welches diesmal die Ehre und die Freude hat, Ihrer Zusammenkunft eine gastliche Aufnahme zu gewähren, ist die Geburtsstätte der elektrischen Telegraphie.

Zwischen Ihre letzte Conferenz zu London und die diesmalige traf im Herbst 1883 das fünfzigjährige Jubiläum der merkwürdigen Epoche, in welcher in dem alten Musensitze Göttingen der elektrische Telegraph aus dem Geiste zweier herrlichen Männer, Gauss und Weber, geboren ward, deren einer, Herr Wilhelm Weber, noch lebt und das hohe Glück hat, die damalige prophetische Fülle der Gesichte jetzt überreich bestätigt zu sehen.

Deutschland sieht in dieser seiner besonderen Stellung zu der Entwickelung der Telegraphie keinen Grund zu irgend einer eitlen Ueberhebung, denn es ist sich klar bewusst, nicht nur, dass es selber den grossen Männern anderer Völker viele andere Geistesthaten genialster Art zu danken hat, sondern dass auch, vorbereitend und weiterbildend, ausgezeichnete Männer aus mehreren anderen Völkern hochbedeutsame Beiträge schon zu der Jugendentwickelung der Telegraphie geleistet haben. Deutschland erkennt aber in jener besonderen historischen Stellung einen erhöhten Antrieb zu regster Wirksamkeit auf dem Gebiete dieser völkerverbindenden Einrichtung.

War doch der deutsche Sinn von jeher ein weltbürgerlicher und aller nationalen Engherzigkeit abgewandter. Und er wird es auch bleiben, nachdem das deutsche Volk in kräftiger Zusammenfassung seine volle sittliche Persönlichkeit wiedergefunden hat, welche dasselbe nur in dem Uebermaas der Hingebung an das allgemein Menschliche zu verlieren in Gefahr gewesen war.

In solchem Sinne und Geiste erfasst auch unser „Elektrotechnischer Verein“, unter dessen 1600 Mitgliedern sich 300 Nichtdeutsche befinden, seine Aufgaben und seine Wirksamkeit unter der Aegide Ihres Herrn Vorsitzenden, unseres hochverehrten Herrn Ehrenpräsidenten, und unter geneigtester Betheiligung mehrerer, Ihrer Conferenz angehörender Herren, unter denen wir in dem hochverdienten Chef der Königlich italienischen Telegraphenverwaltung, Herrn D'Amico, sogar die Ehre haben, ein Mitglied des leitenden technischen Ausschusses unseres Vereins begrüssen zu können.

Unter den vielen Aufgaben und Problemen, welche die elektrische Forschung und die Elektrotechnik nahe angehen, und welche der organisirten Bearbeitung durch nationale und internationale Vereinigungen bedürfen, gestatten Sie mir, heute nur eine wichtige Gruppe etwas eingehender hervorzuheben, mit welcher auch die internationale Telegraphen-Conferenz sich in ihrer Sitzung vom 13. vor. Mts. beschäftigt hat, nämlich die Erforschung des grossen Erscheinuugs-Gebietes der tellurischen Elektricität, welche in das Gebiet der Telegraphie in so bemerklicher Weise hineinspielt. Am 13. August hat die Conferenz den denkwürdigen Beschluss gefasst, „das internationale Büreau der Telegraphenverwaltungen zu ermächtigen, erforderlichen Falles die statistischen Arbeiten auszuführen, welche im Gebiete der Erforschung der tellurischen Elektricität, nämlich der sogenannten Erdströme, sowie der elektrischen Erscheinungen in der Atmosphäre und des Schutzes gegen die Blitzgefahr, bei ihm auf Grund eines internationalen Uebereinkommens im Anschluss an die Berathungen über die elektrischen Einheiten verlangt werden würden."

Durch diesen Beschluss, für den auch die Wissenschaft nicht dankbar genug sein kann, wird die nahe Möglichkeit eröffnet, ein centrales Organ für diese wichtigen Forschungen zu gewinnen, welches denselben bisher in so empfindlicher Weise gefehlt hat; denn die Hoffnung liegt nahe, dass der Ausdruck „statistische Arbeiten" hier in dem weiten Sinne gemeint ist, in welchem man überhaupt ein statistisches Stadium jeder naturwissenschaftlichen Forschung annimmt, nämlich das Stadium einer geordneten Sammlung und Sichtung des Beobachtungsmaterials nach den Gesichtspunkten theoretischer und mathematischer Kritik, womit sich unzertrennlich die praktische Geltendmachung dieser Zusammenfassung der anfänglichen Beobachtungsergebnisse im Sinne der zweckmässigsten Anordnung der nachfolgenden Beobachtungen und somit ein organisatorischer Einfluss verbindet, welcher bei einem so umfassenden Arbeitsfelde ganz unentbehrlich ist.

Als Gauss und Weber bei ihren elektrischen und magnetischen Forschungen die Nothwendigkeit eines tieferen und umfassenderen Studiums des Erdmagnetismus erkannt hatten, ohne noch deutlich zu ahnen, welches werthvolle Hülfsmittel für die Erkenntniss der innersten Natur der erdmagnetischen Erscheinungen die Telegraphenleitungen bilden würden, machten sie durch ausgezeichnete Arbeiten und mit Hülfe der organisatorischen Kraft Alexander von Humboldt's Göttingen zu einem Mittelpunkte correspondirender erdmagnetischer Beobachtungen, welche sich bald über die ganze Erde erstreckten, und deren statistische und mathematische Bearbeitung in den Händen von Gauss zu hochwichtigen Ergebnissen führte. Später wuchs indessen die Masse des Beobachtungsmaterials aus allen Erdtheilen immer gewaltiger an. Vereinzelte Kräfte, selbst von heroischer Grösse, reichten nicht mehr aus, um aus dem rohen Erz der Unzahl von Messungen das gediegene Metall klarer Gesichtspunkte oder gar die formvolle Schönheit umfassender und einleuchtender Theoriegebilde zu gewinnen.

So liegen auf dem Forschungsgebiete des Erdmagnetismus zur Zeit die Beobachtungen von mehreren Jahrzehnten und aus allen Erdtheilen in ihrer Gesammtheit fast unbearbeitet da, weil ihnen die Wohlthat noch nicht zu Theil geworden ist, welche der Beschluss der internationalen Telegraphen-Conferenz dem viel jüngeren Forschungsgebiete der elektrischen Erdströme und dem ebenso wichtigen, eine Zeit lang in Stillstand gerathenen Studium der Erscheinungen der atmosphärischen Elektricität schon in nächster Zukunft zu sichern gedenkt, nämlich die Wohlthat einer auch durch Vereinigung von Geldkraft gehörig gesicherten Zusammenfassung, durch welche allein unzweckmässige Aufwendungen vermieden und rationelle Anordnungen und Verwerthungen gemeinsamer Forschungsarbeiten erreicht werden.

Und nicht blos vorbildlich wird diese Förderung der Untersuchung der tellurischen Elektricitätserscheinungen auf die erdmagnetischen, ja in gewisser Beziehung auch auf die meteorologischen Forschungsarbeiten wirken, sondern sie wird ihnen auch directe Unterstützuug bei der Lösung ihrer Probleme zuführen; denn immer deutlicher tritt es hervor, welch ein wunderbares Hülfsmittel tellurischer Forschung zugleich in dem Netze der Telegraphenleitungen gewonnen worden ist.

Wenn schon in den ersten beiden Jahrzehnten des Bestehens der elektrischen Telegraphie die eigenthümliche Gesetzmässigkeit des Auftretens von Erdströmen in den Leitungen in England, in Frankreich und in der Schweiz wahrgenommen wurde, wenn dann besonders im Jahre 1859, zumal in Nordamerika, die merkwürdigen Beziehungen des Auftretens der Erdströme zu dem Erscheinen von Polarlichtern erkannt wurden, wenn darauf Lamont in München und Airy in Greenwich die Zusammenhänge zwischen den Schwankungen der Stärke und Richtung der erdmagnetischen Kräfte und den in ziemlich kurzen Leitungen beobachteten Erdströmen in einigen ihrer wesentlichen Grundzüge feststellten, so haben endlich in den letzten Jahren die stetigen Aufzeichnungen der Erdströme in einigen Telegraphenleitungen von mehr als 100 Kilometer Länge fast mit jedem Tage das Interesse an diesen elektrischen Erscheinungen gesteigert und ihre Zusammenhänge sowohl mit den stetigeren, als auch mit den plötzlichen Schwankungen der Stärke und Richtung der erdmagnetischen Kräfte in einer früher noch nicht erreichten Deutlichkeit und mit einer solchen überraschenden Fülle von Einzelheiten offenbart, dass es trotz des Dunkels, welches diese räthselhaften Thatsachen noch umgiebt, doch schon in der Ferne wie eine Verheissung grosser Vereinfachungen unserer bisherigen Lehrmeinungen von allen diesen Dingen schimmert.

Einige graphische Darstellungen solcher Beobachtungsergebnisse, wie sie in Leitungen der deutschen Telegraphenverwaltung gewonnen worden sind, zusammengestellt mit erdmagnetischen Aufzeichnungen der Observatorien zu Wilhelmshaven und zu Paris, sind Ihnen in unserer kleinen Ausstellung unterbreitet, in welcher ausserdem ein sogenannter „Russschreiber“ arbeitet, an dem Sie den gegenwärtigen Verlauf des Erdstromes in einer unterirdischen Leitung unmittelbar wahrnehmen können.

Man kann geradezu behaupten, dass mit der Ausbreitung der elektrischen Telegraphie über die ganze Erde eine neue Zeit für alle diese Forschungen angebrochen ist, und dass sich in Zukunft, zumal nach dem Inslebentreten der grossen Maassregel, deren Princip in dem Beschluss der Conferenz vom 13. August angenommen worden ist, viele der bedeutsamsten Fragen der Erdphysik in einem völlig neuen und helleren Lichte darstellen werden, durch welches alsdann auch fast alle Zweige der Elektrotechnik bedeutsame Förderung erfahren werden.

Nachdem es in den letzten Jahren, insbesondere in den Lichterscheinungen der Cometen, immer mehr hervorgetreten ist, dass auch im Himmelsraume elektrische Wirkungen stattfinden, und dass die Sonne ein mächtiger Ausgangspunkt derselben ist, wird es nunmehr unumgänglich sein, die Probleme der Erdphysik in derselben Weise anzugreifen, wie es Newton mit den Aufgaben der tellurischen Mechanik that, als er den Einfluss der Anziehungskräfte der Himmelskörper auf die Gestaltungs- und Bewegungszustände der Erde in Verbindung mit ihrer zweifellos erkannten Drehung und ihren anderen ebenso zweifellos erkannten Bewegungen im Weltenraum zuerst vollständig untersuchte.

J e t z t wird es sich darum handeln, in Betracht zu ziehen, welche elektrischen Erscheinungen sich auf der Erde und in ihrer Atmosphäre ergeben müssen, wenn man gewisse elektrische Wirkungen der Sonne annimmt und ihre Consequenzen in Verbindung mit der Drehung der Erde und mit den Besonderheiten ihrer Bewegung um die Sonne, sowie mit der Beschaffenheit der Oberfläche, des Innern und der atmosphärischen Umhüllung der Erde theoretisch entwickelt.

Während man bis jetzt überwiegend geneigt war, den in gewissen Bestandtheilen der Erdrinde wahrgenommenen permanenten Magnetismus als die wesentlichste, ja als die ausschliessliche Ursache der Erscheinungen des gesammten Erdmagnetismus anzusehen, wird in Zukunft neben dem magneto-elektrischen Charakter der Erscheinungen auch der elektromagnetische, insbesondere aber die eigenthümliche und maassgebende Bedeutung des ganzen mächtigen Rotations-Apparates, auf welchem dem Menschengeschlecht zu wohnen bestimmt ist, aufs Wesentlichste in Betracht kommen. Und man kann bereits ahnen, dass uns diese Untersuchungen auch über die Zustände des Erdinnern und der Erdatmosphäre, von denen wir noch so wenig wissen, mehr Aufschluss geben werden, als die himmlische Mechanik auf der Grundlage der Lehre von der allgemeinen Anziehung es bis jetzt vermocht hat. Man braucht aber diesen makrokosmischen Charakter der Probleme, welche uns die magnetischen und elektrischen Erscheinungen des Erdkörpers stellen, sich nur einen Augenblick zu vergegenwärtigen, um es fast mit Beschämung zu fühlen, dass noch immer, selbst in der Culturwelt, die Frage auftauchen kann, welchen Nutzen denn so umfassende und mühevolle Untersuchungen versprechen. Nur von Zeit zu Zeit, wenn die obersten Erdschichten wanken und zittern, oder wenn die enormen Differenzen der Geschwindigkeit, welche unser grosser Rotationsapparat in verschiedenen Abständen von seinen Polen den umhüllenden Luftschichten ertheilt, unter der Mitwirkung der Wärmedifferenzen, welche die Circulation der letzteren zwischen den Polen und dem Aequator, sowie zwischen Land und Meer bedingen, in ungeheuren zerstörenden Luftbewegungen und gewaltigen elektrischen Entladungen zu schreckenvollen Wirkungen kommen, fühlt das Menschengeschlecht die acute Abhängigkeit von den wunderlichen Eigenschaften seines Wohnplatzes, der ja mitteninne gelegen ist zwischen den fast explosiven Spannungszuständen des Erdinnern und den häufig genug labilen Gleichgewichtszuständen der Erdatmosphäre. Die dauernde, für all sein stetiges Arbeiten, Gestalten und Produciren so wesentlich bestimmende Abhängigkeit von allen diesen Eigenschaften, Bewegungen und Zuständen der Erde beginnt der Mensch erst jetzt etwas deutlicher zu verstehen, und erst jetzt beginnt er zu ahnen, welche unbeschreibliche Fülle von Kraft und Wohlsein aus dem tieferen Verständniss und der entsprechenderen Verwerthung dieser makrokosmischen Erscheinungen für den Mikrokosmos zu gewinnen ist, den er mitten in jenem gigantischem Getriebe der kosmischen Kräfte fröhlich und stolz, fromm und kühn, immer und immer wieder und immer herrlicher aufzubauen wagt.

In dieser endlich mit Bewusstsein errungenen Stellung des Menschengeschlechtes zur Natur wird uns die fortschreitende Organisation der Telegraphie eines der unschätzbarsten Hülfsmittel sein, entfernt vergleichbar dem Nervensystem des menschlichen Organismus.

Schon jetzt hat sie ja allein das erste Stadium der wissenschaftlichen Wettervorhersagung ermöglicht, aus deren höherer Entwickelung reiche Wohlthaten und Vortheile für fast alle Seiten des menschlichen Lebens hervorgehen werden.

In den letzten Jahren hat sodann die Liberalität der den transoceanischen Verkehr vermittelnden Telegraphengesellschaften, nachdem die Astronomen der ganzen Erde eine zweckmässige Organisation der Nachrichtenvertheilung mit der Sternwarte zu Kiel als Mittelpunkt zu Stande gebracht hatten, eine bedeutende Verbesserung der Schnelligkeit und Sicherheit astronomischer Mittheilungen zwischen den entferntesten Punkten der Erde zu erreichen gestattet, welche bereits Früchte zu tragen beginnt.

Gerade für die Erforschung des Verlaufes der Phänomene auf der Sonnenoberfläche und in der nächsten Umgebung des Sonnenkörpers, sowie des Verlaufes der cometarischen Lichtphänomene und der Beziehungen zwischen den Sonnenzuständen und der tellurischen Elektricität ist es von hoher Wichtigkeit, dass nunmehr mit Hülfe der Telegraphie für das Menschengeschlecht als Ganzes die Himmelslichter nicht mehr untergehen, weil sie stets von irgend einem Orte der Erde wahrgenommen werden können, welcher in jedem Augenblick, gehörig benachrichtigt, Beobachtungen von bedeutender Wichtigkeit weiterzuführen vermag, sobald sie an anderen Orten durch den Untergang oder dureh atmosphärische Störungen unterbrochen werden.

Organisirte telegraphische Benachrichtigung wird sich auch für manche andere Forschungsgebiete als überaus vortheilhaft erweisen.

Durch vulkanische Eruptionen erzeugte Wellenbewegungen in der Atmosphäre, die am Barometer wahrgenommen werden, entsprechende Wellenbewegungen in den Oceanen, welche sich in den Pegelbeobachtungen erkennen lassen, und Schwingungen in der festen Erdrinde, die an Seismometern oder an astronomischen Instrumenten ersichtlich werden, sie pflanzen sich alle viel langsamer fort, als die telegraphischen Nachrichten. Messungen von viel grösserer Schärfe und Vollständigkeit, als sie bisher für diese Erscheinungen vorliegen, werden sich also in Zukunft auch für die häufigeren und geringeren Katastrophen dieser Art mit Hilfe der Telegraphen gewinnen lassen, und solche Messungen werden unschätzbare Aufschlüsse über manche noch sehr dunkle Stellen der Erforschung der Erde ergeben, denn Messungen von Fernewirkungen liefern oftmals tieferen Aufschluss über die Ursachen der Erscheinungen, als die überwältigenden Wahrnehmungen in unmittelbarer Nähe. Noch im letzten Monat August hat ein mittelasiatisches Erdbeben, welches nachträglich durch die Zeitungen bekannt geworden ist, auf den Sternwarten zu Berlin, Breslau und Königsberg während einer verabredeten astronomischen Beobachtungsreihe ganz seltsame, anhaltend periodische Schwankungen der Grundpfeiler und der Instrumente zur Folge gehabt, deren Messung aber noch viel vollständigere und werthvollere Ergebnisse hätte liefern können, wenn eine Nachricht vorgelegen hätte, und wenn nicht den Beobachtern erst allmählich der überaus merkwürdige Sachverhalt klar geworden wäre.

Natürlich werden alle derartigen wissenschaftlichen Beanspruchungen des internationalen telegraphischen Dienstes eine zweckmässige und umfassende Organisation zur Vorbedingung haben müssen, welche der ökonomischen Seite der Sache einen soliden Boden giebt und wissenschaftliche Subtilitäten oder Voreiligkeiten fernhält.

Mit weiteren Erörterungen über die Beziehungen zwischen der naturwissenschaftlichen Forschung und der Telegraphie müsste ich aber heute fürchten, Sie zu ermüden und mir selbst den Vorwurf der Subtilität zuzuziehen. Gestatten Sie also, dass ich nun die Gesinnungen des Elektrotechnischen Vereins gegenüber den Vertretern einer Organisation, die schon so Grosses geleistet hat, und aus deren hiesiger Conferenz wir noch grössere Zukunftshoffnungen bereits hervorleuchten sehen, zusammenfasse in dem Ausdrucke wärmsten Dankes für Alle, die an diesem hohen Werke mitarbeiten.

XII.

Ueber Genauigkeit.

Ein Beitrag zur Pädagogik.

(1886.)

Der Anblick, welchen Deutschlands geistiger Zustand im Schul- und Unterrichts-Wesen an nicht wenigen Stellen gegenwärtig darbietet, ist für jeden Freund „ruhiger Bildung“ ein Gegenstand so ernster Sorge, dass auch an Solche, welche in den grossen pädagogischen Fragen berufsmässig nur wenig mitzureden haben, die Mahnung herantritt, die sonst gebotene Zurückhaltung aufzugeben und zu ihrem geringen Theil an der Klärung dieser höchsten Angelegenheit der Nation mitzuhelfen.

Ein Zeitalter, welches sich mit Recht glänzender Erfolge in jeder Richtung geistiger Arbeit rühmt, welches besonders durch die virtuosesten Leistungen auf dem Gebiete der Naturforschung die Erdenwelt und die menschlichen Lebens- und Verkehrs-Bedingungen umzugestalten eifrig am Werke ist, sieht in Deutschland unter der Rückwirkung wissenschaftlicher Ueberhebungen und politisch-socialer Irrungen bis in die höchsten Stufen der Schule eine Pädagogik emporkommen, welche, statt milde Frömmigkeit und vorsichtige Logik zu pflegen, mit Sophismen theils glatter, theils brutaler Art an die verwirrendsten Leistungen jesuitischer Erziehungskunst anknüpft.

Vielfach wird dabei sogar aus einem Uebermass von Rechtgläubigkeit, und zwar nicht blos im Religions-Unterricht, eine Art von Teufels-, Dämonen-, Visions- und Ahnungs-Glauben wieder heraufbeschworen, welcher an die psychischen Erkrankungen in wehevollen Zeiten der Vergangenheit erinnert.

Die jähe naturwissenschaftliche Entwickelung der letzten Jahrzehnte trägt offenbar eine gewisse Mitschuld an diesen schmerzlichen Rückschlägen. Es ist daher in der Ordnung, dass die Heilung der aus denselben hervorgehenden Uebel auch für die Naturforschung ein Gegenstand besonders ernster Erwägung und Bemühung werde, um so mehr als es sich in der That erweisen lässt, dass diese Forschung für die Wunden, die sie schlägt, die besten Heilmittel besitzt, und dass es nur darauf ankommt, gerade die pädagogische Seite der naturwissenschaftlichen Methoden tiefer und besonnener in Erziehung und Schule zur Geltung zu bringen, um nicht nur die obenerwähnten, sondern überhaupt viele schmerzliche und gefährliche Irrungen in der Menschenwelt baldigst zu mildern und allmälig immer mehr einzuschränken.

Es ist die, in der Naturforschung vor Aller Augen liegende, hohe kritische Durchbildung und erfolgreiche Bewährung der fruchtbarsten Processe des Schliessens und Urtheilens, es ist die den grandiosen Siegeszug dieser Forschung belebende und zusammenhaltende G e n a u i g k e i t s - Disciplin — zugleich in alle Zukunft die sicherste Grundlage aller Treue, Gerechtigkeit und Liebe —, welche wie eine Sonne langsam über dem Horizonte der Menschheit emporsteigt, zur Zeit noch mit den Nebeln der Vergangenheit kämpft, auch selber noch neue Wolkenbildungen hervorruft, aber allmälig den grossen Welttag des geistigen Wirkens der Erden-Bewohner mit Licht und Wärme segensvoll zu erfüllen beginnt.

Wie ist es denn aber zu verstehen, wird man sofort fragen, dass eine Forschungs-Entwickelung, welche so Herrliches bringt oder verheisst, eine wesentliche Mitschuld an dem Wiederaufleben schmerzlichster Irrungen haben solle. Wie kann denn unter der glorreichen Herrschaft der „Genauigkeits-Disciplin" die wissenschaftliche Ueberhebung entstehen, welche oben als eine der Ursachen von sehr ernsten Uebeln bezeichnet wurde?

Eine längere, historische Erörterung dieser Frage würde von dem praktischen Ziele der hier beabsichtigten Darlegung ablenken. Ich will versuchen, die Antwort, obwohl sie nicht einfach ist, in möglichst kurzer Fassung zu geben.

Die charakteristische Methode der Naturforschung, der sogenannte inductive Process — in den „exacten" Naturwissenschaften in besonderer Weise verstärkt und gesichert durch die Einordnung der Wahrnehmungen in systematische Maassbestimmungen, sodann durch mathematische Deductionen und Berechnungen, endlich durch stets erneuerte Befragungen der Natur mit Hülfe unablässig aufgesuchter weiterer Erfahrungen und controlirender Maassbestimmungen — dieser wohlgeordnete, lichtvolle Gedanken-Process erfordert, wenn er wahrhaft fruchtbar werden soll, neben aller Strenge und Besonnenheit die entscheidende Mitwirkung eines loseren und leichtmüthigeren Gedanken-Elementes, nämlich der leichtbeschwingten, ja der spielerischen Hypothese, eines Kindes der in der Welt des Schönen herrschenden

. . . . ewig beweglichen,
Immer neuen
Seltsamen Tochter Jovis,
Seines Schoosskindes,
Der Phantasie.

In dem Ganzen und Grossen des inductiven Forschungs-Processes ist die Stellung und die Verwerthung der Hypothese eine so wohlbedachte und gesicherte, zugleich eine so fundamental bedeutungsvolle, dass man selbst den gewagtesten Schöpfungen der Einbildungskraft, auch wenn dieselben von wenig legitimirten Mitarbeitern ausgehen, einen bedingten, immerhin vorsichtig zu bemessenden Werth einräumen darf, andernfalls aber solche Forscher, welche etwa in eingebildeter Strenge Hypothesen scheuen und vermeiden, um ihrer Person Widerlegungen oder Einschränkungen hypothetischer Behauptungen bei dem unweigerlichen weiteren Fortgange des Prüfungs-Processes zu ersparen, nicht als vollkommen gewissenhaft anerkennen darf; denn die Disciplin des Ganzen verlangt es, dass unter Umständen der Einzelne jederzeit auch zu dem Wagniss und dem Opfer des Selbstgefühls bereit sei, sich selber für eine sich ihm darbietende Hypothese einzusetzen, wenn er auch deren Erprobung persönlich noch nicht zu leisten vermag, sondern dieselbe der weiteren Gesammt-Entwickelung methodischen Verfahrens überlassen muss.

Aus diesem Sachverhalt entwickelt sich aber innerhalb der Naturforschung überhaupt eine sehr zuversichtliche Behandlung von hypothetischen Annahmen, ja von sehr weitgehenden Verallgemeinerungen, selbst wenn dieselben an den Grenzen der Leistungsfähigkeit des inductiven Processes stehen, das heisst, wenn schon aus einem sehr begrenzten oder vereinzelten Erfahrungs-Material Schlüsse gezogen werden, welche sich auf unverhältnissmässig weite Gebiete von Erscheinungen in Raum und Zeit ausdehnen. Die Möglichkeit, für übermässige Expansionen solcher Schlussfolgerungen verhältnissmässig leicht und schnell Widerlegungen oder Bestätigungen durch fortgesetzte und verschärfte Maassbestimmungen oder Experimente in der Natur selber zu erlangen, lässt eben in den Naturwissenschaften Gedankenverbindungen zulässig, ja sogar zweckmässig erscheinen, welche man in denjenigen Gebieten geistiger Arbeit, in denen der Mangel oder die Schwierigkeit erfahrungsmässiger Controlen grössere Vorsicht und Strenge persönlichen Urtheilens erforderlich macht, als leichtfertig bezeichnen müsste.

Natürlich hat man sich innerhalb der an der Spitze naturwissenschaftlicher Erkenntniss-Arbeit stehenden Gemeinschaften mit allem Ernst bemüht, die Unsicherheit und Gefahren dieses Sachverhaltes auf jede Weise einzuschränken.

In der Astronomie, welche in Folge der relativen Einfachheit ihrer Probleme und der hierdurch bedingten Leichtigkeit zahlenmässiger Bestimmungen am frühesten zu einer vollständigen Durchbildung des exacten Forschungsprocesses gelangt war, ist man bereits seit dem vorigen Jahrhundert bis zu gewissen kritischen Maassbestimmungen des jeweiligen Wahrscheinlichkeits-Werthes von Hypothesen oder Erklärungsversuchen vorgeschritten. Man hat in Gemeinschaft mit der Mathematik eine kritische Theorie der Irrungen oder der Fehlererscheinungen geschaffen und dieselbe in vielen erfolgreichen Untersuchungen erprobt. Täuschungen und Trübungen auf dem Gebiete der Wahrnehmung, der Maassbestimmung und der Schlussfolgerung hat man bis in die psychischen Processe hinein mit immer schärferer Kritik verfolgt und dabei auch so fruchtbare Gesichtspunkte für die vorsichtige Schätzung des Werthes menschlicher Wahrnehmung und menschlichen Urtheils überhaupt gewonnen, dass man im Ganzen und Grossen das astronomische Forschungsgebiet trotz der in demselben ebenfalls zugelassenen Leichtigkeit des Hypothesen-

Baues als eine Fundgrube und als eine Schule solider und erfolgreicher Forschungsarbeit betrachten darf.

Gewagte Hirngespinnste, die in diesem Gebiete sehr wohl vorübergehende Geltung finden können, werden jedenfalls als solche ihrem relativen oder Wahrscheinlichkeits-Werthe nach sehr bald gewürdigt und innerhalb der Forschung keineswegs als Wahrheiten verkündet.

In der Physik und Chemie, welche sich mit jedem Tage ebenbürtiger als grosse exacte Naturwissenschaften neben die Astronomie stellen, ist die Disciplin kritischer Maassbestimmung des jeweiligen Genauigkeitswerthes der Erfahrungs- und der Urtheils-Ergebnisse noch nicht in solchem Grade zur Herrschaft durchgedrungen, wie in der Astronomie; indessen gewährt im Ganzen und Grossen auch in jenen Wissenschaften die Solidität ihrer Gesammt-Arbeit genügenden Schutz gegen die Leichtmüthigkeiten der unentbehrlichen Gedankenflüge, mit denen mitunter zu deutlichem Schaden, oftmals aber mit schönstem Erfolge viele Stufen strengster Gedankenfolge übersprungen werden.

Alle diese Entwickelung besonnenster geistiger Disciplin hat es indessen noch nicht zu verhindern vermocht, dass, zumal in den Grenzgebieten der naturwissenschaftlichen Arbeit und selbst innerhalb der strengsten Forschung, von Adepten und Jüngern derselben manche Fehlgriffe und Uebertreibungen begangen werden. Die Gesundheit und Folgerichtigkeit der Gesammt-Thätigkeit auf diesen Gebieten gewährt aber hierfür genügende Abhülfe und Gegenwirkung.

Anders verhält es sich mit der Anwendung der naturwissenschaftlichen Methode auf philosophische und historische Fragen oder auf Fragen der Ethik, der Pädagogik, der Politik u. s. w. Es ist schon eine alte Erfahrung, dass es kaum etwas Bedenklicheres giebt, als streng mathematische Anschauungen auf solche Gebiete geistiger Thätigkeit zu übertragen, in denen es an hinreichend strengen Maassbestimmungen fehlt, wie sie allein die sichere Grundlage zutreffenden mathematischen Schliessens bilden können. Gewiss wäre es unrichtig, eminent mathematischen Köpfen überhaupt die Fähigkeit zu angemessener und vorsichtiger Behandlung auch ganz unmathematischer Fragen absprechen zu wollen. Die Erfahrung zeigt, dass unter ihnen

Männer von reifster Weisheit und feinster universaler Unterscheidungsgabe sind. Aber nicht selten ergeht es den Männern der exacten Forschung ähnlich wie dem grossen Mathematiker und Astronomen Laplace, den einst Bonaparte zu seinem Minister des Innern gemacht hatte, dessen er aber bald müde wurde, weil, wie der geniale Politiker von seinem Minister behauptete, der letztere ne saisissait aucune question sous son vrai point de vue et portait enfin l'esprit des infiniment petits dans l'administration.

Noch viel gefährlicher ist es aber, wenn nicht bloss mathematische Anschauungen, sondern zugleich die ganze, in der Naturforschung berechtigte und regulirte, derbe Zuversicht der Hypothesen- und Theorien-Bildung auf Gebiete geistiger Thätigkeit übertragen wird, in denen eine entscheidende Regulirung des Urtheilens durch controlirende Maassbestimmungen und Experimente oder überhaupt durch systematische Erfahrungen fehlt.

Man wird die mannigfaltigen Uebergriffe und Irrungen des Urtheils, die in dieser Beziehung den Männern der naturwissenschaftlichen Methode, aber noch mehr vielen Andern, der Naturforschung selber fremden und nur dem allgemeinen geistigen Zuge der letzteren folgenden, zur Last fallen, milder beurtheilen, wenn man sich erinnert, wie viel stärker und gefährlicher die Irrungen und Uebelstände waren, welche in vergangenen Zeiten aus den eben so wenig zutreffenden Verallgemeinerungen philosophischer und dogmatischer Lehrmeinungen und Schlussfolgerungen gegenüber den Naturerscheinungen hervorgegangen sind.

Die individuellere Vorsicht und Urtheilszucht, welche auf dem Gebiete philologischer und historischer Forschung, ethischer Erkenntniss und Bethätigung — mit einem Worte auf dem Gebiete der sogenannten Geisteswissenschaften — erforderlich ist, und welche im Allgemeinen den vergangenen Jahrhunderten der Geistesthätigkeit überhaupt zu eigen war, hat es durchaus nicht zu verhindern vermocht, dass sich nach der Seite der Naturerkenntniss hin, wo die Controlen und die Einschränkungen des Denkens, welche aus den Erfahrungen und Bedingungen menschlichen Zusammenlebens hervorgehen, fehlten, mit bodenloser Leichtfertigkeit des Urtheils die ungeheuerlichsten Wahngebilde ausdehnten und die allmälig in dem stillen Zusammenwirken einzelner grossen Köpfe heranreifenden methodischen Ergebnisse der Naturforschung gänzlich überwucherten. Ja es kam so weit, dass die ersten Anfänge der Macht, welche diese letzteren methodischen Arbeiten einigen hoch— bedeutenden Menschen allmälig gegenüber den Naturkräften in die Hände gaben, sogar die Ausgangspunkte einer wahnwitzigen Verschärfung des uralten Dämonenglaubens wurden, und dass unter der Wirkung dieser phantastischen Auffassung der Naturkräfte die Theologie und die Jurisprudenz in der Zeit der Hexenprocesse, indem sie ihre sonstige besonnene und menschenfreundliche Haltung auch auf den eigensten Gebieten gänzlich verloren, einer an Geisteskrankheit grenzenden Gewissenlosigkeit und Verworrenheit des Urtheils verfielen.

Man braucht blos einen Augenblick mit dem Gedanken in dieser mehrere Jahrhunderte andauernden Schreckenszeit, gegen welche die Schreckenszeiten der revolutionären Bewegungen der Neuzeit sich harmlos ausnehmen, zu verweilen, um sich mit einem dankbaren Aufblick zu den Wohlthaten der Naturforschung zu dem einer verwandten individuellen Stimmung Goethe's entsprossenen Ausrufe getrieben zu fühlen:

. . . . Preis und Wonne,
Es leuchtet uns die wahre Sonne,
Es lebt uns eine schön're Welt;
Das ängstliche Gesicht ist in die Luft zerronnen,
Ein neues Leben ist's, es ist schon lang begonnen.

Das ist ja eben einer der verhängnissvollsten und in starkbewegten Zeiten am meisten gesteigerten Schwächen der Menschennatur, dass die geistige Disciplin, in welche sich der Mensch in den Gebieten seiner strengsten Gedankenarbeit, in dem Allerheiligsten seines eigensten inneren Berufslebens unter dem Eindruck grosser Vorbilder und einleuchtender Erfolge einlebt, dass diese Genauigkeits- und Wahrhaftigkeits-Zucht in den weiten Umkreisen seiner allgemeinen geistigen und praktischen Bethätigung gegenüber den Conflicten mit den Existenzbedürfnissen und mit den Leidenschaften, die sich aus partiellen Verkümmerungen oder Wucherungen seines leiblichen Organismus oder überhaupt aus dem Kampfe ums Dasein entwickeln, nur in so seltenen Fällen Stand hält. Und zwar gilt dies offenbar von jeglicher geistigen Zucht, nicht blos von der Genauigkeits-Disciplin der exacten Naturforschung, sondern noch viel mehr von der philosophischkritischen und der dogmatischen Zucht. — Auffallende Beispiele hierfür findet man ja im täglichen Leben jederzeit und überall.

Wie oft sieht man es mit Schmerzen, dass sich ein Naturforscher den Erscheinungen des menschlichen Zusammenlebens gegenüber aller Vortheile seiner hochentwickelten Kritik der Wahrnehmungen begiebt, dass er, der alle Fehlerquellen, welche seine Messungen trüben könnten, aufs gewissenhafteste studiert und nicht den kleinsten Schluss-Process wagt, ohne sich womöglich des Wahrscheinlichkeits-Werthes aller Elemente desselben peinlichst versichert zu haben, dass selbst ein solcher Mann sich durch den blossen Wind einiger ihm aus zweiter, dritter Hand zugetragenen Redewendungen zu einer grossen leidenschaftlichen Action fortreissen lässt, ohne auch nur den leisesten Anlauf zu einem Prüfungsprocess hinsichtlich jenes höchst trüben und verworrenen Erfahrungsmaterials zu nehmen, während er doch den grösseren Schwierigkeiten eines solchen Prüfungsprocesses gegenüber noch viel mehr Vorsicht in seiner Schlussfolgerung und gar in seiner Action walten lassen sollte, als in seinen geistigen Processen im stillen Arbeitszimmer.

Wie oft muss man es erfahren, dass Lehrer, welche als feinsinnige Philologen oder als weitblickende Historiker oder als durchgebildete Mathematiker und Naturforscher ein wohldisciplinirtes Urtheil innerhalb ihres Forschungskreises erkennen lassen, und welche der Jugend gegenüber in besonders hohem Maasse die Verpflichtung hätten, Selbstbeschränkung und Vorsicht des Urtheils in allen Dingen zu bewähren, Unglaubliches an monologischen Streitreden maasslosester und verworrenster Art gegen politisch oder religiös Andersdenkende der hochaufhorchenden Jugend zum Besten geben!

Wie unheilvoll wirkt es ferner, wenn Männer, die innerhalb der strengen Logik der Jurisprudenz sich nicht blos mit reifster Vorsicht, sondern auch mit besonnenster Gesundheit des Urtheils bewegen, entweder den leidenschaftlich erregenden Problemen der politischen Entwickelung gegenüber ihre Haltung verlieren oder bei gerichtlichen Untersuchungen die elementarsten erfahrungsmässigen Grundsätze der Kritik menschlicher Wahrnehmungen oder menschlichen Redens und Fabulirens gänzlich aus den Augen setzen und dadurch zweifellos Erhebliches zu dem Verfall der

Zuverlässigkeit der auf den Eid begründeten gerichtlichen Ermittelungen beitragen.

In dasselbe Capitel gehört auch die grosse Leichtgläubigkeit, mit welcher gerade die geistig leitenden Kreise fast aller Culturländer der Tagespresse und ihren in so erklärlicher Weise unvollkommenen und unvollständigen Ermittelungen und Raisonnements gegenüberstehen. Ein Hauch von derjenigen Kritik, mit welcher eine grosse Anzahl der betreffenden Leser auf ihren eigensten Gebieten vertraut ist, gegenüber der Tagespresse und ihren Arbeitsbedingungen geübt, würde die bezüglichen Uebelstände des öffentlichen Urtheilens, zumal seine klägliche Ruhelosigkeit, wesentlich vermindern, ohne dass die dankenswerthen Functionen der Tagespresse, welche im Allgemeinen um so zuverlässiger, nämlich mit um so besseren Kräften, arbeitet, je freier sie ist, irgend angetastet zu werden brauchten.

Auch die unsägliche Kritiklosigkeit und Leichtgläubigkeit, mit welcher der politische und sociale Nihilismus und zwar sowohl der reactionäre als der destructive Nihilismus, der erstere mit den Schlagwörtern der Religion, der letztere vielfach mit den Schlagwörtern der Naturwissenschaft, operirt, gehört wesentlich in dasselbe Gebiet von Uebelständen.

Wie ich oben schon andeutete, treten alle Erscheinungen vorerwähnter Art in stark bewegten, geistig hoch erregten Zeiten im Allgemeinen mit gesteigerter Intensität und Ausdehnung hervor.

In dieser Beziehung ist es besonders lehrreich zu sehen, in welcher Weise auch der alte Dämonenglauben sich in gewissen Grenzgebieten der Naturforschung und der Mathematik seit dem gesteigerten Emporkommen dieser Forschungszweige wieder eingenistet hat, indem er den Jargon der Forschung mit grosser Geschicklichkeit annimmt, aber von ihrer Genauigkeits-Disciplin und Kritik Nichts weiss oder gänzlich absieht. Erst in allerneuster Zeit hat die Naturforschung endlich selber angefangen, mit ernster Kritik der Wahrnehmungen und der Folgerungen auch in diese Nester von Täuschungen, Einbildungen und wirklichen psychischen Störungen hineinzuleuchten, während sie sich vorher allzu lange mit blosser vornehmer Abweisung derselben begnügt hatte.

Heilung und Schutz allen diesen Uebeln gegenüber wird offenbar am sichersten wenn auch langsam aus einer durchdringenden, durch Stärkung und Belebung des Mathematik-Unterrichtes vorzugsweise zu unterstützenden Pflege des Genauigkeits-Sinnes in seiner tiefsten und umfassendsten Bedeutung hervorgehen.

Mitunter wird jetzt darauf hingewiesen, auch die sogenannten Geisteswissenschaften müssten sich zu ihrer Verjüngung und Kräftigung mit der naturwissenschaftlichen Methode befreunden. Das ist gewiss in mancher Beziehung irrig. Eines schickt sich nicht für Alle. Der naturwissenschaftliche Forschungs-Process gipfelt in den exacten Methoden der Maassbestimmung u. s. w. Dieselbe Art von Genauigkeit in Gebieten der geistigen Arbeit anzustreben, in denen das Erfahrungsmaterial nur zum allerkleinsten Theil exacten Bestimmungen im Sinne der Naturforschung unterworfen werden kann, wäre durchaus missverständlich. Aber jene an die „Geisteswissenschaften" gestellte Forderung ist doch völlig berechtigt; denn sie will im Grunde nur besagen, dass das Princip der hochentwickelten Kritik und Controle, mit welcher die Naturwissenschaft sich im Ganzen und Grossen gegen die zahllosen Quellen menschlichen Irrens zu schützen gelernt hat, dass dieser innere Sinn aller Genauigkeits-Zucht auch in allen andern Forschungsgebieten sehr hohe Bedeutung zu erlangen bestimmt ist, während andrerseits auch die ältere philologische Zucht dauernd von grosser Bedeutung für jede Erkenntnissarbeit, einschliesslich derjenigen der Naturforschung, sein wird.

Planvolle Steigerung der Vorsicht, mit welcher das Erfahrungs-Material zu behandeln ist, unter Benutzung aller Gesichtspunkte, welche der Naturforschung selber bei dem kritischen Reinigungsprocess ihrer Erfahrungen aufgegangen sind; eingehendes Studium der Einflüsse, mit welchen die Subjectivität und die Tendenz nicht blos in die Aufnahme der Erfahrung, sondern in den ganzen Fortgang des Erkenntniss-Processes hineinspielt; Unschädlichmachung dieser Einflüsse durch die Pflege möglichst unabhängiger Wiederholungen der wesentlichsten Untersuchungsstadien; überhaupt unermüdliche Aufsuchung aller Controlen und Cautelen, welche durch neues unabhängiges Erfahrungsmaterial im Sinne der Bestätigung oder der Widerlegung auch der plausibelsten Schlüsse dargeboten werden können, endlich unbedingte Offenhaltung der Verbesserungsfähigkeit aller Forschungsergebnisse unter umsichtiger Abschätzung ihres jeweiligen Genauigkeits- oder Sicherheitsgrades und mit unbedingter Vermeidung aller dogmatischen oder absolut autoritativen Formulirungen, dies sind die an sich nicht neuen, aber in der neueren Naturforschung am bewusstesten und planmässigsten zur Geltung gebrachten und mit dem schönsten Erfolge gekrönten Forderungen, welche immer mehr überhaupt an alles wissenschaftliche Arbeiten zu stellen sind.

Aber nicht blos alles wissenschaftliche Arbeiten, sondern alle Erziehungs-Kunst und Lebens-Kunst soll sich immer tiefer mit jenem edlen Genauigkeits-Sinn durchdringen. Zunächst handelt es sich darum, die vorerwähnte menschliche Schwäche, zufolge welcher in den Conflicten des Lebens von der sonst erworbenen geistigen Zucht wenig oder gar kein Gebrauch gemacht wird, energisch zu bekämpfen, denn die edle Genauigkeit ist auch, wie ich im Eingange dieser Betrachtung schon hervorhob, in Zukunft die sicherste Grundlage aller Treue, Gerechtigkeit und Liebe.

Auf den ersten Blick erscheint diese Behauptung paradox und übertrieben. Legt man sich aber die Grund-Elemente der Treue und der Gerechtigkeit deutlicher auseinander, und bedenkt man, dass der innerste Kern der Gewissenhaftigkeit, dieser Wurzel der Treue und Gerechtigkeit, nichts anderes ist als Vollständigkeit und Genauigkeit der ethischen Erfahrungs- und Schlussprocesse, bedenkt man endlich auch, dass ohne Gerechtigkeit und Maass keine wahrhaft liebevolle Gesinnung besteht, und dass Liebe ohne Gerechtigkeit bloss ein gefährliches Zerrbild der himmlischen Liebe ist, so wird man jenem Ausspruch auch ohne eingehenderen Nachweis nicht länger die Zustimmung verweigern.

Wie soll nun aber in der Erziehung und in der Schule der Genauigkeits-Sinn in der weitesten und tiefsten Bedeutung des Wortes hinfort gepflegt werden? Soll man Kritik und Disciplin des menschlichen Erkennens und Urtheilens in besonderen Lehrstunden predigen? Gewiss nicht, obwohl die Darstellung der Logik in den obersten Stufen der Schule auf diese Dinge in ganz anderer Weise eingehen sollte als jetzt vielfach, z. B. an der Hand eines in den Gymnasien Norddeutschlands weit verbreiteten Buches, geschieht, in welchem unter Anderem neben vielen höchst verwirrenden Dingen die — horribile dictu — gottgesandte Realität gewisser mystischer Hallucinationen behauptet wird.

Nicht in abstracto soll die Genauigkeit cultivirt werden, sondern die Darstellung der Naturwissenschaften in jeder Art von Unterricht soll sich viel stärker als bisher der Methode derselben und der vorsichtigen Abschätzung ihrer jeweiligen Ergebnisse, nicht blos dem materiellen Inhalt dieser Ergebnisse zuwenden. Mit Recht hat man vielfach der Forderung einer Erweiterung des naturwissenschaftlichen Unterrichtes von streng pädagogischer Seite entgegengehalten, dass die Naturwissenschaften in der starken Veränderlichkeit vieler in ihnen gehegter Ergebnisse und Lehrmeinungen ein Element enthalten, welches pädagogisch höchst bedenklich sei. In der That giebt es manche, dem allgemeinen Interesse gerade besonders nahestehende Kapitel der Physiologie und der biologischen Entwickelungslehre, aber auch der Physik und der Astronomie, z. B. viele Fragen der Meteorologie, die ganze Gewitterlehre, die Ansichten über den Erdmagnetismus, über die Sonnen-Zustände u. a. m., hinsichtlich deren die Lehrmeinungen noch so sehr im Werden begriffen sind, dass es zu einer Pein für einen kundigen Lehrer und zur lähmenden Enttäuschung für einen intelligenten Schüler gereichen kann, wenn über diese Dinge in dogmatischer Weise bestimmte Formulirungen, die vielleicht sogar dem augenblicklichen Stande der Forschung gar nicht mehr entsprechen, vorgetragen werden müssen. Dagegen ist aber zu sagen, dass gerade Capitel dieser Art wahre Fundgruben der förderlichsten und anziehendsten Darlegungen über das Wesen und die Geschichte naturwissenschaftlicher Erkenntniss, über die Irrungen und Schwierigkeiten derselben (Wahrnehmungs- und Urtheils-Täuschungen), sowie über die Schätzung des Wahrscheinlichkeits-Werthes der Ergebnisse, kurzum über alle diejenigen Fragen des Erkenntniss-Processes werden können, deren Erörterung gerade für das jugendliche Alter eine so entscheidend erziehliche Bedeutung gewinnen wird.

Natürlich ist nicht daran zu denken, diese wichtigen Erörterungen in die Schulen zu bringen, so lange nicht die Lehrerwelt sich mit denselben in vollkommen kundiger und überzeugter Weise erfüllt hat, und so lange die letztere nicht selber das edle Beispiel derjenigen kritischen Vorsicht, Solidität und Gerechtigkeit des Urtheils giebt, zu welcher die Jugend endlich erzogen werden soll.

Die gegenwärtige Geistesverfassung eines grossen Theils der Deutschen ist ruhigen Erwägungen dieser Fragen abgeneigt. Ein Theil unserer Volksgenossen achtet zur Zeit kritische Strenge und Genauigkeit gering, weil er von enthusiastischer Anbetung der Kraft erfüllt ist, ein anderer Theil ist zur Zeit der Genauigkeit und Gerechtigkeit noch fremder geworden, weil er von Erbitterung ergriffen ist. —

Mancher wird auch vielleicht sagen, es sei lächerlich, die Genauigkeit als Universalmittel anzupreisen. Ihr Cultus laufe darauf hinaus, alle Begeisterung und alle Leidenschaft zu bekämpfen, mit einem Worte auch die Menschennatur zu nivelliren.

Welcher Irrthum! Ganz im Gegentheil ist der glückselige Frieden, den die Klärung und Reinigung unserer Denkprocesse im Gefolge hat, die sicherste Stätte der Begeisterung für alles Hohe und der Leidenschaft für alles Schöne. Nur der Leidenschaft für denjenigen Kampf, der aus Unklarheit und Maasslosigkeit hervorgeht, soll energischer Abbruch geschehen.

In der weiteren Entwickelung der Menschenwelt, in welcher noch so starke Unterschiede der Cultur bestehen, wird es allerdings vielleicht noch manche Fälle geben, in denen edlere Menschlichkeit, an der Wahrhaftigkeit und Gerechtigkeit der Gegnerschaft hoffnungslos verzweifelnd, aller abwägenden Genauigkeit leidenschaftlich absagen und lieber das Leben zur Niederwerfung fremder roher Gewalten dahin geben, als unter künstlichen Erwägungen mit solcher Gegnerschaft pactiren wird.

Aber innerhalb der Culturwelt handelt es sich fortan unweigerlich darum, durch rechtzeitigen und vollständigen Gehorsam gegen das Gewissen, das höchste Organ der Genauigkeit in sittlichen Dingen, allen Anlass zu leidenschaftlichem Kampf zu verhüten und dafür überall neben edlem geistigen Wettkampf nur dem Kampfe gegen die blinden Naturgewalten und die ihnen verwandten Gewalten der Menschenwelt sich zu weihen.

Willensstärke allein ohne den Lebensnerv der Wahrhaftigkeit und der Gerechtigkeit ist hohl und hinfällig. Möge Deutschland davor behütet werden, dass es nicht im Vollgefühl der gegenwärtigen Kraft einen Verfall seiner Pädagogik und dadurch eine schwere Erkrankung jenes Lebensnervs erfahre.